生态流量技术指南丛书

河道内流量增量法技术指南

侯俊　王晓刚　苗令占　丁伟　吴淼　编

中国水利水电出版社
www.waterpub.com.cn
·北京·

内 容 提 要

河道内流量增量法是世界上运用最广泛的评估流量调控对河流生境影响的工具之一。本书根据国内外河道内流量增量法相关资料编译而成，共分为4篇：第1篇介绍了河道内流量增量法的入门知识；第2篇介绍了如何利用河道内流量增量法进行河道生境分析；第3篇介绍了河流水生生物栖息地模拟模型；第4篇介绍了基于适宜度曲线的鱼类栖息地适宜度指数模型。

本书是从事生态水力学、生态流量、水资源管理研究人员的参考资料，特别对于河道内流量增量法的学习、研究和应用具有一定的技术支持和指导意义。可供水利、生态和环境领域的科研人员以及高等学校水利、生态、环境的教师和学生参考，也可供水资源管理和生态环境管理的部分人员参考。

图书在版编目（CIP）数据

河道内流量增量法技术指南 / 侯俊等编. -- 北京：中国水利水电出版社，2021.5
（生态流量技术指南丛书）
ISBN 978-7-5170-9602-3

Ⅰ．①河… Ⅱ．①侯… Ⅲ．①河道—水流量—增量—指南 Ⅳ．①TV213.4-62

中国版本图书馆CIP数据核字(2021)第097414号

书　　名	生态流量技术指南丛书 **河道内流量增量法技术指南** HEDAO NEI LIULIANG ZENGLIANGFA JISHU ZHINAN
作　　者	侯俊　王晓刚　苗令占　丁伟　吴森　编
出版发行	中国水利水电出版社 （北京市海淀区玉渊潭南路1号D座　100038） 网址：www. waterpub. com. cn E - mail：sales@waterpub. com. cn 电话：(010) 68367658（营销中心）
经　　售	北京科水图书销售中心（零售） 电话：(010) 88383994、63202643、68545874 全国各地新华书店和相关出版物销售网点
排　　版	中国水利水电出版社微机排版中心
印　　刷	天津嘉恒印务有限公司
规　　格	184mm×260mm　16开本　21.5印张　523千字
版　　次	2021年5月第1版　2021年5月第1次印刷
定　　价	**99.00元**

前言

　　河湖生态流量是指为了维系河流、湖泊等水生态系统的结构和功能，需要保留在河湖内符合水质要求的流量（水量、水位）及其过程。保障河湖生态流量，事关江河湖泊健康，事关生态文明建设，事关高质量发展。近年来，我国河湖生态流量保障工作不断加强，水生态状况得到初步改善。但也要看到，受自然禀赋条件限制、不合理开发利用以及全球气候变化等影响，部分流域区域生活、生产和生态用水矛盾仍然突出，仍有大量河湖的生态流量难以保障，河流断流、湖泊萎缩以及生物多样性受损、生态服务功能下降等问题依然严峻。

　　为大力推进生态文明建设，切实依法加强河湖生态流量管理，水利部出台了《水利部关于做好河湖生态流量确定和保障工作指导意见》（水资管〔2020〕67号），提出要以维护河湖生态系统功能为目标，科学确定生态流量，严格生态流量管理，强化生态流量监测预警，加快建立目标合理、责任明确、保障有力、监管有效的河湖生态流量确定和保障体系，加快解决水生态损害突出问题，不断改善河湖生态环境。

　　由于我国生态流量研究起步较晚、基础薄弱，在实践中大多采用水文学法、水力学法。这两种方法虽然简便易行、成本较低，但是由于都是基于经验和理论建立的方法，不能很好地反映水生生物、栖息地、流量之间的相关关系，如简单套用将无法符合当地河流的实际情况。近年来，栖息地模拟法和整体法逐步受到关注，然而，由于缺少系统的方法指导，大家在使用过程中存在着不同的问题，给生态流量的实践带来了很多困扰。本书通过系统整理河道内流量增量法（the instream flow incremental methodology，IFIM）的相关知识，以期抛砖引玉，为我国生态流量的实践提供方法上的借鉴。

　　河道内流量增量法是世界上运用最广泛的评估流量调控对河流生境影响的工具之一。自1980年以来，河道内流量增量法一直以不同的形式存在。直到1982年，美国鱼类及野生动物管理局（U. S. Fish and Wildlife Service）出版了《A guide to stream habitat analysis using the Instream Flow Incremental Methodology》（河道内流量第 12 号资料文件），才首次尝试完整地描述这种方法。随着方法论的不断发展，美国相继颁布了《Assessment of The Instream Flow Incremental Methodology》（the Water Research Commission, U. S.，1993）、《The Instream Flow Incremental Methodology：a primer for IFIM》（National Biological Service，U. S. Department of the Interior，1995）、《Stream Habitat Analysis Using the Instream Flow Incremental Methodology》（U. S. Department of the Interior，U. S. Geological Survey，Biological Resources Division，1998）等报告以及《Habitat Suitability Index Models》系列文件，加拿大、英国等国家也陆续发布《Pitfalls of Physical Habitat Simulation in the Instream Flow Incremental Methodology》《Instream Flow Requirements of Aquatic Ecology in Two British Rivers – Application and Assessment of the Instream Flow Incremental Methodology Using the PHABSIM System》《Habitat preferences of target species for application in PHABSIM testing》《Habitat preference of river water – crowfoot（Ranunculus fluitans Lam. ）for application in PHABSIM testing》等报告，国内外学者也开展大量研究并出版了相关文献和专著。本书是在对上述系列文件报告以及国内外相关文献专著资料编译的基础上完成的，旨在推动我国生态流量，特别是生物栖息地模拟法的交流和发展。

第 1 篇作为入门指南，简明介绍了河道内流量增加法（IFIM）的背景、哲学和生态学基础、独特之处以及实施步骤，可以帮助巩固 IFIM 的知识，为更简便地使用 IFIM 奠定基础。内容一共包含 5 章。第 1 章回顾了河道内流量问题的历史。通过阅读这部分内容，可以了解到 IFIM 的出现是为了解决某些复杂的水资源管理问题，同时介绍了水资源管理未来的方向。第 2 章讨论了 IFIM 的选择。这部分内容提供了一个框架，方便用于确定 IFIM 是否适合研究目的。第 3 章从历史角度回顾了 IFIM 的生态基础。本部分旨在展示 IFIM 组件或模型对我们所理解的生态系统的本质的代表程度。第 4 章深入探究了 IFIM 所包含的广泛的哲学内涵和解决问题的方法。如何利用这些方法来解决跨学科决策领域的河道流量问题非常重要。第 5 章概述了应用 IFIM 的逻辑步骤以及所需要的流量信息。

第 2 篇系统完整描述了如何利用河道内流量增量法进行河道生境分析。内容一共包含 5 章。第 6 章介绍了 IFIM 的基本组织结构，并阐述了它如何与当代生态哲学相适应。接下来的 4 章描述了应用 IFIM 的程序流程，从问题识别开始，到研究规划和实施，再到问题解决阶段。本篇内容作为 IFIM 的官方指南和培训课程的综合入门教科书，旨在消除 20 世纪 80 年代中期以来在专业文献中普遍存在的对该方法的误解，从开发者所设想的角度系统，全面和完整地描述 IFIM，向管理和分配自然资源的决策者提供一个概览，并提供模型概念、数据要求、校正技术和质量保证方面的背景知识，以帮助技术用户设计和实施符合成本效益的 IFIM 应用，从而提供与政策相关的信息。

第 3 篇为河流水生生物栖息地模拟模型。从模型组成、主要模块、基本控制方程、主要算法、模拟过程等方面，介绍了 PHABSIM、River2D、SEFA Analyses 等几种广泛应用的河流水生生物栖息地模拟模型，旨在为 IFIM 应用过程中模型的选择和使用提供相关信息。

第 4 篇为鱼类栖息地适宜度指数模型。在整理和归纳大量文献资料的基础上，汇编了我国内陆淡水水域若干种典型鱼类的栖息地适宜度曲线以及栖息地适宜度指数模型，旨在为 IFIM 应用过程中典型鱼类栖息地适宜度曲线关键信息获取和栖息地适宜度指数模型的建立提供便捷的途径。

本书的编写工作主要由侯俊、王晓刚、苗令占、丁伟和吴淼完成。第 1 篇由侯俊、王晓刚、丁伟、吴淼完成，本篇介绍了河道内流量增量法的入门知识；第 2 篇由侯俊、苗令占、丁伟、刘啟迪完成，本篇介绍了利用河道内流量增量法进行河道生境分析；第 3 篇由侯俊、王晓刚、丁伟、李臻宇完成，本篇介绍了河流水生生物栖息地模拟模型；第 4 篇由侯俊、丁伟、苏永涛、邵宁子完成，本篇介绍了基于适宜度曲线的鱼类栖息地适宜度指数模型。

感谢国家重点研发计划项目"水利工程环境安全保障及泄洪消能技术研究"课题"水利工程环境流量配置与保障关键技术研究"（2016YFC0401709）、国家自然科学基金委优秀青年科学基金项目"水环境保护与生态修复"（51722902）等项目资助以及国家"万人计划"、科技部"创新人才推进计划"、"江苏特聘教授"、江苏省"333 工程"、中国水利学会"青年人才助力计划"等人才计划的支持。

由于作者水平有限，书中难免存在疏漏和不足之处，敬请读者批评和指正。

编者
2021 年 3 月

目录

前言

第1篇　河道内流量增量法入门指南

第2篇　利用河道内流量增量法进行河道生境分析

第3篇　河流水生生物栖息地模拟模型

第4篇　基于适宜度曲线的鱼类栖息地适宜度指数模型

河道内流量增量法
入门指南

第 1 章 河道流量问题的历史和河道内流量增量法

河道内流量方法主要由为负责水资源开发和管理机构工作的生物学家和水文学家开发（Stalnaker 和 Arnette，1976）。水文学以及生物学的不断发展为生态学的深入研究提供了动力，促进了对河流和水生栖息地之间关系的理解。之前收集的大多数经验数据都集中在鱼类和底栖大型无脊椎动物栖息地的需求上，近年来重点关注了河流流量与河岸带植被和河流休闲娱乐功能之间的关系（Gore，1987；Orth，1987；Brown，1992；Shelby 等，1992；Scott 等，1993）。从没有特定水生栖息地效益的固定最小流量方法到水生生境被量化为河流流量函数的增量方法，这表明解决水资源管理问题已经逐渐趋于成熟。在这一历史进程中，我们还可看到水量平衡的应用，这为鱼类资源管理成为跨学科决策系统的一个组成部分奠定了基础。本章将回顾促进河道内流量增量法（the instream flow incremental methodology，IFIM）发展的环境和技术进展，并指出该方法的应用前景。

1.1　最低流量标准

继 20 世纪中叶的大型水库和水资源开发时代之后，一些西方国家开始发布保护现有河流资源的法规，以防止由于加速水资源开发而造成的水资源枯竭。在 20 世纪六七十年代早期，出现了许多基于河流水文分析、重要河段水动力学分析、对栖息地质量的经验观察和对河流鱼类生态的了解（最著名的是太平洋鲑鱼和淡水鳟鱼）的评估方法，并形成了一大类的河道内流量评估技术（模型），旨在帮助河道内保留一定的水量，以利于鱼类和其他水生生物生存（Wesche 和 Rechard，1980；Morhardt，1986；Stalnaker，1993）。应用这些方法时，通常会为指定河段的流量设定一个单一阈值或最小值，当低于该阈值或最小值时，将会限制消耗性用水的水量。最小流量几乎总是低于最佳或原始栖息地条件，然而，这个最低流量标准往往成为用水许可的主要依据。

1.2　量化流量增量变化的影响

19 世纪 70 年代以来，河道内流量的重点已从评估最低流量转变到评估水资源开发利用项目的规划设计和运行方案的影响上。为了评估一系列备选方案，需要开发能够量化流量增量变化影响的方法（Stalnaker，1993）。这种需求促进了栖息地与流量关系函数的发展，这些函数是从选定物种特定生命阶段与流量的关系发展而来的，即鱼类的通道、产卵和繁殖栖息地与河道流量的关系。采用的分析方式是将鱼群的总体状况（通常根据监测的物种现存量）与不同河流水文情势下的物理和化学属性及其与河道结构的相互作用联系起来（Binns 和 Eiserman，1979）。研究显示，水流速度、最小水深、覆盖物、河床底部基质材料（特别是粗床间隙中的细沙量）、水温、溶解氧、总碱度、浊度以及透明度等，这一系列变量对鱼类种群和产量的变化有显著影响（Gosse 和 Helm，1981；Shirvell 和 Dungey，1983）。这些变量被纳入方法学中，用于分析规划的取水或水库蓄放水活动的后果，并广泛应用于水资源开发利用和管理中（Nestler 等，1989）。

在 20 世纪 70 年代末和 80 年代初期，美国小水电开发的时代开始了，数百个开发项目面临渔业管理部门的严格审查。在从评估大型水库向评估小水电许可证申请的过渡期间，美国鱼类及野生动物管理局（United States Fish and Wildlife Service，USFWS）（Trihey 和 Stalnaker，1985）指导了 IFIM 的开发。IFIM 整合了水资源规划理念、水动力和水质分析模型以及栖息地—流量关系函数。该方法通过模拟一系列不同水文情势下"潜在栖息地"的数量和质量，来预测拟建水资源开发利用项目对水生生物的影响。这种增量方法和分析手段在接下来数百个水库许可证申请的审查实践中不断得到完善，其中涉及的大多数水库已经存在 30～50 年，但在运行中却没有考虑下游河道的流量需求。

自然资源和生态环境管理部门急切需要修复已经受到长期影响的河流生态系统和水生生物资源，而水力发电利益相关者希望能够更充分地利用水能资源以增加其收入，同时公众对于河流休闲娱乐功能的需求也日益强烈，如何平衡河流资源利用各方利益，成为河流管理的重点和难点。IFIM 成为河流管理中定量描述不同开发利用和保护方案实施后果和方案选择的工具，为各个利益集团之间需求的讨论奠定基础，并更好地为决策者在利益冲突中提供信息决策支持（Stalnaker，1993）。

1.3 水量平衡方案促进鱼类资源合法管理

由于多用途争端的出现，简单地将水资源分配给各种用途并不足以解决冲突。如果对其进行管理，定时地释放一定量的水有利于维护河道内目标，同时能满足下游用水需求，则可以实现水的重复利用。1980 年美国太平洋西北电力规划和保护法案以及邦纳维尔电力管理局随后的工作可作为多用途管理理念的典例。这种多用途管理理念使联邦、州和社区鱼类生物学家能够确定恢复和增强鳟鱼在哥伦比亚河流域溯河而上的流量管理方法。在干旱季节，最小流量不能为河流资源提供足够的保护，在丰水期最小流量也没能提供最佳鱼类产量。用水量平衡是指可以在最需要水的时候将上游水库中储存的一部分水分配给鱼类资源（Waddle，1991）。当下游用水者没有要求为重要的产卵或繁殖场提供水流通道时，可以释放这部分"鱼类用水"减轻栖息地的流量瓶颈。

水库下泄水管理对于缓解河道用水矛盾和实施多用途管理的重要价值逐步被重视。美国华盛顿亚基马流域（重点关注太平洋鲑鱼的恢复）、内华达州的特拉基-卡森城河系统（重视濒危物种和湿地栖息地的恢复）等都是多用途管理的典型成功案例。在许多大型水库项目的运营评估阶段，为下游鱼类资源管理分配一定水量已成为一个必须要考虑的因素。传统用水方式（例如，农业灌溉、市政用水和工业用水）可能更喜欢这种水库水量平衡管理，因为这样鱼类用水将与系统中的其他用水相同，水量的需求将由渔业部门决定，而不一定由水库管理部门和其他用水单位决定何时和如何向河道内输送水量。

以保护鱼类资源为目标的最小流量限制向水量平衡的转变，改变了渔业部门在河流管理中的作用，成为水和栖息地的管理者。因此，自然资源机构需要加强多学科和跨部门之间的合作。在特定季节，必须规划好日供水量，并决定在干旱季节河流流域的哪些鱼类资源将被优先考虑（以及哪些需要牺牲）。通过水量平衡，有利于干旱期所有用户群对水项目管理中存储水量的共享。在传统的基于"优先级先行"流量分配理论的水资源分配原则下，渔业可能在缺水年度中具有第一优先权（如果流量是通过专向保留的话）或最后的优先权（如果分配了非常初级的水权）。而在水量平衡的分配原则下，河道内鱼类资源则获得了水量平衡分配的席位，可以获得在高流量期间储存、当下游遇到流量短缺的关键时刻释放的部分水量，储存水的共享缓解了这些紧急情况和矛盾。

1.4 多用途管理需要多学科分析

随着社会经济的发展，流域层面上的水资源多用途管理被广泛认为是非常重要的，灌溉或水力发电等单一用途的水库管理已不再被接受。水的有效利用必须包括整个流域的大量河道内和消耗性用水。这种管理需要一个跨学科的专业水管理小组来建立评估供水、分配水和分担低供水后果的程序。解决共享同一河流系统的国家和利益相关者之间的冲突，需要跨辖区的河流委员会来管理存储在公共水库中用于河流内和河流外的水量。资源管理部门人员在日常决策中应运用最先进的工具，这些工具经过不断的发展，具有一定的效用。渔业和娱乐机构管理人员应根据预测的供水量和可用蓄水量，在季度和月度基础上提出建议。河流生态学家在提供研究数据以提高资源管理者决策能力方面面临着巨大的挑战。同时，需要开展研究以验证和完善鱼类、野生动植物和河岸植被与河流水文情势之间的关系。对于目前尚未纳入决策过程的生物种群和栖息地变量，需要开展新的研究。

1.5 IFIM 的发展

IFIM 的研究在最低流量标准、定量影响分析、水量平衡和跨学科分析的背景下展开。国家环境政策法案是 IFIM 的推动力，这些法案要求所有水资源机构考虑水资源开发和管理计划的不同方案。IFIM 由一个跨学科团队开发，在对所涉及河段内水流和栖息地的基本理解和描述的基础上创建而成。每月或每周的基准水文情势的历史分析被认为是必不可少的，因为这种类型的分析是水资源工程专业中的常规实践。观察流量时间分布（通过构建水文时间序列），可以比较干湿期的频率和持续时间，检查融雪和雨水驱动系统之间的差异，并确定某些短期事件的持续时间。为了做好大规模水资源开发环境中的运营决策，需要一种工具来协调各方利益冲突并补充用水，考虑和评估每个用户的需求，并且用户普遍可以理解、接受。这样的决策涉及多种学科人员，包括工程师、水文学家、生物学家、娱乐规划师、律师和政府人员。

美国鱼类和野生动物管理局组织其他相关部门联合开展了 IFIM 合作开发，其中，工程、水质建模和规划专业知识来自美国内务部垦务局、美国农业部土壤保持局、陆军工程兵团、环境保护局和大学。水生态学、鱼类生物学、水法、制度安排和规划方面的专业知识来自国家相关机构。

这种跨机构的合作得出一种结论：IFIM 分析方法应该处理各种河道流量问题，从简单的河道支流到复杂的流量周期性释放和互连的水库群。这种评估方法必须有助于识别、评估和比较潜在的解决方案，能够根据特定的流量范围进行定制并且可扩展，以获得河流系统中特定位置的流量和栖息地的时间序列的相关信息（Milhous 等，1990），而且适用于整个流域。IFIM 的一般信息流程如图 1-1 所示。IFIM 的其他部分将在后面详细描述。

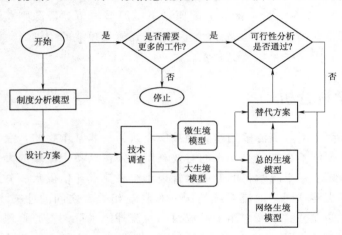

图 1-1　IFIM 的一般信息流程

对任何一个单一的用途进行优化都与多用途理念相反，使用效率是指各种用途都能被最大程度满足，重点在于同时满足。使用单一的、中间的变量（例如，流量、栖息地或流量、娱乐功能）讨论根据流量-栖息地关系曲线图上的最大值来选择最小释放水量或流量标准是不明智的。跨季节事件的发生时间对于鱼类种群的繁殖成功率和年龄级别的相对强度至关重要。高龄与低龄的分布显示了鱼类的健康状况，

更重要的是，可以确定每年成鱼的数量。为了说明这一点，必须通过时间和空间显示栖息地的质量和数量，将栖息地功能和水文时间序列结合起来进行种群分析。IFIM 方法将水文基准转化为对该历史时期存在的可用栖息地的描述。这种描述通常被称为资源基准，鱼类资源科学家可以从中确定拟供用水计划产生的影响。

通过使用计算机模拟技术检查最近的历史数据（比如最近的 5～10 年），可以来校准系统模型。如果渔业部门能够证明，对于 10～20 年历史水文系列的栖息地模拟分析与鱼类资源中良好年份与较差年份的历史信息一致，则可以使用这些模型比较各种方案。

IFIM 通过提供评估和制定流量管理方案的组织框架，专为河流系统管理而设计。它建立在水文分析的方法学基础之上，以了解河道流量的限制。IFIM 分析提供了整个河流系统用水的描述、评估和比较，重点放在多年可用栖息地展示上，以捕捉流量和栖息地的变化。这种比较信息加强了河流资源规划和管理中各方利益的协调，比如，在干旱期分配有限的流量和定时释放流量的管理有助于利益冲突方之间的相容性，使得在有利条件下快速恢复水生生物群体。

IFIM 研究的成本估算取决于很多因素，包括各种模型中包含的变量数量、采样策略、质量保证和质量控制的标准、河流的大小和站点的可达性、工作经验、方案数量等。

在开展 IFIM 研究之前，务必仔细确定其研究范围。

1.6 IFIM 的应用前景

Reiser 等（1989）调查了 IFIM 用户，发现最优先的研究需求包括：①定义流量、栖息地和鱼类数量之间的关系；②验证和测试栖息地与鱼类数量的关系；③开发确定流量要求的新方法。后续的研究正在扩大 IFIM 的作用，以提供鱼类资源和栖息地管理能力（Hagar 等，1988；Cheslak 和 Jacob son，1990；Auble 等，1991；Nehring 和 Anderson，1993；Williamson 等，1993）。

流量、栖息地和鱼类数量之间的关系研究是基于与鱼类生命历史关键阶段的栖息地数量和质量相关工作的（Burns，1971；Mundie 和 Traber，1983；Morhardt 和 Mesick，1988）。在河流系统中，每年适宜栖息地的数量和质量的变化很大。在任何时候，观察到的鱼类种群和生物量可能受到许多先前栖息地事件的影响。避免因为流量问题造成长期栖息地数量的减少，对于确定鱼类种群和数量也很重要（Bovee，1988）。

当前 IFIM 研究的目标应包括：①动态鱼类资源种群模型的开发和验证，包括对与流量相关的限制事件的响应，特别是物理栖息地和温度；②验证栖息地瓶颈假设；③开发评估面向鱼类种群目标的水管理策略程序；④检验长期种群支持策略，包括生物之间的相互作用；⑤改进 IFIM 现有的上述相关内容，为鱼类种群分析提供一套行之有效的分析工具。这些工作将会通过揭示栖息地受限事件和水温对鱼类运动、生长和死亡率的影响，提供鱼类种群与以鱼类资源管理为目标的水库运行之间的直接互馈，扩展在鱼类资源科学和水管理方面的认识。

第 2 章　选择合适的评估工具

每项水资源管理决策都是一种独特的挑战，也包括河道内流量保护。河道内流量决策一般包括用水许可、水库运行方案、河道内流量水权或水资源管理计划中的要素。无论解决这些决策中的哪一个，都需要在选择适当的河道内流量评估技术之前理解几个因素，包括法定权限、用水历史、技术方向、资金以及完成研究所允许的时间。此外，关于不同河道内流量评估技术的相对科学价值的争论一直存在（Granholm 等，1985；Mathur 等，1985；Estes 和 Orsborn，1986）。所有这些因素都加大了选择正确技术以指导建立保护河道内流量方案的难度。在选择技术时，大多数人的注意力通常最初主要针对技术细节，例如河道横断面的测量或计算机模型的操作等。然而，经验丰富的生物学家和工程师认识到必须首先解决更难的政策问题。最终，人们会像重视是否符合科技标准一样，来评估一项技术是否符合政治和环境标准，从而来决定是否使用该技术。

2.1　两类评估技术

根据河道内流量决策过程的目标，政策和环境问题通常可以分为两类：标准设定或增量问题。标准设定是指建议一个河道流量要求，用来指导一般的、通常是低强度的决策，往往设定一个限额，当低于限额时水量不能转移（Trihey 和 Stalnaker，1985）。标准设定方法通常用于初步规划过程。增量问题主要针对特定开发项目的高强度、高风险的讨论。"增量"一词意味着需要回答当流量发生变化时，利益变量（例如水生栖息地、娱乐价值）会发生什么的问题。

在选择评估技术时，可以将河道内流量决策视为一个连续过程，可以根据这个连续过程的不同阶段选择不同的评估技术，而不是"非此即彼"地将标准设定或增量问题这两种技术完全对立起来。在总体规划阶段可以选择标准设定技术，而在具体评估流量变化的增量差异时则需要选择增量方法。无论在哪个阶段，很重要的一个问题是究竟需要多少个变量。答案也许仅仅是一种鱼类或者某一种用途，也许是满足多个决策变量的流场条件，比如维持河道形态、滨岸带和鱼类栖息地等。对于增量方法可能通常会涉及多个目标，而对于标准设定方法则一般不会超过一个决策变量。

此外，标准设定方法不适合"协商决策"（即多个方案的优化比选和讨论），因为顾名思义，标准是设定好的、不能协商的。标准设定方法适用于"仲裁决策"，这是因为标准的设定有很好的依据支持，或者能很好地体现公平。因此，在河道内流量决策过程中，选择评估技术时应首先快速判断该决策是属于"协商决策"还是"仲裁决策"。

在这个连续统一体中，不同的技术解决方案适用于两个问题中的每一个。一方面，廉价、直接、基于经验法则的解决方案非常适合标准设定任务。对于这些任务，需要考虑的是实现规划目标的确定性，以及如何将建议便捷地传达给决策者。另一方面，增量问题可能需要深入了解鱼类和野生动物、水质和其他河流用途的流量要求，以及如何将这些问题纳入具体项目计划。

围绕河道流量的大部分争论不是关于最适合极端情况的方法，而是确定介于极端情况之间问题的最佳技术。在这个中间范围内，解决方案可能有很长的时间跨度，但还是可以实现评估目的的。快速的经验法则是不够的，太过复杂的分析同样也不合适，需要采用更为折衷的方法。

在中间范围情况下，河道内流量评估技术的选择受低成本和初步建议两个因素所限制。初步建议首先围绕项目利益的争论，对其进行更深入的研究，然后进行昂贵的技术分析，并对那些专业判断进行讨论。在项目长期规划和具体实施之间，如有可以找到或想象到的其他情况也可及时补充进来。在这些类型的争议中，初始和后续技术的选择是一种平衡行为。两类评估技术见表 2-1。表 2-1 以及后面的示例说明了选择河道内流量评估技术的判断依据。

表 2-1   两 类 评 估 技 术

标 准 设 定	增 量 方 法	标 准 设 定	增 量 方 法
低争议项目	高争议项目	只需经验性知识	需要深入的知识
勘测规划	具体项目	科学上不被认可	科学上被认可
少数决策变量	多个决策变量	不适合讨论	为讨论而设计
低成本	高成本	基于历史流量	基于鱼类和栖息地
快捷	冗长		

2.2   标准设定技术

河道内的鱼类资源流量的长期规划有多种可用技术。在低强度情况下，由于问题很简单，不需要太多细节，因此，可以使用快速的标准设定方法。

例如，在制定河道环境流量时，往往都使用设定标准的方法（Lamb 和 Doerksen，1990）。流量标准应包括以下要素（Beecher，1990）：①流量目标；②资源（如鱼类）；③计量单位［如用立方米每秒的流量或加权可利用面积（WUA）表示］；④基准期（如 10 年的记录期）；⑤保护目标统计（如 7 月栖息地面积中位数值）。

2.2.1   水文记录

在鱼类资源标准设定技术中，最容易的就是利用河流的水文记录数据。在使用河流水文数据时，假设所记录的流量能够维持水生生物资源在可接受的水平（Wesche 和 Rechard，1980）。这种假设仅适用于河流基本未开发或开发之后已经处于长期稳定的情况。

在河道流量被取用消耗或受到调节的情况下，可以根据水文记录重建自然水文情势，来为引调水和河流整治等提供基础资料（Bayha，1978；Riggs，1968）。使用这种方法时，需要拥有项目开发前的鱼类资源基本情况，或对其进行假设。

即使有可用的开发前数据，也很难预测未来开发对水资源的影响。在一些开发程度较高的河流中，河道结构和鱼类种群已适应新的水流流态。现有的水资源开发可能会抑制低流量或高流量事件，从而有利于鱼类资源的增强。因此，要想了解项目实施后对河道的影响，除了水文记录资料外还需要进行实地调查。无论如何，在现有开发过程中从历史记录中选择流量是一种有限的长期规划做法。

在可以使用历史记录的情况下，会出现几个问题，例如，是否应根据自然或变化条件推荐流量？应该推荐多少百分比的历史流量？一种方案是使用"水生基流"（Larson，1981；Kulik，1990）。该技术选择多年最低月流量的中值流量作为基流，认为该流量除了鱼类产卵期和孵化期，其他时期对于河道都是充足的。另一种方案涉及使用每月流量的多年中值流量（Bovee，1982），这个月流量水平被认为是代表了河流流量自然年度模式，因为它代表了每个月的典型历史流量。

水文学法中的7Q10法不适合建立鱼类的河道内流量。这一统计数据的开发是为了确保水处理厂在干旱期的处理水不超出水质标准（Velz，1984）。它建立了非常低的流量，确保如果将处理过的水排入其中，不会降低河流的水质。因此，它对污水处理要求较高，但没有考虑鱼类的流量需求。

2.2.2 Tennant 法

Tennant 法是最著名的鱼类资源长期规划工具（1976），其最初的形式是使用美国蒙大拿州和中西部地区10年的观察数据，根据年平均流量的百分比对季节性时段的流量进行排序，将溪流分类为不同质量的鳟鱼栖息地。基于 Tennant 方法的流量分析见表 2-2 （Tennant，1976）。Tennant 法还建议提供定期高流量以去除淤泥、沉积物和其他河床底质材料，例如需要每年一次的高流量事件来保护冲积河流中的河道结构 （U.S.D.A. Forest Service，1984）。

表 2-2   基于 Tennant 方法的流量分析

栖息地的健康状态	平均年流量百分比/%		栖息地的健康状态	平均年流量百分比/%	
	10月至次年3月	4—9月		10月至次年3月	4—9月
最大	200	200	好	20	40
最佳	60~100	60~100	平	10	30
极好	40	60	差	10	10
非常好	30	50	极差	<10	<10

利用 Tennant 法和其他工具的前提是可以获得水文记录；如果无法获得水文记录，仍然可以基于替代指标来推荐河道流量。例如，流域面积就是这样一个适用于受控河流的替代指标，流域面积法建议夏季单位流域面积的最小河道内流量或基流量为单位

流域面积 0.0055cms（1cms＝1m³/s）。秋季和春季则需要较高流量，以保障某些溯河产卵鱼类的产卵和孵化（Larson，1981）。当然，将这种技术用于非溯河鱼类时，则需要一套不同的规则。

尽管这些简单的经验法则可能因技术原因而受到批评，但在制定长期规划建议时非常有用（Kulik，1990）。

2.3 介于标准设定与增量之间的技术

2.3.1 改进的 Tennant 法

在鱼类资源流量量化问题中，时间仍然是一个限制因素，这就可能需要采用改进的 Tennant 法。这种方法要求重复 Tennant 法的所有步骤。首先要观察物种生命周期中重要的栖息地，并研究不同流量大致接近年平均流量的各种百分比，然后在收集每个流量条件下河流对应的横截面宽度、深度和速度的数据之后，可以根据物种或者河流利益的特殊需求提出建议组合，类似于表 2-2 中所示的集合。与传统 Tennant 法不一样的是，改进的 Tennant 法可以反映河道流量制定者的出主观观测意愿，可以根据物种或者河流利益的特殊性进行定制。

2.3.2 湿周法

湿周法（Nelson，1980）是蒙大拿州和其他地方经常使用的方法。这种水力学方法采用从包含河道特征的栖息地指数中选择所需的低流量值（Trihey 和 Stalnaker，1985），认为河流横截面底部的最窄过水部分可以满足最小的栖息地需求。湿周法估算流量示意图如图 2-1 所示。P_1 到 P_4 代表四种不同河道的横截面。

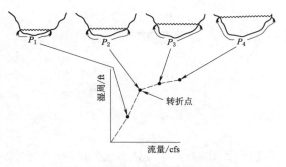

图 2-1　湿周法估算流量示意图

选择一个被认为对河流功能至关重要的区域（通常是一个浅滩）作为河流其余部分的栖息地指标。当在分析中使用浅滩时，假设最小流量满足食物生产、鱼类通过和产卵的需要。通常选择河流湿周与流量关系曲线中的拐点（中断点，或收益递减点，即高于该拐点对应的流量时，湿润的周长增益率开始减慢），该拐点对应的流量作为栖息地所需最低流量，在这个流量水平下，深潭、浅滩等其他河道栖息地均可得到有效保护。河道的形状会影响分析的结果，该技术通常应用于横截面为宽、浅和近似矩形的河流。

2.3.3 多属性标准设定方法

上述讨论的方法都是针对某一单条河道在特定的时期内的单个流量值，往往获得的是"最小流量"。但是，这种标准设定建议很难在环境流量的讨论中使用，因为可用的信息太少，无法为多目标协商提供足够的依据。解决协商中的难题，不能依靠那些仅产出最小流量的技术方法，还需要揭示栖息地数量和流量之间的关系，分析得到任何给定流量对资源和利益的影响。

可用于实现此结果的工具分为两组。第一组使用统计分析将河流的环境特征与鱼群大小相关联。怀俄明的栖息地质量指数（habitat quality index，HQI）就是这种类型的案例，根据 Binns（1982）描述，HQI 是通过建立几个栖息地变量和典型鱼类产量的回归关系来实现的。此过程主要针对特定河流，并且与关键低流量相关。第二组将明渠水动力与鱼类行为的已知元素联系起来。例如，最早由 Bovee 和 Milhous（1978）提出的物理栖息地模拟系统（the Physical Habitat Simulation System，PHABSIM）。PHABSIM 和 HQI 的一个重要显性因素是流量分析。任何标准设定技术都应伴随流量分析来回答："水达到标准的可能性"这个问题。

许多人将 IFIM 与物理栖息地模拟系统（PHABSIM）混淆。IFIM 是基于系统分析技术解决问题的总体方法，而 PHABSIM 是一种特定的模型，旨在计算不同流量水平下水生生物不同生命阶段可用的微生境数量指数。PHABSIM 需要收集关于河流横断面和栖息地特征的实测数据，评估不同流量下的栖息地变量的水动力模拟模型以及物种的栖息地适宜性标准，来计算在不同流量下可用栖息地的河流特征。

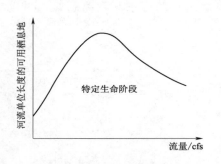

图 2 - 2　基于 PHABSIM 的流量-栖息地关系

PHABSIM 能够告知决策者不同流量对鱼类不同生命阶段栖息地的影响，通常关注对变化最敏感的鱼类生命阶段。通过将物种栖息地适宜性标准与河道特征联系起来，获得流量与栖息地之间的关系，有助于更清晰地描述不太理想的流量对栖息地的影响（Geer，1980）。基于 PHABSIM 的流量-栖息地关系如图 2 - 2 所示，这是一个典型的栖息地与流量函数关系曲线图，显示了流量的增量变化如何导致栖息地的变化。

PHABSIM 有两个经常出现争议的地方。第一个争议是物种适宜性标准（估计物种对流量变化的响应，在响应曲线上将其标准化）的必要性。褐鳟的栖息地适宜性曲线如图 2 - 3 所示，曲线描绘了褐鳟成鱼和幼鱼两个生命阶段的栖息地适宜性标准，可见成鱼需要比幼鱼更深、流速更快的水。栖息地适宜性标准可以通过多种方法建立，包括从征求专家意见到现场勘察和数据验证（Bovee，1986；Modde 和 Hardy，1992；Thomas 和 Bovee，1993），然而所有方法都在一定程度上遭到质疑。

第二个争议涉及按逐个物种分析栖息地的要求，这可能无法解释种间竞争对栖息地选择的影响（Ross，1986；Hearn，1987；Modde 等，1991）。值得注意的是，栖息地适宜性数据的质量以及 PHABSIM 驱动变量（例如，深度、速度、底质材料和覆盖物）的重要性成为对该技术批评的主要原因（Morhardt，1986）。为了解决这些争议，通常需要比简单的 PHABSIM 或 HQI 研究更深入的分析。PHABSIM 是一种增量方法，它可以预测由流量变化引起的栖息地变化，但它只关注影响本土鱼类行为的少数变量，忽略了栖息地随时间的动态变化。单独使用 PHABSIM 也忽略了许多其他生物因素，例如物种之间和物种内部的相互作用。

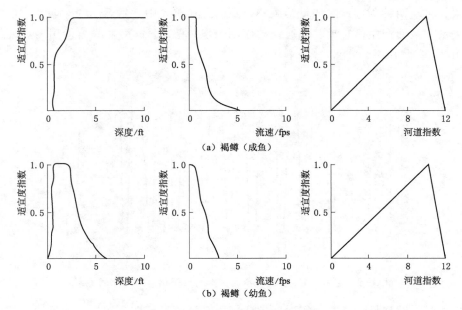

图 2-3 褐鳟的栖息地适宜性曲线

2.4 增量技术

中间技术为河道内流量的评估提供了基本的和暂时的依据，而当需要更加动态地审视流量问题时，则还需要其他技术。这些技术被命名为"增量"（Trihey 和 Stalnaker，1985），之所以这样命名是因为需要深入了解水生栖息地如何随着流量的增量变化而变化。必须详细量化这种变化，来为项目不同比选方案的影响评估提供依据。

增量问题往往会给问题预测和河道流量研究设计带来困扰。简单的 PHABSIM 或 HQI 分析是不够的，有时需要增加新的步骤来解决更多的问题，正如 Olive 和 Lamb（1984）报道的那样，必须选择更全面的方法。尽管鱼类栖息地仍然是决策变量，但由于使用了这些更复杂的工具，仅分析就可能需要长达 2 年才能完成。每项研究之前都要进行有关研究计划的商议，之后都要对研究结果进行讨论，研究设计、数据收集和分析的总耗时可能超过 3 年。为了准确描述项目运营的影响，可能需要多次进行栖息地和生物样品采集，以获得栖息地适宜度标准，开展沉积物和水流研究以及物理栖息地、温度和水质的模拟（Sale，1985），这些步骤远远超出了单单使用 PHABSIM 所需的步骤。

IFIM 是一个基于鱼类对栖息地特征的响应方面的科学认知进行河道流量研究的复杂过程。Trihey 和 Stalnaker（1985）指出像 IFIM 这样的过程应该被称为方法论而不是方法。"方法"意味着单一的工具或概念，而"方法论"意味着一套将多个学科联系交叉起来解决多方面问题的过程。

在 IFIM 中，栖息地适宜性数据有两种形式：宏观栖息地和微观栖息地。宏观栖息地适宜性是指在下游纵向变化的变量，例如水质、河道形态、流量和温度。微观栖息地适宜性是指 PHABSIM 分析中使用的相同变量：深度、速度、底质材料和覆盖物。IFIM 使用计算机软件将这两种栖息地的测量结果整合到栖息地单元中，然后与随时间变化的流量建立相关关系，从而产生栖息地时间序列。使用 IFIM 情况下鱼类种群与可用栖息地面积的关系如图 2-4 所示。

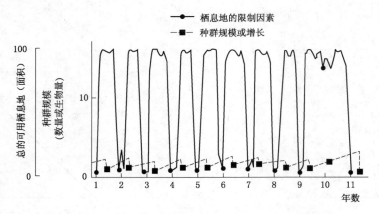

图 2-4　使用 IFIM 情况下鱼类种群与可用栖息地面积的关系

栖息地时间序列显示了在一段时间内适宜栖息地的可用性。例如，如果记录的周期是 10 年，那么栖息地时间序列将在该 10 年期间显示可用的栖息地。时间间隔可以是每小时、每天或每月。通过该分析可以回答很多问题，例如 90％的时间可以获得多少栖息地？栖息地价值中位数是多少？如果在高流量月份流量减少 20％，可用栖息地会发生什么变化？该信息可以分析流量变化对每个物种每个生命阶段的影响，并获得栖息地适宜性数据。标准制定方法可能导致一组年度或季节性最小值，则增量技术可能会产生一组月流量和周流量的变化值。

使用 IFIM 等复杂技术，必须能够记录所使用的所有技术的科学接受程度，并且必须能够从收集的数据中进行推断。应充分理解每种方法的假设，仔细规划因为预测需要而对方法进行特殊研究或修改。结果应该是能够预测栖息地随时间的变化，为湿润和干旱期提供建议，以及量化栖息地"持续"现象（Trihey，1981）。基准条件下，普通措施和优化措施实施后可用的栖息地持续时间分析如图 2-5 所示。图 2-5 说明了"持续"的概念，该概念总结了栖息地可用性的时间跨度。例如，在基准条件下，大约 90％的时间存在至少 15.5 个栖息地单元，但在普通措施条件下只有 15％的时间存在。

这些增量和项目讨论方法的延伸即是预测种群对流量变化的反应（Cheslak 和 Jacobson，1990；Bartholow 等，1993）。在 IFIM 等方法中，这些预测通常需要水文分析、栖息地模型、沉积物运输、水质和温度分析，以及营养水平研究、物种标

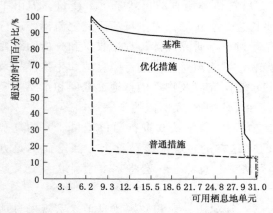

图 2-5　基准条件下普通措施和优化措施实施后可用的栖息地持续时间分析

准验证、生物量研究和种群动态研究（Bovee，1982）。

可依靠长期的观察经验将这些模型组合成预测方法。这些研究将记录种群对大约 20 年流量变化的反应。Bovee（1988）的一项研究表明，需要进行严格的分析才能显示流量与种群之间的关系，种群对流量随时间变化的响应可以采取图 2-4 的形式来展示。

2.5 小结

河道流量评估主要分为标准设定和增量技术，两种方法的适用范围如图 2-6 所示。其中，标准设定如 Tennant 法和湿周法被广泛应用于规划的早期阶段，湿周法或与其概念上类似的方法专注于上溯洄游型鱼类的河流通道，是进行河道内流量初步评估的重要分析工具。PHABSIM 方法通常用于研究水力发电项目（Bovee，1985），为具有争议性的河流设置标准，评估申请许可（Cavendish 和 Duncan，1984）。PHABSIM 方法有时被应用于非常复杂的问题（Olive 和 Lamb，1984），但此时必须要注意那些具有干扰性的参数。PHABSIM 方法适用于最具有争议性项目的评估（Trihey 和 Stalnaker，1985）。

上述所有这些技术方法都受到了不同的质疑。实践表明，没有一种绝对最好的方法。方法的选择一定建立在具体情况分析的基础上。事实上，目前在河道内流量评估中已经使用了两百多种方法、模型和工具，而每种方法、模型和工具都是为满足特定需求而开发的，必须要首先了解这些技术的历史和目的，利用这些知识来合理选择要遵循的最佳技术方法和流程。

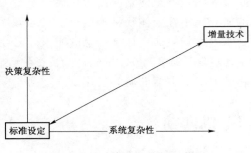

图 2-6 两种方法的适用范围

15

第 3 章 IFIM 的生态学基础

IFIM 建立在对不同管理方式下河流生物的栖息地分析的基础上。人们很容易置疑，为什么在有很多其他因素（如河流生产力或捕捞死亡率）可能影响鱼类种群的情况下，选择栖息地作为 IFIM 的决策变量。基于栖息地分析的最简单原因是 IFIM 旨在量化环境影响，而环境对栖息地的影响是最直接且是可量化的。

然而，将 IFIM 建立在栖息地分析基础上的更为重要的原因是：生态学研究进展直接或间接表明，栖息地是河流中鱼类和水生无脊椎动物分布和丰度的重要决定因素。虽然最近的研究集中在个体物种和生命阶段的微生境需求上，但河流栖息地研究起源于群落生态学。水生生物生命史详细信息的需求，已经促进识别其栖息地的关键物理特征（例如，深度、速度、底质类型），量化这些关键物理特征的重要性，以及评估它们如何随河流流量变化的方法等方面的研究工作。

3.1 纵向演替

Forbes 和 Shelford 最早对河流鱼类的分布和丰度与栖息地的相关关系进行了的研究。Shelford（1911）介绍了"纵向演替"的概念，并将其与当时 Davis（1909）提出的地质理论进行了比较。Davis 认为，景观发展是系统性地经过了青年期、成熟期和老年期等不同侵蚀阶段。在 Shelford 的河流的"纵向演替"概念中，上游源区河流被认为是"年轻的"，并且具有高能量和不稳定性特征。这种"年轻的"河流比较陡峭，河道相对顺直，河床底质材料粒径较大，通常表现出高度变化的水流状态。相反，"成熟的"河流具有较低的梯度，曲折蜿蜒的河流形态，较小的河床底质材料和较为稳定的水文情势。基于物种分布和丰度的纵向演替也在向上和向下游渐变，这与 Davis 的河流年龄分类相类似，如图 3-1 所示

图 3-1 纵向演替示意图

（图 3-1 阴影表示从上游到中间河流到成熟河流的近似梯度）。

后来的研究者试图找到河流纵向上动物区系差异与各个位置的具体特征之间可能的关联与机制。Trautman（1942）和 Huet（1959）发现梯度是一个很好的动物区域的预测因子，而 Burton 和 Odum（1945）强调了温度对源头—低地连续体的重要影响。在小流域下游，物种一般是融入群落组合中而不是取代其他物种。相比之下，物种取代往往发生在距离足够大以产生温度屏障或没有特定类型栖息地的地方。然而，纵向演替的研究显然是一维的，没有试图从栖息地结构和复杂性的相关影响中区分出温度的影响。

3.2 生境隔离

人们从二维尺度研究河流栖息地时发现，在同一纵向区域内，由于栖息地类型的不同，物种倾向于形成不同的群落结构。Thompson 和 Hunt（1930）最早在较短河流研究中涉及不同物种的不同栖息地类型，他们的研究表明，由于速度、深度、底质材料和覆盖类型等导致栖息地类型不同，鱼类倾向于形成不同的群落结构。

Hubbs（1941）认为河流土著鱼类的形貌和行为特征反映了该物种最典型的栖息地类型。他特别注意到鱼类对高速区域的适应性，例如流线型的体形、扩张的鳍和特殊的嘴。Sprules（1947）记录了对水生无脊椎动物物种分布的类似观察结果。这些研究人员的结论是，河床类型（底质材料）和速度是河流中无脊椎动物产量和多样性的最重要决定因素。

在 20 世纪六七十年代，研究人员了解到，即使在相同的栖息地类型中，鱼类和无脊椎动物的分布也不是随机的，并开始研究微生境选择的决定因素，如图 3-2 所示。在研究中，繁殖成功、能量优势和生物相互作用（竞争和捕食）这三种机制最常被用到。

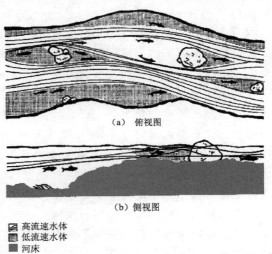

(a) 俯视图

(b) 侧视图

▨ 高流速水体
▨ 低流速水体
■ 河床

图 3-2 微生境特异性示例

3.2.1 繁殖成功

鲑鱼的产卵地点通常位于具有干净砾石的区域，具有足够的速度以防止泥沙沉积在巢上，并且具有深度和河床形状的正确组合，从而确保水流顺利通过巢区（Hooper，1973）。鱼巢的位置显然为孵育和成功孵出提供了最佳条件。砾间流量、河流与砾石之间的水交换以及溶解氧浓度是鲑鱼孵化成功的重要决定因素。水的交换（以表观或间隙速度表示）直接或间接地与水动力条件相关，这些水动力条件增强了巢区的渗透性（Coble，1961；Silver 等，1963）。虹鳟的胚胎存活率被认为与表观速度和砾间内部溶解氧浓度相关（Coble，1961）。Gangmark 和 Bakkala（1958）、Wickett（1954）研究也发现鲑鱼卵存活与溶解氧含量和砾石间流速相关。Coble（1961）了解到地下水流的速度主要是水头和渗透率的函数。水头是水流深度和河床形状的函数；水头在不同产卵床之间产生水压力差。渗透性主要与床层颗粒大小和占据较大材料间隙的细泥沙量有关。速度和深度是决定床层颗粒大小和细颗粒物嵌入度的重要决定因素，从而影响渗透率。太阳鱼选择的产卵地点与鲑鱼产卵场很少相似，但都有利于繁殖成功率的最大化。虽然许多物种选择产卵位置通过底质材料或在底质材料上有明显的水流运动，但是太阳鱼的主要特征是选择靠近某种形式的河道内覆盖区域，其速度为零或接近零（Newcomb，1992；Lukas，1993）。鱼巢上的水流速度大于 0.046m/s，这通常是小口黑鲈在湖泊中（Goff，1986）和溪流（Wine-miller 和 Taylor，1982；Reynolds 和 O'Bara，1991）中繁殖失败的重要原因。Lukas（1993）认为，北安娜河（弗吉尼亚州）小口黑鲈繁殖失败的主要原因是高水速。在洪水事件期间，一些鱼巢被淤泥破坏，但更典型的是，当鱼巢上的速度增加时，雄性守护者放弃了鱼巢，或者卵和幼鱼被冲走了。在其他太阳鱼中也观察到类似的产卵行为。鲈鱼和红胸太阳鱼的产卵场类似于小口黑鲈（Monahan，1991；Lukas，1993），红胸太阳鱼的繁殖失败也与鱼巢上的高水速有关（Lukas，1993），其机制类似于小嘴鲈。

3.2.2　能量理论

由于水流的存在，河流环境与其他类型的水生栖息地不同。无论是藻类，水生无脊椎动物还是鱼类，速度可以说是影响河流群落能量的最重要的非生物因素（Sprules，1947；Whitford 和 Schumacher，1964；Bovee，1975）。如果生物体在形态上不适合生活在流动水体中，它将采取寻求低速区域以减少个体能量需求的行为（Hubbs，1941），如许多鱼类通过游进深潭和占据河床附近的位置来避免被水冲走；还有些鱼类则通过钻入河道内覆盖物或河床底质材料中以避免能量消耗。McCrimmon（1954）观察到鱼类栖息地的需求随着它们的生长而变化，一般会向更深、更快的水域迁移。

对于漂流摄食的鱼类，占据在较高流速区域附近的低速休憩场所是有利的，因为有更多的食物漂移到该位置（Fausch 和 White，1981）。Kalleberg（1958）发现，鱼类在浅滩和碎石中的分布范围要比在深潭中小，这导致人们猜测鱼类在高流速水中需要的空间更少，因为通过河流中某个特定点的食物量与水流速度成正比。Chapman（1966）的研究表明，鲑鱼对其栖息领地的守护也就是对食物的竞争，他同时推断在无脊椎动物水平上也存在一个同样的法则，这样使得鱼类栖息地与其食物供应存在一定的联系。这对于争论溪流种群是受食物限制还是空间限制来说，是非常重要的概念。因此，Chapman 认为对于领地动物来说，食物限制实际上是空间限制，表现为对更大和更高质量的微生境的竞争。

具有能量上有利的行为，即从一个"低能量"的位置进入"高能量"的地点摄食，并不局限于鲑鱼。Lobb 和 Orth（1988）报道了大嘴白鲑几乎完全相同的摄食策略。他们认为，白鲑选择的微生境不仅具有最大的能量优势，而且还最大限度地降低了被鸟类和其他鱼类捕食的风险。河流肉食性鱼类伏击猎物时倾向于选择具有复杂结构覆盖物的低能量区域（Haines 和 Butler，1969；McClendon 和 Rabeni，1987；Monahan，1991）。这些物种倾向于选择能为躲避水流提供掩蔽，并突出光线对比的覆盖物类型，如果从黑暗区域向光线充足区域发动伏击则能更容易成功（Helfman，1981）。Probst 等（1984）指出，较小的小嘴鲈通常占据与中等水流速度相邻的位置，以漂移的无脊椎动物为食。

鲈鱼、鲦鱼、石鲷等鱼类往往占据食物供给最大的微生境（Hynes，1970）。形态和行为适应在溪流大型无脊椎动物中也很常见。比如，一些蜉蝣类生物表现出极端的背腹扁平化，这使它们能够在湍流的岩石顶部和岩石缝之间爬行；有些物种具有吸附器官以使它们保持附着在基底材料上；还有一些，特别是石蝇，必须生活在流动水体中，因为它们的鳃是不可动的，不能在静水中交换氧气（Usinger，1956）。Needham 和 Usinger（1956）发现在均匀底质材料组成的浅滩中，水生昆虫具有明显的沿着深度和速度梯度分布的规律。Minshall 和 Minshall（1977）提出了速度和底质材料之间的次级反馈机制，该互馈提供了更大的河床栖息表面积，并决定了大型底栖无脊椎动物的食物分布。

尽管许多物种选择和竞争能够优化觅食能量的微生境，但是被捕食者通常选择能够降低其被捕食风险的微生境条件。当优势竞争者从河流系统中移除时，非优势竞争者经常发生领地扩张；而当捕食者被移除时，在被捕食者中也观察到类似的现象。Gilliam 和 Fraser（1987）提出动物不会从最大限度利用能量角度或从减少被捕食风险的角度来选择微生境；相反，而是综合考虑死亡率和觅食率，从使两者的比率最小化的角度来选择微生境位置。从本质上讲，最有利的微生境是一个可以增加其能量输入而同时捕食风险最小的地方。Lewis（1969）认为，鳟鱼种群数量主要取决于栖息地的质量；水流速度作为一种能量输送机制很重要，而覆盖物则与避光反应和躲避捕食有关。Power（1984）观察到骨甲鲶鱼在白天会尽量避开浅水区域，虽然那里的食物很丰富，但容易受到禽类的捕食。

3.2.3 栖息地瓶颈

Wiens（1977）创造了"生态瓶颈"这一术语来描述环境诱发的短期变化现象对生物群落的调节机制。生态瓶颈具有限制潜在竞争种群使其远低于生境可承载能力的作用。一旦限制被取消，现存生物种群的可用资源将变得充足，竞争就会减少或消除。"栖息地瓶颈"是指由于微生境或宏生境限制而导致的生境承载力长期不断降低，而对物种群落规模造成的累积约束效应。"栖息地瓶颈"类似于 Wiens（1977）的定义，但仅指影响单个物种种群的栖息地限制（参见图 2-4），而不是整个群落，它是生态瓶颈的一个特例。与注重空间分布的纵向演替和生境隔离（侧重于空间分布）相反，栖息地瓶颈概念所体现的主要维度是时间因素。

栖息地瓶颈的基本前提是，水生生物种群与栖息地可利用性是通过时间关联的。这个定义通常被误解为成鱼种群一定与当前这个时期的栖息地相关。这种解释从逻辑上认为，当前死亡率和自然产量，或鱼类在栖息地之间快速移动的能力，可使鱼群数量的减少或增加的速率与河流栖息地的改变速率一致。实际上，栖息地限制对种群数量的影响通常发生在鱼群规模形成之前。成鱼种群的数量往往取决于自然种群的增长，这与物种生命阶段早期的栖息地数量密切相关。比如，与鱼卵、仔稚鱼、鱼苗的繁殖和存活直接相关的产卵场、幼鱼繁殖栖息地等栖息地类型，与零鱼龄鱼存活间接相关（影响其生长率）的温度场分布、幼鱼繁殖栖息地或供应无脊椎食物的微生境等栖息地类型，都会影响自然种群的增长，从而影响成鱼种群的数量。上述栖息地瓶颈通常发生在成熟前 1～3 年，这个时候它们对成鱼种群的影响是检测不到的（Nehring 和 Anderson，1993；Bovee 等，1994）。此外，Bovee 等（1994）发现：

（1）可能有几个连续和独立的栖息地事件影响成鱼种群（如产卵场、幼鱼繁殖栖息地、温度分布场和成鱼索饵场）。

（2）限制事件经常发生在不同的时间尺度上（例如限制鱼苗存活的急性事件，夏季成鱼长期拥挤的慢性事件）。

（3）栖息地可能受到高流量和低流量事件以及流量事件变化率的限制。

（4）一年中可用的最小栖息地可能不一定是限制事件（例如在冬季鱼类不活动）。

（5）鱼类不直接利用的栖息地类型（如大型无脊椎动物栖息地，因为它影响鱼类的食物供应）可能比其直接使用的栖息地更重要。

3.3 小结

IFIM 常常被误解为只是"鳟鱼模型"。这是因为，物理栖息地模拟系统（PHABSIM）的概念就是源于最初量化鲑鱼微生境的技术（Coilings 等，1972）。尽管 PHABSIM 技术起源于鲑鱼河流，但 Bovee（1975）认为，不同的河流生物群落的微生境模拟方面存在足够的相似性，在大多数河流环境中，基本上任何物种都可以使用基本相同的方法。

正如本章所讨论的，IFIM 的许多概念和组成部分植根于群落生态学，并且是从许多河流环境中发展而来的。纵向演替概念对界定宏观栖息地特征时具有重要影响。自从 Shelford（1911）提出假设以来，纵向演替已在许多研究中得到证实，无论是在冷水性还是在温水性河流中。在 IFIM 中，宏生境组成部分（如河道结构和流量）用于确定取样层级，以便对微生境进行量化。温度和水质被纳入 IFIM 中，用以确定物种能否生存的纵向限制。

在 IFIM 中对微生境使用 PHABSIM 模拟时，对于从藻类到鱼类的河流生物记录的微生境的二维划分是一致的。虽然栖息地划分的原因可能不同，但这种情况在全球的河流生态系统中都很常见。这种现象普遍存在的一个可能原因是河流提供了独特但重复的微生境生态位，无论它们在何处，并且总会有一个或多个物种适应并占据这些生态位。

由于只包含水深、流速和河道指数（通常是底质材料和覆盖物的组合）等这些变量，PHABSIM 受到了质疑。然而，在几乎所有关于河流动物栖息地划分的研究中，这些变量都一致被认为是物种分布和丰度的重要决定因素。对 PHABSIM 中栖息地适宜性标准开发和评价的重点是认识到一些（不是所有）物种对微生境的要求不是一成不变的，是会通过竞争和捕食等物种之间的相互作用而改变的。

栖息地时间序列基于这样一个事实，即与河流栖息地和水管理相关的决策必须强调河流环境的时间变化。如果没有丰富的水文的、栖息地的和群落的相关数据，很难确定栖息地瓶颈。冷水河流环境中的相关研究已经证明了栖息地瓶颈的存在，群落生态学研究证明它们也存在于温水河流中。因此，使用栖息地时间序列来缓解潜在的栖息地瓶颈，避免加剧它们，是解决时间变异性问题的合理方法。时间评估在水管理学科中是常规的，这是使用栖息地时间序列的一个基本的论点。栖息地时间序列能够将生物信息以水源管理者和工程师熟悉的形式呈现。IFIM 在栖息地评估工具中具有一定的优势，因为它可以同时检查栖息地随时间和空间的变化。

第 4 章　IFIM 的哲学基础

　　某些哲学原理指导了 IFIM 的发展，并帮助弄清楚其组织构架和预期用途。这些哲学原理包括原则性讨论理论、增量理论、跨学科解决问题理论和工匠理论。此外，以生态学理论为基础的问题解决理论方法能够指导我们处理复杂和有争议的问题，并帮助我们进一步认识生态系统。

4.1　哲学原理

1. 原则性讨论理论

　　原则性讨论理论承认每个合法利益相关者的价值观，试图将其纳入河道内流量评估中，并规定通过共同协商找到问题的最佳解决方案。这种理念很难实现方法学上的中立，即很好地同时代表开发方和保护方的观点。但是，正确使用该方法需要妥善解决所有被合理关注的问题。IFIM 可以单单从一个角度来评估问题，但这种方法存在很大的风险。在制定方案时，如果不考虑各方所有合理的利益诉求，可能会产生更多的问题。当利益相关者认为自己的利益被排除在外时，这些方案可能会受到他们的激烈质疑和反对。

2. 增量理论

　　增量理论是基于个人和群体在像过去一样解决问题时的观察。如果没有真正的经验教训，我们不会从根本上改变我们的价值体系、使命或使用信息的方式，这些改变是递增的。我们解决下一个问题的方式看起来很像我们解决上一个类似问题的方式，可能在特定方向上有一点进步或灵活性。在 IFIM 中运用增量理论时，主要体现为反复迭代式解决问题的过程。很难想象，利益各方的合理诉求能在第一次方案中就能完美的解决。解决方案是从一个看似可行的备选方案开始，然后不断修改完善，直到每个人都对结果尽可能满意为止。

3. 跨学科解决问题理论

　　IFIM 是一个包含多学科知识的工具，在整个实施过程中需要不同的技能和专业知识。在设计研究和准备协商时，政治、讨论和法律方面的能力至关重要。水资源管理和水文方面的经验对于制订切实可行的备选方案至关重要。建立栖息地现象与生物种群之间的定量关系对于确定备选方案是否会产生有益、有害或中性的结果至关重要。单单收集数据并运行与 IFIM 相关的模型可能就需要水利工程、生物学、水温模型、化学和地貌学方面的知识。跨学科团队的最显而易见的价值在于团队里的个人不需要所有的事情都面面俱到，而且不同的学科在解决问题时经常使用不同的策略和逻辑。通过将多个学科整合到一个团队中，就有机会制订出一个之前可能没有考虑过的创新解决方案。

4. 工匠理论

工匠理论指的是这样一个事实，即 IFIM 是解决问题的科学方法，而不是科学，其目的是帮助不同的群体以系统而灵活的方式解决复杂的多目标问题。IFIM 基于科学方法，但也依赖于假设、主观和判断，这些只有通过实践才能真正掌握。因此，IFIM 的实施不可能是绝对客观和正确的。信任和可信度对于 IFIM 的实施至关重要，它们必须体现在每次应用中。我们对河流、生物学和人性的了解永远不会是完美的，IFIM 的实施也是如此。但是，我们可以以工匠态度精益求精地控制好自己的工作质量，这样就能使得 IFIM 的运用更加合理和精准。

4.2　方法

IFIM 是一个由模型库组成的自适应系统，这些模型库用于描述给定的拟调控河流的栖息地时空特征。在描述河流系统的问题时，必须牢记尺度问题。基于空间尺度影响河流生态系统栖息地的主要因素见表 4-1。表 4-1 描述了五个等级的河流系统，从流域规模到微生境（类似于 Shrissell 等 1986 年提出的方法）。在处理河流调控问题时，有必要限定影响区域并进行分级，以便将观测范围从断面微观尺度扩展到河段宏观尺度，即使不能到河网或整个小流域的尺度。在大多数情况下，IFIM 技术的实践和应用主要是在微生境和中生境尺度，集中在一个或多个河段上。因此，野外技术和相关概念在以下方面有了较大的改进：①河流动力学和水生物种对微生境的利用；②对由许多中生境组成的长河段进行水化学和温度纵向分析。

表 4-1　　　　　　基于空间尺度影响河流生态系统栖息地的主要因素

规　模	影响栖息地的主要因素
流域	气候变化；顶级植被群落；地质扰动（地震，火山）；灾难性的洪水和干旱
河网	河谷梯度；当地地质（鱼类迁徙的天然或人为障碍）；流域植被和土地利用活动；径流模式；地下径流；土壤和沉积物产量；水坝和调水
河段（宏观尺度）	温度和水质的纵向梯度；栖息地类型和比例；峡谷，洪泛区，基岩控制河段，冲积河段等，比如，定期洪水可以重塑洪泛区轮廓和河槽
中生境（中观尺度）	特殊的河道宽度/深度比；池塘，激流，瀑布，回水区，浅滩，瀑布跌水潭，侧通道，航线河道，渠化河段
横断面（微观尺度）	河槽形态；阶段/流量关系；底质分布；细沙含量百分比；覆盖物（河道、底切岸坡、顶部植被、岩架、木质碎片、植物根区）；深度和速度分布

随着对水库运行和河网分析的重视，将栖息地模型与径流演算工程模型、水库调度工程模型联系起来（Waddle，1992），河流流量管理问题也逐渐提升到河网乃至河流流域尺度（Lubinski，1992；Hesse 和 Sheets，1993）。

全面了解水文周期、来水情况和管理能力是受控河流 IFIM 研究的基础。多数常见的河流内流量问题都需要在河网或子流域层面汇集栖息地数据，并将鱼类资源管理人员的注意力集中在鱼类的群落水平上。为了描述鱼类流域内活动和生命史周期规律，建立了基于计算机的建模工具，用于跟踪和分析整个河网中的相关信息（Bartholow 等，1993）。物种周期图如图 4-1 所示在河流中的几个孤立点上，讨论某一个生命阶段（如成鱼）的栖息地最大化的流量已经不够了，而计算机模型提供了各种河流治理方案的"博弈"机制，使得河网或子流域尺度的研究成为可能。

在开发生物完整性指数（Index of Biological Integrity，IBI）时，Gorman 和 Karr（1978）认为人类对河流系统的影响机制分为五大类，包括水文情势、栖息地结构、水质、食物来源和生物相互作用，这些机制同等重要但又非常不同，人类活动可以通过这些机制改变水生态系统的生物完整性。IFIM 建模方法受到这种观点的影响，并且已经开发出符合 Karr 范式的模型，人为改变影响河流生态系统生物完整性的主要途径见表 4-2。

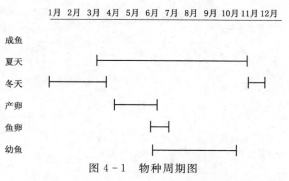

图 4-1 物种周期图

表 4-2　　　　人为改变影响河流生态系统生物完整性的主要途径

水文情势	栖息地结构	水 质	食物来源	生物相互作用
重 要 变 量				
流量	河槽形态	温度	有机颗粒物	食物和空间的竞争
水深	洪泛区连接	溶解氧	陆生昆虫	捕食
流度	基材材料	浊度	来自洪泛区和流域能量输入的季节变化模式	疾病
洪水	细颗粒物质的百分比	营养成分		
干旱	中型多样性（深潭、急流、瀑布、回水、浅滩、木质材料）	溶解性化学物质		寄生
洪峰过程中水陆交错带的动态淹没	岸坡稳定性	重金属和有毒物质		
泥沙运输	覆盖物	pH 值		
扰 动				
最小流量和速度减少	河岸植被	浊度的增减	洪泛区的分离和河岸植被的清除导致有机物质（粗颗粒和细颗粒）的减少	鱼类和无脊椎动物的物种组成和丰度的转变

续表

水文情势	栖息地结构	水　质	食物来源	生物相互作用
		扰　动		
储存减少了陆交错带（ATTZ）的淹没，减少了能量输入	岸坡稳定性下降	改变温度状况	由于氮和磷的输入，藻类产量增加	引入外来物种
洪泛区鱼类的繁殖成功率降低	底质材料上淤积增加	改变昼夜溶解氧循环	改变分解率	对季节性节奏的扰动
水力峰值增加极值（高流量和低流量的量级和频率）	从河岸带去除树木	盐度变化		初级和次级生产营养结构的变化
深度/速度组合的多样性减少	减少了底切岸坡和木质碎片的覆盖损失	增加营养物质、有毒物质或悬浮固体		栖息地生物的变化（杂食动物增加，食鱼动物减少）
索饵场减少	渠道与洪泛区的分离；渠化减少弯曲度，使水深更均匀；来自流域的侵蚀增加（砍伐木材、放牧、城市化）			增加鱼类之间的杂交 土著河流鱼类减少越来越多的候选物种被列为受威胁或濒危物种

注：改编自 Karr（1991）。

4.2.1　水文情势

在 20 世纪五六十年代，大型水库和大规模灌溉系统的建立使 IFIM 开发人员开始关注评估水文情势变化的技术。水动力模拟模型可以准确预测水体中和河道上不同点的水面高程、水深和水流速度，在未知流量的河道中也可以模拟这些变量（Milhous 等，1989），这种模拟使分析人员能够评估水生-陆地过渡区洪泛的持续时间（Junk 等，1989）。在维持栖息地结构（例如河流宽度、河岸植被）、将砾石/卵石缝中的细小沉积物冲刷出来等方面，水文情势在河道维护方面也是至关重要的（美国林务局，1984）。

4.2.2　栖息地结构

人类活动对栖息地结构（河道—洪泛区几何学）的影响一直是河流生态学中最被忽视的领域之一（Hill 等，1991）。河流地貌学一直是描述生态学的前沿领域。人们尝试着修复被航运和水库建设运行严重影响的河流廊道的河道—洪泛区连通性。从中生境类型的划分、重要物种及其生命史与这些特殊生境的联系来看，充分认识和调控河道地貌形态对于河流管理来说非常重要。侧槽、回水和边缘栖息地的丧失是许多河流物种迅速减少的主要原因（Hesse and Sheets，1993）。没有栖息地结构或者河道模型能比较好地反映河道形态动态变化对水文情势的响应。河道淤积与降解比较如图 4-2 所示，从中可以粗略计算大型水库下方所选定横截面的沉积或退化程度，但不能用于预测河道拓宽、边缘栖息地建设或漫滩分隔。研究人员将注意力集中在冲沙流量上，作为河流管理制度的一部分，用以冲洗鳟鱼和鲑鱼溪流中砾石和鹅卵石之间空隙中的淤泥和沙子（Reiser 等，1989），这方面的研究将为水库下游河段冲沙流量脉冲数量和时间的模拟提供合适的算法。

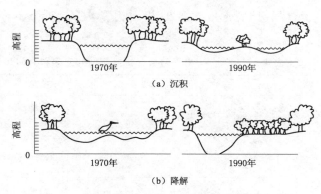

图 4-2　河道淤积与降解比较

4.2.3　水质

Bartholow 和 Thornton 开发出一些成熟和完善的水质模型（Bartholow，1989；Thornton 等，1990），可以比较准确地预测水库调度和调水运行情况下整个河网中的水化学、溶解氧和温度。然而，模型的重点主要是满足化学标准和公共卫生标准。在受人为调控的河流中，用于维护管理健康和多样的生物群落方面的最先进的水质模拟工作还非常少。不过，可以对温度和溶解氧进行模拟，而且这些方法可用于设计流量释放模式，以便为鱼类产卵和生长提供最佳条件（Armour，1991，1993a，1993b）。这个方面还有更多的工作需要开展。

4.2.4　食物能量来源

评价河流系统中食物基础的流量模型主要集中在鳟鱼和鲑鱼栖息河中的底栖大型无脊椎动物栖息地。这些模型利用了水生昆虫在不同底质材料中的速度（Gore 和 Judy，1981；Minshall，1984；Gore，1987），例如，Jowett（1993）运用此类模型在新西兰的89 条鳟鱼栖息的溪流中研究了褐鳟繁殖数量大幅变化的原因。

4.2.5　生物相互作用

在这五个领域中，开发应用管理工具的研究最有希望在生物相互作用这一领域取得突破。流量管理下的物种竞争以检查鳟鱼物种之间可用栖息地重叠的数量来表示（Nehring 和 Miller，1987；Loar 和 West，1992）。仔细检查模拟的历史温度和河段的流量模式可以为观察到的一种鳟鱼物种相对于另一种鳟鱼占优势的机制提供证据。产卵和孵化期间的不利温度，鱼苗孵化期间不利的高速水流，或在关键时期优选空间中大的重叠可能使平衡倾向于一种物种而不是另一种物种。为开发基于群落结构的栖息地模型，这些需要进一步研究。

4.2.6　河流生境是人类对河流系统影响的集合体

使用 IFIM 模型的河道内流量研究的最初焦点是了解栖息地动态，以模拟所研究河流系统的近期历史流量条件。用于整合分析栖息地的空间和时间尺度的 IFIM 模型的开发见表 4-3。IFIM 提供了与河流生态系统当前概念相兼容的三个信息：①纵向演替，从第 3 章中介绍的原理开始，并由 Vannote 等扩展到河流连续体概念（1980）；②栖息地隔离和斑块和栖息地边界在资源划分中的重要性；③对诸如天气等随机过程的生物响应（Wiens，1977；Grossman 等，1982；Schlosser，1982，1987）。在动态河流环境中，将这三个信息的相互作用转化为对环境的空间和时间方面的综合分析，以便厘清确定性和随机过程对所研究群落的相对重要性（Schlosser，1982；Gelwick，1990；Strange 等，1992）。

表 4-3　　　　　　用于整合分析栖息地的空间和时间尺度的 IFIM 模型的开发

信　息	模　型　类　型
纵向演替（河流连续体）	一维宏观模型：温度、溶解氧、溶解性化学物质。指标：温度的日积累、耐受性阈值、最佳或可接受条件的程度
栖息地隔离和斑块	二维微生境模型：与基底材料相关的深度/速度分布和覆盖物
对气象过程的生物响应	河网或指定河段的可用栖息地总量的时间序列数据。指标：与洪水、干旱或人为引起的水力峰值或流量消耗相关的生态瓶颈的季节性发生频率和持续时间。

可以对温度、溶解氧和重要化学成分的线性分布进行建模，并计算可用宏生境的线性范围、最佳微生境的范围，或限制变量的阈值的位置。对于许多重要的水生生物，可以确定沿河段连续体的水生物种分布。这种分析需要对所关注河段中的生物类型的线性分布进行充分的取样。在中生境类型中，当与水动力模拟相关联时，覆盖物、底质材料、水深和速度分布的测量可以模拟微生境中可用的质量和斑块，微生境分析也可以识别出速度边界。

计算机程序（时间序列库；Milhous 等，1990）允许分析人员将宏观或纵向（一维）栖息地数据与整个河流系统中的一维水文数据进行整合，对特定时期特定物种和生命阶段的可用栖息地总量进行时间序列分析。空间分析集中在河网或子流域层面。非典型事件（即气候干扰，如干旱和洪水）的评估可以检查栖息地时间序列中的栖息地瓶颈：它们的大小、频率、持续时间和发生时间以及它们所影响的生命阶段。通过这种历史分析，能够更好地比较不同操作方案并记录这些变化的可能影响。

这些综合分析被称为有效的栖息地分析（Bovee，1982）。有效的栖息地分析和栖息地瓶颈的识别已经成为鳟鱼和鲑鱼河流研究的重点（Bovee，1988）。在这些分析中，研究者将栖息地时间序列转换为准种群模型（Waddle，1992）。有效的栖息地分析帮助生态学家使用种群动态理论和经验解释河流管理方案的可能结果。

第 5 章 IFIM 的应用

IFIM 分五个阶段实施，即问题识别、研究计划、研究实施、备选方案分析和问题解决。本章总结并分析了每个阶段的主要参与者以及该阶段要完成的工作。首先，每个阶段必须按照流程的顺序开展，但是随着项目复杂性的增加，不同阶段之间循环将是必要的。跳过或减少任何步骤可能会导致评估结果不合理。其次，全面和开放的沟通是每个阶段的基本要素。这种沟通将有助于确保各方都接受 IFIM 流程，并对互利结果应该是什么持肯定观点。在某些方面，沟通是每个阶段的组成部分，因为成功地应用 IFIM 最终应该能形成相关各方可接受的决策。

5.1 问题识别

在获知水管理系统将发生某种变化后，IFIM 评估的第一阶段就开始了。这一阶段包括两部分：法律制度分析和自然规律分析。跨部门小组应该进行法律和制度分析，确定所有受影响或感兴趣的相关方，他们的关注点、信息需求、相对影响力或权力，以及可能的决策过程（即是否更可能是一个仲裁决策）。因此，第一阶段将更好地理解拟议项目可能的影响以及所有相关方的目标。这种理解为多目标规划奠定了基础，这将鼓励除了拟议的项目运作之外的分析。此外，在早期阶段的细节讨论为整个评估过程中持续成功的讨论奠定了基础。

在第一阶段的第二部分中，自然规律分析确定：①系统可能发生物理和化学变化的物理位置和地理范围；②最受关注的水生（也许是娱乐）资源，以及它们各自的管理目标。问题识别通常通过涉及可能参与决策的管理和监管机构的范围界定会议来完成。项目倡议者可以确定一个备选方案，并将该方案的后果转化为水文时间序列，该水文时间序列假定项目已到位并按建议运行。还应共同制定一个水文时间序列基准，代表相互可接受的现状或另一个基准。这两个（或更多）水文时间序列为下一阶段研究计划奠定了初步基础。

5.2 研究计划

仔细规划 IFIM 评估的过程至关重要。这一阶段的重点是确定需要哪些信息来解决每个群体的问题，已经存在哪些信息以及必须获得哪些新信息。研究计划细节应该主要讨论并产生一个简明的书面方案，记录打算何时何地如何做什么以及相应的花费。鉴于决策时间以及可用的人力和财力资源，研究计划必须是可行的。

跨学科规划团队必须以各方的目标和信息需求为基础。研究小组不应该试图预测研究的结果，而应该关注数据收集和使用的方法。适当的规划将识别出：①评估的相关时间和空间尺度；②最重要的变量信息；③如何获得未知的信息（例如，测量方法、模型、专家意见）。规划小组还必须就量化每种待分析备选方案影响的问题达成一致。

在这个环节，应将详细的重新检查用于表示基准或参考条件的水文信息。各方必须理解并商定一个或多个用于比较的水文时间序列。通常，参考基准条件不是问题识别中使用的实际历史水文，而是一个综合时间序列，代表当前用水、操作程序和废物负荷，叠加在历史水文记录中发现的变异性上。基准条件通常使用两个或多个可参考的水文时间序列。负责鱼类资源的管理机构必须描述生物基准条件。确定地理分布和一年中的重要时间（产卵、迁移等）对于评估鱼类种群的不同生活史阶段至关重要。可以使用历史栖息地条件（来自实际历史水文的最佳估计）和"回溯"来构建种群基准，以确定由于栖息地瓶颈的物理或化学限制，种群可能经历的关键事件（Burns，1971）。

书面研究计划应完成以下目标：①确定何时必须在现场完成数据收集；②同步收集模型输入、校准和验证所需的数据；③在约定的研究截止日期前估计所需信息，所需的人工、设备、差旅和其他费用。代表所有主要利益相关方的跨学科规划工作可以在冲突解决阶段节省大量时间和精力。规划中的一个常见错误是描述一组适用于常用模型的数据和标准收集过程，此快捷方式简化了数据收集阶段的开始过程，但通常不会对所需数据或对分析方法达成一致意见。缺乏集体规划可能导致各方意见分化，这可能会导致讨论进程失败。

5.3　研究实施

从生物学家和资源机构的角度来看，实施阶段往往是最有趣和最具科学挑战性的。该阶段包括数据收集、模型校准、预测模拟和结果综合四个连续活动。研究的正确实施是至关重要的，它可以给决策过程带来生物学上的可信度，但它本身不会产生好的决策。

在实施过程中，选择采样位置来收集预测模型中使用的经验数据。收集的数据可包括温度、pH 值、溶解氧、生物参数以及流速、深度和覆盖度等值。这些变量用于描述河流流量和河流栖息地效用之间的关系。IFIM 严重依赖于模型，因为它们可用于评估新项目或现有项目的新操作。校准过程如图 5-1 所示。模型校准和质量保证是此阶段的关键，在仔细执行时，可以在模拟备选

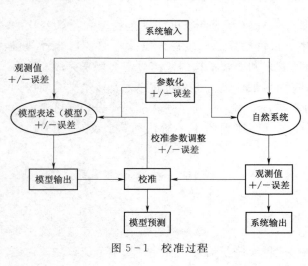

图 5-1　校准过程

方案水文情势期间对研究区域内的总栖息地进行可靠的估算。可以通过将大规模宏生境变量与小规模微生境变量相结合来合成总栖息地，如图 5-2 所示。这个阶段的重要中间产物是基准生境时间序列。这项分析确定了随着时间的推移，每个物种的每个生命阶段总共有多少栖息地可用。基准生境时间序列提供了对拟议方案作出合理判断的基础。

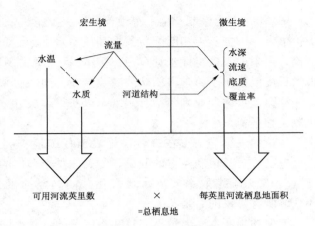

图 5-2　宏生境和微生境的总栖息地

　　不恰当地选择和使用模型以及未能验证的假设模型可能导致应用中的重大错误（Shirvell，1986；Scott 和 Shirvell，1987）。因为所有基于栖息地的河道内流量模型都依赖于河道的经验测量值作为输入，因此任何栖息地时间序列分析都必须充分了解泥沙输移和河道动态。如果一个渠道没有处于动态平衡状态，那么建模人员必须对方案的模拟进行定期调整和经验测量。

　　在将河道内流量模型应用于决策过程时，应收集一些特定站点的经验证据以确保有效性。特定站点的数据有助于减少了解生物系统如何运作的大量不确定性，并减少用于表示动态流量系统的小样本不精确性。特定站点的数据还促进了工程、法律、生态和经济学等不同学科之间的交流。如同温度、水质、深度和速度的随机样本测量通常用于校准物理和化学模型一样，水生生物及其栖息地样本必须用于校准 IFIM 方案分析中使用的栖息地模拟。

　　正确完成后，第三阶段可以对流量和总栖息地之间的关系进行可靠估算，并在所选择的基准条件和各种项目备选方案下对可用栖息地数量进行良好测量。这种栖息地量化自然会进入下一阶段，这将分析和评估备选方案。

5.4　备选方案分析

　　水项目倡议者通常会有一个首选方案，但必须确定其他备选方案以供比较。决策过程的其他各方应提出自己的备选方案。方案分析阶段将所有备选方案与基准条件进行比较，促进对潜在影响的理解，并开始讨论和创建更符合多方目标的新方案。这些步骤完成后，使用 IFIM 工具进行建模可以直接比较许多备选方案。每种方案都要进行以下检查：

　　（1）有效性。第一阶段各方的目标是否可持续？在可持续的基础上是否会造成栖息地的损失？每个土著物种的栖息地成本和收益是多少？

　　（2）物理可行性。水库是否会干涸？是否拥有优先水权？洪水是否会发生？是否有足够的水？

　　（3）风险。备选方案经常导致生物系统失效或崩溃的频率是多少？失败是否可逆？是否可以制定应急计划？

　　（4）经济性。每种备选方案的成本与收益。

5.5　问题解决

IFIM 并不能保证产生一个最佳的解决方案。最佳解决方案极少存在，因为生物和经济价值永远不会真正相匹配，数据和模型永远不会完整或完美，不同的人可以得出不同的结论，未来的不确定性永远存在。IFIM 旨在帮助制定和评估备选方案；然而，它仍然在很大程度上依赖于跨学科团队的专业判断。团队必须将他们对问题的理解与他们对生物资源和社会需求的专业判断结合起来，以获得解决方案，从而在相互冲突的社会价值观之间达成某种平衡。

讨论的关键是：①在进行讨论之前仔细检查利益和目标，并在讨论期间接受质疑；②检查己方对其他利益方的假设；③关注每个群体的潜在关注点，而不是某个个体的"立场"；④努力确定取水或用水最大化共同利益的机会；⑤坚持使用公平的标准和程序；⑥理解所有协议的后果。

模型和判断本质上是不完整和不完美的，预测同样是不完整和不完美的。为了发展成为适应性管理，应在项目完成后适当地进行监测和评价。了解越多，就越能够更好地评估和管理下一个项目，管理的最终目标是保护或增强鱼类和野生动物资源。

5.6　PHABSIM

许多人将 IFIM 与物理栖息地模拟系统（PHABSIM）混淆。IFIM 是采用系统分析技术解决问题的方法，而 PHABSIM 是一种特定的模型，旨在计算不同生命阶段在不同流量水平下可用的微生境数量。运用 PHABSIM 计算栖息地-流量函数的概念图如图 5-3 所示。PHABSIM 有两个主要的分析组件：河流水力学和生物特定生命阶段的栖息地要求［图 5-3（a）和（b）］。

首先，如图 5-3（a）所示，测量或模拟给定流量的深度 DO、速度 V_i、覆盖条件 C_i 和面积 A_i；然后，适宜度指数（SI）标准用于衡量每个流量单元的加权面积［图 5-3（b）］；最后，将研究范围内所有单元的栖息地值相加以得到流量的单一栖息地值，对一系列流量重复该过程以获得曲线［图 5-3（c）］。

河流水动力模拟组件预测河流横截面上特定位置的深度和流速。在不同流量下，在横截面上的特定采样点进行深度、速度、基底材料和覆盖层的现场测量。在现场勘测期间也需收集水动力数据，例如水面高程等。这些数据用于校准水动力模型。然后使用这些模型来预测与测量流量值不同的水深和流速。通常假设基底材料和覆盖材料在不同的流量水平下不会改变，但这种假设并非必需。

水动力模型有两个主要步骤。第一步是计算指定流量的水面高度，从而预测深度；第二步是模拟横截面的速度。这两个步骤中的每一个都可以使用基于理论或经验回归的技术，具体取决于实际情况。经验技术需要大量的支持数据，理论技术则需要较少的支持数据。大多数应用涉及混合的水动力模型，以表征各种模拟流量下的各种水动力条件。

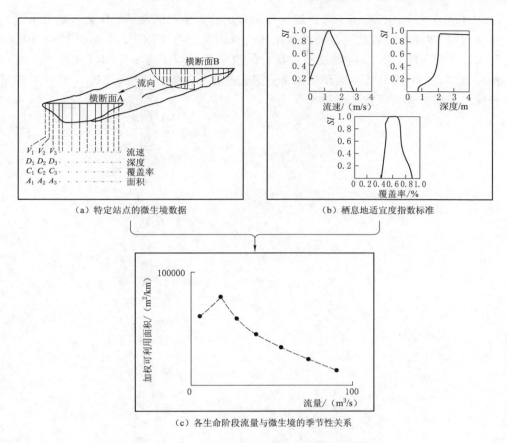

（a）特定站点的微生境数据

（b）栖息地适宜度指数标准

（c）各生命阶段流量与微生境的季节性关系

图 5-3 运用 PHABSIM 计算栖息地-流量函数的
概念图（改编自 Nestler 等，1989）

用栖息地组成部分为每个栖息地属性（深度、速度、底质材料、覆盖层）指定 0 到 1 之间的相对指数值来加权每个河流单元，以表征该属性对于所考虑生命阶段的适宜程度。这些指数通常被称为栖息地适宜度指数，是通过对水生生物某一生命阶段常用属性直接观察结果，或者是根据专家对水生生物生命必需条件的意见，或者两者组合的方法来确定。采取各种方法从适宜性数据中剔除各种偏差，剩下的用作适宜度权重的指标。在栖息地组成部分计算的最后一步中，不同流量水平下的深度和速度的水动力估算值与这些属性的适宜度值相结合，然后对模拟流量中每个单元的面积进行加权，将所有单元的加权值相加即为加权可用面积（WUA）。

上述基本方法有许多变化，针对不同的水管理对象（如水力发电和独特的产卵栖息地需求）或特殊栖息地需求进行特定分析（Milhous 等，1989）。然而，水动力和栖息地模拟的基本原理保持不变，都会生成 WUA 与流量的函数关系［图 5-3（c）］。该函数应与水的可用性相结合，以便了解生命阶段在一年中的某个时间受到可用栖息地的损失或增加的影响。时间序列资料可用于对备选方案进行评估（Milhous 等，1990）。

PHABSIM 具有以下特点：首先，它提供了微生境可用性的指标，但不是衡量水生生物实际栖息地的标准，只有当所考虑的物种在特定的竞争和捕食环境中表现出对水深、流速、底质材料/覆盖物或其他可预测的微生境特征的偏好有文献记录时，才可以使用该方法。其次，应用 PHABSIM 时假设相对稳定的流量条件，使得水深和流速在所选时间步长中相对稳定，PHABSIM 不能预测流量对河道变化的影响。最后，PHABSIM 对现场数据和计算机分析的要求可能相对较大。

参 考 文 献

Armour C L, 1991. Guidance for evaluating and recommending temperature regimes to protect fish [J]. U. S. Fish and Wildlife Service Biological Report, 90 (22): 13.

Armour C L, 1993a. Evaluating temperature regimes for protection of smallmouth bass [J]. U. S. Fish and Wildlife Service Resource Publication, 191: 26.

Armour C L, 1993b. Evaluating temperature regimes for protection of walleye [J]. U. S. Fish and Wildlife Service Resource Publication, 195: 22.

Auble G T, Friedman J, Scott M L, 1991. Riparian vegetation of the Black Canyon of the Gunnison River, Colorado: Composition and response to selected hydrologic regimes based on a direct gradient assessment model [R]. Report for National Park Service, Water Resources Division, Water Rights Branch, Fort Collins, Colo: 78.

Bain M B, Boltz J M, 1989. Regulated streamflow and warmwater fish: A general hypothesis andresearch agenda [J]. U. S. Fish and Wildlife Service Biological Report, 89 (18): 28.

Bartholow J M, 1989. Stream temperature investigations: field and analytic methods [J]. Instream Flow Information Paper 13, Biological Report 89 (17), Washington, B. C.

Bartholow J M, Laake J L, Stalnaker C B, Williamson S C, 1993. A salmonid population model with emphasis on habitat limitations [J]. Rivers, 4 (4): 4.

Bartholow J M, Waddle T J, 1994. A salmon population model for evaluating alternative flow regimes [J]. Water Resources Planning and Management Division, 1994: 877 - 889.

Bayha K, 1978. Fish and wildlife [J]. In 1976 National water assessment. U. S. Department of the Interior, Washington, D. C. v. p.

Beecher H, 1990. Standards for instream flows [J]. Rivers, 1 (2): 97 - 109.

Binns N A, 1982. Habitat, quality index procedures manual [S]. Wyoming Game and Fish Department, Cheyenne.

Binns N A, Eiserman F M, 1979. Quantification of fluvial trout habitat in Wyoming [J]. Transactions of the American Fisheries Society, 108: 215 - 228.

Bovee K D, 1975. The determination, assessment, and design of "instream value" studies for the northern Great Plains region [J]. University of Montana. Final report, EPA contract: 204.

Bovee K D, 1982. A guide to stream habitat analysis using the instream flow incremental methodology [J]. Instream Flow Information Paper 12. U. S. Fish and Wildlife Service FWS/OBS - 82/26: 248.

Bovee K D, 1986. Development and evaluation of habitat suitability criteria for use in the instream flow incremental methodology [J]. Instream Flow Information Paper 21. U. S. Fish and Wildlife Service Biological Report, 86 (7): 235.

Bovee K D, 1988. Use of the instream flow incremental methodology to evaluate influences of microhabitat variability on trout populations in four Colorado streams [J]. Proceedings of the Western Division of the American Fisheries Society, Albuquerque, N. Mex: 31.

Bovee K D, Milhous R T, 1978. Hydraulic simulation in instream flow studies: Theory and techniques [J]. U. S. Fish and Wildlife Service FWS/OBS - 78/33: 130.

Bovee K D, Newcomb T J, Coon T J, 1994. Relations between habitat variability and population dynamics of bass in the Huron River, Michigan [J]. National Biological Service Biological Report, 22: 79.

Brown T C, 1992. Water for wilderness areas: Instream flow needs, protection, and economic value [J]. Rivers, 2 (4): 311 – 325.

Burns J W, 1971. The carrying capacity of juvenile salmonids in some northern California streams [J]. California Fish and Game, 57: 44 – 57.

Burton G W, Odum E P, 1945. The distribution of stream fish in the vicinity of Mountain Lake, Virginia [J]. Ecology, 26: 182 – 194.

Chapman D W, 1966. Food and space as regulators of salmonid populations in streams [J]. The American Naturalist, 100: 345 – 357.

Cheslak E F, Jacobson A S, 1990. Integrating the instream flow incremental methodology with a population response model [J]. Rivers, 1 (4): 264 – 289.

Coble D W, 1961. Influence of water exchange and dissolved oxygen in redds on survival of steelhead trout embryos [J]. Transactions of the American Fisheries Society, 90 (4): 469 – 474.

Collings M R, Smith R W, Higgins G T, 1972. The hydrology of four streams in western Washington as related to several Pacific salmon species [J]. U. S. Geological Service Water Supply Paper, 1968: 109.

Davis W M, 1909. Geographical essays [J]. Ginn, New York: 777.

EA Engineering, Science and Technology, 1991. San Joaquin River system chinook salmon population model documentation [R]. Report for Turlock Irrigation District and Modesto Irrigation District, EA Engineering, Science and Technology, Lafayette, Calif.

Estes C C, Orsborn J F, 1986. Review and analysis of methods for quantifying instream flow requirements [J]. Water Resources Bulletin, 22 (3): 389 – 398.

Fausch K D, White R J, 1981. Competition between brook trout (Salvelinus fontinalis) and brown trout (Salmo trutta) for positions in a Michigan stream [J]. Canadian Journal of Fisheries and Aquatic Sciences, 38: 1220 – 1227.

Forbes S A, 1907. On the local distribution of certain Illinois fishes: An essay in statistical ecology [J]. Bulletin of the Illinois State Laboratory of Natural History, 7: 273 – 303.

Gangmark H A, Bakkala R G, 1958. A plastic standpipe for sampling the streambed environment [J]. U. S. Fish and Wildlife Service Special Scientific Report—Fisheries, 261: 20.

Gelwick F P, 1990. Longitudinal and temporal comparisons of riffle and pool fish assemblages in a northeastern Oklahoma Ozark stream [J]. Copeia: 1072 – 1082.

Gilliam J F, Fraser D F, 1987. Habitat selection under predation hazard: Test of a model with foraging minnows [J]. Ecology, 68 (6): 1856 – 1862.

Gore J A, 1987. Development and applications of macroinvertebrates instream flow models for regulated flow management [J]. Regulated Streams: Advances in Ecology: 99 – 115.

Gore J A, Judy R D, 1981. Predictive models of benthic macroinvertebrate density for use in instream flow studies and regulated flow management [J]. Canadian Journal of Fisheries and Aquatic Sciences, 38: 1363 – 1370.

Gore J A, Nestler J M, 1988. Instream flow studies in perspective [J]. Regulated Rivers: Research and Management, 2 (1): 93 – 101.

Gorman O T, Karr J R, 1978. Habitat structure and stream fish communities [J]. Ecology, 59: 507 – 515.

Gosse J C, Helm W T, 1981. A method for measuring microhabitat components for lotic fishes and its application with regard to brown trout [J]. American Fisheries Society: 138 – 141.

Granholm S, Li S, Holton B, 1985. Warning: Use the IFIM and HEP with caution [J]. Hydro Review, Winter: 22 – 28.

Grossman G D, Moyle P B, Whitaker J O, 1982. Stochasticity in structural and functional characteristics of an Indiana stream fish assemblage: A test of community theory [J]. American Naturalist, 120: 423 - 454.

Hagar J, Kimmerer W, Garcia J, 1988. Chinook salmon population model for the Sacramento River basin [R]. Report for National Marine Fisheries Service, Habitat Conservation Branch. BioSystems Analysis, Inc., Sausalito, Calif.

Haines T A, Butler R L, 1969. Responses of yearling smallmouth bass (Micropterus dolomieui) to artificial shelter in a stream aquarium [J]. Journal of the Fisheries Research Board of Canada, 26 (1): 21 - 31.

Hearn H E, 1987. Interspecific competition and habitat segregation among stream - dwelling trout and salmon: A review [J]. Fisheries, 12 (5): 441 - 451.

Helfman G S, 1981. The advantage to fishes of hovering in shade [J]. Copeia, (2): 392 - 400.

Hesse L W, Sheets W, 1993. The Missouri River hydro system [J]. Fisheries, 18 (5): 5 - 14.

Hill M T, Platts W S, Beschta R L, 1991. Ecological and geomorphological concepts for instream and out - of - channel flow requirements [J]. Rivers, 2: 198 - 210.

Hooper D R, 1973. Evaluation of the effects of flows on trout stream ecology [J]. Pacific Gas and Electric Company, Emeryville, Calif: 97.

Hubbs C L, 1941. The relation of hydrological conditions to speciation in fishes [J]. A symposium on hydrobiology, University of Wisconsin: 182 - 195.

Huet M, 1959. Profiles and biology of western European streams as related to fish management [J]. Transactions of the American Fisheries Society, 88 (3): 155 - 163.

Hynes H B N, 1970. The ecology of running waters [J]. University of Toronto Press: 555.

Junk W J, Bayley P B, Sparks R E, 1989. The flood pulse concept in river floodplain systems [J]. Canadian Fish and Aquatic Sciences, 106: 352 - 371.

Kalleberg H, 1958. Observations in a stream tank of territoriality and competition in juvenile salmon and trout (Salmo salar L. and S. trutta L.) [J]. Institute of Freshwater Research Drottingham, 39: 55 - 98.

Kulik B H, 1990. A method to refine the New England aquatic base flow policy [J]. Rivers, 1 (1): 8 - 22.

Lamb B L, Doerksen H R, 1990. Instream water use in the United States—Water laws and methods for determining flow requirements [J]. Water Supply Paper: 109 - 116.

Larson H N, 1981. New England flow policy. Memorandum, interim regional policy for New England stream flow recommendations [J]. U. S. Fish and Wildlife Service, Region 5, Boston, Mass: 3.

Leonard P M, Orth D J, 1988. Use of habitat guilds of fish to determine instream flow requirements [J]. North American Journal of Fisheries Management, 8: 399 - 409.

Lewis S L, 1969. Physical factors influencing fish populations in pools [J]. M. S. thesis, Montana State University, Bozeman.

Loar S C, West J L, 1992. Microhabitat selection by brook and rainbow trout in a southern Appalachian stream [J]. Transactions of the American Fisheries Society, 121: 729 - 736.

Lobb M D Ill, Orth D J, 1988. Microhabitat use by the bigmouth chub Nocomis platyrhynchus in the New River, West Virginia [J]. American Midland Naturalist, 120 (1): 32 - 40.

Lukas J A, 1993. Factors affecting reproductive success of smalhnouth bass and redbreast sunfish in the North Anna River, Virginia [J]. M. S. thesis, Virginia Polytechnic Institute and State University, Blacksburg: 71.

Mathur D, Bason W H, Purdy E J, et al. 1985. A critique of the Instream Flow Incremental Methodology [J]. Canadian Journal of Fisheries and Aquatic Sciences, 42 (4): 825 - 831.

McClendon D D, Rabeni C F, 1987. Physical and biological variables useful for predicting population characteristics of smallmouth bass and rock bass in an Ozark stream [J]. North American Journal of Fisheries

Management, 7: 46 - 56.

McCrimmon H R, 1954. Stream studies on planted Atlantic salmon [J]. Journal of the Fisheries Research Board of Canada, 11: 362 - 403.

Milhous R T, Updike M A, Schneider D M, 1989. Physical Habitat Simulation System Reference Manual—Version II [R]. Instream Flow Information Paper No. 26. U. S. Fish and Wildlife Service Biological Report.

Milhous R T, Bartholow J M, Updike M A, et al. 1990. Reference manual for generation and analysis of habitat time series - Version II [J]. U. S. Fish and Wildlife Service Biological Report, 90 (16): 249.

Minshall G, 1984. Aquatic insect - substratum relationships [J]. The ecology of aquatic insects. Praeger N Y: 358 - 400.

Modde T, Hardy T B, 1992. Influence of different microhabitat criteria on salmonid habitat simulation [J]. Rivers: 37 - 44.

Modde T, Ford R C, Parsons M G, 1991. Use of a habitat - based stream classification system for categorizing trout biomass [J]. North American Journal of Fisheries Management, 11 (3): 305 - 311.

Monahan J T, 1991. Development of habitat suitability data for smallmouth bass (Micropterus dotomieui) and rock bass (Ambloplites rupestris) in the Huron River, Michigan [R]. M. S. thesis, Michigan State University, East Lansing: 130.

Morhardt J E, 1986. Instream flow methodologies [J]. Report of Research Project 2194 - 2. Electric Power Research Institute, Palo Alto, Calif, v. p.

Morhardt J E, Mesick C F, 1988. Behavioral carrying capacity as a possible short - term response variable [J]. Hydro Review, 7: 32 - 40.

Mundie J H, Traber R E, 1983. The carrying capacity of an enhanced side - channel for rearing salmonids [J]. Canadian Journal of Fisheries and Aquatic Sciences, 40: 1320 - 1322.

Nehring R B, Miller D D, 1987. The influence of spring discharge levels on rainbow trout and brown trout recruitment and survival, Black Canyon of the Gunnison River, Colorado, as determined by IFIM/PHABSIM models [J]. Proceedings of the Annual Conference Western Association Fish and Wildlife Agencies, Salt Lake City, Utah.

Nehring R B, Anderson R M, 1993. Determination of population - limiting critical salmonid habitats in Colorado streams using the Physical Habitat Simulation System [J]. Rivers, 4 (1): 1 - 19.

Nelson F A, 1980. Evaluation of selected instream flow methods in Montana [J]. Proceedings of the Annual Conference of the Western Association of Fish and Wildlife Agencies: 412 - 432.

Nestler J, Milhous R T, Layzer J B, 1989. Instream habitat modeling techniques [J]. Alternatives in Regulated River Management. CRC Press, Boca Raton, Fla.

Newcomb T J, 1992. Development and transferability testing of smallmouth bass (Micropterus dolomieui) habitat suitability criteria in Appalachian streams [J]. M. S. thesis, West Virginia University, Morgantown: 98.

Olive S W, Lamb B L, 1984. Conducting a FERC environmental assessment: A case study and recommendations from the Terror Lake Project [J]. U. S. Fish and Wildlife Service FWS/OBS - 84/08: 62.

Orth D J, 1987. Ecological considerations in the development and application of instream flow - habitat models [J]. Regulated Rivers, 1: 171 - 181.

Probst W E, Rabeni C F, Covington W G, et al. 1984. Resource use by stream - dwelling rock bass and smallmouth bass [J]. Transactions of the American Fisheries Society, 115: 283 - 294.

Reiser D W, Wesche T A, Estes C, 1989. Status of instream flow legislation and practices in North America [J]. Fisheries, 14: 22 - 29.

Riggs H C, 1968. Some statistical tools in hydrology [J]. U. S. G. S. Tech. Water - Resour. Invest.,

Book 4, Chap. Al: 39.

Ross S T, 1986. Resource partitioning in fish assemblages: A review of field studies [J] . Copeia, (2): 352 – 388.

Sale M J, 1985. Aquatic ecosystem response to flow modification: An overview of the issues [J] . The American Fisheries Society, Denver, Colo: 22 – 31.

Schlosser I J, 1982. Fish community structure and function along two habitat gradients in a headwater stream [J]. Ecological Monographs, 52 (4): 395 – 414.

Schlosser I J, 1987. A conceptual framework for fish communities in small warmwater streams [J] . Community and Evolutionary Ecology of North American Stream Fishes. University of Oklahoma Press, Norman: 17 – 24.

Scott D, Shirvell C S, 1987. A critique of theinstream flow incremental methodology and observations on flow determination in New Zealand [J] . Regulated Streams: Advances in Ecology. Plenum Press NY: 27 – 44.

Scott M L, Wondzell M A, Auble G T, 1993. Hydrograph characteristics relevant to the establishment and growth of western riparian vegetation [J] . Proceedings of the Thirteenth Annual American Geophysical Union Hydrology Days. Hydrology Days Publications, Atherton, Calif: 237 – 246.

Shelby B, Brown T C, Taylor J G, 1992. Stream flow and recreation [J] . General Technical Report RM – 209. U. S. Forest Service, Rocky Mountain Forest and Range Experiment Station. Fort Collins, Colo: 27.

Shelford V E, 1911. Ecological succession. I, Stream fishes and the method of physiographic analysis [J]. Biological Bulletin, 21: 9 – 34.

Shirvell C S, 1986. Pitfalls of physical habitat simulation in the instream flow incremental methodology [J]. British Columbia Department of Fisheries and Oceans. Canadian Technical Report of Fisheries and Aquatic Sciences, 1460: 68.

Shirvell C S, Dungey R J, 1983. Microhabitat chosen by brown trout for feeding and spawning in rivers [J]. Transactions of the American Fisheries Society, 112: 355 – 367.

Silver S, Warren C E, Doudoroff P, 1963. Dissolved oxygen requirements of developing steelhead trout and chinook salmon embryos at different water velocities [J] . Transactions of the American Fisheries Society, 92 (4): 327 – 343.

Sprules W M, 1947. An ecological investigation of stream insects in Algonquin Park, Ontario [J] . Publications of the Ontario Fisheries Research Laboratory, University of Toronto Studies, 69: 1 – 81.

Stalnaker C B, 1993. Fish habitat models in environmental assessments [J] . Environmental Analysis: The NEPA– Experience: 140 – 162.

Stalnaker C B, Arnette J L, 1976. Methodologies for determination of stream resource flow requirements: An assessment [J] . U. S. Fish and Wildlife Service FWS/OBS – 76/03.

Strange E S, Moyle P B, Foin T C, 1992. Interactions between stochastic and deterministic processes in stream fish community assembly [J] . Environmental Biology of Fishes, 36: 1 – 15.

Tennant D L, 1976. Instream flow regimens for fish, wildlife, recreation, and related environmental resources [J] . Fisheries, 1 (4): 6 – 10.

Thomas J A, Bovee K D, 1993. Application and testing of procedures to evaluate transferability of habitat suitability criteria [J] . Regulated Rivers: Research and Management, 8 (3): 285 – 294.

Thompson D H, Hunt F D, 1930. The fishes of Champaign County [J] . Illinois Natural History Survey Bulletin, 19 (1): 101.

Trautman M B, 1942. Fish distribution and abundance correlated with stream gradients is a consideration in stocking programs [J] . Transactions of the Seventh North American Wildlife Conference: 211 – 233.

Trihey E W, Stalnaker C B, 1985. Evolution and application of instream flow methodologies to small hydropower development: An overview of the issues [J]. The American Fisheries Society, Denver, Colo: 176 – 183.

Usinger R L, 1956. Aquatic insects of California [J]. University of California Press, Berkeley: 508.

Vannote R L, Minshall G W, Cummings K W, et al., 1980. The river continuum concept [J]. Canadian Journal of Fisheries and Aquatic Sciences, 37: 130 – 137.

Waddle T J, 1991. A water budget approach to instream flow maintenance [J]. Proceedings of the International Conference on Hydropower, Denver, Colo: 155 – 162.

Waddle T J, 1992. A method for instream flow water management [J]. Ph. D. dissertation, Colorado State University, Fort Collins.

Wesche T A, Rechard P A, 1980. A summary of instream flow methods for fisheries and related research needs [J]. Eisenhower Consortium Bulletin No. 9, University of Wyoming, Laramie: 122.

Whitford L A, Schumacher G J, 1964. Effect of current on respiration and mineral uptake in Spirogyra and Oedogonium [J]. Ecology, 45: 168 – 170.

Wickett W P, 1954. The oxygen supply to salmon eggs in spawning beds [J]. Journal of the Fisheries Research Board of Canada, 11 (6): 933 – 953.

Wiens J A, 1977. On competition and variable environments [J]. American Scientist, 65: 590 – 597.

Wilds L J, 1985. A negotiator's checklist: success through preparation [J]. Hydro Review, 4 (4): 56 – 60.

Williamson S C, Bartholow J M, Stalnaker C B, 1993. Conceptual model for quantifying presmolt production from flow dependent physical habitat and water temperature [J]. Regulated Rivers: Research and Management, 8: 15 – 28.

第 2 篇

利用河道内流量增量法
进行河道生境分析

第 6 章　IFIM 的基础知识

6.1　IFIM 是一个跨学科解决问题的工具

IFIM 是一种决策支持系统，旨在帮助自然资源管理者及其支持者确定不同水管理方案的利益或后果。有些人认为 IFIM 是计算机模型的集合。这种看法是可以理解的，因为 IFIM 依附于一个生境模拟和分析综合系统，该系统是为了协助用户应用这种方法而开发的。然而，IFIM 更应被视为解决水资源分配问题的过程，其中包括对河流生境资源的关注。IFIM 是在美国鱼类及野生动物管理局的领导下，由来自联邦和州立资源机构和学术界的科学家组成的一个跨学科团队开发的（Trihey 和 Stalnaker，1985；Stalnaker，1993）。该方法论发展的前数十年重点整合了从水资源和水质工程、渔业生物学和社会科学发展而来的众多技术（Stalnaker，1982）。

历史上，流域内的流量测定通常包括主张在河流中几个孤立的地点，为一种知名鱼类的单一生命阶段争取最大数量的微生境。在 IFIM 范围内的决策已经成熟，任何时间段或情景下的流量都要经过审查和评估。为了应付对备选方案如此密集的检查，IFIM 最强大的特点之一是试验各种河流治理方案的机制。分配给鱼类生产的水量预算、水库蓄水和放水的政策决定正在成为自然资源管理者的管理范畴（Waddle，1991）。

随着 IFIM 的不断发展，它正在从一个影响评估工具发展成为一个水资源规划和管理工具，用于制订河流治理政策。水库调度和输水模型与 IFIM 的生境时间序列分析相结合，可以比较许多不同的泄水方案（Harpman 等，1993；Waddle，1993）。作为水资源管理者的生态学家必须了解流域的水文状况，包括历史上的供水模式（干旱、洪水周期和重现期）、拥有的水权和优先使用权以及所管理河流系统中主要用水者的典型输送模式。

6.2　IFIM 是一个模块化的决策支持系统

IFIM 由一系列相互关联的分析程序组成，这些程序描述了由给定的河流调节方案产生的生境时空特征，IFIM 基本组成和流程示意图如图 6-1 所示。该方法具有适应性，因为组件可以自由组合以适应特定需求。IFIM 的一个独特特征是可以同时分析生境随时间和空间的变化。

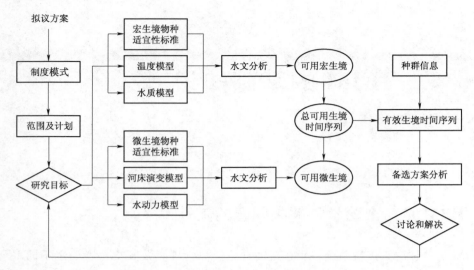

图 6-1　IFIM 基本组成和流程示意图

在应用 IFIM 时，通常会在几个时空尺度上进行操作。IFIM 使用类似于 Hawkins 等（1993）开发的分级分类系统来描述不同尺度下的生境特征，IFIM分析中生境单元的分层示意图如图 6-2 所示。对于实际工作者来说，充分了解 IFIM 中用于定义生境的各种空间尺度尤其重要。小尺度的数据收集和分析与大尺度的措施相结合，建立了大尺度的生境流量模型。

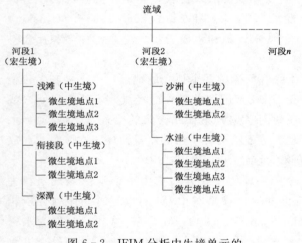

图 6-2　IFIM 分析中生境单元的
分层示意图（按降序排列）

首先是宏生境。在 IFIM 分析中可以使用流域、河网和河段三个宏观生境层次分层。最大的生境单位是流域，流域的大小范围从几十平方公里到数千平方公里不等；中等的生境单位是河网，一个河网通常由两个或更多的子流域组成，但也可能包含整个流域；河段是最小的宏生境层次，被认为是 IFIM 中使用的基本生境核算单位。

其次是中生境。中生境可以包含许多微生境，但它们具有共同的坡度、河道形状和结构。池塘和浅滩是常见的中生境。中生境类型的长度通常与河道的宽度处于同一个数量级。中生境可细分为微生境组分，面积范围从小于 1 平方米到数平方米不等。

微生境是指河流的局部区域，其深度、流速、底质和植被条件相对均匀。

IFIM 的组成部分如何组合取决于问题的性质和研究的目的。可以将微生境与水化学和温度等宏生境变量进行纵向整合，形成整个河段的总生境与流量之间的函数关系。当涉及水质或温度的影响时或当目标是维持现有的形态时，就在宏生境层面上对河道结构进行分析。

还可以在微生境水平上分析河道结构，以评估由河道形态变化引起的微生境可用性变化。水库调度和河流网络分析将河流水文和单个或多个河段的总生境联系起来。这些工程模型为进行生境动态的时间分析提供了手段，在少数情况下，还用于鱼类种群动态分析（Waddle，1992）。

近年来，由于水电开发逐渐达到顶峰和大型蓄水水库运行的重新评估对微生境的影响，河流管理问题被提升到河流网络和流域尺度（Lubinski，1992；国家研究委员会，1992；Hesse 和 Sheets，1993）。

6.3 IFIM 以生态原则为基础

Karr 及其同事（Gorman 和 Karr，1978；Karr 等，1986）在制订生物完整性指数（IBI）时提出，人为因素对河流系统的影响可分为水文情势、栖息地结构、水质、食物来源和生物之间相互作用五个主要类别。在受人为改变影响的方式中对河流生态系统生物完整性至关重要的变量见表6-1。表6-1将这些机制重新确定为在确定一条或多条路径中可能造成的影响时需要考虑的因素。IFIM 的建模方法受到了"河流生态系统生物完整性"这一观点的影响，并且已经开发了适合这一模式的模型。

表6-1 在受人为改变影响的方式中对河流生态系统
生物完整性至关重要的变量

水 文 情 势	栖息地结构	水 质	食 物 来 源	生 物 相 互 作 用
流量	生境多样性	营养物质	藻类产量	外来物种
水深	淤积	温度	能量输入	土著物种
水流速度	河岸稳定性	浊度	颗粒有机物	受到威胁和濒危物种
洪水频率	覆盖物	盐度	水生无脊椎动物	杂交
洪水量级	木质残骸	溶解氧	陆生无脊椎动物	种群结构
干旱频率	河道蜿蜒度	pH 值		竞争
干旱程度	河岸带植被	有毒物质		物种丰度
流量变化	生境连通性			捕食营养结构

注：修改自 Karr，1991。

6.3.1 水文情势

IFIM 中有多个步骤与水文分析相关（例如，图6-1）。在任何给定的时间内，河段的生境数量都与当时的流量有关，因此，IFIM 时间尺度上的分析由水文驱动。IFIM 分析中最重要的一点是确定描述基流和替代流量状况下生境变化的适当时间段和时间步长。

6.3.2 栖息地结构

IFIM 基于微生境尺度对生境结构进行量化，然后在中生境尺度进行整合。PHAB-SIM（Milhous 等，1989）是一种综合的水力和微生境模拟的模型集合，旨在量化目标物种在多种流量情况下可获得的微生境数量。PHABSIM 结合了对河道结构特征的经验描述、深度和流速的模拟分布以及目标物种的生境适宜性标准。这种组合揭示了单位河流长度内目标物种可利用的微生境面积与流量之间的函数关系。水动力模型可以精确预测未测量或无法测量的水动力参数（如深度、速度、宽度）。这种模拟能够评估水陆过渡带洪水泛滥的发生时间和持续时间（Junk 等，1989），也可以描述流量和生境结构（例如生境的多样性或物种丰度）之间的关系。

河漫滩、回水区和边缘生境的丧失是许多河流物种数量减少的主要原因之一（Hesse 和 Sheets，1993）。在河流主要区段内中生境类型和相关物种组合的分类突出了充分描述和管理河道形态作为河流管理的一个组成部分的重要性。在保护现有河道（Rosgen 等，1986；Stalnaker 等，1989）和恢复洪泛区生境（Hesse 和 Sheets，1993）方面，已经有了相当多的实证研究。例如，美国和加拿大西部地区将冲刷流量作为河流管理制度的一部分，目的是冲洗鳟鱼和鲑鱼栖息的河流中砾石和卵石间隙中的泥沙（Reiser 等，1989a），解决该问题的关键是计算大型水库下游流量脉冲大小和时间对细粒泥沙的冲刷作用。目前，河流系统中的首要问题之一是地貌与生态的关系，用来预测河道对水流状况或泥沙输移响应的技术还不够成熟。

6.3.3　水质

IFIM 中温度和水质是宏生境的主要组成部分。IFIM 对水质的研究通常包括该地区水资源或公共卫生机构常用的水质模型（Bartholow，1989；Thornton 等，1990），水质模型已被广泛应用于水资源管理和水库蓄水。水温对鱼类的生存和繁殖行为具有决定性的作用，某些受水温影响的河段需要预测鱼类适宜的温度阈值。已为一些重要鱼类物种编制了结合 IFIM 应用评估和建议温度状况的指导文件（Armour，1991，1993）。

6.3.4　食物来源

迄今为止，用于评估河流中食物基础的流量相关模型仅限于模拟供鳟鱼和鲑鱼栖息的河流中的大型底栖无脊椎动物使用的微生境区域。这样的模型是基于各种水生昆虫在不同基质和水流速度下的微生镜面积（Sprules，1947；Needham 和 Usinger，1956；Minshall，1984；Gore，1987）。水生大型无脊椎动物的微生境使用模型通常遵循 Gore 和 Judy（1981）概述的程序，Jowett（1993）研究发现该模型解释了在新西兰 89 条有鳟鱼的河流中，棕色鳟鱼的产量变化很大。

6.3.5　生物相互作用

在 Karr（1991）列出的五个指标中，并未包含生物指标，但其有很大的发展前景。作为流量管理的结果，种间竞争迄今采取的形式是检查鳟鱼物种之间栖息地重叠的数量（Nehring 和 Miller，1987；Loar 和 West，1992）。仔细研究一个河段的历史温度和流量模式可以为假设提供证据，以解释在河段中观察到的一个物种对另一个物种的优势地位。产卵期和孵化期温度不合适，鱼苗出苗时流速过快，关键时期优先饲养或休息空间的大量重叠，都可能打破平衡，使其有利于一个物种而不利于另一个物种。基于群落结构的生境模型的开发还需要进一步研究。

利用 IFIM 进行河道内流量研究的初步重点是了解在所研究的河流系统中历史流量状

况下生境变化的动态。本章介绍了与生境动态和水文学相关的分析程序。这些程序提供的信息与目前河流生态系统的四个概念相一致：①Shelfbrd（1911）提出的纵向演替概念，这一概念由 Trautman（1942）、Burton 和 Odum（1945）以及 Vannote 等（1980）进行了详细阐述；②栖息地隔离，以及斑块分布和生境边界在资源分割中的重要性（Chapman，1962，1966；Wiens，1977；Schlosser，1982，1987）；③Junk 等（1989）引入的洪水脉冲概念；④对随机过程的生物反应（Grossman 等，1982；Schlosser，1987）。在动态河流环境中，必须整合所有这些概念，以厘清确定性过程和随机过程对所研究群落的相对重要性（Schlosser，1982；Gelwick，1990；Strange 等，1991）。

6.4 IFIM 是一种不断发展的方法

20 世纪 80 年代，出现了数百个 IFIM 应用程序，以及无数的批评和要求改进的呼声（Mathur 等，1985；Morhardt，1986；Shirvell，1986；Orth，1987；Scott 和 Shirvell，1987；Gore 和 Nestler，1988；Lamb，1989）。1981 年和 1986 年，在美国渔业协会（AFS）的支持下，对北美地区所有州、省和联邦渔业机构进行了两次调查，其中包括许多 IFIM 用户。调查结果汇编并总结了北美地区 IFIM 的应用范围，并对研究需求进行了优先排序（Reiser 等，1989b）。已确定的优先研究需求是：①界定流量、生境和鱼类生产之间的关系；②验证和测试 IFIM 栖息地产量和鱼类生产之间的关系；③开发新的方法来确定温水群落以及在缺乏物种生境信息的情况下的流量需求。自美国渔业协会调查以来，研究和开发工作的重点一直集中在第①项和第②项上，涉及奇努克鲑鱼、虹鳟鱼、褐鳟和小嘴鲈鱼。Armor 和 Taylor（1991）列出了 IFIM 组件的计算机模型，并确定了需要改进和测试的地方。

随着社会的发展，将生境动态与鱼类种群的动态和群落特征联系起来将变得越来越重要。如果没有所研究河流的鱼类种群数据，就无法实现这种联系。校准有效的生境模拟只需要在现场收集极少量的种群信息，是一种监测鱼类种群状况的方法。通常，在为了垂钓而施行集中管理的下游水域进行监测，对垂钓者渔获量调查，或对鱼群年龄和生长状况研究，是监测鱼类种群状况的另一种有效方法。

生境时间序列（Trihey，1981；Milhous 等，1990）结合有效生境分析（Bovee，1982），使管理者能够确定在模拟的河流历史中，较弱或较强的年份与栖息地限制模式或可用栖息地丰度之间是否存在关联。通过调整各个生命阶段所需的生境比率，管理者可以开发出一个有效生境的时间序列，该时间序列与种群趋势和年份强度模式、计算所得的生长史和其他有关种群状况的信息相对应。

对于所有模型，都会存在由于输入数据和模型简化引入的误差。模型率定和参数调整是应用模型精确预测时，由于系统输入变化而引起的自然系统变化的重要步骤。模型系统校准流程图如图 6-3 所示。在 IFIM 多学科团队中，生物学家必须坚持在生境模型中使用合理和准确的生境适宜性标准，以确保生物学上的真实性和建模准确性，工程师必须通过水动力、水质和水流模型的校准和测试来确保这些物理模拟的准确性。

对于集中管理的河流和鱼类种群，正在形成新一代的生境管理模式（Hagar 等，

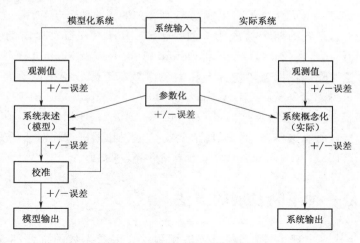

图 6-3　模型系统校准流程图

1988；Cheslak 和 Jacobson，1990；Stalnaker，1994）。这种建模工作需要将当代鱼类种群模型与时空生境模型结合起来，同时需要工作人员对鱼类种群有相当多的了解，包括季节性和年度死亡率、河网系统内的季节性流量模式，以及每个生命阶段的生境负荷能力等的估算（Williamson 等，1993）。

模拟模型为讨论者提供了必要的信息，以便使一部分供水专门用于河道内效益（有时称为环境流量）。自然资源管理者逐步成为水资源管理者，参与关于如何向河流排放环境流量的年度和季节性决策。要熟练掌握此类规划，资源管理者必须学会如何预测流域的供水和径流特性。例如，在严重干旱或洪水等严重破坏水生生物多样性的不受控灾难性事件发生后，分配的水可能被储存起来，并向下游输送少量的水。以这种方式储存水可以减少与一系列干旱相关的风险。

通过对鱼类种群总体状况和预测供水量的模拟，管理者可以像传统的用水者那样要求蓄水或放水。与以往的标准做法——恒定最低流量的持续释放相比，针对鱼类繁殖、索饵、迁移等行为的集中管理可以更有效地将水用于河流内部。Waddle（1992）证明，为了提供鱼类栖息地而释放水库的水比释放恒定的最低流量能产生更多的鱼类种群。确定了能够满足鱼群需求的水库年度蓄放模式，未来 10～20 年就可以用相同的模式养活更多的鱼群，而不是以一个固定的最小流量来放水。

模型工具提供了进入环境流量管理领域的途径。在这个领域，自然资源管理者必须学会与其他学科交叉，并在与描述性生物学截然不同的社会环境中使用科学工具。我们看到了一种思考模式上的改变，即从保护最小流量转向了多用途协同的河道内流量。

6.5　IFIM 是一个过程

IFIM 是一个过程，由四个相关活动或阶段组成的，包括问题识别和诊断、研究规划、研究实施、方案分析/问题解决。IFIM 研究所涉及的活动和信息流如图 6-4 所示。

（1）问题识别和诊断包括两个主要组成部分：①法律和体制分析，以确定问题设置及

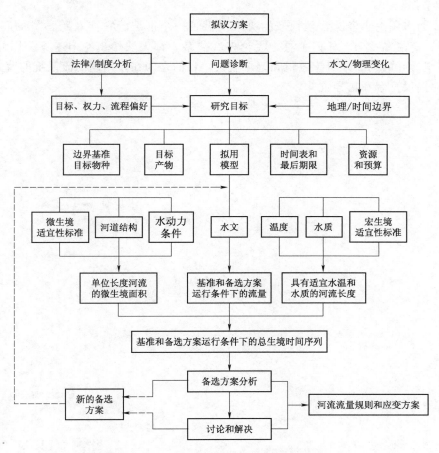

图 6-4 IFIM 研究所涉及的活动和信息流示意图

其解决的可能背景；②问题分析，确定问题的各利益攸关方的关切事项和解决问题所需的信息。

（2）研究规划包括将信息需求与现有信息进行比较。所需信息和可用信息之间的差异是研究规划的基础。在制定研究规划时，跨学科团队必须就研究目标和期限、适宜模型和数据要求、时间和空间细节的层次、角色和职责、最终成果和阶段性成果以及工程预算达成一致。研究规划还应该对将用于评估方案的分析方法达成共识。

（3）研究实施涉及数据收集、模型校准以及模型输入和输出的验证。在研究实施的每个步骤中，都必须保证质量，以确保 IFIM 的组件模型生成的信息尽可能准确和真实。如果没有可靠的数据，就很难准确地比较下一阶段可能提出的方案。

（4）在方案分析/问题解决过程中，选择一套商定的基准水文条件作为基本的参考点，然后与基准条件相比，决策过程的所有各方可能都有自己的首选方案。团队可以集体考查所有大一点方案的有效性、物理可行性、失败风险和经济考虑。基于对竞争性大一点方案的评估，通过协商和折衷来解决问题。由各利益相关方组成的跨学科团队可以通过迭代解决问题来获得解决方案，以便在多种常常相互冲突的用水方式之间实现某种平衡。

　　IFIM 为多用途水资源管理领域的决策提供了一个框架。它涉及跨学科的问题解决、增量原理、商议和技巧。任何工具，无论多么复杂，都无法给出绝对答案。因此，IFIM 用户需要用最好的判断来组织逻辑和记录假设，目的是为在多用途河流系统的背景下进行 IFIM 研究提供见解和指导方针。

第 7 章　IFIM 第一阶段

7.1　问题识别和诊断

涉及河流栖息地备选管理方案的调查通常称为河道内流量研究，但这一术语可能对 IFIM 分析有点局限。河道内流量研究表明，河流栖息地问题的唯一解决办法是改变河流流量状态。随着对 IFIM 的了解越来越多，应该意识到改变河流流量状态，是管理河流栖息地的有效方法，但这绝不是唯一选择。

在应用 IFIM 时，这一重要的第一阶段包括两个部分：一是对问题的制度背景进行分析；二是对各利益相关方提出的问题进行分析。这两个部分是界定研究规划的必要前提。

7.2　法律和制度分析

无论何时使用 IFIM 进行河道内流量评估，都应该进行讨论。有人认为 IFIM 是可以为任何河道内流量问题提供最佳解决方案的工具。如果 IFIM 运行得很好，那么由此产生的建议应该是明确和无争议的。这一愿景并不完善，主要有两个原因：第一，静态技术忽略了使用 IFIM 的主要原因，该方法是专门为了提供一种通用的语言和理论基础来评估竞争性方案的可行性而制定的，尽管 IFIM 中包含的技术是建立在既定的科学知识基础上的，但该方法的设计目的是避免给出特定的最佳答案；第二，IFIM 的优势在于用户能够就目标、备选模型、适当的抽样制度和数据解释等达成一致，是建立在讨论基础上的。

IFIM 不仅是渔业生物学或水文学分析，而且有对政策的分析。政策分析是对政策进行调查，以确定可能的结果或了解决策是如何做出的。进行策略分析意味着 IFIM 的用户参与了一个旨在帮助决策者的复杂建模过程。平衡相互冲突的目标、数据限制和可用时间来提出建议的问题，决策者可以利用这些建议来建立一个适当的管理方案。有时 IFIM 的用户就是决策者，有时决策来自研究过程之外。无论决策出自何处，IFIM 用户必须准备一份满足决策过程需要的研究报告。

7.2.1　解决问题

最成功的 IFIM 实践者是问题解决者。作为河道内流量问题的解决者，需要具备许多不同学科的知识，以及对政策分析方面的定位；也就是说，理解人们做出决策所需要知道的东西。解决问题的主要技巧是要明白不是每个人的观点都相同。河道内流量分析师必须掌握潜在决策者的观点，以及其他共同完成河道内流量建议任务的分析师的观点。也许一个问题解决者所犯的最严重的错误就是假设每个人都从同一个角度看待问题。

人类的感知不仅仅是通过五观来完成，人类最深刻的感知是训练和经验的产物。人们对这个国家不同地区的感受、对电脑的感受，以及人们对河道内流量的感受等，都是人们习惯于看待世界的一种方式的结果。例如，在研究了 IFIM 之后，可能会问自己，怎么会有人可以用一年的最小流量来谈论流量，这完全取决于一个人对问题的看法。感知还是价值观的作用。共同的价值观往往伴随着共同的认知，反之亦然。感知的差异反映了个体之间的深层次差异。此外，人们看待问题的方式可能会随着情况的变化而改变。当人们从实施者的立场而非监管者的立场来处理河道内流量问题时，人们的观点可能会改变。

问题解决者的另一项技能是理解理性概念的能力。理性方法的一种观点被称为"理性全面"（Lindblom，1959）。根据这种观点，一个好的决定是理性和全面的。理性意味着遵循条理分明和循序渐进的过程，而全面意味着决策者已经考虑了所有的事实、潜在的选择和潜在的结果。由于没有人能够真正以这种全面的方式处理信息，因此粗心的人类行为观察者通常会得出结论，认为人是不理性的。社会科学家认为，人的确是理性的。人们之所以理性，是因为他们合理地寻求满足自己的利益。这种理性的一种表现方式是，人类习惯性的做法是一次只做一个决定，并将当前的选择建立在一个先例的基础上（Simon，1957；Lindblom，1959）。

依靠先例就是用类比法把问题分类。这些类型可以称为问题设定。每个设定都代表了一系列互补和冲突的需求。当决策者遇到熟悉的设定时，可以依赖先例来预测所有参与者的需求。先例为当前的问题划定了界限，这是理性全面的方法所无法做到的。我们的经验告诉我们应该期待什么，并使当前的问题变得易于理解。一旦人们知道了问题设定，人们也就知道了过去使用过的一套解决方案。这些知识使人们能够做出与过去满足需求的决策类似的决策。通过类比对问题进行分类，可以为人们提供合理的决策捷径。

7.2.2　层次分析

每个问题设定都有不同的情境。有必要考虑三种情况：个体、机构（小组）和系统（小组间）。个体情境指的是人与人之间的互动。问题是"他或她是如何做决策的？"当你必须说服一个人的时候，重点是如何向那个人展示信息。机构情境关注的是人类群体。问题是"我们是如何做决策的？"当你作为机构的一员，你的注意力集中在群体形成和群体决策的动态上。系统情境反映在小组间的讨论中。问题是"小组集合是如何做决策的？"

根据情境（个体、机构或系统）将问题归类的方法称为解决问题的层次分析法（Singer，1969）。层次分析法注意到，个体和人类群体在决策上存在巨大差异。一种适合于与个人讨论的策略，在群体间往往是无效的。例如，当一个人就购买二手车进行讨论时与当一个人代表一个机构参加跨机构的监管协商时的情况是完全不同的。

层次分析法的一个有用的方面是它允许专业人员剖析和诊断问题。提出河道内流量的建议总共包含三个层面的分析。其中在个体层面上，需要说服同事了解目标、技术和数据解释；在机构层面，必须组成一个跨学科的调查小组且能够有效地运作，开展研究；在系统（小组间）层面上，需要代表组织参加跨部门讨论。实际上，任何一位分析人员都可能是多个小组的成员。社会科学家通常一次只关注一个层面的分析，但是作为一个实践者，你必须能够诊断反映所有三个层面行为的问题。

1. 个体层面

在个人层面分析，重点是个性和个人风格。如果你可以想象，每个人对每个特定问题都拥有个人的认知（一组复杂的先入为主的概念），那么就很容易得出这样的结论：人们一定在认知的形成、维护和修改上花费相当多的精力。事实上，改变个人认知非常困难，人们往往会抵制这种改变。认知失调理论（Festinger，1957）描述了人们不愿改变思维定式的观点。认知失调指的是人们倾向于尽可能长时间地保持自己的个人认知不变。这个理论描述了人们在认知维护方面的工作非常努力，以至于很少有人愿意修改认知。一旦个人认知构建完成，就必须投入大量的情感资本来改变它。在个人层面上，就河道内流量建议进行讨论是一个开发和挑战认知的过程。最成功的分析师会找到一种方法，将新的信息整合到另一个人的现有认知中，而不需要执行个人认知的重大修改。

2. 机构层面

在机构层面分析，一个组织的内部行为是由增量理论（Lindblom，1959）、机构文化和标准操作程序（Allison，1971）和同辈压力（Janis，1972）等概念决定的。通过观察一个组织如何应对类似情况，可以了解该组织的许多内部运作情况。Lindblom（1959）关于增量理论的著名论文表明，每个新问题都可能通过将以往决策稍加修改来解决。这样做的原因是出于安全考虑。如果过去的决策奏效了，就没有理由冒险采取一种全新的方法。机构文化的影响加剧了重复过去行为的倾向。即使是一个有远见的领导者，也很难将新的指示强加给一个具有既定文化和正式程序的机构（Allison，1971）。尽管这两个因素很重要，但同辈压力是保证一致性的黏合剂。Janis（1972）描述了对决策者群体的研究。过了一段时间，这些小组形成了一种共同的观点，即使面对相互矛盾的信息，也积极努力维护这一观点。这些小组的典型特征在于，他们形成了潜规则，这些潜规则悄悄地、有效地强加于持不同政见的成员身上。这些因素结合在一起产生了组织行为的一致性，在计划讨论时可以依赖这种一致性。

3. 系统（小组间）层面

在小组间层面分析，行为受制于组织在授权章程中表达的使命，以及在过去的组织间讨论中确定的立场。各组织派出的代表了解该机构的立场以及其他机构和团体在类似讨论中采取的立场。每个讨论者都知道该机构的权力来源、责任范围和权限。代表们还知道在类似情况下所采取的立场，通常用来收集和分析数据的手段，以及与其他组织的官方关系（Lamb，1980）。所有这些因素共同作用，来定义一个组织的行为。了解预期的行为将告诉你一个组织可能采用的战略和战术。了解他人可能的讨论行为可以让你设计出有效的讨论策略（Clarke 和 McCool，1985；Wilds，1986）。

当你参加跨部门河道内流量讨论会议时，你就代表了你的组织。这种讨论结果最常见的预测因素是权力（Lamb 和 Doerksen，1978）。机构间自然资源讨论中的权力可能有多种形式，但其中最主要的是组织本身的权力（Burkardt 等，1997）。例如，你可能有一个磁性人格，但在一家在冲突中只拥有很小利益的机构工作。在这种情况下，无论你多么努力，你的效率都会受制于你所在组织在讨论中的地位。

7.2.3 制度分析

"制度"一词是指就政策、项目、条例、批准和许可做出决定的法律、政治、行政和机构结构和程序（Ingram 等，1984）。这些结构和过程不仅仅包括法律和法规。法律法规仅仅是正规的决策指南。结构和过程也包括非正式因素。首要关注的是了解机构、利益集团和其他利益相关方在讨论中的行为方式。制度分析可以分为机构认知和政策评估两个过程。机构认知一词是指机构看待讨论过程的方式，而政策评估则是指选择一个行动方案并帮助其他人做出决定。

1. 机构认知

了解机构认知需要两个步骤。首先，需要仔细评估自己的任务、立场和相对影响力。准确理解组织的政策、资源、技能和影响力对讨论成功至关重要。因此，应仔细注意界定立场，并制定一个互动策略。其次，需要评估其他各方的立场、影响力和资源。确实，在这样一项复杂的工作中，所有当事方都需要能够评估对方的背景和战略。

2. 政策评估

显然，对于参与环境讨论的机构或单位来说，具有分析制度过程的能力将给他们带来好处。例如，在恐怖湖案例中，联邦能源管理委员会的工作人员善于处理此类制度问题。工作人员会把问题看作是一个大马赛克。这样，他们可以直观地看到讨论应该如何进行，以及识别利益相关者可能的行为。进行政策评估的能力体现在对问题更全面的看法和更协调的应对措施上。

案例研究：恐怖湖（*Torror Lake*）工程

联邦能源管理委员会（FERC）负责根据《联邦电力法》（16 U. S. C. 792 et seq.）向非联邦实体颁发经营水电工程的许可证。该法案规定，联邦法律顾问委员会可以为保护公共利益制订许可条件，并且必须平衡权力和非权力因素。在恐怖湖案例中，这些考虑因素包括河流内用水和陆地栖息地价值。作为 FERC 许可活动的典型，恐怖湖许可证的申请人必须与州和联邦自然资源机构协商，以制订许可证条件。

特罗尔河位于阿拉斯加的科迪亚克岛。这条河从恐怖湖流入阿拉斯加湾。特罗尔河和恐怖湖都在科迪亚克国家野生动物保护区的范围内。这条河是水力发电服务于科迪亚克岛人民的重要资源。在恐怖湖工程中涉及的众多问题之一是维持鱼类栖息地的河道内水量。恐怖河有助于维持太平洋鲑鱼的商业生产，同时太平洋鲑鱼也是科迪亚克棕熊的主要食物来源。讨论的重点之一是维持渔业的河道内流量。保护科迪亚克棕熊的栖息地，是科迪亚克国家野生动物保护区的主要目的之一。栖息地的一个重要组成部分就是流动的水资源。

该工程旨在提高恐怖湖的水位，并通过压力管道和发电站将水引入不同的流域。该工程最初计划于 1964 年，1967 年获得联邦电力委员会（FPC）批准。联邦电力委员会的初步许可证于 1974 年到期，并向联邦能源管理委员会提交了新的许可证申请。在 1976—1981 年，申请人科迪亚克电气协会（KEA）和许多有关机构就应该研究什么和许可证中应包括什么条件进行了分阶段讨论。在环境影响评价过程中，有关各方往往采用粗略的制度分析，或者没有研究问题的政治因素。

尽管恐怖湖工程成功地获得了许可并得以建造，但在一开始，人们对解决问题的过程了解甚少。造成这种不了解的部分原因是，当事各方没有进行制度分析。Spiro（1970）指出，"方法或方式在政治中，如同在其他一切事物中一样，具有至高无上的重要性。"使用制度分析作为河道内流量问题的标准方法的一部分，有助于各方避免一些常见的误区。在恐怖湖工程中，从制度分析中可得到五个方面的教训：

（1）在任何讨论中，各方都应记录共识、协议、时间表和其他重要事件。这不是由恐怖湖工程的讨论者负责的，因此，在细节上仍然存在分歧。

（2）监督必须成为协商解决方案的一部分。

（3）在讨论中，可能会用到调解人。联邦能源管理委员会的工作人员，参与了恐怖湖工程讨论的调解。

（4）如果讨论各方允许远程机构和委员会做决策，他们的解决方案可能会不靠谱。最好的解决方案来自于与工程关系最密切的各方。

（5）把每个派系（一个机构或个人团体）视为一个统一的实体似乎妨碍了讨论。例如，在恐怖湖讨论中的当事方在现有组织部门或动态发展之初几乎没有任何意义。其结果是，各方经常被对手在问题上的立场所困惑。

7.2.4 制度分析方法

有效的讨论需要准确而实际的制度分析（Nierenberg，1973）。很多时候，这种分析要么是描述性的、而非行为性的，要么是意识形态的、而非客观的。为了克服这些缺点，人们已经开发出一种制度行为模型，供机构分析人员、利益集团和决策者使用。这种模型被称为法律制度分析模型（legal – institutional analysis model，LIAM）（Lamb，1980；Wilds，1986）。

该模型假定了机构权力的来源和主要决策策略。用这些知识来预测每个主要策略的行为。在大多数水资源讨论中，参与者都扮演着各种角色，其中包括要求改变传统决策过程的倡导者、寻求维护现状（特别是依赖经过时间考验的决策过程）的守护者、寻求通过权衡和讨论来管理决策的经纪人以及努力做出客观的类似法院裁决的仲裁者。

制度分析模型首先指导人们确定存在哪些角色，并根据各种权力因素对每个角色进行权衡，然后，利用各方的历史行为模式来预测未来行为。遵循这一程序，人们可以审视制度背景，确定技术或政治是否控制某些决策，并以有助于解决问题的方式进行讨论。

努力了解自己的立场和其他参与者的立场的知识。这些知识包括有关权力来源的信息，关于类似问题的先前立场的信息，有关其他各方通常采用的手段的信息。结果取决于人们如何巧妙地运用权力、知识和信息来回应对手（Lamb，1976；Doerksen 和 Lamb，1979）。发现人们自己的权力、知识和信息以及讨论中其他各方的权力、知识和信息是制度分析的目的。LIAM 包括确定角色、描述背景、计算权力、评估优势和劣势四个步骤。

7.2.4.1 确定角色

在讨论中，组织机构扮演着一致的角色。Golembiewski（1976）指出，"机构或其单位倾向于形成独特的风格，就像个人一样。这些风格有助于确定采用的政策和制定的决策，政策和决策都是从组织风格中得到加强和发展的。"

对角色的依赖意味着每个组织的行为可能与组织的传统行为一致（Wildavsky，1975）。角色由任务、支持小组和手头的具体问题决定（Olive，1981）。基于对河道内流量决策过程的研究，自然资源管理中的标准角色被分为两类：分配者和行动者（Lamb，1980）。进行制度分析的第一步是确定在讨论中所扮演的角色。分配者最终决定利益如何分配。行动者挑战规则，向分配者提出诉求，并设法赢得尽可能多的利益。

1. 分配者角色

特定类型的决策背景指示可能存在哪些分配者角色（仲裁者或经纪人）。仲裁员是具有法定权力的组织，可以制定管理计划或法规、制定准备计划的准则或指导他人实施计划。他们依靠他人收集的数据，在听取各方证据后进行利益分配。在恐怖湖工程中，联邦能源管理委员会因其类似于法院的裁决程序而担任仲裁员。

经纪人是有能力促进讨论的机构。它们能够帮助或阻碍规划和实施过程。在讨论中，他们倾向于依赖成本效益分析、资源分配控制机制以及某种程度上的政治考虑。后者之所以重要，是因为这些机构的支持团体的性质。战略似乎是为了指导决策，以保持权力平衡（Beckett 和 Lamb，1976；Lamb，1976，1980）。在恐怖湖工程中，美国政府部门发挥了这一作用，鼓励各方继续讨论（Olive 和 Lamb，1984）。

2. 行动者角色

行动者是讨论中的直接竞争者。在连续统一体的一端是倡导者：呼吁改变自然资源管理现状方法的机构（Wildavsky，1975）。这些机构通常必须对管理层面临的变化做出反应。他们可以依靠"改革运动"和数据分析来提升自己的地位。区别在于，倡导者倾向于抵制将发展或经济进步理念强加在工程上（Lamb 和 Lovrich，1987）。在恐怖湖工程中，美国鱼类及野生动物管理局的生态服务部门是倡导者之一。

在连续统一体的另一端是守护者：试图保护自己及其支持者不受干扰的机构。他们致力于保护自己的常规或计划免受挑战。他们防止管理实践或工程设计发生变化（Wildavsky，1975）。这些机构在讨论中可能倾向于一些法律或政治策略，如利益集团磋商或公众参与。守护者更喜欢惯例程序，因为经过了时间的检验，而且他们的支持团队可以在与这些程序相关的现有决策角色中发挥影响（Beckett 和 Lamb，1976；Lamb，1976，1980）。在恐怖湖工程中，科迪亚克电气协会是守护者。在本案例中，守护者与倡导者（如生态服务部门和避难所部门）和仲裁者（联邦能源管理委员会）之间存在显著差异。

这些行动者设计其行为以适应仲裁员或经纪人的存在（Olive，1981）。根据不同的情况，行动者的不同角色会进行不同的活动。例如，倡导机构通常与仲裁员建立联盟，因为仲裁员依赖倡导者提供信息和行动时机。守护者通常会采取保持原样行动，或试图利用他们的支持者来显示倡导者的倡议所造成的伤害。

机构的角色，尽管通常随着时间的推移始终如一，但也可能会发生变化。通常，如果一个机构在某一类问题上充当守护者，那么当同一类问题再次出现时，该机构还将是守护者。所有角色均是如此，但一个机构可能在一个问题上是守护者，而在另一个问题上是仲裁者。

7.2.4.2　描述背景

政策制定存在两个领域，在这两个领域可以进行自然资源管理博弈。但是，参与者始终是倡导者、守护者、经纪人或仲裁者。其中一个领域被称为分配政治。在这个领域，成功取决于诸如"公平份额""基数"和"合法性"（Ingram，1972；Wildavsky，1975）。在这个博弈中，获胜意味着所有合法的当事方（即在讨论中有合法地位的当事方）都有一些最低限度的基础（即资源共享）。随着潜在总回报的增长，每一方都可以确保其公平份额（即在基数上适当增加回报）。一个自然资源问题可以看作是一个博弈，使所有合法的参与者能从任何项目、规章或管理方案中得到一定的利益。这是自然资源管理的传统经营方式（Ingram 和 McCain，1977）。

政策制定的另一个领域是监管政治。这个领域的典型决策都是基于客观、合理的分析。这个想法不是要分一块蛋糕，而是要决定谁是"对的"，谁是"错的"。也就是说，仲裁员的行为直接指向明确的裁决。这种选择与事实、情况和先例有关。显然，当事方在这一领域的行为不同于分配政治。法庭有着严格的抗辩程序，是一个典型的监管场所。

我们可以把这两个领域想象成一个连续体的两端，一个极端是分配政治，另一个极端是监管政治。在这些领域中，每个领域都有一个不同的分配角色。法律和制度分析模型（LIAM）的角色图如图 7-1 所示，图 7-1 说明了经纪人如何在分配政治领域占据主导地位，而仲裁者如何在监管政治领域占据主导地位（Olive，1981）。在恐怖湖的例子中，首先是在分配领域制订出决策，然后在监管领域最终确定（Olive 和 Lamb，1984）。

从历史上看，倡导者被排除在分配政治之外，或者认为他们在那里受到了不公平待遇。继续这个博弈的隐喻，想象各方

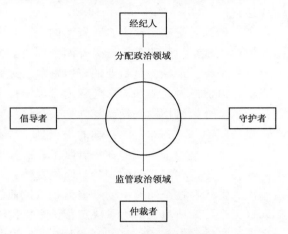

图 7-1　法律和制度分析模型
（LIAM）的角色图

在分配政治中与传统盟友合作，忽视支持者，规则甚至很少允许倡导者参与其中。因此，倡导者是监管领域的大赢家。拥护者有时可以从监管领域进入分配领域。例如，当一个组织被拒绝参与讨论时，它可以向法院提出上诉，要求下达禁令，禁止讨论议程继续进行。根据这样一项法院命令，讨论进程将停止，直到法院决定应将谁包括在内。

倡导者通常试图将问题推入监管政治。守护者历来是分配政治中的合法方，但是，他们试图迫使各方进入分配领域。因此，各方试图将博弈转移到两个不同的领域，加剧了讨论中各方的紧张关系（Olive，1981）。

在分配政治中，倡导者要成功就必须掌握三个关键要素，即专业知识、妥协和支持。倡导者通常具备专业知识（Ingram，1972），而结果来自妥协。虽然倡导者在妥协方面做得越来越好，但这是经纪人长期以来所掌握的技能，也是守护者经常使用的技能。因此，妥协是分配政治的共同语言。每个人都知道，决策是通过妥协做出的，大多数当事方也知道，支持是妥协的基础。妥协的技巧是可以学会的，但支持是一个组织的基本力量来源。

在分配领域，所有合法的当事方都会得到一定的回报。这一行为事实突显了分配政治和监管政治的区别。监管领域可能是一场零和博弈，在监管政治中，人们总有可能判断错误。因此，在选择领域的时候，各方都会因为不确定性而受挫。

7.2.4.3　计算权力

快速浏览图 7-1 并不能得出所有各方都扮演最极端角色的结论。事实上，这似乎取决于环境。特别是，一个角色扮演的方式似乎是基于机构的权力及其在问题上的利害关

系。在这个博弈中，有些当事方是候补的，有些是正选的。相对权力对行为有很大影响（Lamb 和 Doerksen，1978）。

机构权力可以通过知识、资源以及支持三个要素来区分（Wilds，1986）。

（1）知识被定义为学科领域的专业知识、处理信息的能力以及机构表达的意见和政策的可理解性。评估机构掌握知识的程度对预测讨论行为很重要。例如，在恐怖湖工程中，美国鱼类及野生动物管理局拥有优越的技术专长，而科迪亚克电气协会则用通俗易懂的语言表达自己（Olive 和 Lamb，1984）。

（2）资源是指法定权力、对资源的实际控制、法定管理责任、资金支持和人员储备。这些资源要素是相当明确的。另外两个则更为间接，需要通过参与的频率和强度来体现。参与频率是指讨论经验是重要的权力资源。经验更丰富的组织已经形成了惯例、态度和专业人员，以促进讨论成功。参与程度可以衡量当前问题与机构任务之间的密切程度。与机构使命越契合，机构的兴趣就越强烈。强烈的兴趣是一种资源，因为它有助于组织关注正在审议的问题。一个非常感兴趣的组织是一个不容忽视的组织。

（3）支持是一个组织的拥护者赋予它的权力。在这里，支持指的是政治支持（当选官员）或公众支持（有组织的利益集团的支持）。公众支持是衡量选民群体对眼前问题的关注程度、群体在这个问题上的凝聚力，以及他们表达和主张自己观点的机敏程度的一个指标。这三个要素所蕴含的力量决定了一个机构将采取的策略及其活力。权力是讨论成功的预测因素（Burkardt 等，1997）。恐怖湖案例中参与机构的 LIAM 角色如图 7 - 2 所示。图 7 - 2 说明了恐怖湖工程讨论各方的作用和权力。

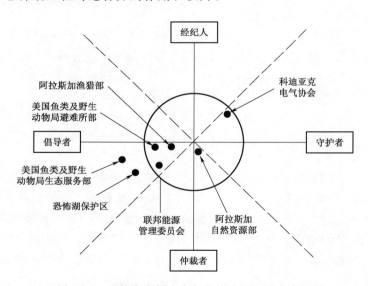

图 7 - 2 恐怖湖案例中参与机构的 LIAM 角色图

7. 2. 4. 4 评估优势和劣势

制度分析的最后一步是预测优势和劣势。为此，人们必须再次转向权力要素。当人们了解了可能扮演的角色、讨论的背景，以及每个组织的原始力量之后，人们应该能够描述出一个基本的讨论策略。人们应该给另一方提供哪些帮助？人们应该在哪些问题上坚持自己的主张？对优势和劣势的分析可以帮助回答这些问题。

　　要对优势和劣势进行分析，人们首先要列出权力的要素。例如，使用表 7－1 所示的资源权力要素，描述讨论各方的权力。将组织的权力与其他组织的权力相匹配。人们应该在对方处于弱势而本身处于强势的时候找到行动的机会。相反，当乙方处于弱势，而对方处于强势时，人们应该预料到讨论压力。人们在有利情况下采取的行动取决于环境。一个潜在的策略就是和较弱的一方分享你的优势。

7.3　LIAM 和 IFIM 之间的联系

　　LIAM 背后的想法是帮助 IFIM 用户选择在讨论中需要的技术信息。Lamb（1993）描述了不同的政治形势需要什么样适当的技术。这种情况需要像 IFIM 这样的技术，这种技术在科学上是可靠的，可以描述复杂交替流态的结果。LIAM 可以提供一张讨论的图片，让你决定你是否面临这样的问题。图 7－3 显示了当持有的极端立场在价值上发生分歧时可能出现的讨论场景。这种冲突的性质可以从倡导者—守护者连续体的极端差异和增加了一名激烈的仲裁者推断出来。

　　图 7－3 中倡导者和守护者之间的极端分歧表明两组的价值观存在根本差异。几乎可以肯定的是，如果存在一位激烈的仲裁者，那么这个问题将在法院（或类似法院）的环境中解决，而不是通过讨论解决，需要进行大量的技术分析，

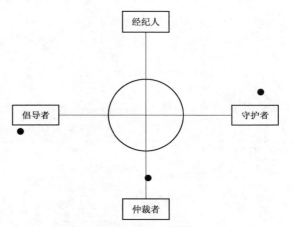

图 7－3　LIAM 分析中目标分歧示意图

注：LIAM 表明在目标偏好和是否存在仲裁员的问题上有很大的分歧，目标分歧表现为倡导者和守护者之间的巨大分歧。仲裁解决的建议是在经纪人-仲裁者轴心存在一个强有力的仲裁员。

因为作为一个讨论者，人们将面临一场深入而广泛的关于方法、结果和建议的质询。人们需要储备知识，以能够在长期的争论过程中灵活地选择解决方案。

　　在不那么激烈的冲突和不那么紧张的讨论过程中（图 7－4），各当事方对问题的看法相似，希望取得一致的结果，并且可能不愿意进行较广泛的技术分析。最后所面临的冲突可能更多的是公众意识不足的问题，而不是具有相似管理目标的机构之间的分歧或价值观差异。这种低强度的情况（图 7－5）可能会有一个决策者（经纪人），他会根据变量之间的明确关系进行权衡。如果这就是你所面临的情况，并且预期不会出现进一步的冲突，可以选择使用 IFIM，但要依靠专家知识来解答可能出现的更详细的问题。Lamb 和 Lovrich（1987）讨论了如何为此类问题选择策略。图 7－2～图 7－5 下面都有一个简单的注解介绍，三个点离得远说明分歧大，解决方案不能得到一致认同；三个点离得近说明分歧较小，方案基本能一致认同。Lamb 和 Doerken（1978）描述的自然资源讨论中的资源权力要素以及 Wilds（1986）描述的法律制度分析模型（LIAM）的使用说明见表 7－1。

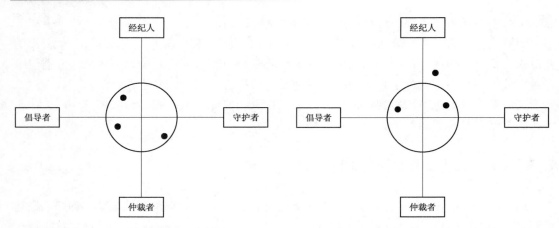

图 7-4　LIAM 分析中目标偏好示意图

注：LIAM 显示表明所有利益相关者的目标偏好相似。在这种情况下，利益相关者在两个轴线上的分离都很小，表明这是一个没有争议的解决方案。

图 7-5　LIAM 分析中目标协商示意图

注：LIAM 显示表明这是一个经过协商的决定，因为所有的讨论者都被归类到分配的政治领域，而不是管理的政治领域。

表 7-1　　自然资源讨论中的资源权力要素（Lamb 和 Doerken，1978）和法律制度分析模型（Wilds，1986）（LIAM）的使用说明

权力要素	强势权力示例	权力要素	强势权力示例
法定权限	明确的立法授权	财政资源	针对问题有充足预算
资源的物理控制	控制水流的能力	人事	针对问题有充足人员
资源的法律控制	指定为执行机构或土地管理人	参与频率	有类似问题的经验
政治支持	立法者倾向于组织	参与强度	问题符合组织的使命
公众支持	有组织有凝聚力的选民		

在一些评论员看来，政府通过跨部门和利益集团讨论做出的决定是决定公共政策的错误方式。例如，Lowi（1969）谴责政府倾向于只对利益集团的压力做出反应，因为这会损害公共权威，而且必然会保守现状。Lowi 证明，每个人都有机会参与公共决策的假设是错误的。他认为，尽管决策过程具有参与性，但有利害关系的公民仍被排除在讨论之外，因为他们不属于任何组织团体。然而，组织间就政策的讨论似乎是大多数美国人所信奉的方法。讨论无疑是有关河道内流量问题最常见的决策形式。

关于河道内流量问题的决策可以被比作一场博弈，在这场博弈中，各方相互拉扯，直到达成某种协议。Yaffee（1982）指出，即使政策应该是不允许妥协的，团体间的讨论也会控制政策的实施。恐怖湖工程是团体间讨论的一个很好的例子。许多代表了广泛利益的不同团体参与了讨论。人们似乎一致认为这一过程是成功的（Olive 和 Lamb，1984）。也就是说，经过讨论达成的决定满足了几方的需要，并且经受住了时间的检验。

虽然参加恐怖湖讨论的各方都有很好的人际交往能力，而且在某种程度上是政治家，但没有一方使用正式的制度分析。然而，科迪亚克电气协会对讨论的敏锐分析促成了讨论的全面成功。恐怖湖的经验表明，进行严谨的制度分析是可能且富有成效的。这种制度分析会包括对组织角色和权力的描述，并可用于制定讨论战略和策略。组织角色和讨论策略

的知识可指导选择适当的 IFIM 应用。一旦参与讨论，应该注意认识个别讨论者对新想法和设计方法的抵触，并克服这些障碍。

7.4 问题分析

这是一种类似于法律和体制分析的方式，讨论者将需要在 IFIM 的初始阶段确定尽可能多的主要利益攸关方关注的问题。相对而言，要确定一个人提议的行动将如何影响我们自己的价值观或者我们所服务的机构的价值观是比较容易的，因此确定那些与我们的利益息息相关的问题可能并不是很困难。然而，将所有问题摆在桌面上（而不仅仅是独自解决）是应用 IFIM 的重要准备步骤。疏离重要的或潜在的强大利益相关者，忽略他们最关心的问题，将大大阻碍问题的解决。问题分析之所以如此重要，是因为在一项研究中投入了大量的时间和金钱，但由于缺乏这一简单步骤，这项研究注定会失败。

IFIM 研究的早期规划阶段通常从与某些拟议行动相关的潜在影响的定性评估开始。过去，守护者机构通常会建议采取行动（例如，修建水坝、分流或将树木从河道中拖出来），而倡导者会做出反应。然而，这一情况正在发生改变，因为倡导者团体开始发起提议行动（例如，改变水库的运作方式），而由守护方做出反应。

影响评估和评价研究的组成部分如图 7-6 所示。影响是指人类引起的行为及其对生态系统某些组成部分的影响（无论是正面的还是负面的）。评估工作包括分析一项拟议行动在时间和空间上与基准情况的偏离程度，而这种偏离程度是根据另一项拟议行动的预测效果而确定的。基准是一个参考条件，用于进行比较。IFIM 中所使用的基准的共同特点是，它们旨在代表现有的条件：当前的政治和制度环境、目前的水资源使用和管理、现有的河道特性以及主要的热力和水质状况。评价是一个评价社会赋予拟议行动将导致的对自然资源的变化（影响）的价值的过程。

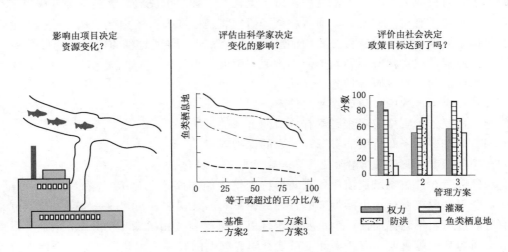

图 7-6 影响评估和评价研究的组成部分

　　IFIM 研究自始至终就是对备选方案的影响进行评估和评价。这是一个非常重要的概念，因为许多利益相关者持有这样一种误解，即 IFIM 的目的是确定生物最小流量。IFIM 分析的范畴比简单的最小流量测定要广泛得多。事实上，使用 IFIM 更多是为了评估最小流量规则的效果，而不是确立规则。IFIM 研究先是初步确定潜在影响，最后给出最终评价报告。在这两个步骤之间是研究规划、实施和方案分析。从这一过程中得到解决问题的建议。Beanlands 和 Duinker（1983）对环境影响评估的观点非常适合 IFIM 研究。

　　政府的行政程序在政治层面上体现出社会的观念和价值观，而环境影响评估正是以这些观念和价值观为基础的。人们呼吁科学家解释预期行动与环境观念和价值观之间的关系（Beanlands 和 Duinker，1983）。

7.4.1　确定自然资源和人类价值问题

　　重要的自然资源和人类使用价值在很大程度上决定了如何衡量、分析和评估由拟议行动引起的变化。可能的解决方案受到选定的资源和人类使用活动的控制和限制。大多数人认为选择有价值的资源和人类活动是一个客观的决定，完全基于潜在的影响。然而，将特定资源和价值置于其他资源之上的决定总是主观的。法律任务、经济、社会、政治、制度，甚至个人价值观决定了那些对特定评估很重要的资源和活动。因此，从所有参与决策过程的各方那里获取意见是很重要的。

　　并非所有的资源和用途都必然同等重要，但必须考虑利益相关者确定的对决策至关重要的所有价值。研究规划应明确说明选择或省略各种资源参数和人类使用活动的理由。例如，根据有关濒危物种的法律，濒危物种可能会被赋予比垂钓用鱼或水上娱乐活动更高的优先权。

　　在确定重要的自然资源和人类使用价值作为河道内流量研究的重点时，通常会遇到四个问题：第一，只能确定研究区域内的资源（如垂钓用鱼、濒危贻贝或其他有价值的资源），并不能确定与拟议行动有关的影响将在何时何地发生；第二，每个确定的资源都需要额外的时间和精力，并且增加了决策过程的复杂性；第三，为 IFIM 研究的重点确定有价值的资源并不表明对资源的改变是可承受的；可承受性是一种政策决定而不是一种分析决定；第四，一旦确定了有价值的资源，通常就认为研究将集中在人口变化上。在某种程度上，通过解决以下问题，您可以获得必要的信息，以制定启动 IFIM 过程的简明研究目标：

（1）有权确定自然资源和人类使用价值并为之发声的人。

（2）他们的法定权限和任务。

（3）在决策过程中，他们需要的信息。

（4）拟议工程直接或间接影响有价值的资源的可能性。

（5）对于每一个有价值的资源，需要的保护程度。

　　在一项 IFIM 研究的开始阶段，参与者面临着一项经常令人无所适从的任务：系统地确定和区分潜在的影响。这项任务有两个特别重要的方面，在分析问题时必须加以处理。第一，全面考虑拟议行动可能带来的各种潜在影响。处理多重问题的一个基本原则就是跟进所有的事情，不忽视任何一个重要问题（以及疏远利益相关者）。第二，并非所有事项对解决问题都同等重要，有些实际上可能会阻碍问题的解决。因此，区分一个潜在重大影响和相对微不足道的因素（在研究完成时会隐藏起来）很重要。

7.4.2 组织问题

影响评估技术通常分为三种类型：核查表、矩阵表和因果图。这些技术适用于初步确定潜在影响。以下关于核查表和矩阵表的信息摘自 Trial 等（1980）和 Westman（1985）的研究成果。因果图技术总结自 Armour 和 Williamson（1988）的研究成果。

核查表是针对特定操作的潜在影响的主观、定性、一维列表。这些操作是特定于工程类型和位置的。相关影响通常由一组知情人根据他们的判断和以往经验确定。核查表方法的一种变体是，评估人员在所有潜在影响的列表中标正号（＋）表示正面影响，标负号（－）表示负面影响，或者标零（0）表示没有影响。正负数值评分可用于指示每种潜在影响的严重程度。在核查表中，工程操作与环境影响没有定量关联。最完善的核查表使用权重因子，赋予每个物理、化学或生物影响因素相对重要的权重。

主观性是核查表的一个问题，因为它们仅仅依赖于判断人的个人知识和经验。因此，最好由一个跨学科的团队来完成。无法评估特定项目的影响是核查表的主要缺陷。例如，确定"某一行为将会影响水质"并不像确定"溶解氧和浊度将会改变"那么有用。核查表的其他缺陷是，没有考虑到时间和空间因素，没有解决次级影响和累积影响，缩放技术和权重因子给人一种精确的错觉。总体而言，核查表并不能非常准确地评估环境影响，它只是一个初始起点，确定一些问题足够重要，需要进行更复杂的分析。

矩阵表是基本核查表的扩展。矩阵用于将一个轴上的工程操作列表与另一个轴上的物理、化学或生物参数列表进行比较。工程操作和环境参数可以是一般的，也可以是具体的。一个简单的核查可以确定潜在的影响。Leopold 等（1971）使用相对值来表示影响的重要性和程度。与核查表一样，跨学科团队使用其知识和经验对潜在影响的重要性进行排序。

学者们已经开发出矩阵表的几种变体。Leopold 等（1971）开发出了早期版本的矩阵。Fischer 和 Davies（1973）将矩阵与三步法相结合。对 Leopold 矩阵的改进很明显，可以处理短期和长期影响以及替代项目的管理、设计和定位。对偶矩阵（Yorke，1978）是一种规划辅助工具，用于组织关于水资源开发影响的信息。该方法使用两个矩阵。第一个将水开发活动与物理因素（原因→情况）联系起来，第二个将这些物理因素与水生生态系统的生物成分（情况→影响）联系起来。

对偶矩阵法克服了其他矩阵法的一个主要缺点，记录了用于在活动与受影响的环境变量之间建立联系的文献。矩阵往往比核查表更全面。通过在两步过程中呈现影响，该技术可以考虑短期和长期以及主要和次要影响。

因果图可以将与项目相关的潜在问题和环境变量组织到一个条理分明、合乎情理、易于理解和沟通的框架中。根据一系列简明的问题陈述，原因（生物、化学、物理、社会）与影响（环境变化）联系在了一起，而后者又与二级和三级的原因和影响联系了起来。IFIM 研究中潜在影响和问题的因果图如图 7-7 所示。随着因果关系链的构建，特异性随着每个进入点的增加而增加，直到确定终点为止（Amour 和 Williamson，1988）。因果图已用于累积影响评估（Williamson 等，1987）。

7.4.3　宏生境问题

宏生境是指一段河流的水文、河道形态、热状况、化学特性或其他特征等一系列非生物条件，这些条件决定了河流对生物的适宜性。宏生境控制着水生生物的纵向分布。宏生境特征的变化常常伴随着不同环境梯度下群落组成的变化。群落中的梯度也被称为纵向演替，指的是沿河流上游到下游的连续变化。纵向演替的概念是由 Shelford（1911）提出的，他指出物种丰度和组成会随着环境条件的变化而变化。这个概念已经发展成为河流连续体概念（Vannote 等，1980）。

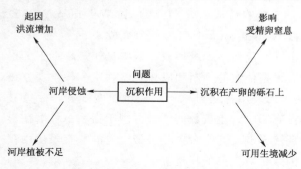

图 7-7　IFIM 研究中潜在影响和问题的因果图示例

在问题确定阶段，我们必须确定水流状况、河道结构、热状况和水质四个主要的宏生境类别，对正在进行的或即将发生的土地或水资源利用变化的潜在反应。通过一个逻辑严谨的过程来确定问题，比假设它们是先验的要好得多。第一步通常是在空间和时间上指出可能出现的问题的范围。这可以通过仔细研究拟议工程的运作、审查研究地区的地形图和实地考察来完成。第二步是对问题进步初步分析这个过程可能涉及下列一个或多个方面：①收集数据以观察和描述潜在变化程度；②使用模型预测拟议工程可能引起的变化；③使用以前收集的信息来描述拟议工程范围内各因素的状况和趋势；④共同制定假设，就潜在的重大变化达成一致；⑤就被判定为不重要且可忽略的变化达成一致。

7.4.3.1　水文问题

水文状况的变化可能是由多种因素造成的，有些是可控制的，有些是不可控制的，有些是有意的，有些是偶然的。虽然不可控制和偶然的水文状况变化（例如全球气候变化）对河流资源很重要，但有意改变水资源利用和管理往往才是需要开展河道内流量研究的驱动力。以下部分探讨了在 IFIM 分析的问题确定阶段出现的一些较常见的水文问题：①水量平衡；②量化水文变化；③水库问题。

1. 水量平衡

水文循环各组成部分之间的平衡对于人与河流的共存至关重要。分散在年降水模式中固有的不确定性因素可以改变水在水文循环路径中的分布。Thornthwaite 和 Mather（1955，1957）引入了水量平衡的概念，来描述流入（降水）和流出（蒸发、地下水储存和径流）之间的平衡。水量平衡的基本概念可概括如下：

$$R = P - ET - \Delta SM - \Delta GWS \qquad (7-1)$$

式中　R——明渠径流；

P——降水量；

ET——蒸散量；

ΔSM——土壤水分变化；

ΔGWS——地下水储量变化。

方程的所有单位都是长度的度量单位（in、ft、m），可以通过将所有项乘以测量径流

（R）位置上的流域面积，转换为体积单位。若要将 R 转换为流量单位，需将体积单位除以一个时间间隔（例如，用计算结果除以一个月的总秒数，即可得到以 ft^3/s 或 m^3/s 为单位的月平均流量）。

过去由于种种原因，这种类型的水量平衡在河道内流量研究中没有得到广泛应用。最实际的原因是，水利工程（例如，河流改道、水库运行）被赋予了较高的优先权。第二个原因是，建立河流网络的水量平衡模型并不容易，其准确性取决于建模者对蒸散量、土壤湿度和地下水储存速率参数的估算能力。随着河道内流量研究从狭义的水资源管理问题转向更广泛的生态系统管理，水量平衡可能会被更多地运用。

2. 量化水文变化

当提出有意改变水文状况时，在 IFIM 的问题确定阶段会出现几个问题：①改变的幅度有多大？②变化是否可量化？③多长时间变化一次？④何时会发生变化？⑤这一变化是否值得进一步分析？在评估这些问题时，有两个工具特别有用：水文时间序列和流量历时曲线。这两种技术都有助于对基准水文状况和拟议方案实施后的水文状况进行比较。

水文时间序列是特定地点流量的时间分布。在研究水文时间序列时，了解该序列描述了何种与流量有关的统计数据是很重要的。基准条件下（在没有明显降水或径流的情况下的流量，仅来自地下水）11 月平均流量与假设改道情况下的水文时间序列如图 7-8 所示。图 7-8 可以同样很容易地描绘出瞬时年度峰值流量或年、月、周、日、小时平均流量。当查看一个水文时间序列时，首先要知道看到的是什么。

评估在时间序列中发生的频率是一种表达影响的方法，或决定它是否重要到足以提升到一个问题的高度。水文时间序列可以很方便地解决这类问题。从图 7-8 可以看出，基准流量有 8 次在最小流量标准以下。随着工程的实施，最小流量标准被打破 12 次，打破次数增加了近 50%。在大多数辖区，打破次数增加 50% 可能会被视为一个问题。

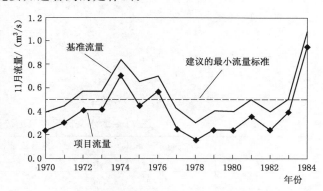

图 7-8 基准条件下 11 月平均流量与假设改道
情况下的水文时间序列

注：水平线代表国家建议的最低流量标准。

使用常见的统计数据，如总和、平均值和标准差，水文时间序列数据可用于量化流量总体可用性的变化。

在图 7-8 所示的例子中，基准条件下的 11 月平均流量为 $0.55m^3/s$，标准偏差为 $0.20m^3/s$。改道实施后，11 月的平均流量将为 $0.41m^3/s$，标准偏差为 $0.20m^3/s$。通过计算，我们可以发现两个平均流量之间的差异为 $0.14m^3/s$，即 -25.7%，公式为

$$\Delta Q_{base} = \frac{Q_{proj} - Q_{base}}{Q_{base}} = -25.7\% \tag{7-2}$$

式中　Q_{base}——基准条件下的平均流量，$0.55m^3/s$；

　　　Q_{proj}——工程运行时的平均流量，$0.41m^3/s$。

虽然这项工程会使平均流量减少 25%，但标准差显示每年的流量差异并不受影响。

表格格式的水文时间序列数据比图形格式更常见。将表格数据导入到电子表格中并获得诸如平均值、标准差、最小值和最大值之类的统计信息非常简单。然而，假设我们对某些事件（比如干旱年份）而非整个时间序列更感兴趣，那怎么办？例如，图 7-8 所示的工程 1978 年可能比 1974 年影响更大。为了回答诸如此类的问题，我们需要使用所谓的流量历时曲线，同时分析流量事件的频率和大小。基准条件下 11 月平均流量与假设改道情况下的流量历时曲线如图 7-9 所示。图 7-8 的水文时间序列的流量持续时间表见表 7-2。

流量历时曲线是流量统计量（例如，11 月的平均流量）与其在水文时间序列中累积经验发生概率的关系曲线。该曲线来自持续时间表（表 7-2），其中流量统计数据按降序排列，而不是按时间顺序排列。表中每个流量从 1（最高流量）到 n（最低流量）进行排序，其累积概率（P）的计算公式为

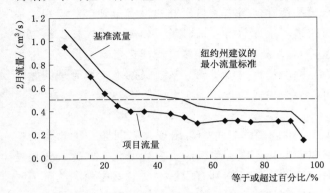

图 7-9　基准条件下 11 月平均流量与
假设改道情况下的流量历时曲线
注：水平线代表纽约州建议的最低流量标准。

$$P = \frac{m}{n+1} \qquad (7-3)$$

式中　m——排序；
　　　n——时间序列中事件的总数。

表 7-2　　　　　　　　　图 7-8 的水文时间序列的流量持续时间表

年　份	历史流量/(m³/s)	项目实施后流量/(m³/s)	排　序	累　积　概　率
1984	1.105	0.96	1	0.0625
1974	0.85	0.71	2	0.1250
1976	0.71	0.57	3	0.1875
1975	0.62	0.48	4	0.2500
1973	0.57	0.42	5	0.3125
1972	0.57	0.42	6	0.3750
1983	0.54	0.40	7	0.4375
1981	0.51	0.37	8	0.5000
1971	0.45	0.31	9	0.5625
1977	0.42	0.28	10	0.6250
1979	0.42	0.28	11	0.6875
1982	0.40	0.25	12	0.7500
1980	0.40	0.25	13	0.8125
1970	0.41	0.25	14	0.8750
1978	0.31	0.17	15	0.9375

以这种方式表示时，横坐标值表示超出概率，或相关事件相等或被超过的概率。（注意：如果流量从低到高排序，则标绘位置是不超过相关事件的概率。）在图 7-9 中，超出概率代表 11 月期间将出现特定流量或更大流量的概率（例如，y 时间内至少有 x 量的水）。当式（7-3）倒置［即 $(n+1)/m$］时，其结果称为重现期或回归期，定义为等于或超过给定幅度的事件之间的平均时间间隔。重现期通常基于年流量数据并以年为单位报告（例如，100 年一遇的洪水事件）。

再看到图 7-8 的例子，假设目标是量化干旱年份的流量变化，可以将干旱定义为等于或超过 75% 的情况。表 7-2 显示了这些流量发生在 1970 年、1978 年、1980 年和 1982 年。这些年的平均基准流量为 $0.38\text{m}^3/\text{s}$，项目运行期间的平均流量为 $0.23\text{m}^3/\text{s}$，下降 37.7%。偏离基准条件 10% 的偏差常被用作水文变化问题的标准。然而，用于做出这一决定的流量统计数据可能多变。一些实际工作者使用年平均流量作为决策依据，而另一些人则倾向于使用更为保守的方法，如年度基准流量或几个干旱年份的平均流量。

流量历时曲线也可用来解释河流的水文特征或其变化。代表从恒定流量到高时间变化的水文状况的不同历时曲线如图 7-10 所示。图 7-10 给出了与流量历时曲线有关的流量变化的 3 个例子。

（1）水平线意味着在一段时间内，系统几乎没有变化。

（2）随着流量变化的增加，历时曲线的角度与水平方向的偏离越来越大，垂直线表示混沌状态。

（3）双峰流量分布常见于水力设施下方，呈近垂直线，两端各有一个水平"翼"。

历时曲线也可用于解释由于实施方案而引起的流量状态的变化。例如，如果拟议方案的曲线完全位于基准曲线之下，那么随着工程的实施，流量将始终低于基准水平。当流量历时曲线相互交叉时，这意味着其中一个状态比另一个状态更具可变性（例如，高的更高，低的更低）。如果某一种流态的变化性小于基准，则可能存在一个蓄水池。

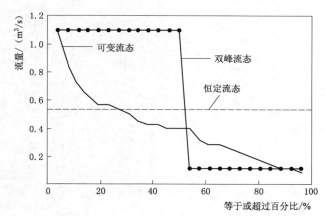

图 7-10　由恒定流量到高时间变化的
水文状况的不同历时曲线的示例

水文时间序列和历时曲线包含相同的基本数据，但显示方式不同。这两种显示方式之间的相关差异对比如下：

复杂性——一条流量历时曲线可以方便地显示大量的数据，而不降低分辨率。随着时间序列中事件数量的增加，时间序列数据变得更难以整合、显示和解读。

时间顺序——事件的顺序在时间序列显示中得以保留，但在历时曲线中无从得知。

量化——使用时间序列或历时曲线方法都可以确定两个水文时间序列之间的总差异。历时曲线可以最好地量化特定事件（例如，在四年一遇干旱期间）之间的差异。

格式——时间序列图的格式是一致的，x 轴表示时间，y 轴表示流量。而持续时间图可能会有各种各样的格式和构造，如图 7-11 所示。有时尺度是颠倒的，或者按照上升的顺序排列，因此概率是不超过而不是超过的概率。尺度可以是算术的、对数的、半算术的或概率的（一种对数尺度，其中间距从概率的 0～50％减少，然后从 50％～100％增加）。

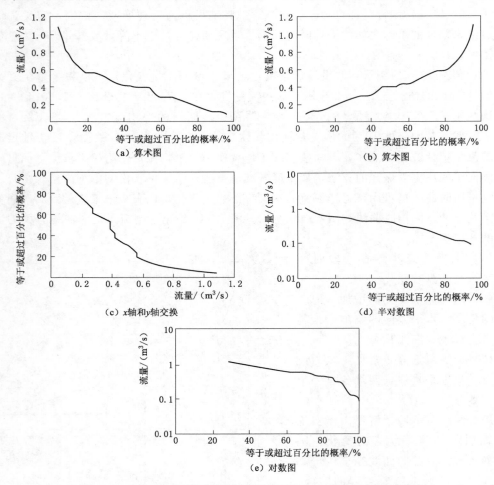

图 7-11   使用相同的原始流量数据显示流量历时曲线的不同格式

3. 水库问题

可以这么说，大多数涉及 IFIM 的河道内流量研究都涉及水库。由于水库运行中的利益冲突，与水库相关的问题几乎总是递增的（Stalnaker 等，1995）。有时会设计一项研究来评估现有工程的另一项操作。有时是为了尽量减少或减轻新水库的建造和运行带来的环境影响。

根据用途分配水库库容如图 7-12 所示。水库经营者常常根据图 7-12 所示的模型划分水库类型。部分库容称为死库容，用于在水库底部和出水口之间堆积泥沙。大多数多功能水库在上游也有一定的自由空间，用于衰减洪水波。水库的有效库容位于死库容的顶部与防洪库容的底部之间。水库库容的各种用途之间往往存在优先次序。蓄洪在水库运行中通常具有非常高的优先权，即使这座水库不是主要用于防洪的。有效库容可用于灌溉、市政供水、发电、河道内流量需求、下游娱乐活动和上游水库流量反调节。此外，大部分水库亦提供有价值的水上休闲和景观设施。水库的使用者（他们希望水库总是满满的）和主张放水的使用者（如果有必要，他们会把水库的水位放到死库容来满足他们的需要）之间的冲突是司空见惯的。此外，水库使用者之间以及下游主张放水的使用者之间也可能存在冲突。

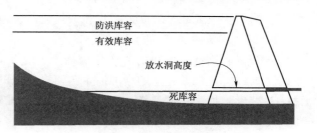

图 7-12 根据用途分配水库库容

不能简单地评估水库蓄水对河道内流量释放的影响。此外，还需评估河道内的流量（和其他）释放对水库蓄水的影响。例如，假设实施了大规模的河道内流量释放，而没有考虑其对水库蓄水的影响，如果释放量足够多且持续时间足够长，则可能耗尽水库的有效库容。在库满的情况下，如果上游持续来水，产生的河道内流量将等于水库的流入量，因为没有存储空间可以利用。而在某些时候，为了使水库蓄满，河道内流量释放量必须小于流入量。

7.4.3.2 河道动力学和稳定性

河道的结构、规模和尺寸与流量相互作用，在几个尺度上控制或影响河流内生境的可利用性。例如，一条狭窄的河流会比一条宽阔的河流更容易受到覆盖物的影响，在夏天温度可能不会那么高。一条简单的浅滩型河流中的中小生境可能不会像纵横交错的河道那样丰富。一般而言，与河道动力学和稳定性有关的问题分为两类：确定流量需求以防止河道变化；以及预测河道变化可能如何影响河道内生境。在 IFIM 研究中，河道变化的潜在价值取决于河道类型和扰动类型。

河道的变化是侵蚀和沉积作用的结果，某些类型的河道比其他类型的河道更具动态性。基岩河道，主要是固体岩石，可能具有很强的抗侵蚀能力，但随着时间的推移，可能会通过沉积过程发生变化。崩积河道中散落着雪崩、山体滑坡、冰川消融或灾难性洪水留下的物质。与基岩河道相比，崩积河道可能更容易受到侵蚀，但它也可能定期遭遇滑坡或其他沉积事件。最活跃的河道类型是冲积河道，它是由沉积物质的侵蚀和沉积同时作用形成的。冲积河道可以自我调节。如果流域水流和泥沙产量之间的平衡被打破，河道将调整以适应新的状况（Dunne 和 Leopold，1978）。在一般的流量状态下，输入河流的沉积物数量与河流输送沉积物的能力之间存在一个大致的平衡。当这种平衡随着时间的推移而保持一致时，河道就处于动态平衡状态。平衡河道不是静态河道。浅滩可能会冲刷成池塘，池塘可能会变成浅滩，弯道会移动，沙洲会形成并消失。然而，尽管在某个位置可能明显存在不稳定性，但整个河流的河道形态和横截面轮廓具有显著的一致性。浅滩和池塘的比例、曲流长度、弯曲度和宽深比都保持相对稳定。即使是纵横交错的河道（河床不断变化），也可能代表一种平衡状态（Leopold 等，1964）。

在 IFIM 研究的问题确定阶段，需要解决的问题之一是所提出的方案是否会破坏河道平衡。如果这种变化是可以预见的，讨论很快就会转向变化的性质、可以采取什么措施来防止这种不平衡、如果变化迫在眉睫该如何应对其影响。一般来说，河道变化可分为三大类：①河道扩大或缩小；②河道淤积或退化；③河道物质大小分布的变化。

1. 河道扩大或缩小

水资源利用或土地利用的变化增加了径流量，往往导致高流量事件的规模和频率增加。主要或有效流量频率的增加通常与河岸侵蚀的增加有关。因此，河道扩大的最初迹象之一是宽度增加。在河道扩大过程中，宽深比可能保持不变，因此可能同时出现水深增加。由于弯道波长和浅滩间距都与河道宽度有关，河道宽度的增加也可能预示着弯度的减小和浅滩间距的延长。

可以预见的是，河道缩小的原因与引起河流扩大的原因完全相反，但是增加了植被侵蚀的因素。当主要流量减少时，河流边缘或沙洲附近可能会被植被占据。植被的生长，不仅稳固了沉积物，而且在洪水泛滥时起到了收集沉积物的作用。随着时间的推移，沉积物的海拔不断升高，最终形成天然堤坝或新的堤岸。

2. 河道淤积或退化

淤积或退化是河道对泥沙流入量和河道输沙能力之间不平衡的响应。当泥沙供应超过河流的输送能力时，就会发生淤积。如果来自流域的泥沙产量增加而主要流量没有相应增加，就会发生淤积。如果泥沙产量保持不变，主要流量的频率或数量减少，也会发生这种失调。泥沙供给和输送能力的不平衡导致了河道泥沙的淤积。如果淤积的原因是流量减少，而产沙量没有变化，那么结果很可能是前面所述的筑堤和河道缩小。如果淤积是由于泥沙产量增加而流量没有变化，最典型的河道响应是宽深比增加。沉积物被储存在河道中，减少了河道的深度并增加了对堤岸的侵蚀力，从而拓宽了河流的宽度。在极端情况下，淤积可能导致河道格局和结构从笔直或蜿蜒到纵横交错的大规模变化。

当河流的输沙能力超过流域的产沙量时，就会导致退化。在冲积河流中建造水坝可能是河道退化最常见的原因。通常由水流带走的沉积物会沉积在水库中。曾经在河道中移动沉积物而消耗的能量现在被用来侵蚀河床。随着河流的不断退化，旧河床变成了新的漫滩，旧河岸变成了梯田。下切河道的宽深比可能比原河道的宽深比小得多。因此，当退化河道最终达到平衡时，其弯曲度通常比原来的河道大得多。

3. 河道物质大小分布的变化

河道形态和结构的改变通常伴随着河床组成物质的改变。当冲积河道发生淤积或退化时，基底的改变几乎是必然的，但基岩和崩积河道也可能发生基底的变化。虽然这些河道可能不像冲积河道那样容易受到河道变化的影响，但它们可能更容易受到基质变化的影响，这种变化虽然微妙，但同样有害。

基本上，只有两种类型的基质变化：一种是导致粒度分布变粗的变化，另一种是导致粒度分布变细的变化。粒度分布是指基体中不同粒度物质的混合情况。嵌入性是粒度分布的一个子集，指颗粒较大的基质物质之间的间隙被细颗粒（一般为泥浆和沙子）填充的程度。粒径分布的两个方面都可能产生重要的生物学意义。

当河流退化时，基质中较小的物质比较大的物质更容易被侵蚀。沙子和泥浆首先被带走，留下碎石、鹅卵石和巨砾。然后碎石被侵蚀，留下鹅卵石和巨砾。最后，巨砾可能是河道中仅存的不能被水流移动的物质。这种不断过滤掉细小物质，只留下大块物质的过程被称为粗化。

虽然粗化是冲积河流中河道退化的常见结果，但相关的现象也可能发生在基岩或崩积河道中。冲积物，如鹅卵石和碎石，通常在高流量事件中被带到基岩河道中。随着流量减弱，其中一些颗粒会沉积在河道里。在下一个高流量阶段，沉积物会被侵蚀，然后被取代。如果这些物质的来源突然被切断（例如，修建水坝），先前沉积的冲积层将被移除，而不会有新的接替。如果河道中还有碎石和鹅卵石残留，将在很短的时间内大大减少。

经历河道缩小或淤积的河流通常会经历颗粒尺寸减小和嵌入性增加的情况。由于相对于泥沙输送能力而言，沉积物负荷较大，因此河流可用于移动所有尺寸沉积物的能量较少。最终，之前的河床表面会覆盖一层淤泥和沙子。有时候，沉积物的深度可以不止薄薄一层。Leopold 等（1964）报道说，1895—1935 年，格兰德河的水面升高了近 4m。

河道的三种基本类型是基岩河道、崩积河道和冲积河道。

基岩河道是在坚硬的岩层中切割而成的。崩积河道中含有大量的谷壁、雪崩和冰川沉积物所沉积的物质。冲积河道是由河流在最近的水文条件下沉积的物质形成的。

冲积河道比基岩或崩积河道更活跃，也更容易发生变化。当泥沙量与河流的输送能力相平衡时，河道便处于动态平衡状态。当负荷超过输沙能力时，泥沙会通过减小河道或淤积的方式储存在河道内。当传输容量超过负载时，河道将通过河道扩大或退化进行重新调整。

冲积河流中的河道不平衡可能导致河道形态和结构的整体性变化。基岩河道和崩积河道相对不受不平衡侵蚀形式的影响，但都可能受到河道填充事件的影响。

河道粗化是在河道扩大和退化过程中，细小物质被逐渐从基底上过滤出来的结果。当冲积物的供应被切断时，类似于粗化的现象会出现在基岩和崩积河道中。在涉及河道填充的不平衡过程中，掺入基底的细小物质（嵌入度）的数量通常会增加。

7.4.3.3 温度和水质

流量对水温的影响有几种方式：①流量决定了需要加热或冷却的水的体积；②河流宽度影响接触到热源的面积；③流速影响接触到热源的时间。尽管可以找到常规的致死温度统计表（美国环境保护局，1986 年），但是对于具有商业价值的物种，我们还是建议搜索针对目标生物的文献。可惜，实验室提供的温度值可能是不切实际的。正如 Bartholow（1991）所讨论的，实地研究提供了最有用的基准，因为它们比严格的致命限度更能说明尚不致命水温的排他性。这一原理尤其正确，因为生殖活动往往是最受限制的，但仍然很少有人研究（Brett，1956）。在确定问题过程中，还有两个关于水温的注意事项值得考虑。首先，尚不致死的每日温度波动也会影响群落结构（美国环境保护局，1986 年）。遗憾的是，没有人能够做出预测，因为人们对这些昼夜波动的重要性知之甚少。其次，如采用的极限值源自实验室研究时，通常使用 2℃ 的安全系数来保护生物群落免受高温侵害（Coutant，1976）。

由于水温通常是一个重要的变量，可能有助于更彻底地概述温度效应。温度效应可能通过导向因素、控制因素、致死因素、生长因素和协同因素影响鱼类种群（Fry，1947）。导向因素还会影响鱼类行为的时间（有时称为生物周期性）。根据温度梯度，水温可以触发系统内部的运动，并影响鱼类的产卵行为（注意：如果目标物种是迁移物种，那么可能会对次生地区产生影响。如果是这样，则可能需要扩大研究范围）。控制因素控制过程速率，并决定从繁殖到孵化以及从孵化到出苗的持续时间。温度单位"摄氏度/天"可用于测量控制因素。通常认为致死因素和鱼类生长因素直接作用于一个物种的温度体验，假设这种体验直接影响代谢调节。有利于生长的温度范围相对狭窄，在最适温度两侧，生长速率下降，甚至出现生长抑制。然而，由于一系列的干预因素，生长和温度之间的关系是复杂的，这些因素可能会改变最优值，或者影响函数关系的形状。协同因素就是那些影响生物应对其他潜在限制因素的因素。例如，水温直接影响生物体对水中毒素的反应。

本质上，对未来可能的系统状态做出判断依赖于对现状的了解。当前的形势也可以为需要进一步研究的问题或临界状况提供线索。有时，水温或水质问题导致鱼类死亡是不言而喻的。确切的原因可能很难确定，但是 Meyer 和 Barclay（1990）对该过程进行了详尽的描述。通常，获取现有的水质数据是大多数宏生境研究的首选。通常快速浏览一下现有的数据，就会知道是否达到了极限，或者达到了极限的频率有多高。有时候，可能只需要这些信息。但是，现有数据通常无法构造流量与水质之间的关系。更重要的是，如果系统以某种方式发生了变化，现有数据不足以描述将要发生的情况。同样，必须在这里整合概念模型。

7.4.3.4　预测宏生境变化

在问题识别阶段人们是如何进行的呢？首先，仔细检查项目或拟议备选方案的说明。其次，列出已知的一阶宏生境效应。可能包括：①流量的数量或时间的变化，如体积变化（例如耗水量变化）、水位图变化（例如水资源管理/水库运行）；②河流生境的变化，例如洪泛或河道化；③负荷率或温度或水质成分（如营养物或其他有机物质）的初始条件的变化。再次，将拟定变更的一级水文影响程度与不同供水条件（如正常水年、丰水年、干旱年）的基准条件进行比较。最后，估计所提议的变化可能对宏生境适宜性的影响。

对于灌溉工程或其他消耗性使用，比较消耗性使用期间的月平均流量。其他水资源管理问题可能需要比较全年的月平均流量。对于水力峰值，可以在一年中的特定时段对每周的运行情况进行抽样调查，并将每天的最大流量和最小流量与每月的基准最大和最小流量进行比较。对于河流生境的改变，计算淹没或渠化河流的公里数。对于热或污染负荷分配，应确定点源并获取关键时期适当变量的基准数据。例如，如果水温成问题，那么可能需要检查 6 月、7 月、8 月和 9 月的数据，特别是在干旱年份；如果溶解氧成问题，则可能需要检查夏季和冬季的状况，尤其是在炎热干燥的年份；如果氨成问题，那么在干旱年份、冬季的情况可能是最糟糕的；如果研究目标是 pH 值，基流周期可能是最关键的；如果是杀虫剂的问题，需要考虑的就是潮湿的夏季。通常情况下，只需要使用一个简单的模型对潜在问题进行初步的分析，或者征求专家的意见，就可以确定潜在的问题。如果现有的基准条件已经处于临界状态，则应始终将温度或水质监测纳入研究规划，因为这些状况可能会恶化。

当然，改变本身不会立即引起警报。分析人员有必要对目标生物有足够的了解，以评估变化是否可能是重大的。例如，水温对鱼类有许多潜在的影响。温度可能影响净生物量增长、生长速度、消耗速度、消化速度、存活率、鳃的通气量、体温、新陈代谢、生理机能、呼吸、压力水平、离子调节、能量水平、能量反应、行为反应、活性、运动、移动、生态、分布、竞争、捕食者-猎物关系、寄生虫和疾病、迁移、繁殖、卵孵化、卵发育或协同关系。然而，单为每一件事考虑，不太可能有什么结果。相反，制定一份处于"潜在"影响范围的所有物种（鱼类、大型无脊椎动物等）和生命阶段的清单，并记录它们在一年中的什么时候出现、在哪里以及如何使用这条河流，可能会有所帮助。也可以从文献、国家鱼类和野生动物报告或者高校收集尽可能多的关于目标物种的生物学信息。

与 IFIM 研究规划隐含的许多工作一样，人们应该仔细询问谁将负责进行水质问题识别。不要忽视这样一种可能性，即由具有各种技能的人员组成的团队应该参与问题识别。在确定范围的团队中应始终包括信息生产者和消费者。虽然确定潜在问题的范围应该仍然是一项相对简单的任务，而在 IFIM 的第三阶段进行的更复杂的分析中需要更全面的知识和投入。

在许多情况下，模型可能是定量描述拟议变化对水质和温度累积影响的唯一方法。但是在问题识别阶段，我们更感兴趣的是确定问题的范围，而不是精确的量化。人们可能需要更多地依靠思维或概念模型来确定需要通过正式研究规划进行进一步研究的内容。通过考察流域内土地和水资源的利用及其对可测量变量的相关主要和次要影响，可以对上述因素进行评估。

与土地和水资源利用相关的广义环境变化如图 7-13 所示。×是指一级影响，○是指次级影响。从图 7-13 的广义影响矩阵中可以看到，二阶效应在生物学上可能比一阶效应更重要。数据源和评价过程类似于一阶效应的分析，但不使用建模很难揭示二阶效应。有时可能需要相当复杂的建模来评估二阶效应。然而，在识别问题时，人们必须依靠自己的思维模型（从粗到精）作为研究规划范围的指南。在没有建模的情况下，类似的情况可能有助于确定效果和可能的结果。然而，最好的建议是当对可能的影响存在疑问时，将其纳入研究规划。

受影响生境	蓄水	渠化	放牧	伐木	地表采矿	中耕	地下水开采	流量特征	流量增加	城市化	灌溉	水力尖峰
产沙量	X		X	X	X	X				X	X	O
出水量	O		X	X	X	X	X	X		X	X	X
河道形态	X	X	X	X	X	X				O	X	O
基底特点	X	X	X	X	X	X				O	X	X
植被	O	X	X	X	X	X				X	X	O
流量时间点	X						O	O	O	O	X	X
洪峰流量大小	X	O	X	X	X	X		X		O	X	X
低水流量大小	X		O	O	O	X	X	X		X	X	X
温度场	X		O	X	X	X		O		O	X	X
水质	O		X	X	X	X		O		X	X	X

图 7-13　与土地和水资源利用相关的广义环境变化（摘自 Bovee，1982 年）

7.4.4　微生境问题

微生境和宏生境结合在一起，形成了可供生物体利用的总生境。宏生境控制了物种分布和物种多样性的一般模式、通过系统的能量流和微生境特征的分布与丰度。微生境的可利用性可通过急性生存机制（如洪水期间的可利用性）直接影响种群或通过密度相关成长和条件因素（如补给站的长期可利用性、成年体生长和条件、成年体越冬存活率）间接影响种群。

微生境由目标物种生命周期某个时间段所占据或使用的物理位置的空间特性（如深度、水流平均速度、覆盖类型和基质）进行定义。大多数应用中，深度和水流平均速度的水动力参数、覆盖类型和基质的结构变量被用于量化 IFIM 中的微生境。如果其他物理变量在本质上是水力或结构变量，则可以添加或替换。举例来说，如有需要，近底速度（如在距离河底几厘米处测量的近似速度）可以代替水流平均速度，以获得更真实的微生境描述。基质可以用作物种（产卵微生境）一个生命阶段的结构变量，但也可以由另一物种（成年体补给站）的覆盖物所代替。对于某些生命阶段而言，覆盖物和基质同样重要，因此必须设计合并这两个变量的方法。

规划 IFIM 研究的初始阶段可能会出现一些与微生境相关的问题：①合适目标物种的选择；②关键生命阶段和微生境类型的确定；③已知或可疑的生境瓶颈的缓解；④物种生境要求的知识；⑤生境利用方面的时间变化；⑥微生境的空间连续性、间隔性和分离。

7.4.4.1　目标物种的选择

一种或多种目标物种的选择是 IFIM 应用中的一个必要步骤，因此目标物种的选择作为一种顾虑来源似乎有些奇怪。由于该选择可能解释为一项策略声明，因此目标物种可能会引起争议。不同物种占据着不同微生境和中生境。并非所有中生境或物种对流量变化的反应都相同。当占据中生境的物种被选为目标物种时（尤其是仅选择了该类物种时），则意味着保护或加强低流量的策略。

有时候，特定目标物种的选择可解释为一次操纵分析结果的尝试。比如亚拉巴马州温水河流中目标物种的两种选择：大口黑鲈（加州鲈鱼）和绿鳍镖鲈（阿肯色镖鲈）。鲈鱼也是一种微生境生物，但倾向于避开河流中速度较高的区域。镖鲈也是一种微生境生物，几乎只出现于粗糙基质的急流中。由于此类物种所占据中生境的差异，其偏好微生境对流量变化的反应模式相反。湖泊物种（大口黑鲈）和急流专有物种（绿鳍镖鲈）流量和微生境面积关系图比较如图 7-14 所示。

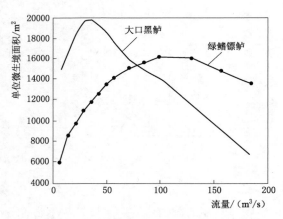

图 7-14　湖泊物种（大口黑鲈）和
急流专有物种（绿鳍镖鲈）流量
和微生境面积关系图比较

大口黑鲈偏好低流速，因此鲈鱼微生境在接近零流量时最大，并随着流量增加而迅速减少。相较而言，镖鲈栖息的中生境在低流量处较高，且在达到更高流量之前不会达到最大面积。因此，想要证明水库最小可能排放量的利益相关者会坚持选择鲈鱼作为目标物种。尝试调整相对较高最小流量的利益相关者更偏好镖鲈。

选择目标物种时，最明显的答案是选择代表各种中生境的混合物种。然而，因为有利于一个物种的管理方案可能会对另一个物种起反作用，所以该解决方案也并不完美。由于这一困境，研究人员推荐都使用相似中生境的动物群体。然而，事实上一个特定物种或一类特定物种的选择都意味着特定微生境的选择与管理。虽然我们推荐使用混合目标物种，但还是要注意任何选择都会影响微生境。选择更多物种也许可以推动研究开启，但最终会使得备选分析更加困难。

7.4.4.2　关键微生境、生命阶段和生境瓶颈

这三个问题紧密相关，因此几乎不可能分开讨论。这些问题的核心是生境瓶颈的概念，其定义为：影响一个物种一个或多个重要生命阶段种群动态，由此而对成年种群产生明显的限制的关键生境类型。虽然概念相对简单，但是生境瓶颈有诸多相关内涵（Bovee等，1994）：

（1）各种中微生境都对物种生存的重要性不一。

（2）同一生境瓶颈不会持续（或始终持续）多年。

（3）同一生境瓶颈不会间接或持续（或始终持续）适用于各种河流。

（4）同一事件在一年中的某个时间段造成瓶颈，在其他时间段可能不会造成瓶颈。

（5）有的瓶颈与短期（急性）事件相关，而有的瓶颈与长期（慢性）事件相关。

过去十年的研究表明，生境瓶颈通常与鱼类物种的早期生命阶段有关。关键微生境通常包括产卵和孵化、新鱼苗的饲养区和鱼种的最佳捕食者回避区（Nehring 和 Anderson，1993；Bovee 等，1994）。一般而言，在早期生命阶段中造成瓶颈的事件是严重的。换言之，事件通常持续时间很短，从几天到几周不等。

如果能找到生境和种群动态之间的密切关系，则令人放心。然而，即使人们知晓影响种群的生境瓶颈和关键生境类型，一旦修改系统运行方式，它们都可能发生变化。如果我们缓解了一个生境瓶颈，另一个瓶颈迟早会取代其位置。

处理与生境瓶颈相关不确定性的基本方法有忽略瓶颈、解决当前瓶颈、通过使用种群模型预测未来瓶颈三种。忽略瓶颈，在环境影响评估中使用的策略是平等看待所有微生境。换言之，在所有生命阶段和物种发生的微生境（积极或消极）变化中达到一种平衡。由于大多数生物学家了解生物系统固有的不确定性，因此他们会倾向这种保守方法。工程师、项目开发人员或 IFIM 项目中其他利益相关者不太可能按照这种方式理解。生境管理利益方面保守成分的增加通常意味着可行备选方案方面灵活性的降低。因此，从资源管理者的角度来看，谨慎的做法可能是对其他利益相关者的不让步。

为了克服保守方法的困境，部分研究人员在其研究中建立一种生物反馈机制。实现这一目的最简单的方式是确定目前限制目标物种数量的生境瓶颈。一种更深入的过程是使用有效生境时间序列，其本质上是一个简化种群模型，该模型对目标物种的生境可用性变化作出响应。数名研究人员曾试图将复杂种群模型融入传统生境时间序列分析（Cheslak 和 Jacobson，1990；DeAngelis 等，1990；Williamson 等，1993）。通过种群模型，管理人员可能能够预测因拟议措施而发展的新生境瓶颈。然而，包括有效生境时间序列这样简单的时间序列，任何一种种群模型的使用都会使河道流量研究变得极为复杂。在确定问题期间，一个最重要的考虑因素是，是否是基于生境变化或种群变化。该决定事关重大。确定生境瓶颈或校准种群模型需要的生物信息不能仅从 IFIM 中获得。如果利益相关者希望通过该方法获得种群相关信息，必须先将大量种群相关信息输入其中。

种群模型有可能变得十分复杂，以至于跨学科团队中仅有少数专家真正了解模型的工

作方式和原因。由于其复杂性，对于大多数利益相关者来说，使用种群模型的备选分析可能成为一种"黑箱"方法。由于成本、时间和复杂性的限制，利益相关者往往会重新选择河流生境管理的保守方法。诸多情况下，从各种层面上来说，保守方法可能并不差。生物系统的运行并不像工程系统那样精确，因此无论我们了解多少，都应当保持谨慎态度。

7.4.4.3 确定生境要求和"时间变化"

一旦确定了研究的适当目标物种，并可能确定了哪些种类微生境在生物学中最为重要，人们就会面临 IFIM 研究的下一个障碍：确定目标物种适合的微生境结构。由于诸多原因，确定微生境的适宜性并非易事。

(1) 诸多河流生物（尤其是鱼类）在其生命周期中栖息于许多不同的微生境中。微生境利用中的变化由大小（幼鱼与成鱼）、活动（取食、休息与产卵）、季节（夏季与冬季）和日照时间（黑夜与白日）等因素决定（Orth, 1987）。无法简单定义物种的微生境要求，必须明确定义生命阶段、大小、活动和时间阶段。通常来说，现有微生境要求相关知识在分析所需详情方面无法达到要求。

(2) IFIM 中，微生境要求以生境适宜性标准的形式描述。由于诸多物种的微生境要求具有一定可塑性或定义不明确，因此从一条河流获得的生境适宜性标准在另一条河流中可能是无效的。生境使用或定义的不一致性集中体现了可转移性问题，即适用某处（源头河流）的标准用于研究河流（目标河流）的有效性评估。

(3) 微生境要求和生境适宜性标准可能不太客观。部分利益相关者会声称，只要河床是潮湿的，就会有足够微生境可供选择。有些人甚至可能不承认潮湿是适宜鱼类栖息地的先决条件。尽管这些都是极端的例子，但是与微生境利用相关的问题总会出现。

从历史角度而言，人们采用了各种方法来解决生境适宜性标准的获取和可转移性问题。最常见的方法之一是从河流源头获取标准并忽略质量或可转移性问题。该策略的吸引力在于其（在所有方面都）成本低廉，并使研究团队免于承担确保标准质量的责任。

我们推荐的这种方法是优先性、获取和测试的组合。我们应编制优先微生境类型/生命阶段列表，并与可用生境适宜性标准清单交叉引用。如果缺失的标准并不是研究成功所必需的，则可以忽略缺失标准。反之，如果无高优先性标准可用，则研究期间必须采取措施以获取或制定标准。一旦解决了标准获取问题，则研究计划应包含评估标准可转移性的规定。

7.4.4.4 空间构成、配置和连续性

此类问题均与河流中不同微生境的空间分布有关。McGarigal 和 Marks（1995）对构成地形中（或本研究中的河流地形）的板块大小和相对比例进行测量。构成指标是描述板块物理分布和空间布局的指标（McGarigal 和 Marks, 1995）。构成测量的两个例子是间隔和扩散。间隔测量了一个区域内板块类型的分散或破碎程度，但扩散则是板块分布不均匀性的测量。不同难度情况下，从 IFIM 现有微生境模型中得出一些构成测量（例如生命阶段或生境多样性的适宜生境）是有可能的。相较而言，构成指标在空间上是明确的且必须从一个真实二维生境模型得出。

连续性指的是生物体在河流不同部分之间移动的程度。从纵向角度来看，需要注意的

是，成鱼的饲养区通过一条可穿越和可生存的河流与产卵区相连。在纵向连续性方面，最重要的考虑因素通常是在迁移期间提供足量流量，以确保通过自然屏障并消除任何潜在的热量或水质屏障。

横向连续性的几个属性在部分 IFIM 应用中可能很重要，且通常与水流的快速波动有关。与该问题有关的一般术语是"爬坡率"。基本问题是，当一条河流中的流量有所变化时，固定地点的微生境条件就会变化；实际上，适宜微生境区域会在河道之间来回迁移。如果横向迁移率超过了生物体跟随的能力，则生物体要么顺流而下（如水生昆虫）要么死亡（如鱼卵）。当生物体在高流量处被吸引到合适的微生境中且在低流量处受困时，就会出现不同形式的横向连续性问题。这两个问题都能在 IFIM 背景下得到很好评估。

河流生境分离最重要的人为原因无疑就是主干河流水坝和水库的建造。生境分离的主要问题是生境分离阻断了种群之间个体交换和生境周期性的重新设置。鉴于水坝隔离支流和主要种群的程度，这是一个必须考虑的主要因素。Osborne 和 Wiley（1992）提供的证据表明，温水支流的鱼类构成结构受到来自主河道种群迁移鱼类的影响。Sheldon（1987）预测，由于种群和迁移鱼类将本地物种隔离，大规模的分离将导致当地物种灭绝。

微生境问题的关键点有：微生境变量通常包括深度、水流平均速度、覆盖类型或功能以及基质特征。在其他物理微生境变量与河流的水力或结构特征有关的前提下，上述变量可以替换到分析中。

目标物种的选择是 IFIM 分析的必要组成部分，但如果将选择解释为策略声明，则可能会引起争议。有时，选择某些目标物种可能是有意操纵研究结果的尝试。

针对 IFIM 中的诸多生命阶段和时间分层，必须确定微生境要求。与生境适宜性标准相关的问题包括：确定关键生境和潜在生境瓶颈、必要分层程度以及标准对所研究河流的可转移性。

微生境构成、结构和连续性都是与不同规模生境板块性和连通性相关的问题。IFIM 组件模型中，适宜微生境面积等部分构成测量很容易就能生成。生境多样性等其他指标必须从 IFIM 组件模型外部进行计算。

第 8 章　IFIM 第二阶段

8.1　研究规划

调查可根据几乎任何河道内流量问题或河流生境分析进行调整。研究设计人员在选择纳入研究或排除于研究之外的变量上有很大的自由度。待收集数据的位置和数量在很大程度上也由调查人员自行决定。

研究设计期间，通过遵循特定程序以维持 IFIM 的秩序。虽然没有精确方法来进行特定类型的 IFIM 研究，但所有 IFIM 研究都有共同的标准要素。随着 IFIM 的发展，研究规划的概念已初步形成体系。

研究规划中有 10 个基本组成部分，具体包括：①对拟议行动的全面描述和对利益相关者和问题的特征描述；②目标物种或有价值自然资源的确定；③解决问题方法的选择和基本原理；④对研究目标的简明陈述；⑤研究区域和河段边界；⑥确定的基准或参考条件；⑦IFIM 模型的地理覆盖、数据收集、校准和质量控制详情；⑧职责和权限分配；⑨对活动、重要节点和截止日期的安排；⑩资源需求和资源可用性的协调。

通过总结第一阶段的结果，第①项和第②项可以得到满足。本章的目标是详细讨论余下的 8 个部分，以便读者能够参与 IFIM 研究规划的制定。实际情况中，一些成分可以按逻辑进行分组，我们将在后续讨论中继续这一做法。举例来说，利益相关者的问题和价值观将在很大程度上决定所处理问题的类型。问题类型决定了可用于解决问题的方法类型。所选目标物种或有价值的自然资源往往在研究目标中表现出来。基准和地理边界的建立通常具有共同特点。

8.2　选择适当的方法

根据决策过程的目标，可以把政治和环境问题分为两类：第一类是标准设定；第二类是增量方法。标准设定问题中，分析人员应项目要求提出一个河道流量要求，在该要求以下水不能被分流，从而引导初步规划和项目可行性研究中的低强度决策（Trihey 和 Stalnaker，1985）。

增量问题是指针对特定开发项目进行的高强度、高风险讨论。"增量"一词意味着回答下列问题的需求：拟议方案对利益变量（如水生生境、游憩价值）产生了什么影响？

76

IFIM 研究中，通常处理的拟议行动是即将改变流态、河道形状、热状态、沿河遮阴量、泥沙或污染物负荷等方面的行动。

第一阶段结束时，人们应当对待处理问题的类型有一个相当清楚的认识，处理该类问题时，人们只需通过确定研究是否能够解决备选方案和竞争提议。标准设定技术不适用于需要探索备选方案的决定。根据定义，标准是不可协商的。此外，标准设定方法只解决了最小流量问题。如果问题围绕着其他生境变量或低流量外流态的任何其他方面（例如高流量的规模和时机），即使问题是在标准设定前提下提出的，IFIM 也可能是必要的。

8.3 良好研究目标的属性

目标是准确的、可测量的而且是可以实现的。当实现特定目标时，通常就可以了解整个目的的实现进展或进度。也就是说，一个好的目标不仅会告诉你将会做什么，而且还会告诉你什么时候应该完成。例如，一个项目的目的是提高受某些潜在变化影响河段的虹鳟产量，而其中一个研究目标则可能是改善影响虹鳟早期生活史和繁殖的栖息地条件。

学习设置合理目标的最佳方法或许是与专业同事分享先前研究中成功或失败的相关经验。在本章节中，会给出研究目标的相关例子，以及如何进行平衡，增加研究目标设置的相关宝贵经验。

研究目标不合理可能会与定义相抵触，但当人们看到时一般就能一眼认出它们。为什么不合理的目标这么容易辨认，因为我们大多数人在职业生涯见到过很多。有一些甚至还是我们自己设置的。遗憾的是，仅仅通过修改语句我们是无法将一个不合理的目标改成一个合理的。合理的目标是具体的、可靠的，规定了截止时间和执行标准，并具有一定灵活性，如果需要的话可以进行调整。

8.3.1 明确性

不要因为太过专注细节而忘了大的研究目的，这一点尤为重要。然而更常见的问题是，设置的目标不够明确，无法知道项目最终结果。美国国家生态研究中心（美国地质调查和生物资源局大陆生态科学中心的前身）的科学家们在 1992 年到 1993 年期间，对水力发电许可证讨论进行了一系列案例研究。这些案例研究的主要发现是：为了成功地通过讨论达成协议，有关各方必须明确问题的技术界限（Fulton，1992）。"不管争议是什么，确定界限和分析时间范围是最重要的"（Susskind 和 Weinstein，1980）。Bingham（1986）指出，如果有关各方想要通过讨论达成协议，他们必须就问题范围和技术方面的实际情况达成一致。有关各方是否能就研究问题达成一致取决于争议的"完成程度"以及问题的科技复杂程度（Harter，1982）。如果有关各方无法就河道内流量等问题制定一个可接受的科学知识体系并达成一致，那么通过讨论解决争议的可能微乎其微。

在案例研究中，我们发现因为有关各方无法就合适的研究目标达成一致，有时讨论会遇到一定阻碍。例如在一个案例中，有关各方对研究范围有争议，即鱼道研究是仅关注过鱼设施许可，还是整个河流过鱼通道的综合问题。未能在规模上达成一致，许可申请者和资源机构就无法达成最终协议。通常情况下，就研究内容的讨论是主要争论点。从这些案例研究中可以清楚地看到，许可讨论能否成功取决于有关各方是否就范围和时间、技术问题以及要进行的研究解释达成一致。也就是说，取决于能否制定一个合理的研究目标。

8.3.2　整合动机

动机反映了不同利益相关者的价值观和目标，一旦确定了动机，还需要很长一段时间来解释每个利益团体希望从研究中获得的目标。比如在一个联邦能源管理委员会（FERC）再许可项目中，许可申请者的动机是许可证续期，尽可能没那么麻烦；美国鱼类和野生动物服务局可能希望将重要鱼类的栖息地恢复到开发前状态；湖畔业主协会可能只是想让湖面足够高，这样他们可以使用码头。将所有利益相关者的动机整合在一起时，目标性就会强。如果利益相关者很不情愿地把他们的真实动机明确为目标，就有必要确定一个更加中立的动机，例如比较若干个不同的管理方案。

8.3.3　度量衡

度量衡是指每个利益相关者用来衡量成功或失败的衡量标准。比如在美国，联邦能源管理委员会（FERC）的许可效益，对于电力公司其度量衡可能是发电量的千瓦时或公司的毛收入；州渔业协会可能对可供钓鱼的鱼类数量或钓鱼时间更感兴趣；对于美国鱼类和野生动物服务局，最重要的衡量标准是敏感鱼类和水生无脊椎动物的栖息地条件。在进行河道内流量增量法研究时，如果没有对度量衡进行定义，就像打棒球没有垒一样。先对研究所使用的衡量标准达成一致，才能确定调查范围。比如，与预测栖息地可用率变化相比，预测鱼类种群变化所用到的数据和建模专业知识要多得多。如果一个利益相关者坚持衡量标准是鱼类种群（或更糟，渔业的经济价值），那么可以预想研究时间将会更长且更为费力，而且无法保证研究结束时能够对其进行衡量。

8.3.4　可行性

有效的研究目标必须在技术、科学和体制方面都是可行的。研究目标的技术可行性指的是提出的研究是否真正使用了当前可用的、最先进的河道内流量研究技术。科学可行性是指对研究结果进行科学同行审查的答辩，在沟通过程中，科学可行性还会扩展到对研究所采用的方法、假设和分析进行答辩。体制可行性是指提出的研究对于与你讨论的其他利益相关方是否存在分歧。一些分歧是不可避免的（比如可能会影响到濒危物种或濒临灭绝的物种）。其他可以避免的分歧包括研究是否有可能将从未有过的娱乐活动或物种等引入该地区。

8.3.5　截止日期和执行标准

讨论的重要基础是重要节点和截止日期。如果没有明确的截止日期，研究就会失去控制，无法真正意义上解决问题。在案例研究中发现，在实际情况中许可方通常将没有约定的截止日期当作一种延迟策略，作为调查人员的工作保障。只要研究没有完成，操作规则就不用进行修改，这对于许可方无疑是最好的。而且如果没有签发许可证，研究就会继续，保障了研究人员的长期工作。

参加河道内流量增量法研究的人员应该是积极富有创造性的，而非消极怠慢性的。但是，积极创造性氛围有时有，有时却无法实现。由于河道内流量增量法解决问题时存在不确定性，因此也没有绝对正确或错误的研究方法。也就是说，必须预先约定可接受的研究执行界限，制定研究目标的每个人在达成研究目标时都必须能够觉得这"足够好"。

8.3.6 灵活性

在河道内流量增量法研究时，有关各方的研究目标可能会完全不同。如果确实每个人都有相同的目标，甚至没必要采用河道内流量增量法。因此，也不可能单单就河道内流量增量法研究目标撰写一份包罗万象的报告。在河道内流量增量法研究中可以有多个预期目标。如果研究是为了解决讨论中不同当事方的合法利益，那么就需要有关各方的支持和承诺。在研究中通过了解有关各方的主要资源需求，在研究成功完成后为大家实现各自的利益。

确定研究目标的有关各方对于重新就研究目标问题进行讨论也应该有一些约定标准。研究目标的定义应足够广泛，这样才能不排除富有创造力的解决方案。最优方案通常在研究开始时并不十分明显，但是它们可能会在研究过程中越来越明显。重新启动讨论条款允许参与者在中途更改研究内容，从而达到一种创新的解决方案。

8.3.7 协议

对有关各方而言，了解他们所同意的内容并进行记录，这一点很重要。如果有任何一方违约那么协议失效，这可能会严重影响河道内流量研究。在一个综合性河流廊道的FERC许可案例研究中，有关各方就鱼道研究达成协议，但没有起草并签署协议。其中一方由于其他项目许可证的干预决定放弃河流廊道协议，将鱼道研究范围缩小到在许可讨论范围内的水坝中进行。最终，其他方没有同意并也放弃了协议。这个案例研究告诉我们，当达成协议时（以及协议内容），必须将协议写下来。

8.4 界定问题

8.4.1 研究区域

地理边界界定了待评估的可选方案规模和种类。不同栖息地影响以及缓解建议是否重要，通常取决于评估的地理环境。比如，上游水流 $0.1m^3/s$ 的最小流量对于当地的切喉鳟鱼种群可能极为重要，但对下游 $500km$ 处的濒危物种栖息地的修复目标却毫无意义。

在确定地理边界时，首先要决定栖息地分析中河流数量和总长度。IFIM 应用中经常遇到的研究领域的配置和典型尺度如图 8-1 所示。特定地点的影响研究［图 8-1(a)］通常与小型水电设施的旁通流量相关，是最简单、最直接的研究方法。通常情况下，单条河流中只有一小部分（1～10km）构成研究区域。在线性河网中［图 8-1(b)］，单条河流被分为两段或更多段，称为河段，用来反映河床形态、水文、温度或水质的纵向变化。线性河网中涉及河流的总长度范围从数十公里到数百公里不等，但其关键特征是对于单条河流的集中分析。一个平行河网［图 8-1(c)］通常至少由三个河段组成：两个在河流的支流上，另一个在两个支流汇合后的主流上。平行河网可能比线性河网小（通常河流总长小于100km）。但是，平行河网要复杂得多，因为必须为河流系统中的三个或更多位置建立基准和方案，并进行整合，其中很多位置是相互共存的。复合河网的河道内流量增量法研究最复杂［图 8-1(d)］，它同时包括线性和平行元素。复合河网至少包含三个并行元素和两个线性元素，并且河流总长可能有数千公里。

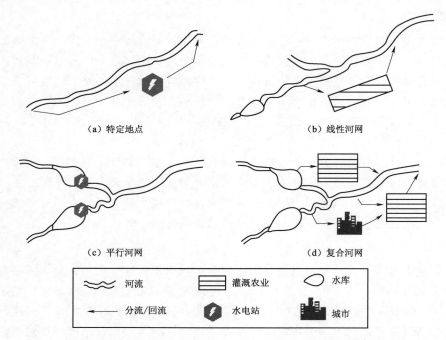

（a）特定地点　　　　　　　　　　　　　（b）线性河网

（c）平行河网　　　　　　　　　　　　　（d）复合河网

〰〰	河流	▦	灌溉农业	⬭	水库
←	分流/回流	⬡	水电站	🏙	城市

图 8-1　IFIM 应用中经常遇到的研究领域的配置和典型尺度

1. 研究区域边界

研究区域的上端通常是项目中拟建项目的位置。例外情况如下：

（1）上游无法进行洄游，导致项目以上没有任何栖息地。

（2）上游可能算进了项目的洄游计划。

（3）涉及跨流域引水的项目。

从理论上讲，应该以无法发现所提出措施影响的地方为下游研究区域的边界。但是，通常很难确定一种影响在哪里结束而另一种影响在哪里开始，因此这一做法在一些研究中是不切实际的。比如，针对水力发电运行对自然小栖息地的影响，越靠近大坝影响越严重；在更远的下游，水力发电的影响就会减弱，明显小于紧邻坝下的影响。而与之相反，对于温度和水质特征，可能在和坝址或某回水点有一定距离的下游，大坝的影响可能更加重要。如果就下游影响是否真实可测存在争议，那么就会成为最复杂的情况（例如，在累积影响评价中，梯级高坝大库等大型流域项目可能会、也可能不会影响下游数百公里的栖息地）。

由于采用"正确"研究过程不切实际，大多数采用河道内流量增量法的研究人员在确定下游研究区域边界时用更加宽松的标准。通常情况下，对于研究一条河流与大型水库、另一条河流或海洋汇合的情况，可以很方便地确定下边界。而建议措施所产生的影响可能不止于下边界，但是可以假设在此边界之上的影响更大，那么据此假设可以确定研究区域。我们建议的最佳方法是，将研究区域限定为建议措施或缓解途径影响最大的河流部分。如果研究区域太大，在小的局部所产生的影响就可能被忽略。

2. 河段

河道内流量增量法的一个原则是，通过比较基准和各种可选管理条件下的栖息地总量来评估备选方案。河段是此类比较中使用的基本栖息地核算单位。一个河段是一段相对较长的河流，具有地理上均匀流态的特点。一年中任何时候该河段最上游的流量应该与最下游的流量大致相同。该河段界限内整个河道的地貌（坡度、蜿蜒度、河道类型和结构、地质学和土地利用）通常也是一致的。

流态是河段界限的主要决定因素。在大多数情况下，河道内流量增量法被用来管理供水，因此，在运用 IFIM 时保证每个河段使用相同的供水情况十分必要。否则，当我们记录改变流态时发生了什么就变得十分困难。一种常用的经验法则是当基流变化超过 10％时插入一个河段边界（Bovee，1982）。因为河流测量误差通常会使流量的较小变化难以被检测出来，所以选择了 10％作为标准。然而，当主要的补给来源是来自小支流和地下水径流时，基流中相对较大的差异也会变得很难检测出来。如果存在大量非点径流入流补给，当累积的额外集水面积超过 10％时，就可以划定河段界限。

可以根据坡度、河床形态或河谷方向对河段进行细分。当将水质或温度等宏观栖息地特征纳入整体栖息地模型时，这些细分可能更加重要。在建立温度模型时，河谷方向特别重要，因为它会影响白天河流被岩壁或植被阻挡的遮阴量。只有在河段顶端和末端之间微生境特点与宏生境适宜性有显著不一致时，基于坡度和河床形态的细分才是重要的（比如，在河段上游部分宏生境温度适宜，而物理微生境却并不适宜时）。

8.4.2　基准的定义和界定

基准是制定和评估可选方案的基本参考依据，是比较时用到的参考点。水文、温度、水质和生物的基准具有许多共同的属性，并被归为"时间序列数据"。我们将讨论时间序列基准中所需的一些特征，并对用于评估此类特征的技术进行说明。

地貌基准是独一无二的。对于一些地貌过程而言，合适的时间步长可能以数十年为单位，而记录时间段则以数百年为单位。尽管地貌和时间序列基准所需的属性相同，分析地貌基准的方法却和时间序列基准使用的方法截然不同。为此，将分开讨论时间序列基准的通用描述和地貌基准。

8.4.2.1　时间序列基准

时间序列数据顾名思义是一个变量的连续序时记录（虽然记录中可能会有时间间隔）。时间序列的长度称为记录周期。由于各种原因，在运用河道内流量增量法时通常会只选择整个记录周期中的一部分作为基准。确定使用哪部分记录十分重要，甚至有的时候是研究计划中的争议部分。此外，通常是按不同的时间间隔取时间序列数据的平均值。时间序列的平均间隔就是时间步长（比如通常每 15min 测量一次流量，然后取 24h 数据的平均值），研究计划的另外一个重要部分是确定分析中所用的合适时间步长。

在应用河道内流量增量法过程中，通常用基准来表示水的利用和管理、主导的温度场和水质现状。然而在一些情况下，早先的基准会用来表示"自然"或至少"开发前"状况下的系统。无论是哪种情况，不要将开发前状况和开发后状况以同一基准相结合，这一点很重要。如果将开发前后的状况相结合就会产生周期性变化。类似的，不要将趋势纳入基准中，否则会导致供水计算不准或当前（或"自然"）状况下温度和水质数据的误读。稳定的时间序列不包含趋势或周期性变化的时间序列。

在大多数河流中，记录时间越长，时间序列不稳定的可能性就越大。这种现象对于研究计划制定者而言比较麻烦，因为最好使用一段时间相对较长的记录。因此，需要选择一个时间长度适当的记录，并且没有趋势或周期性变化，同时时间步长合适，能充分代表当前或自然条件。

1. 记录期

策划人和管理者通常都认同时间序列基准越长越好。用记录时间相对较长的记录来表示时间序列基准有以下几点理由。从生态学的角度来看，一种假设认为，数量和群落受特定时间内发生的极端条件的影响，而不受普通事件的影响（Wiens，1977；Connell，1978；Grossman 等，1982）。因此，尽管用水者通常按照平均水文条件进行规划，但水务管理者必须对极端供水情况进行规划（Dunne 和 Leopold，1978）。在宏生境层面上，环境工程师设计废水处理设施用于维持低流量和极端天气条件下而非正常状态下的水质（Velz，1970）。出于上述原因，最好使用记录时间较长的记录。

要解决稳定性的难题，有必要考虑利益相关者的规划期。一般来说，建议记录周期应该是规划期的两倍。比如在河道内流量研究中，管理层可能只考虑重现期为 10 年的事件的应急预案，那么记录至少要有 10 年，这样才能预测 10 年一遇的丰水期或者 10 年一遇的枯水期。如果我们想要同时针对 10 年一遇的丰水期和 10 年一遇的枯水期进行规划，就必须至少要有 20 年的基准记录。

经验法则通常会有附加说明，在这里也不例外。首先，要意识到即使记录时间有 20 年也不能保证能准确估计 10 年一遇的事件，这一点很重要。因此，回到第一个经验法则：就基准而言，记录时间越长越好。其次，提出的所有基准都应该能代表规划期。如果规划期是 10 年，那么基准就不能包含洪水或风沙侵蚀区的干旱记录。在这种情况下，利益相关者应考虑省略记录周期中最极端的年份或选择记录期间气候不那么极端的记录。

2. 时间步长

这里我们想简单区分下水文和其他类型的时间序列。在水文时间系列中通常使用时间平均数据，而温度或水质变化的时间序列通常按每日极值进行记录。当选择极值时，通常就会用于每天或每周时间段。

河道内流量增量法中使用的水文数据的时间步长可能是 1～2h 或 1～2 个月。根据基准条件和拟议的可行方案情况下流量随时间的变化确定时间步长。在比较基准和变化情况时，所使用的时间步长必须相同。我们建议当变化系数（标准偏差和均值之比）不超过 100％时，可认为一个时间步长内的流量是均匀的。可以选择两个时间序列中变化较大的用于确定时间步长。

若使用的时间步长越长，则可以用来检查时间越长的记录（这一点已不那么重要，因为个人计算机变得越来越快且功能越来越强大）。但是，较长的时间步长会均化河流中生物学上重要的变化，这将违背记录时间较长的目的。通过检查短时间步长和长时间步长平均后事件之间的相关性可能有助于解决这一问题，如果这些事件密切相关（比如 $r^2 > 0.90$），则可以使用较长的时间步长，而且生物相关性不受影响。

在使用河道内流量增量法时，使用的最极端时间步长与水力发电运行相关。水电站的释放量可以在几分钟内从零增长到数百立方米每秒。水力发电峰值操作使用的时间步长通常为 1h，虽然在一些情况下只使用当天极值。使用每小时时间步长为分析人员带来很大麻烦,因为很难以小时为基准调查很长的记录周期。在这种情况下,以小时为基准和跨年度的分析是相互矛盾的,可行的方案是从基准记录周期中选择子样品进行调查。利用每月、每季度或年度河流统计资料的流量历时曲线来区分丰水、枯水和正常期。然后从分层数据库中抽取 1~2 周,根据每小时时间步长进行分析。

3. 评估时间平稳性

固定时间序列是不显示趋势或周期性变化的序列。趋势是指时间序列中平均每月或每年流量的单向变化,年平均流量趋势如图 8-2 所示。周期性变化是指流量差异的变化。例如,如果一个计量器的总出水量在 20 年内稳定下降,那么这就是一种趋势。如果每日平均流量随时间变化更大,那么就可形成一个周期变化,即使每月均值保持不变。一种特殊的非平稳性是指阶跃变化,平均流量或其变幅会突然发生变化。与阶跃变化相关的常见开发案例包括建设新的水库或安装新的分水建筑物。

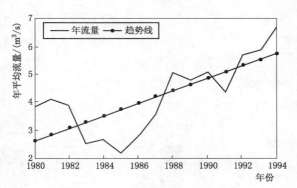

图 8-2 年平均流量趋势示例

可以通过图形或统计方法区分上述三种非平稳性。最简单的一种方法就是绘制随时间变化的流量图来检查极端趋势和较大阶跃变化的时间序列(图 8-2)。如果发生了阶跃变化,那么水文曲线就会突然从一种变化为另外一种。极端趋势可能也很明显。但是,对于更细微的趋势,有时可以将时间为自变量,流量为因变量进行线性回归(比如,图 8-2)然后进行分析。

双累积曲线(Hindall,1991)是一个水文变量相对于另一个水文变量随时间而变化的累积图,是一种用来检查时间序列趋势的图形技术。密歇根州安阿伯市休伦河月平均降水量和流量的双累积曲线如图 8-3 所示。虽然在图 8-3 中,双累积曲线显示了降水量与流量的关系图,但也可以绘制另一条河流水文与时间序列的关系图。如果第二条河流的时间序列是固定的,那么双累积图将是一条直线。如图 8-3 所示,在这种情况下,如果流量趋势与降水有关,则在所有年份中斜率应相对不变。

图 8-3 中的斜率中断表明流域的出水量发生变化,因为在该时间段内每次降水事件的径流量都有增加(1968 年上游两个小型防洪水库发生故障导致径流变化)。

还可以用统计技术来检测或确认猜想趋势。适用于趋势分析的一个最简单的统计方法是 Hotelling - Pabst 的独立性检验,这种方法是一种秩相关的双尾检验法。采用 Hotelling - Pabst 检验的

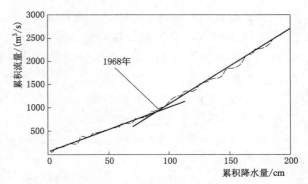

图 8-3 密歇根州安阿伯市休伦河月平均降水量和流量的双累积曲线

趋势计算见表8-1。平均年流量是指密歇根州安阿伯市休伦河的平均年流量。

表 8-1　　　　　　　　　　采用 Hotelling-Pabst 检验的趋势计算表

年份	年平均流量/(m³/s)	$R(x_i)$ 按年份排名	$R(y_i)$ 按流量排名	$[R(x_i)-R(y_i)]^2$
1960	14.9	1	11	100
1961	9.7	2	6	16
1962	9.8	3	7	16
1963	7.4	4	2	4
1964	5.3	5	1	16
1965	8.7	6	4	4
1966	8.1	7	3	16
1967	10.6	8	8	0
1968	19.4	9	14	25
1969	19.4	10	15	25
1970	12.0	11	10	1
1971	11.9	12	9	9
1972	9.5	13	5	64
1973	19.3	14	13	1
1974	23.5	15	17	4
1975	16.1	16	12	16
1976	20.7	17	16	1
			$T=318$	

注：年平均流量是指密歇根州安阿伯市休伦河的平均年流量。

通过将 $R(x_i)$ 首先按年份排名，然后按流量排名来进行测试。测试统计量的公式为

$$T=\sum[R(x_i)-R(y_i)]^2 \tag{8-1}$$

如果 T 大于或小于其临界分位数，那么就否定了没有趋势的零假设。如果 T 小于下分位数，则表示为正趋势［即，如果 $R(x_i)-R(x_i)$ 和 $R(y_i)$ 的排名相同，则 $T=0$］。如果 T 大于上分位数，则表示为负趋势。在表 8-1 中，当 $n=17$ 时，临界分位数是 420 和 1217。T 的计算值是 318，小于下分位数。因为 T 的值比最小分位数要小，所以可以得出结论，数据中存在趋势（显著性水平为 0.05 时），并且是正趋势。

当有涉及会影响流域质量平衡（水量平衡）过程的因素时（比如火灾或森林砍伐后重新造林），周期性变化可能表现为流量变化趋势。同样可以用识别趋势的工具对记录的周期性变化进行分析。两种分析之间的唯一区别是，检查趋势用的是变量的均值，而周期性变化使用的是方差。

在分析水文系列的平稳性时，不要将持续性与趋势混淆，这一点很重要。根据定义，持续性是指时间序列中连续数据的非随机组合。简单来说，丰水期之后还是丰水期而枯水期之后还是枯水期。在某种程度上，持续性会在所有时间间隔内发生，但是在年度数据中

可能最为明显。由于持续性，年度流量的水文曲线是周期循环的。当基准中只包括了循环中的一部分时，水文记录中的持续性可能就是问题。问题重点在于是选取了循环的哪一部分。

根据经验法则，当水文时间序列的第一部分和最后部分进行比较时，两者的总供水量之差不应超过 10%~15%。对于 30 年的记录周期，也就是说年趋势线的斜率（例如图 8-2）应该表示每年补给或消耗不得超过 0.3%。当然，每年 0.3% 的年标准只是一个指标。研究中趋势的容许范围也是先前提到的实行标准之一，由研究小组成员决定。

如果研究小组认为基准时间序列不够平稳，该如何来解决这一问题呢？最简单的解决方案是延长、缩短基准的记录时间或选择另外的记录。与无趋势时间序列相比，能表示水的供应和使用现状和未来趋势的时间序列显然更加重要。然而，如果存在的趋势不可接受或无法调整记录周期，那么可以将时间序列去趋势化。这需要对水的利用、流域水量平衡或降水状况的变化进行更正，也可以由该研究小组的水文学家进行更正。虽然时间序列去趋势化的方法有很多，但我们建议几个利益相关者小组的水文学家一起努力，得到一个相互认可的单一时间序列。

8.4.2.2 地貌基准

地貌基准是指影响河流河槽和河漫滩结构、类型和稳定性的流域特征、土地利用和水管理行为。在栖息地评估中，与水文、温度、水质基准和其他广泛认可的指标相比，研究人员对于地貌基准的重要性没有达成一致。其实，很多河流的栖息地问题与河道的变化直接相关，而非水务管理方法。

在大多数应用河道内流量增量法的情况中，通过测量现在河流的横断面来建立地貌形态基准。这种做法符合我们对基准的最初定义，即当前状态的测量值。但是在以下两种情况下，当前河道形态不足以当作基准时可能会有误导。第一种情况是当前河流并不处于动态平衡状态。如果河道的结构和类型正在发生基本变化，当前河流结构形态可能就无法代表将来河道的形貌。第二种情况是河道处于平衡状态但内在不稳定，河道形状年内会发生变化。在本章中，我们就河道非平衡和不稳定展开讨论，同时还会讨论在研究规划阶段如何处理河道变化。

1. 河道变化的特征

在河流流量研究中，重点要关注五种河道变化，即沉积、退化、河道扩宽、河道变窄以及季节性冲淤。出于规划目的，认识到正在发生的变化可能比确定变化的确切类型或根本原因更加重要。但无论如何要将冲淤和河道平衡失稳区分出来，因为相应的规划方案会有所不同。

可以根据历史数据和监控发现最近的河道变化。在发现与结构变化同时发生的河道类型变化时，可以通过航拍照片来评估河道变化。也可以从水资源局了解近期河道变化的相关信息。如果出现河道变化，那么水位流量关系曲线将会失效，而必须重新校准量规。在一条退化的河流中，河流的局部基本水位会下降，导致水面高程相应下降。如果河流扩大，横截面积将增大，因此在一定的河道水位下流量将变大。在上述两种河道变化情况下，在校准后的水位流量关系曲线上，一定流量下的河道水位会比变化前的要低，典型的退化或扩大河道的系统重新校准的水位流量关系曲线如图 8-4 所示。相反，对于有沉积或河道变窄的河道，校准后水位流量关系曲线呈上升调整趋势。在沉积过程中，平均河床高程通常会升高，而且虽然河道变宽，在校准后水位流量关系曲线上，特定流量水位比先前水位要高。河道变窄，横截面会缩小，迫使水位流量关系出现类似的上升调整趋势。

可以利用水位流量关系曲线中的反常现象来区分河流的冲淤周期。季节性冲淤周期经常发生在细沙河流中，但也可能发生在有一层薄薄的砾石或鹅卵石的河流中。在这些河流中，河床在泄水或满槽流量时会变成流动状态，横截面会急剧增大。在河床完全移动的情况下，高流量的水位会等于或低于河床不移动情况下低流量的水位，与冲淤周期相关的水位流量关系曲线中的异常如图 8-5 所示。在沉积河流中，当流量足够大冲掉沉积层，也会出现类似效果。一旦没了保护层，河流就会迅速侵蚀较细的底层物质。冲淤周期的主要表现与河道扩宽和变窄类似，主要区别在于冲淤是一个会季节性发生的周期性过程。

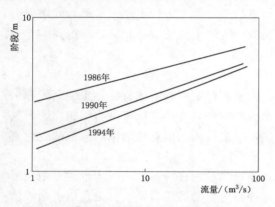

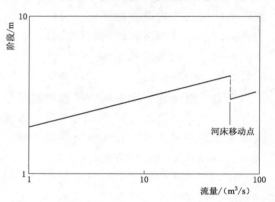

图 8-4　典型的退化或扩大河道的系统重新　　　图 8-5　与冲淤周期相关的水位
　　　　 校准的水位流量关系曲线　　　　　　　　　　　流量关系曲线中的异常

有时也可用河边的植被来发现河道不平衡的最新情况。沉积和河道扩大往往导致河道变宽。河岸植被有时也可用于检测。如果河道横向扩展，则河两岸的树木将被砍伐并最终掉入河中。虽然树木通常会落入河道，但有两个特征表明河道变宽。首先，河流的直段两侧会有树林落入河道，而不仅仅是河曲外侧；其次，如果是河道扩宽，所有年龄阶段的树林都会落入河中。而在平衡的河道中，只有最老和最高的树木才能倒下。

河道退化和变窄通常伴随着先前河道河漫滩的废弃和新河漫滩的产生。这个过程会导致沿河两岸形成阶地。将按照先前河道的洪涝情况建立阶地上的植被，而且比新河漫滩上的植被年龄要老的多。与河道扩宽相反，可以通过树林年代学确定新河漫滩上的植被年代。这样研究人员就可以确定树林的最近种植时间。

2. 河道变化的调节方法

河道的不平衡性还会产生与水文时间序列趋势相关的种种问题。不幸的是，校正不平衡的河道不像选择一个记录时间或校正水文趋势那么简单。在面对一个持续的不平衡过程时，规划研究人员有以下选择：

（1）忽略。在某些情况下，忽略河道不平衡性，即使已经知道存在这样一种不平衡，也认为这是完全可以接受的。比如，当河流正在接近一个新的平衡条件但还没有达到平衡时，这就完全适用。在图 8 - 4 中，在不平衡周期的较早阶段进行了最大调整。如果可以使用图中所示调整后水位流量关系曲线，就可以了解到是否能接受新的平衡状态。

（2）等待。如果河流接近于重新平衡而且不需要马上获得研究结果，可能最好的方法就是等一两年后再开始研究。当不平衡时间很短，不采取任何措施更加可行。

（3）计划重做。如果不平衡是一个长期增量过程，几十年内河道不可能达到新的平衡。但是河道的每年变化又不是很明显。在这种情况下，可以先进行研究，以当前河道为基准情况。在研究规划中加入一个河道监控项目，并建议每过十年对当前研究进行调整。如果在这期间河道变化足够大，则应该进行新的研究。

（4）预测河道新的平衡。一些河道变化是不能忽视、等待或重新查看的。特别是当河道变化就是所提出的措施本身导致时，就必须考虑规划本身。例如，在绝大多数濒危物种问题中，河道变化一直是一个重要问题，在面对此类问题时，唯一可以比较基准和项目实施后栖息地的方法就是预测新的河道平衡。如前所述，我们做出这种预测的能力相对不足。这种能力不足并不表示是不可能的，我们将在下一章节中讨论所需要的建模工作类型。

8.5　工作范围

问题识别阶段中，我们确定了可能因部分拟议行动而经历生物学重大变化的生境变量。我们将问题识别过程中认识到的问题转化为研究计划的目标。反之，此类目标又将我们的注意力引向能够制定和评估备选方案所需的信息。项目范围界定解决了与积累必要基础信息相关的问题。

IFIM 中，信息生成依赖于实证数据和模型输出的结合。数学建模的主要优点是，模型可用于量化尚未实施方案或无法测量条件下的效应。模型在识别间接影响或慢性效应时尤其有用，在这些情况下，对目标生物体的影响往往是微小的，或随着时间而逐渐显现的。

水流和溶解氧之间的联系说明了间接效应。水流减少导致水量减少、表面积减小和流速降低。由于水量减少，生物需氧量（BOD）的负荷将更加集中。水量、表面积和流速的减小会导致水温升高。较高水温下，有机分解的反应动力学过程会加快，而氧在水中的溶解度会降低。随着溶解度和速度的降低，物理复氧速率将降低。累积的效果是受水流减少影响的所有变量均可改变至恰好造成溶解氧消耗至致死水平以下的状态。

物理过程模型以机理为基础，该性质使得研究人员能够确定模型对不同输入变量的敏感性。因此，我们可以对数据收集进行优先排序，以便准确地选择最重要的数据。建模是一种用于积累大量信息的非常经济的方法。建模的优点为需要用户理解所用模型的理论和基本原理以及运行所需数据。在决策中，依赖"黑箱"模型应用是最危险的。

尽管问题识别主要是确定解决问题所需信息的一种手段，但确定研究范围仍主要集中于确定今后需要的模型、模型需要的数据、于何处收集数据以及需要收集多少数据。不可避免地，范围界定过程需要对 IFIM 组件模型的操作及其数据需求有一个初步的了解。

IFIM 组件模型的信息和数据获取通常包括的相关活动为：确定需要什么数据和在哪

里需要数据、梳理现有数据以及设计解决信息不足的方法。本章简要介绍了此类数据要求和信息来源。

8.5.1　水文

当确定问题、划分研究区域和确定记录基准期间的时候，水文数据要求应是不言而喻的。为了完成分析，需要测量或估计基准期间的每个时间步长中每个分段的流量。为了对比备选方案，还需要确定已生效拟议行动的基准状况。有时，生成拟议备选流量方案所需的唯一信息是，何时以及多少量的水将转移以及影响的特殊应急规则。其他情况下，获得一份替代流量方案就是一项重要任务，尤其是当其涉及开发或修改水库运行规则或分析详细水权问题。

从相关水资源机构获取的特定河流的水文信息可以作为基准，如果研究区域内的每个河段都没有河流流量记录，或者所有站点的记录周期都不相同，则可能需要通过水文过程线合成来填写缺失记录。

8.5.2　河道地貌

在 IFIM 中处理河道地貌时似乎不存在中间地带。该任务可能是结果相当精确的简单任务，也可能是有近似结果的困难任务。应用 IFIM 时，有关河道地貌的物理场景如下：

（1）该河流目前处于动态平衡状态，并将在项目实施时保持该状态。

（2）该河流目前处于不平衡状态，且不会受到项目的影响。

（3）该河流目前处于动态平衡状态，但随项目的变化而变化。

（4）该河流目前处于不平衡状态，由于该项目的实施，该不平衡状态可能会加剧或逆转。

确定河道形态部分的数据需求时，考虑哪个物理场景适合正在研究的河流是十分重要的。此外，如果预期河道变化，则必须回顾本章应对河道变化的选项。

河道形态部分的数据要求是河道在其基准和项目实施后结构形态的表达。在上述的第一种场景下，这一需求是最容易满足的，当河流处于平衡状态时，项目将保持该状态。该情况下，研究人员可以直接在选定位置测量河道特性，并使用一组测量值来表示现状和项目实施后的情况。该情况最复杂的变化发生在经历季节性冲刷和淤填循环的河流中。对于此类河流，应测量冲刷和淤填影响下的河道结构形态。随后，根据与相应河道结构相关的适当季节或流量范围，对生境模拟进行分层。在选定的基准条件下，我们讨论了在各种不平衡状态下处理河道的其他选择。

当上述第四种场景最困难的情况出现时，项目实施将导致或加剧河道失衡。该情况下，如果不估计项目实施后的河道结构形态，则无法评估项目影响。仅在项目实施后监测变化是不符合规划的。为了评估河道变化对生境的影响，有必要预测新平衡结构是什么样的，这一过程被明确归类为"弥补信息不足"。

项目实施后河道数据可能可用，也可能不可用，这一点取决于预期河道变更是属于预期的还是偶然的。河道渠化和清障工程为有益河道变更的实例，由于河道渠化项目往往会导致河道的均一化，从项目的工程设计说明中描述项目实施后的河道状况十分简单。而由项目实施引起的偶然的河道变化是很难处理的，为了了解新平衡河道的范围，可能需要进行认真的调查研究。此外，新平衡河道的模式和结构可能与现有河道不同。在预期会发生此类偶然变化的地点，需要迅速开展相关研究。

8.5.3 水温

有两种基本方法可用于预测水温的变化：回归模型和热流-输运模型。回归模型为

$$T_w = \alpha + \beta T_{air} + \gamma \ln Q \qquad (8-2)$$

式中 T_w——水温；

T_{air}——气温；

α、β 和 γ——回归系数；

Q——流量（Bovee 等，1994）。

备选公式包括回归方程中的时间，即

$$T_w = \alpha + \beta \ln Q + \gamma \sin t + \delta \cos t \qquad (8-3)$$

式中 t——时间；

所有其他参数意义同前。

温度回归模型的数据要求相当有限。结合径流数据、少量连续记录的气温和水温数据即可建立一个温度回归模型。然而，温度回归模型在应用中也受到了最大限制。无论复杂程度如何，回归模型可能不适合于变更条件，例如更改遮阴量、泄水温度或河流宽度。如果需要更广泛的应用或更高的精度，则最好使用基于物理的水温模型，例如河网温度模型（SNTEMP；Theurer 等，1984）。

SNTEMP 的数据要求包括与热通量和输运方程相关的变量，这些变量可分为河道几何、气象、水文和水温四个部分数据。

（1）河道几何数据。水温模拟的基本河道几何测量包括高程、河流距离、河流宽度、河流粗糙度和河流遮阴量。高程对于下列问题的温度建模来说十分重要：①计算导致摩擦生热的斜率；②计算大气压，即对流换热的重要因素；③计算太阳辐射穿过大气层的深度；④将已知气温和相对湿度从一个海拔高度转换到另一个海拔高度。河流距离是计算热运输的重要参数。距离转化为行程时间，从而转化为所有热流条件下的暴露时间。水温建模时，河流宽度是一个非常敏感的参数。所有的热流活动要么发生在大气界面上，要么发生在水-地交界面上。Manning 的 n 值是河道粗糙度的一种度量，并用于 SNTEMP 热运输模型来估计平均速率。此外，SNTEMP 还使用 Manning 的 n 值来计算水流过河床摩擦产生的热量。

水温对河流遮阴非常敏感，尤其是盛夏时节的低流量、较宽河流。此处所考虑的遮阴有两种形式，河岸植被遮阴和山谷壁、悬崖和河岸的地形遮阴。这两种形式都阻止了每天太阳辐射到水面。遮阴以三种主要方式影响河流温度。首先，遮阴屏蔽了水表面的阳光直射。盛夏时节，太阳辐射可能占中午热量输入的 95% 以上（Brown，1970）。因此，遮阴是影响日最高水温的一个主要因素，通常比气温影响更大。其次，遮阴可以减少夜间水的反辐射量，有助于调节最低的河流温度。再次，遮阴处产生长波（热）辐射，从而提高了夜间的最低温度。

（2）气象数据。SNTEMP 所需的气象输入包括气温、相对湿度、太阳辐射、可能的太阳百分比和风速数据。在没有其他热输入的情况下，由于气温与许多热通量成分

有关，特别是大气辐射、蒸发和对流，因此气温是唯一的重要（敏感）因素。相对湿度和风速也是蒸发热通量和对流热通量的重要组成部分。太阳辐射是热量来源。SNTEMP 模型中，太阳百分比可能被云层遮阴所替代，而云层遮阴与河流遮阴非常相似。

（3）水文数据。SNTEMP 的水文输入包含地表水和地下水两部分。总流量是受热量传递水总体积的一种度量，从而影响热通量部分。由于总流量影响河流植被的选择性偏移，因此总流量可能间接影响河流遮阴。由于地下水在夏季通常比地表水凉，而在冬季比地表水暖，因此地下水的流入可以显著调节河流内温度，尤其当地下水占总流量很大一部分时。

（4）水温数据。显然，如果可以获得与水文基准完全一致的连续温度记录，那么就不需要任何上述数据来建立温度基准。如果只有部分记录可用，则热基准可以从上述其中一个回归方程中推导出来。然而，考虑工程实施需要，仍需要一个温度的时间序列，因此还总是需要使用 SNTEMP 等模型。水温数据常常用于模型校准和验证，如果没有此类数据，水温模型的输出基本上是一种猜测。

并非所有水温数据对校准或验证模型输出都同样有用。最通用的数据是从连续记录的温度图中获取的，并且在足够长的时间内进行收集，以便将模型输出与各种气象条件和流量下的测量结果进行比较。比较从不同种温度计中获得的温度测量数据，尤其是在定期监测情况下。

水温模型所需的水文数据与其他 IFIM 部分所需的数据基本相同，但仍有一个例外。除了一个河段的总流量外，还需要计算地下水的部分。由于其温度常年相对恒定，大量地下水的流入会对河流温度产生显著的缓冲作用。然而，根据测量站记录来确定地下水盈亏率可能并不十分准确。因此，可能需要对地下水流量进行经验估算。研究规划阶段中，我们建议进行一次灵敏度分析，以确定是否有必要提供地下水方面的信息，而非仅提供地表水记录中提取的信息。

水温数据中最有价值的类型是从连续记录温度图中获得的。

8.5.4　水质

1. 数据类型

在讨论水质模型之前，有必要介绍其中使用的一些基本概念。部分物理、化学和生物成分通常归入水质的总目下（例如营养物、盐度、沉积物、浊度、细菌、pH 值、气味、溶解固体、溶解氧、毒物、杀虫剂、除草剂和金属）。此类成分可能是保守成分，即此类成分不会随着时间而衰减；也可能是非保守成分，即此类成分会随着时间而衰减。在水质模型中，对两者的动力学分别进行处理，但都使用了包括生长-衰减和源-汇的质量平衡方程。

水质建模的难点在于如何处理有机物和金属，对这两种污染物的模拟尚不成熟。由于吸附、挥发、生物降解、光解和水解，因此有机物需要特殊处理。由于有机物是弱疏水性且附着于沉积物，如果沉积物受到干扰，则往往会导致再悬浮，因此吸附会起作用。挥发是指有机物从液态到气态的变化。由于速率取决于初始浓度以及温度等调节蒸汽压的环境因素，因此该过程很复杂。生物降解是指微生物将有机物还原为毒性较小的产物。虽然这一过程似乎很好，但生物降解可能导致氧的消耗和衰减。光解是指被吸收的阳光对有机污染物的分解，浊度和植物生长会缓解阳光吸收。水解是在一定 pH 条件下，化合物通过与水直接作用导致物质发生分解的反应（不一定是复分解反应），也可以说是化合物与水中的氢离子或者是氢氧根离子发生的反应。上述所有此类过程都很难建模。

重金属包括砷、镉、铬、铜、铅、汞、镍、硒、银和铝。由于从化合物一种形态到另一种形态的转变受温度、离子强度和 pH 的控制，因此其动力学是十分复杂的。形态转化速率由溶解度（沉淀）、吸收、氧化还原和稀释等作用调控。

IFIM 研究规划阶段（问题识别阶段更佳），应该仔细观察问题是否真的是污染问题，而不是河道内流量问题。不可否认的是，由于一些河流在这两个方面都存在缓慢而长期的问题，因此这往往并不容易判断。IFIM 中最常用的水质模型的设计目的在于，确定污染负荷分配时河流的纳污能力。IFIM 通常不考虑对动力学行为比较复杂的重金属或有机农药进行建模，其理由是，如果河流遭到持久性杀虫剂的严重污染，则可能先出现污染问题，再出现河道内流量问题。如果在污染严重的河流中进行 IFIM 研究，则可能会转移资源，将资源更好地分配来减轻污染。此外，在污染严重的河流中更改流动方式可能没有任何作用。

水质模型的输入与仅用于水温的模型类似；其中有更多组成部分：水质成分、河网定义、水动力（流量、速度、深度）、污染负荷-水质响应函数、需氧系数［生物氧化、沉降/冲刷、复氧、沉积物需氧量（SOD）］、营养系数（硝化速率、营养-藻相互作用和酶解、沉积物）、藻类系数（生长、呼吸、饱和、消光）和气象学（包括蒸发）。

2. 数据来源

与温度数据相比，良好水质数据更难以获得。一般难以获得连续的每日水质数据。水质信息往往由为特定目而在相对较短时期内采集的样本组成，此类样本通常带有各自非标准的分析方法或报告单位而无法通用。

由于数据的不一致性，在不考虑报告单位或分析方法的情况下，最好能够确保能获得所有可用数据，以便与年流量和时间建立可靠关系。尤其是，如果河流泥沙负荷或水库建模是主要目标，请务必注意相对罕见高流量的数据值，这些数据往往伴随产生最大物理负荷。

8.5.5 微生境分析

IFIM 中微生境模拟部分的模型统称为物理生境模拟系统或 PHABSIM（Milhous 等，1989）。PHABSIM 由三部分组成：①河道结构；②水动力模拟；③生境适宜性标准。物理生境模拟系统的构成与信息流如图 8-6 所示。河道结构包含了所有固定河道不会随流量而动态变化的特性（尽管此类特性可能随着时间推移而逐渐变化）。固定河道特征包括河道尺寸和横截面结构、基质特性和分布、河道内各种类型覆盖物的位置。水动力参数是随着流量而动态变化的变量，例如水面高度、深度、速度、润湿周长和表面积。水动力模拟程序用于预测流量未测时水动力参数的值。生境适宜性标准（HSC）用于定义深度和速度的范围，以及何种类型的覆盖物和基质的哪些特征对一个物种或物种的生命阶段是重要的。

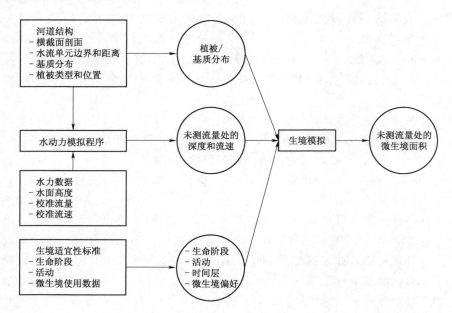

图 8-6　物理生境模拟系统的构成与信息流

　　PHABSIM 物理微生境数据为沿着横断面收集所得。大多数情况下，我们不考虑河流设置并在横断面上收集相同类型的数据。除了极少例外，一旦确定横断面，数据收集就相当常规和标准化。IFIM 研究规划过程中，真正的问题是如何表示河段以及在多大程度上展现细节。

　　一个河段内有数个与生境相关的亚区：河段、中生境和微生境。一个河段长度通常比河道宽度多一个数量级（通常为 10～15 个河道宽度），并包含整个河段中存在的诸多或所有中小型生境类型。中生境类型的维度与河道宽度大致相同，由局部坡度、河道形状和结构进行划分。不同种类的中生境名为浅滩、浅岸、池塘、小水域和分汊道。据定义，微生境是相对均匀的区域，其规模与从事特定活动（如摄食或产卵）的鱼类个体所使用的规模大致相同。树木障碍、河岸底切、池塘尾部、河道中砾石坝和巨石后流速掩体都属于微生境尺度的河道亚单位。

　　有两种截然不同的方法来表示一个河段：典型河段特征和中生境类型。典型河段（Bovee，1982）的长度为 10～15 个河道宽度，并假设包含该河段所有中生境类型。典型河段的特征是中生境类型趋向于重复发生。这一概念源自 Leopold 等（1964），他们强调了冲积河流中的浅滩和横浅滩在纵向上以一定的距离间隔，间隔距离约等于河道宽度的 5～7 倍。由于冲积河道的重复性，也有人认为，河段中生境类型的比例可以在单一河段中表示。由于 Leopold 等（1964）观察到的间距均匀性仅适用于冲积河流，但是在冲积河流中能够很好地满足典型河段的标准。

　　选择典型河段是非常简单的，甚至可能不需要实地考察。基本工具采用的是地形图，用于涵盖整个河段。河流长度等于 10～15 个河流宽度，从河段底部到顶部进行标记并按顺序编号。例如，如果河道宽度为 100m，则在地图上标出 1000～1500m 的河段。非典型（如桥梁交叉口）河段和不可接近的河段将被去除。我们将从剩余部分中随机选取候选河段，并进行考察。如果所有候选河段看起来都差不多，那么就选取两个或以上具有最佳访问权限的典型河岸。如果所有候选河岸看起来都迥然不同，则往往会放弃使用典型河段，转而使用中生境类型。

根据 Morhardt 等（1983）提出的中生境区划，中生境成了分层的单元，划分中生境区的原则如下：

（1）生境类型划分是为河流调查定义的。

（2）进行现场调查，以确定每种中生境类型代表的河段比例。

（3）随机选择代表每个类型的两个或以上中生境河岸。

（4）建立代表中生境类型的横断面。

（5）根据河段内中生境类型的比例，对各生境类型的横断面进行加权。

（6）该河段由所有中生境类型的所有横断面表示，并合并成一个数据集。

选择表征策略时，应同时考虑技术特性和所应用区域的特性。典型河段方法最适用于生境类型重复发生的河道。通常来说，这意味着典型河段更适用于冲积河流，但是部分崩积河道在生境类型分布上也表现出相当大的重复性。中生境类型更适合于在生境类型中表现出随机分布或规模变化较大的河流。典型河段方法的一个假设是，该河段包含的所有中生境，比例与该河段大致相同。然而经验表明，典型河段并不包含河段中展现的所有中生境类型，也不包含正确比例的中生境类型。理论上来说，中生境类型绕过了这些问题。无论采用何种表现方法，建议在复制河段或中生境类型中收集 PHABSIM 数据，以提高微生境估计的准确性。因此，研究计划团队必须做出的一项重要决定是在哪些环节中使用哪种方法以及要多少次重复测量。

PHABSIM 可以只需要极少量的数据。然而，通过收集每个 PHABSIM 部分的关键信息，可以提高输出的质量和可信度，具体如下：

（1）河道结构。所需数据包括横断面之间的距离、河道单元的规模与河道几何数据（河道断面和河床高程的成对测量）。可供选择的强烈推荐的数据是基质成分的描述，并涵盖了河道几何数据的每个位置的类型（称为垂直位置）。

（2）水力数据。所需数据包括每个断面处水面高程和相应流量的测量值。在稳定流量情况下，只需在一个断面上测量流量。然而，我们极力推荐测量水流平均速度的校准集、两个水面高程及其相应流量。总体方案中，应对至少相差一个数量级的流量进行校准。在水力条件复杂（如高梯度河段或分割河道，如岛屿或分汊道）的站点中，推荐提供额外的水面高程和流量数据。其他可选水力数据包括近底（通常是河底）速度以及水流平均速度。许多生物学家认为，近底速度更能准确表征底栖生物的微生境条件，水流平均速度可作为补充校准数据或用于模型性能的质量保证评估。

（3）生境适宜性标准。所需数据为相关物种的生境适宜性标准。该标准可以从文献或专家意见中获得，也可以在现场根据经验制定。对于非现场开发的标准，应评估其对于所研究的目标河流的适用性。如果可能，应该根据经验推荐现场测试标准，尤其是在有争议的研究中。

在所研究的目标河流中通常没有 PHABSIM 分析所需的物理微生境数据。即使横截面或水力数据可以从其他来源获得，但是仍不太可能符合详细微生境分析对数据获取地点和方式的要求。因此，在研究实施中，几乎总是需要开展特定地点的物理微生境数据的调查和收集。

在 IFIM 的研究规划阶段，生境适宜性标准有大量选项。生境适宜性标准从多种来源获得，但无法保证适用于特定的 IFIM 研究。标准可以通过不同形式呈现，其完整性可能不佳，其准确性也可能有问题。用于定义标准的变量可能无法代表被视作对于目标物种最重要的变量。因此，可能需要在现场制定生境适宜性标准，或在实施阶段评估非现场制定标准对于所研究的目标河流的适用性。

8.5.6　进度安排与预算

我们最常见的两个技术辅助问题是"开展 IFIM 研究需要多少成本？"和"需要多长时间？"。我们对上述问题的常用答案是"看情况"。完成一项研究所需的时间和成本与需要完成的工作直接相关：即根据研究区域的地理范围和复杂性，分析备选方案时需要"重新定义"多少信息、研究站点的数量、与数据收集相关的后勤工作、模型校准与合成的复杂性、确定和评估可行备选方案的难点以及问题解决的设置。

无论研究的复杂性如何，工作范围必须始终与项目截止日期和预算保持一致。如果由于时间和资源的限制而无法实施研究计划，可从以下方面进行改变：

（1）研究区域的地理范围可能会缩小，进而集中在受影响最严重的区域。

（2）测量地点、重复样本的数量，以及细节层次可能会降低。

（3）校准数据的量可能减少。

（4）部分质量控制标准可能会放宽。

（5）预算可能增加，以允许提供更多人员和设备。

（6）最后期限可能延长。

工资和差旅费通常是进行 IFIM 研究的最大成本。研究开展费用与数据收集、模型校准和质量保证、模型结果合成、备选方案准备和评估、讨论解决方案所需时间直接相关。因此，执行所有不同任务所需的时间能够合理转换为研究预算。反之，面对预先确定的预算，研究规划师可以通过时间估计来确定合理预期的范围和复杂性。

实际上，时间估计有两个方面与研究计划相关。首先是完成某一特定活动的时间，这一方面受季节因素的高度影响，这对于确定实际最后期限和重要节点来说非常重要，但在评估成本中用处不大。为了实现良好的成本估算，还需要确定每个研究部分所涉及的实际人员和时间。

8.5.6.1　安排现场工作

对于部分组成 IFIM 的模型来说，数据收集是一项低强度的全年度工作。生物或水文因素驱动的一系列活动会打断其他类型数据的收集。水温和气象数据是通过数据记录器所收集数据的示例，提供了相对简单的全年数据。然而，夏季温度可能更受关注，因此与温度建模相关的其他数据（例如河流遮阴参数）可能集中于夏季条件。IFIM 的大多数应用中，最大花费就是为 PHABSIM 收集数据。

与开发或检验生境适宜性标准有关的活动主要由生物因素决定，但在某种程度上也由水文因素决定。例如，当目标物种不产卵时，就无法开发或检验产卵标准。同样，由于安全、能见度低或设备限制，在高流量条件下收集生境使用信息也许不可行。

冲积河道中，PHABSIM 数据应在水文图上升段或下降段进行获取。该情况下，如果高流量将改变河道结构，因此应避免跨过水文图的峰值。北方气候条件下，冰破裂也可能影响河道结构，因此建议避免跨越冬季。基岩或崩积河流中，河道变化的可能性较小，因此在此类河流中，根据水文方案安排现场工作的可能性较小。

速度数据的收集可能非常耗时且成本高昂。非复杂河流和无争议研究的普遍做法是只收集一组速度校准数据。该情况下，我们建议在中等流量情况下测量速度，因此校准速度可用于大部分的活跃河道。复杂河道中，为了避免速度预测中出现较大误差，可能需要多组校准速度。如果第二速度集有所保证，由于岩石和其他障碍物周围的流动模式非常复杂，那么最好在相对较低的流量下收集数据。可能还需要在其他流量处收集速度数据，以进行模型验证。

水面高程还应在多个流量处进行测量。一般来说，尽管在分割、分叉或其他复杂河道中可能需要 5 组或更多组水面高程数据，但仍建议使用 3 组水面高程数据。校准装置应与校准速度测量的流量相对应，但也应在足够宽的范围内进行测量，以模拟水文基准中的所有流量。Milhous 等（1989）提供了经验规则来协助确定校准流量应当是什么，并建议 PHABSIM 模拟的外推范围为最低校准流量的 0.4 倍到最高校准流量的 2.5 倍。因此，如果要确定最低和最高校准流量，那么只需找到水文基准中的最低和最高流量，并分别除以 0.4 和 2.5 即可。此类模型能够通过较少的校准流量分离进行校准，但需要更多的水力建模专业知识来实施校准。

冲积河流。尽管 PHABSIM 现场工作通常在夏季进行，但上述指南提出了一种略有不同的冲积河流调度方法。一旦水澄清至足以区分生境类型，生物活动即可在早春、径流前或初夏至仲夏进行。春季产卵活动可能于 3 月或 4 月开始，因此此时也可以开始开发或测试生境适宜性标准。除非所有数据都能在水文图上升段收集，否则河道剖面和水温数据的测量应推迟到径流开始消退时。8 月和 9 月通常是进行横断面剖面调查、收集基底和覆盖层数据、获取低流量水面高程的理想时间。许多秋季产卵的生物活跃于 10 月和 11 月，这是测试其生境适宜性标准的好时机。通常情况下，除非正在开发或测试生境适宜性标准，否则在冬季不应外出。IFIM 项目的时间安排示意图如图 8-7 所示。一个项目的持续时间可以从 1 年到 10 年不等，具体取决于复杂性和地理范围。

非冲积河流。崩积或基岩河道中几乎可以随时建立站点并收集河道几何数据。由于河床在低流量处更为明显，因此可能需要在夏末和初春之间的某个时间获取河道几何数据（尤其是基底和覆盖层）。流量较高处，研究人员应集中精力测量研究区域内所有地点上几个广泛分离的水面高程-流量对应的数据。然后研究人员可以在水文图下降段上测量校准速度和河流湿周。

8.5.6.2 评估时间要求

（1）水文部分。当研究区域内所有河段都有同步测量记录时，建立水文基准所需的时间可以忽略不计。然而，现有水文数据从来源转移到用于开发和分析备选方案的文件中需要一些时间。

当必须合成基准时，水文部分的时间要求就变得更加重要。如果能够通过记录扩展来实现合成，那么一般就要 3～5 天来开发回归模型，并对每个记录段进行误差分析。由于

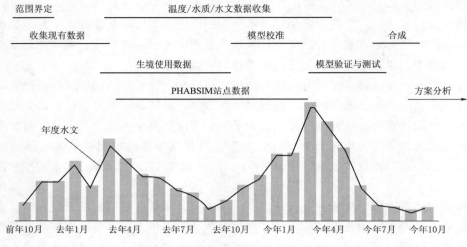

图 8 - 7　IFIM 项目的时间安排示意图

该类型水文图的合成建立在现有数据的基础上，因此在研究期间可以随时进行。当在未测量河流中必须合成水文图时，时间就成了一个很重要的问题。根据流量的季节性和可变性，为半永久和长期测量收集一组良好成对数据，所需的时间可能为 3～9 个月。IFIM 的诸多应用涉及水库运行模型，尤其是用于制定和评估径流相关的备选方案。对于特定地点研究或线性河网，相对简单的水量平衡模型可以在一两天内完成编程。此类通用模型一般可以充分解决与简单线性河网相关的大多数问题。如果问题涉及平行或复合水文河网，则有必要采用具有流量路线规划功能的真正水库运行调度模型。如果控制水库的水管理单位已经开发了水库运行调度模型，则对分析备选方案的总时间需求几乎没有影响。如果没有水库模型，则必须修改现有模型，以便用于替代分析，然而，这可能需要耗时 6 个月到 1 年。

（2）温度。许多与温度建模相关的数据收集活动涉及低强度监测，尤其是气温和水温监测。数字温度记录仪的出现使得处理和操作大量温度数据变得非常简单。与温度建模相关的其他数据可以从 IFIM 的其他部分获得，也可以与其他部分的数据同时收集。例如，根据 PHABSIM 测量和水文部分的水文数据，可以合成河道几何数据。唯一具有实际意义的其他特定站点数据与河流遮阴部分相关，并且此类测量能够与 PHABSIM 数据收集同时进行。由于河流遮阴随季节而变化，因此在有无树叶之时可能需要重复测量。如果夏季温度更受关注，那么仅收集夏季月份的河流遮阴数据就足够了。

模型校准和质量保证评估期间，温度建模应实时校准。温度建模的特点之一是发生在高度互联的仿真环境中。在一个河段中发生的情况会传输到下一河段，因此通常要在所有验证节点上同时进行校准，而不是一次校准一个。该方法实际上是校准温度模型最有效的方法，但河网模型内部的相互依赖性有时会使校准变得困难重重。基于河网复杂性，与温度部分相关的校准和质量保证通常需要耗时 2～4 周才能完成。

（3）水质。与温度建模有关的数据收集和模型校准也适用于水质建模。如上所述，通常包括在 IFIM 应用中的水质部分无须复杂的化学分析设备，如质谱仪或气相色谱仪。近年来，由于多参数数据记录设备的发展，监测常见水质组分和温度一样容易。然而，温度数据记录器和水质建模记录器的价格差异可能会严重限制可部署的仪器数量。

几个重要的化学参数无法在现场进行测量。其中最重要的是生化需氧量（BOD），该参数要求在特定条件下培养样本一段时间。从市政水处理厂等点源开始，BOD 的负荷速率（如体积和浓度）受到连续监测。我们很少测量背景 BOD（如从源头进入河流）或来自非点源的 BOD 贡献。因此，我们至少需要进行一些现场取样，以确定河流沿线点源以外的负荷速率。如果非点源是 BOD 的主要贡献方，则获取河流沿线 BOD 浓度数据可能是一项高强度的活动。这项活动也可能具有显著季节性变化，因此在特定季节需要采集多个样本。BOD 负荷的变化（加上其对溶解氧浓度的影响以及与营养循环的关系）可能需要至少一年的全年取样。采集和分析样本的实际时间可能不会超过一个月，但总时间需求可能会延长一整年。

水质模型的校准与温度模型的校准类似，只是前者的内容更多。首先，水质模型中，温度是一个主要的驱动变量，从而要求先对水温成分进行校准和验证。以特定地点应用或简单线性河网为目的，完成模型校准、灵敏度分析和其他形式的质量控制通常耗时 1～2 周。在平行或复合河网中的校准和验证水质模型可能需要耗时数月的全职工作。

（4）PHABSIM。对于大多数 IFIM 应用来说，PHABSIM 分析占据了最多时间和资源消耗。诸多可控或不可控的因素导致了 PHABSIM 分析的大量时间和费用可变性。开发或测试生境适宜性标准的难易程度、每段测量点和复制点的数量、用于描述每个点的横断面数量、河流规模和复杂程度以及到达河流和在河流中移动的水流都与 PHABSIM 数据收集所涉及时间和费用相关。

数据收集的难易程度与开发或测试生境适宜性标准所需的时间和精力之间存在一定的关系。一方面，如果目标物种相对丰富且河流易于取样，则经验开发或测试可能只需 1～2 周（注：与为单一物种相比，一次性为多个物种开发标准需要耗费略多时间和精力）。另一方面，由于该情况要求利益相关者和物种专家开展讨论，因此如果无法收集生境使用数据，仅需数日即可评估生境适宜性标准。尽管建议将标准的经验测试作为 IFIM 研究的常规部分，但也建议研究规划人员在可转移性测试与研究的其他方面不成比例时采用其他方案。在研究计划中加入应急条款是合法的，通过这一做法，如果采样 1～2 个月后无法进行标准测试，即可进行非经验评估。

PHABSIM 现场的地理覆盖范围、重复次数和详细程度都是调节时间和成本估计中最可控的因素。此类因素共同归结为将用于代表河段的横断面数量。虽然尚无固定公式来确定每种中生境类型所需的横断面确切数量，但是用于描述单一河道中生境位置的平均横断面数量通常在 2～6 个之间（均匀中生境需要 2 个，最复杂中生境需要 5 个或 6 个）。这一估计是基于我们对过去 20 年中诸多 PHABSIM 研究的回顾，其中也包括我们自己的研究。然而，该估计并不包括每个中生境类型的重复测量，也不适用于包含多种生境类型（代表性河段）的地点。与地理覆盖范围、重复次数和横断面密度相关的问题通常可以通过对利益相关者进行实地考察来解决。实地考察的目的应是就每个现场规划所需的大致横断面数量达成共识。

必须测量的横断面数量仅是确定 PHABSIM 数据收集所需时间和资源投资的一部分。

时间方程中，测量每个横断面所需的时间量同样重要。与用于描述河段横断面数量有关的选择相比，影响横断面时间的因素更不可控。每个横断面的日均人数包括了与 PHABSIM 测量相关的所有活动，而不仅仅是测量单一横断面上的变量。

由表 8-2 可知，保守估计每个横断面上日均需要两名人员收集所有数据。河流规模对横断面时间估计的影响相对较小。与小河上的站点相比，大河上的站点往往更多，需要更多时间进行现场布置和准备。然而，大河上允许使用摩托艇，这一运输方式比涉水更有效（前提是可以尽量减少运输）。表 8-2 还表明，确定横断面时间的因素与现场呈现的后勤挑战高度相关。在水深、水流湍急、脚下不稳或行船条件危险的地方，移动需要更长的时间。在深不可测和浅不可越之间交替的地点中，后勤问题是最严重的。

表 8-2　　　　　　　　　在三条河流 12 个对比地点上进行各项 PHABSIM
数据收集活动的统计表

河　流	地　点	断面数	河道宽度/m	移动危险指数①	视线指数②	完工所需的工作量	每个断面的工作量
塔拉波萨	林地	35	40	2	2	28	0.8
塔拉波萨	林地＋	35	75	4	2	27	0.8
塔拉波萨	戴维斯顿＋	28	120	3	2	26	0.9
休伦湖	贝尔路	53	35	2	5	61	1.2
休伦湖	马斯特路	54	45	3	6	68	1.3
休伦湖	哈德森米尔斯	52	45	3	4	60	1.2
卡什拉波德里河	浅滩	11	20	1	1	8.5	0.8
卡什拉波德里河	水塘 4	10	20	3	1	8.5	0.9
卡什拉波德里河	水塘 3	17	20	5	1	15.5	0.9
卡什拉波德里河	水塘 2＋	24	20	10	2	24.5	1.0
卡什拉波德里河	水洼	20	30	8	3	24.5	1.2
卡什拉波德里河	小瀑布	22	20	9	2	21.5	1.0

①　从 1 到 10 的主观评分表示在场地内移动的困难程度，1 表示最容易，10 表示最困难。

②　从 1 到 10 的主观评分表示测量该地点的难度，1 表示最容易，10 表示最困难。

＋　这些地方需要使用大量的船只。

布置和准备 PHABSIM 测量地点所花费时间的一个主要决定因素是地点调查的难度。该情况下，难度取决于测量仪器的移动频率。表 8-2 中，由于移动仪器的需求与清晰视线的长度直接相关，因此该因素表示为视线指数。

实施 PHABSIM 相关校准、质量保证和微生境模拟任务所需的时间十分宝贵。在约 25％ 的 PHABSIM 应用中，校准和模拟都并不重要；与校准和验证模型相比，构建输入数据文件可能需要更长的时间。然而，更典型的情况是，每个站点完成这部分 PHABSIM 分析通常需要耗时 1 天至 2 周。校准水动力模型所需的时间取决于数据的质量和现场的复杂性。

第9章 IFIM 第三阶段

9.1 研究实施

在研究实施这部分内容中，我们将简要描述 IFIM 组分模型是如何工作及推动其工作的因素包括数据收集、模型校准、误差分析以及整合等。本章并不是数据收集或模型校准的逐步说明，而是总结了研究实施的各个阶段发生了什么。本章还讨论了适用于每个 IF-IM 组分模型的质量保证。

如果要取得成功，实施阶段应完成两个目标。其一是沟通，如无其他事宜，IFIM 的设计目的是促进沟通和加深理解；其二是培养参与者和利益相关者之间的信任和信心。IFIM 项目期间，实施阶段可能是您完成目标的最佳机会。一般而言，与被动参与或全程缺席的人士相比，至少在部分研究实施阶段合作过的人士能够更信任彼此。

主动参与者还会对研究过程、数据和结果更有信心。最佳情况下，可实现真正的合作与团队配合，个人将拥有对实施过程的亲身经历，每个人都能在过程中对决策发言。如果能够实现该水平的团队配合，则问题的解决可能会更具合作性。即使参与者并不完全信任彼此，但对过程的亲身参与通常会转化为其对结果的更多信心。

包括 IFIM 在内的大多数环境研究遇到的一个常见困境是，用于决策的信息可能不完整或不可靠。如何处理这种不确定性是 IFIM 分析中最重要的一个方面。由于不确定性可能意味着方法论的应用不够完美，因此分析人员可能不愿意讨论不确定性。由于决策者认为科学是精确的（Reckhow 和 Chapra，1983），因此其不情愿处理不确定性的情况可能会更加严重。决策者可能认为不承认错误的研究比承认错误的研究更加可信，而事实恰恰相反。这一悖论往往在诉讼过程中表现得最为明显，在诉讼过程中，分析人员不愿意讨论自身的不确定，而是急于讨论对手的不确定性。

在前期关于目标的讨论中，我们提到了性能标准（performance criteria）。就该方法论的每个部分而言，性能标准由可接受程序和获准误差进行定义。IFIM 实施过程中，由于诸多原因，质量保证尤为重要。不确定性讨论将培训决策者并表明其对可接受误差标准的期望。质量保证措施有助于研究人员明确拟用于规划和评估备选方案的信息的可靠性。由于组分（例如微生境）的可靠性一般通过其部分性能来判断，因此 IFIM 的模块化结构使得其误差分析的重要性更为突出。

在过去，决策者对"保护鱼类方"的河道内流量建议的不确定性进行处理。针对鱼类保护实践的工程项目正在被过度设计，以使其失败风险几乎为零。然而，过度设计的主要缺点是项目成本太高，财务上并不可行。过于保守的建议可能会对河道内流量研究产生同样的影响，但成本本身就是对备选方案可行性的限制。

　　由于不确定性在 IFIM 研究中的重要性，本章的重点在于质量保证和误差分析。本章强调了在数据收集、校准和误差分析期间应执行的各种质量保证措施，描述各种量化不确定性的分析技术和常见误差标准。然而，可接受误差标准实际上是性能标准，并应由研究实施者和利益相关者制定。

9.2　水文

9.2.1　模型概念

　　在水文时间序列中通常会出现两种空间问题：研究区域的部分区域无水文记录，或现有记录并不包括同时期记录。上述任一情况下，很可能需要为一个或多个河段综合全部或部分水文记录。制定和测试备选方案的过程中，绘制综合水文过程线也是必需的。

　　就 IFIM 分析而言，基准水文过程线绘制中，这两种技术尤为有用：水量平衡和站点回归。如果无法收集上述两种方法所需的数据，则可以使用第三种技术，即流域模型。然而，流域模型的精确度低于水量平衡和站点回归，并且通常仅在收集数据的成本较低时才使用。

9.2.2　水量平衡

　　水量平衡简单明了，通常是一种简单的计算。为了确定两条或多条测量溪流汇合点上方或下方的流量，我们对同时间步长的流量进行加减操作。图 9-1 说明了如何使用水量平衡来补充河网测量中缺失的水文记录。其中水量平衡可用于补充缺失水文数据。虚线表示研究区域内河段，其中测量站布局允许通过水量平衡来进行水文过程线绘制。A 河段的水文记录可通过将测量站 1 和测量站 2 测得的流量进行相加计算。B 河段的流量可通过测量站 3 测得的流量减去 A 河段的流量来确定。使用类似的加减法组合，我们还可以合成 C 河段和 D 河段的记录。

　　如果测量站点之间的行程时间大于水文时间序列的时间步长，则水量平衡可能变得更加复杂。当行程时间大于时间步长时，则需要在流量计算中加入时滞。例如，B 河段（图 9-1）能够计算为 3 号当前流量减去 A 河段前一天流量。由于滞后间隔随着流量变化而变化，流量高时变短，流量低时变长，因此时滞校正可能很困难。使用长时间步长的其中一项优势是平均周期通常超过测量位置之间的移动时间，从而消除了任何特殊校正的需求。

1. 站点回归

　　站点回归方法涉及建立一个站点与另一个站点的流量记录之间的关联模型，且通常用于所有这些记录并不同步的情况下。举例来说，假设研究所采用的基准水文记录的基准周期定为 1954—1994 年，如图 9-2 所示，该周期内仅在流域的两个水文站点处有记录，而所有站点在 1965—1976 年期间存在重叠记录。

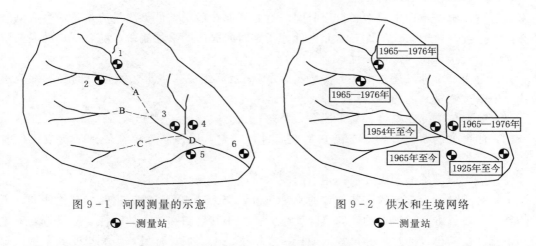

图 9-1 河网测量的示意
🔅 —测量站

图 9-2 供水和生境网络
🔅 —测量站

通过选择短期和长期测量点的同时步长流量，开发用于扩展其中一个短期站点记录的模型。流量转换为对数转换数据上的对数和线性回归。相应回归模型的形式为

$$\log Q_s = \alpha + \beta \log Q_t \tag{9-1}$$

式中 Q_s——指短记录站点的流量；

Q_t——长期站点的流量；

α 和 β——回归系数。

在其最基本的形式中，站点回归是一种相对简单的水文过程线绘制技术。然而，与水量平衡一样，当使用短时间步长时，必须注重调整时滞，而当进行站点回归时，则应当格外谨慎。一项重要考虑是回归中所用的所有站点之间水文情势应十分相似。如果流域在海拔、坡向和方位、气象和土地利用模式方面具有相似特征，则可以实现数据的更高精度。

举例来说，北坡的融雪模式与南坡不尽相同。降雨差异发生在山脉的向风侧和背风侧河流中。当长期和短期站点之间出现不同的气象或径流过程时，首个迹象通常是回归线周围的大量分散和相对较低的相关系数。

2. 未设站河流的水文过程线

如果附近至少有一个长期观测站点（称为参考站点），则可以对未设站河流进行站点回归。未设站河流中的站点回归在两个方面与设站河流的记录扩展有所不同。首先，需要在未设站河流中建立短期水文记录。上述需求通过建立和校准半永久测量仪来完成。其次，从半永久测量仪获得的流量估计值可能是瞬时的，而不是某个时间段的平均值。对于瞬时流量的估计来说，时滞效应尤其麻烦。

从历史角度而言，"半永久测量仪"这一术语是指标尺（基本上是一把直尺，缚在栅栏柱或桥梁桩上，浸入河流中）。然而，压力传感器、声波测距仪和数据记录器也可以作为半永久性测量仪进行安装，以获得连续记录。尽管成本稍高，但在水流变化较大、或半永久测量仪和参考站点之间有较长距离的情况下，建议使用连续测量记录仪。

如果半永久测量仪仅由一个标尺构成，则必须使用瞬时流量进行站点回归。如果两个测量仪之间的径流模式明显不同步，则临时和长期测量仪处的瞬时流量可能关系不大。尽

管有方法可以解释不稳定流量和行程时间的差异，但在稳定条件下测量流量是最令人满意的方法。连续水位记录仪的优点是允许计算指定时间段内的平均流量。随着平均间隔的增加，测量值更接近稳定流量条件。

无论是由简单标尺还是由压力传感器/数据记录器组成，半永久测量仪的安装都应遵循建立半永久测量站的同一指南，即：

（1）测量仪应便于定位，易于读数，并防止人为破坏。

（2）测量仪的高程应相对于已知基准面进行确定，以便测量仪在受到干扰或损坏时复原。

（3）应采取措施抑制由波浪作用引起的水位读数振荡。

半永久测量站最方便的安装位置通常是在桥梁交叉口或河流靠近道路的其他地方。不幸的是，位置越方便，潜在的破坏风险就越大。由于其暴露和能见的特征，标尺特别容易受到干扰。虽然可以通过将标尺藏入或拴接在桥梁桩上来保护标尺，但如果受到干扰，则能够复原标尺更为重要。安装测量仪时，通过测量测量仪顶部高程，即可使测量仪可复原。如果测量仪受到干扰，则可以在原测量仪的同一高程放置一个新的测量仪。此步骤确保了新测量仪的所有测量读数与原测量仪的一致。

安装测量仪时，还应考虑河流水位的预期范围。水面上低流量处的标尺或压力传感器用处不大。同样地，从完全浸没的标尺上获取高流量读数是十分困难的。为了避免低流量问题，测量设备应安装在强水动力控制（比如在上游方向造成了回水效应的浅滩波峰等河道特征）的上游。测量仪应放置在等于或略小于控制设备最低高度或最深谷底线的高度处。通过使用一个超长测量仪或河岸上交错的数个短测量仪，高流量处可以进行测量仪读数。如果使用了数个短测量仪，则将其全部校准到一个共同参考高程或基准上是十分重要的。除非流量过高而对仪器造成破坏，否则正常高流量通常对压力传感器或声呐巡逻仪不构成问题。

通过测量数次大范围独立流量时的流量和标尺读数，我们进行站点的水位流量关系曲线绘制。然后，利用水位和流量配对数据，在测量读数和流量之间形成一个流量特征线，如图 9-3 所示。通过校准特征曲线，可立即从测量仪上的任何读数来确定流量。当在算数图纸上绘制时，流量特征线倾向于呈曲线形，因此常见做法是通过水位-流量配对数据的对数变换将关系线性化（图 9-3），这样就可以在水位对数和流量对数之间进行简单的线性回归。知道了测量仪上的水位读数，就可以通过其对数和线性回归方程获得流量对数，在通过反对数就可以确定流量，从而实现通过水位测量仪的读数来获得流量。

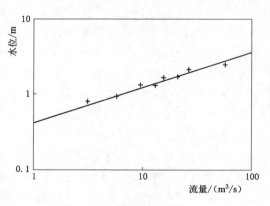

图 9-3　水位-流量关系

9.2.3　校准

因为回归模型代表了用来构建其数据的最佳拟合，所以 IFIM 的合成水文图即"自行校准"。然而，研究人员可能仍需要在数个可能性中选择最佳整体模型。能够提高水文经验模型精确度的因素包括：

（1）"稳定流量"数据的使用。除了涉及水电调峰或超大型河流的项目以外，通常建议尽可能使用几天或更长的时间步长。使用较长时间步长有助于减少与不同行程时间和滞后效应相关的误差。

（2）可比流域数据。两个流域在流域面积、海拔、坡向、坡度、植被和土地利用方面越相似，其径流特征越相似。

（3）大型扩展数据库的使用。如果仅使用少量数据对来开发回归模型，则测量误差和站间差异的影响会放大。如果使用大量数据对（例如 25 对或更多）来开发模型，则上述影响往往会减弱。此外，校准数据之间的插补比端点外推更加精确。端点距离越远，插补得到的流量就越多。

9.2.4　误差分析

站点回归模型总体质量的首个指标之一是拟合优度标准，通常表示为相关系数（Reckhow 和 Chapra，1983）。然而，相关系数是合成水文图的粗略筛选工具。由于合成流量在后续决策中发挥了中心作用，因此仅获得具有显著统计学意义的相关性可能并不够好。接受或拒绝模型的临界点应由利益相关者集体决定，但如果 $r^2 < 0.8$，则应考虑备选模型。通过针对每个月或季度开发独立回归模型来提高精确度是有可能的。在受不可预测和局部降水事件影响的集水区中，行之有效的技术，是通过利用两个或多个参考站点的长期数据，在多元回归的基础上建立多站点模型。不幸的是，上述技术不太适用于局部雷暴雨产流，这种情况下，可能需要更长的时间步长，来消除导致回归分散的大部分方差。如果涉及极端事件，则该解决方案就不那么令人满意了，但这可能是分析人员必须面对的妥协。

研究模型精度的其中一种方法是绘制误差百分比直方图，又名误差散点图，如图 9-4 所示。柱的高度表示在特定误差范围内的预测数量。其中 E 是指百分比误差，Q_p 是预测流量，Q_m 是指测量流量。有两种方法通常与水文数据一起用于量化误差分散性：分割采样法和刀切法（Mosteller 和 Tukey，1977）。分割采样法是将整个数据库划分为校准子集和确认子集（Reckhow 和 Chapra，1983）。我们将校准子集用于建立回归模型，然后使用回归模型预测确认子集所包含时间间隔临时测量仪处的流量。在刀切法中，针对 n 个数据对，我们将 $n-1$ 对用于构建回归模型，1 对用于计算误差。重复"$n-1$ 对用于校准，1 对用于确认"的步骤 n 次，每个示例作为确认示例使用一次（Mosteller 和 Tukey，1977）。根据 Reckhow 和 Chapra（1983），在只有有限数据可用于模型构建和测试的情况下，刀切法更优。

预测误差的计算公式为

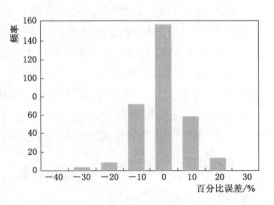

图 9-4　使用百分比误差的
误差散点图示例

$$E = \frac{Q_{\mathrm{p}} - Q_{\mathrm{m}}}{Q_{\mathrm{m}}} \times 100\% \qquad\qquad (9-2)$$

图 9 - 4 展示了理想化的误差分布。Bartholow（1989）提供了数种可用于评估水文模型误差分布的指南。误差应为正态分布，无偏差，平均和模态误差为零。大部分误差应集中在 0 左右（如 ±10% 之间），超过 50% 的误差应相对较少。

通过绘制剩余或百分比误差和预测流量的关系，我们对偏差进行了检查。理想情况下，误差大小不应随流量而改变。如果误差随着预测流量的增加而增加（典型情况下），但误差在正负之间分布均匀，则误差分布称为异方差分布（如图 9 - 5 所示）。残差随预测流量的增大而增大，但正负误差基本平衡。如果误差与预测流量相关，则误差分布缺乏独立性，如图 9 - 6 所示。此类分布可能表明了存在系统性误差源。从实际立场出发，当预测误差作为残差计算时，部分异方差几乎是不可避免的。然而，当根据预测流量绘制百分比误差时，该现象应当并不明显。与预测流量相关的误差分布可能是模型中系统误差的征兆。建议研究人员重新检查其数据收集步骤和各站点之间可变时滞问题引起误差的任何可能性。任何情况下均不得使用非独立误差分布的模型来合成该河段的基准水文时间序列。

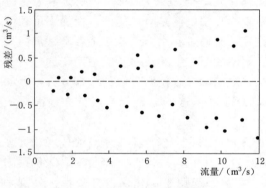

图 9-5　异方差误差分布示例　　　　　图 9-6　缺乏独立性的误差分布

箱线图（Tukey，1977；McGill 等，1978；Reckhowetal，1990）是建立在次序统计的基础上，与用于构建流量历时曲线的十分类似。此类图表显示了样本中值、离散度、偏斜、数据集的相对大小以及中值的统计显著性等信息。密歇根州休伦河两个不同水文合成模型残差的箱线图如图 9 - 7 所示。由于下列原因，A 模型优于 B 模型：①其中位值误差为零；②其四分位范围更小；③误差总范围更小。箱线图的构造如下：

（1）数据从低到高排列。

（2）在图形中，最低值和最高值绘制为短水平线。此类标记描绘了图形的极值或"线"部分。

（3）上下四分位数（类似于历时曲线上 25% 和 75% 的超标值）是为数据集而确定的。此类数值定义了箱的上下边缘。

（4）线必须绘制在箱的顶部和底部之间和相应最大值和最小值之间。

（5）箱的宽度进行缩放，进而表示样本大小。

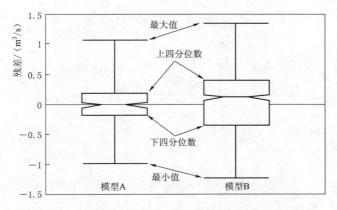

图 9-7 密歇根州休伦河两个不同水文合成模型的残差

（6）中位值的统计显著性由箱切口高度表示。McGill 等（1978）研究发现，中位值上下的切口高度应近似为：

$$等级限制 = 中值 \pm \frac{1.57 I}{\sqrt{n}} \qquad (9-3)$$

式中　　I——四分位范围（上四分位数减去下四分位数）；

　　　　n——样本大小。

切口是箱中位值比较的 95% 置信区间的近似值。当两个箱的切口垂直对齐时，中位值在大约 5% 的水平上无明显差异。

9.3　河道地貌

河道地貌是 IFIM 温度、水质、微生境部分的一个重要输入。如前所述，当可以预测到现有河道结构不会发生变化时，河道维度和形状数据可作为此类模型的直接输入进行测量。然而，当必须将河道变化纳入 IFIM 分析时，该部分可能变得非常复杂和困难。事实上，如果遇到这一问题，需要进行河流动力学方面的专业分析。下文是对可能用于确定新河道形状、模式和尺寸变化的流程的简要描述。

为了将河道变化模型纳入 IFIM，需要两种独立分析。首先，必须考虑新河道的维度。其次，新河道中的中生境类型的形状和格局必须近似。同时，还必须确定新河道中覆盖物和底物的分布。

9.3.1　估计河道维度

数种河道动力学模型可用于确定新平衡河道的维度（例如河道宽度、平均齐岸水深、水力坡度），其中美国陆军工程兵团（1991）开发的 HEC-6 模型是最著名、应用最广泛的模型。其部分流程和模型信息流图如图 9-8 所示。沿着横断面收集河道几何数据，从而描述河道结构和形状，以及河床组成物质的粒径分布。将水力数据（尤其是水面高程和流量）输入至水动力模拟模型中，从而预测一系列模拟流量下的水面高程和其他水动力参数。研究人员可以使用各种算法来计算悬浮泥沙和河床泥沙的输沙率。

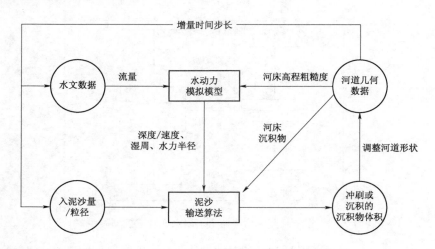

图 9 - 8　HEC - 6 部分流程和模型信息流图

HEC - 6 基于序列中的时间步长而运行。首个时间步长中，我们从水文部分中检索流量。通过研究河流的经验输沙曲线，获得时间步长的泥沙流入数据。水动力模拟部分生成了与该时间步长流量下河流输沙能力相关的信息。水力特性、输沙量和河床粒径分布都是输沙部分的输入变量。用户可以在 HEC - 6 中十几种不同输沙算法中进行选择，从而计算序列中每个时间步长在横断面上冲刷或沉积的泥沙量。

当冲刷或沉积发生在一个时间步长之后时，河床高程将进行调整，并将泥沙量变化引至下游的下一个横断面。然后时间步长增加，为 HEC - 6 提供了新流量、新泥沙流入参数和调整后的河道几何结构。重复此过程，直至时间步长供应耗尽为止。此端点表示时间序列结束时的平均河道维度。如果时间序列足够长，河道特征能够在模型中稳定下来，那么 HEC - 6 就能为新平衡条件提供一个估计。

由于仅需要平均河道维度，因此 HEC - 6 的输出可直接用于一维温度或水质模型。然而，HEC - 6 不会提供 PHABSIM 需要的详细信息。此外，HEC - 6 无法预测流域泥沙产量，因此必须提供流入泥沙量和粒径等级作为输入。此类数据通常是通过经验获得主干道、支流和局部流入点上游端点的泥沙-流量曲线。然而，只有当流域过程本身处于平衡状态时，经验泥沙-流量曲线才能生效。如果拟议措施会改变泥沙生产率，则需要从产沙模型提供 HEC - 6 输入。

9.3.2　估计河道形状和格局

利用类似的河流模型，添加微生境分析必需的详情是有可能的。该方法基于下列前提：河流结构的变化可以通过已经发生了相同变化的类似系统来近似得到（Kellerhals 和 Church，1989；Kellerhals 和 Miles，1996）。该情况下，HEC - 6 可能用于确定新平衡条件下的新河道维度、沉积或退化深度、坡度。IFIM 中所有类型详细生境测量将在已经根据类似拟议行动调整过的类似河道中进行。然后，将此类测量值进行缩放，以拟合 HEC - 6 预测的维度。

缩放过程本身包括两个步骤。

第一步，根据 HEC‐6 确定所测量模拟河流的河道格局和中生境分布，并将其关联至目标河流的河岸宽度。举例来说，冲积河道曲径和河滩间距均与河岸宽度相关（Leopold 和 Maddock，1953；Leopold 等，1964）。如果目标河流大于其类似河流，则曲径和深潭、浅滩、其他中生境特征长度之间的距离，应当按比例延长。缩放因素会影响分配给模拟测量横断面的距离。

第二步，根据 HEC‐6 预测，测量模拟河流中的横截面、上下缩放其河岸维度，以拟合目标河流的平均河岸维度。在此步骤中，请勿在缩放过程中过度扭曲河道形状。因此，如果可以选择一条与目标河流预测平均维度大致相同的模拟河流，则会大有助益。然后，将缩放后的维度（以及估计横断面间距离）输入 PHABSIM 水动力模拟部分中，以完成分析。

有一个常见误解是 IFIM 忽略了河道动力学。如果利益相关者愿意使用模拟河流模型的估计和最佳猜测，则可以将模型输出用作 PHABSIM 的输入。然而，由于可用河道变更模型所提供的选项，大多数面临这一问题的用户会选择备选措施（例如忽略、等待或无视问题继续推进）。随着二维水动力模型在河道内流量分析中的发展，在相对较小标尺下获得更优局部冲刷和沉积预测成为可能。这必然会提高 IFIM 中河道形态部分的准确性。

9.4 水温

9.4.1 模型概念

通常与 IFIM 应用相关的河流温度模型是 SNTEMP（Theurer 等，1984）。SNTEMP是一个机械一维热传输模型，将日平均和最高水温作为水流距离和环境热通量的函数进行预测。净热通量的计算方式为长波大气辐射、直接短波太阳辐射、地形辐射、对流、传导、蒸发、河床流体摩擦和水反辐射的热量之和，用 SNTEMP 计算河流和周围环境之间能量平衡的热流成分示意图如图 9‐9 所示。地形、植被遮阴和云层减弱了直接辐射。热通量模型还结合了地下水流入的热中介作用。

热传输模型建立在动态温度稳定流方程的基础上，假设包括气象和水文变量的所有输入数据都可以用 24h 平均值表示。SNTEMP 适用于任何大小或顺序的河流网络。它包括：用于预测随纬度和一年时间变化而射入水中太阳辐射的太阳模型；量化河岸和地形遮阴的遮阴模型；修正流域内气温、相对湿度和气压变化的算法；平滑并填充缺失观测水温测量值的回归算法。假设湍流在横向和纵向上都与河流完全混合。

SNTEMP 要求水力河网空间布局分为如上所述的河段。然而，用于 SNTEMP 的河段可能是 IFIM 生境核算河段的细分。除了具有均匀河流特性外，根据宽度、坡度、粗糙度（曼宁的 n）或行程时间和遮阴特征对 SNTEMP 河段进行定义。气象影响包括气温、相对湿度、风速、可能太阳百分比（与云量相反）和地面太阳辐射。流入该河段的水流、河段沿线的地下水淤积度和温度都是必需输入的参数。

由于 SNTEMP 是复杂的，基本过程经抽象成为一个简化版——河段温度模型或 SSTEMP。目前，共有三个程序可用于河段模拟：温度建模用的 SSTEMP、遮阴估计用

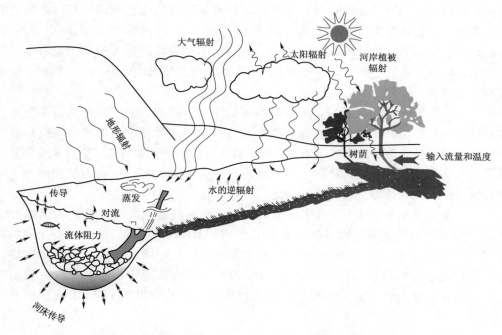

图 9-9　用 SNTEMP 计算河流和周围环境之间能量平衡的热流成分示意图

的 SSSHADE 和太阳辐射估计用的 SSSOLAR（Bartholow，J. M.，1989）。经证明，此类程序在处理少数河流河段和少数时间段的简单河网方面是有价值的。SSTEMP 也是学习温度模型的一种更友好的方式，该方式可以直接深入河网模型。数据输入参数的范围从"粗略"计算到详细中微生境领域测量，并具有相应的可靠性。但是，随着河段数量或时间段数量的增加，SSTEMP 模型变得乏味且容易出错。尽管如此，此类河段模型可用于诸多温度建模应用。一项重要用途是在研究规划期间用作筛选工具，以确定是否需要更复杂的温度分析。

9.4.2　数据收集

尽管一系列水温模型输入变量令人印象深刻，但现场收集的经验数据有限。取自 PHABSIM 现场的河道数据可以在温度模型中起到双重作用。除了地下水流入量外，水文数据用于水文部分，也可以用作温度模型的输入。事实上，如果在组合河网测量方面的工作进行得十分彻底（例如在每个河段建造了一个或多个测量站），则可能根据站点综合记录来基于水量平衡估计地下水流入量。最有可能在实地收集的数据包括：水温、地下水、河流遮阴和气象数据，特别是气温。

1. 水温数据

任何可能情况下，水温数据应采用连续记录温度计进行收集。在决定应使用多少温度计和应将其置于何处时，需要考虑几个因素。数量通常建立在成本的基础上。显而易见的是，首要任务是精确测量生物重要性范围内的河流温度。总体而言，由于所有温度模型都需要此类起始水温，因此次要任务是必须分配水库释放温度。有时候，如果已知水库释放温度相对恒定，则至少在整个相关季节内采集样本，则足以进行校准。然而，如果研究区域中最上游河段距离水库下游 30km 以上，则测量释放温度的需求降低。然而，如果释放温度波动剧烈，或者释放温度是一项需要评估的管理措施，则应优先在该位置放置记录仪。

在无水库的情况下，水源是监测水温的理想场所。然而，与上游最上段距离 30km 以上的水源的温度可采用"零流量源头"法近似得出。这是地下水温度的一个快捷近似值，估计值为年平均气温。

主要支流汇合处也是测量水温的主要位置。出于我们的目的，"主要"支流的定义更多的是基于其对温度的潜在影响，而非水流。例如将改变主干道温度超过 1℃ 的支流应定义为"主要"支流。混合公式为

$$T_c = \frac{Q_a T_a + Q_b T_b}{Q_a + Q_b} \tag{9-4}$$

式中　T_c——a 河流与 b 河流汇合处下方的混合温度；

Q_a 和 Q_b——流量；

T_a 和 T_b——a 河流与 b 河流的温度，可用于估计支流汇合处下方的温度变化。

式（9-4）还可用于确定一条支流是否会影响变更或项目实施后主干道温度（提供了支流温度变化的估计值）。

除了此类通用规则以外，人们只能说："测量位置越多，测量越精确。"更强有力的工具为无法避免的停机和数据丢失提供了保障，同时也有助于隔离模型性能不佳的问题范围。虽然近年来数字温度计的价格急剧下降，但是监测站点数量越多，成本仍越高。小型河流中，需要的记录仪最大密度可能不超过每 5km 1 个。大型河流中，每 10km 1 个记录仪可能较为合适。

随着连续记录数据仪的出现，水温数据的收集变得更加容易。数字温度计的出现是模拟（条形图）记录仪的巨大进步。尽管记录设备有所改进，但获取一组连续不间断的温度数据仍然极具挑战性。从最常见到最不常见的排列，与温度计相关的问题包括盗窃、故意破坏、泄露、电池故障、图表堵塞或故障、触针堵塞或破损、RAM 故障、芯片插针损坏或破损、模数转换器故障以及磁带或胶片故障。

通过更加频繁地访问设备，可以在一定程度上减轻设备故障。起初每两周一次，然后一个月一次，都可能是合理的，但这在很大程度上取决于当地条件、必需成本。典型防止盗窃或故意破坏的一种方式，是将温度计装入一根密封厚铁管，再用一根原木测链或重型电缆将铁管固定在不可移动的物体上。

温度计应安装在远离热源的下游，以确保完全混合。传感器本身通常直接安装在水流中的一根穿孔管内，以尽量减少物理损坏。传感器不应与河床直接接触，如有可能，也不应处于阳光直射下。显然，如果传感器在低流量条件下暴露在空气中，或被淤泥或其他碎屑覆盖，则测量会产生错误。

2. 地下水数据

许多河流在一年全部或部分时间里都从地下水中获得大量流量。在枯水期，准确估计地下水流量和温度尤为重要。通常情况下，在春季补流河流中，尤其是在大型或浓荫河流中，白天的温度波动几乎可以彻底削弱（Moore，1967）。小型河流中，300m 距离内，局

部流入的冷却地下水可能导致温度下降 4～5℃（Smith 和 Lavis，1975）。

　　Stevens 等（1975）建议使用最大最小值温度计来测量水位处的地下水温度。由于地下水温度不会有明显波动，因此这一做法看似实际可行。如果观察到了变化，则需要采取其他措施；温度可以在井、泉眼、矿井或河岸钻孔中进行测量。除了地热区域以外，如果无法获得地下水温度现场测量值，则年平均气温是一个良好近似值（Currier 和 Hughes，1980；Theurer 等，1984）。

　　3. 河流遮阴数据

　　必须提供给遮阴模型的数据包括地形高程、植被高度、树冠直径、植被密度和植被与河流边缘的偏移。此类数据必须记录在河流的东西两岸，Bartholow（1989）描述了此类数据。河岸植被遮阴参数用作水温模型的输入示意图如图 9-10 所示。

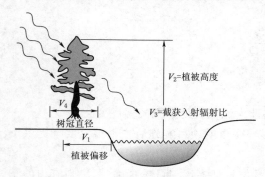

图 9-10　河岸植被遮阴参数用作水温模型的输入示意图

　　地形高程是指在河流中心测量的从地平线到地形地平线的角度。植被高度一般通过三角法确定，并使用测斜仪进行角度测量。平均偏移和冠径通过卷尺进行估计。表示为遮荫百分比参数的植被密度可确定为冠层下和阳光直射下的测光仪读数比率。上述测量都并不困难，遮阴数据的收集可以很容易地纳入 PHABSIM 的数据收集活动中。一般来说，夏季的遮阴数据是最重要的，但在其他季节可能还需要收集额外数据。

　　4. 气象数据

　　利用气象资料进行水温模拟时，最严重的一个问题是，长期天气记录可能无法很好地代表研究区域的情况。考虑因素包括与海洋或其他大型水体的邻近、地形特征和热反演。我们尤其关注气温和相对湿度的代表性，这两者是温度模型中使用的最具影响力的气象变量。如果对此类数据的代表性有任何疑问，我们建议至少在现场进行一段时间的气温和湿度测量，以便在必要时进行比较计算。

　　更多气象站测量的可能太阳百分比是太阳辐射，但其受到更多误差的影响。从技术角度而言，可能太阳百分比在测量中为阳光直射的分钟数除以纬度和时间分钟数的乘积。在确定太阳"停止照射"的云层覆盖阈值时，会出现明显问题。如果不是使用仪器进行测量，则可能太阳百分比由气象观察员定期估计。对云量的估计可能会在夜间缺失或出错。由于可能太阳百分比被用作云层覆盖的替代因素，因此所进行的此类测量可能无法良好估计夜间条件，特别是在具有明显昼夜天气差异模式的地区。此类测量均未真正达到云层覆盖"质量"。卷云和雨云提供了不同类型的辐射衰减和大气再辐射。简而言之，可能太阳百分比可能是模型校准的良好候选；如果您的估计不佳，则应使用其应有的不确定性来处理。

　　由于地形影响过多且过于复杂，因此风是人们最不愿意在场外转换的气象参数。在较短时间步长内，如果无法测量风速，则可将其用作一个校准参数。换言之，可以在合理范围内改变模型中的风速，以便在观察水温和模拟水温之间创建更优的匹配。部分水温模型几乎只使用风速作为校准参数。测量风速的装置多种多样。然而，与标准气象测量不同的是，我们并不关注 5m 高塔的风速计测量结果。受该水平的典型限制条件（土堤、河岸植被）影响，风速应在水面附近测量。

气象数据从最近测量站到研究区域的可传输性是一项重要的考虑因素。坏消息是在气象站测得的许多变量实际上不太可能转移到研究区域。好消息是 SNTEMP 可能对此类变量不敏感。水温与气温的关系最为密切，可以使用相同设备来测量两者。如果气象数据明显无法准确传输到研究区域，则可能需要在现场设置临时气象站。

9.4.3 校准

温度模型由两个基本部分组成：热流部分和热传输部分。每个部分都包含一些会影响热量在河段或河网中获取、缺失和移动速率的参数。温度模型的校准涉及确定模型速率参数"适当"值的过程。校准的基本思想是调整此类速率参数，直至在规定标准内预测水温与测量温度一致。实际上，该过程会重复许多时间步长和位置，直至找到一个使测量温度和预测温度之间总体一致性达到最佳的参数值组合。

经验数据和校准参数之间的区别有时会变得有些模糊。可精确测量的输入数据很少作为校准参数进行修改。无法精确测量或可能无法转移的数据是调整以适应测量温度的主要候选。举例来说，在河段中连续监测的气温通常直接输入到模型中，无须修改。河段温度（SSTEMP）模型的变量和参数见表 9-1。包括说明为校准目的调整变量或参数可能性的相关"校准潜力"。

表 9-1 河段温度（SSTEMP）模型的变量和参数统计表

变量或参数	校准潜力	变量或参数	校准潜力
纬度	低	横向温度	中低
河谷方向	低	河段长度	低
地形高度	中	曼宁 n 值	高
植被高度	中	上游海拔	低
树冠直径	中	下游海拔	低
植被偏移	中	宽度 α 项*	中
树叶密度	高	宽度 β 项*	中
太阳辐射	低	热梯度	低
空气温度	中低	风速	高
相对湿度	中	晴天可能性	高
河段流入	中低	日光长度	低
流入温度	中低	地温	低
河段流出	中低		

* α 和 β 项是与水流顶部宽度及流量相关的水力几何系数，其公式为：$w = \alpha Q^{\beta}$。

9.4.4　误差分析

表 9-1 说明了包含大量校准参数的模型所固有的危险因素之一，即以错误理由得出正确答案的可能性。换言之，虽然一个或多个参数存在严重误差，但预测和测量校准温度可能相当接近。只有当模拟了校准范围以外的温度并比较了测量温度时，此类校准误差的实际影响才能变得明显。

为了避免出现具有误导性校准结果的问题，校准过程中，诸多建模师主张进行敏感度分析（Reckhow 和 Chapra，1983）。敏感度分析是对模型的测试，其中改变了单个变量或参数的值，并观察了变化对因变量的影响。该过程每次针对一个变量进行，所有其他变量在特定测试期间保持不变。研究人员利用敏感度分析的变化形式（即一阶误差分析），在每次测试中按固定百分比改变每个参数的值。

敏感度分析能够为研究人员和观察人员提供数种有用信息。每个变量和参数中的误差对因变量的影响是可以确定的。据此，研究人员能够识别必须可靠估计的敏感变量（对因变量有重大影响的变量）。相反，敏感度分析还可以识别模型不敏感的变量和参数。敏感度分析对于不直接参与校准过程的利益相关者和观察人员也有一个实际视角。如果进行了敏感度分析，则调查人员很有可能知道他或她正在进行什么。有时候，建模师的信心比对模型的信心更重要。

对于温度预测，也可以进行与水文过程线绘制所述相同类型的误差分析。误差分散和偏差测试应根据温度模型的结果进行。分割采样或刀切法均可用于开发验证数据库。然而，由于温度数据库往往相当大，因此分割采样法可能更实用。

Bartholow（1989）提出了以下基于误差分散和偏差测试的可接受误差标准：

（1）平均误差。平均误差模拟温度绝对值的平均值减去所有时间步长和所有地理位置观测温度的平均值，应小于 0.5℃。

（2）分散误差。分散误差不超过 10%模拟温度，应比测量温度高出 1℃以上。

（3）最大误差。最大误差为单个模拟温度与测量温度之差，不得超过 1.5℃。

（4）空间、时间或预测误差方面应无趋势。

SNTEMP 和 SSTEMP 能够以时间步长平均值或最大或最小值的形式生成温度数据。从建模角度来看，平均值可能比极值更精确，也更容易校准。最高或最低温度被认为绝对必要的唯一时刻，是目标物种的温度标准是否基于短期生存值，或温度是否与水质因素协同作用。当温度数据将用于确定指示、控制或生长相关因素时，时间步长平均值可能足矣。反之，生存率或繁殖成功率与生长率相关的证据表明，除了正常温度模型输出以外，还应生成每日温度信息。

应沿河流在多个位置（称为输出节点）获得水温输出。通常在每个输出节点提供温度输出，用于特定流量和气象条件。通过按距离绘制温度曲线，可以为每个输入条件集的河段（或多个河段）生成温度剖面。观察温度曲线的形状和温度适宜性曲线。如果温度在目标物种的敏感范围内快速变化，则输出节点应邻近（如相距约 1km）。如果温度变化缓慢或快速变化区域超出目标物种的敏感范围，则更大的输出节点间距是可接受的。插入额外输出节点十分简单。但是，由于原始输出节点之间的距离太远，所以重做整个分析并不简单。

9.5 水质

几乎所有的水质模型都能与 IFIM 分析结合使用。如果 IFIM 中的水质模型有一个"标准",那可能是 QUAL-2E。以下是对 QUAL-2E 的简要描述,以及它与其他在当前被广泛接受、使用的模型的精度比较。一个适用于所有模型的注意事项是:它们可能仅限于在无冰的情况下使用。

9.5.1 模型概念

QUAL-2E 被认为是中小型河流的标准水质模型(Brown 和 Barnwell,1987)。QUAL-2E 可模拟多达 15 种水质成分和因素,包括温度、溶解氧、氮(有机的、氨、亚硝酸盐、硝酸盐)、磷(有机的和溶解的)、藻类叶绿素 a、五日生化需氧量、多达 3 种的保守性矿物质和大肠菌群等。该程序处理了一条带有支流和结点的一般的树状河道网络。但是对节点的数量有一些限制(该河网中输入和输出可能发生的位置)。只要有用户提供的日间气象数据,就可探测动态水质。这种一维稳态模型的简单性意味着其校准和验证也相对比较简单。此外,QUAL-2E 还有两个优点:其一,允许计算在给定地理位置达到指定溶解氧目标所需的流量增量;其二,它既可以应用英制单位也可用国际单位。以QUAL-2E 为参照,表 9-2 列举了一些可替代 QUAL-2E 的水质模型的例子。

表 9-2   **IFIM 应用中可替代 QUAL-2E 的水质模型统计**

计划名称	来 源	说 明
STEADY	美国陆军工程兵团水道试验站(USACE-WES)	一维,稳态,仅一级动力学(无藻类动力学),简单易用,提供用户文档
BLTM	美国地质勘探局(USGS)	反应动力学与 QUAL-2E 相当,但这些动力学的用户规范更灵活,在模型的平流和弥散分量上与 QUAL-2E 有实质性的不同
CE-QUAL-RIV1	美国陆军工程兵团水道试验站(USACE-WES)	用于峰值研究的一维动态水流水力和水质模型,非常复杂,比大多数其他水质模型更难学习和校准,还在发展阶段,支持基础设施薄弱
HEC-5Q	美国陆军工程兵团水文工程中心(USACE-HEC)	相对简单的水质模型,依靠复杂的水管理计划(HEC-5),它只处理温度、溶解氧、三种保守成分和三种非保守成分,有充分的文件和支持,但不提供正式培训
WASP-4	美国环保局(USEPA)(乔治亚州雅典市)	与 QUAL-2E 相当,但可以处理动态流量、有毒物质和富营养化,具有比 QUAL-2E 更复杂的数据收集和校准功能

大多数河流的应用程序都会选择 QUAL-2E 模型,因为它就是专门为此目的设计的。它的记录极其完善,并且经过反复应用后,已被学术界及业界彻底公认作为标准。就输入和输出选项而言,改进后的 QUAL-2E 操作简单,不需要了解大量的计算机知识就能使用。该程序适用于公共领域。使用该模型所需的计算机资源是合理的。但是,关于水质建

模的特殊案例所需要的方法的复杂程度可能超出 QUAL - 2E 能处理的范围。毋庸置疑，许多水质问题会涉及水库蓄水的操作和对质量的担忧。在这种情况下，应使用 WASP 或 HEC - 5Q。

9.5.2　数据收集

执行水质模型的第一步包括建立取样位置，作为该模型校准或验证的节点。河道网络中水质成分的推荐取样地点示意图如图 9 - 11 所示。河网水质取样点的一般特征包括：每个待模拟河道的上游或源头；未明确包括在模型中的所有重要支流的河口（流量或质量负荷大于 10%）；所有点源在进入河道前的污水样本；受非点源污染影响的河道上游和下游端点；研究区域的下游端点。

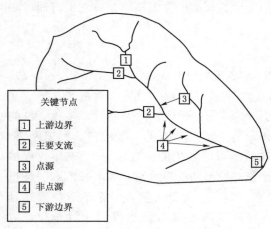

关键节点
1 上游边界
2 主要支流
3 点源
4 非点源
5 下游边界

图 9 - 11　河道网络中水质成分的
推荐取样地点示意图

与温度模型一样，确定流量的边界条件和上游的极限值。需要支流与污水数据来确定负荷速率。非点源污染数据可以是有问题的，因为通常情况下，你必须假设主河道的水质变化可以忽略不计，以计算非点源污染的影响。与温度模型一样，在下游端收集的数据主要用于校准和验证。如果还能获得更多资源，则可以在生物敏感区、在已经或疑似会出现水质超标的地方以及在河道的几何结构变化很可能引起动态变化的地区，建立更多的测量点。所有的中间位置都增加了额外的区分度，有助于确保得到的正确结果不是基于错误的原因。

随着数字记录仪成本效益的提高，水温的取样频率现在通常是每小时一次。根据每小时的数据，可以轻易计算出最小、最大和平均温度。这可能适用也可能不适用于其他水质成分，取决于可用的仪器。在理想情况下，需要将所有测量值放在最坏情况下进行考虑。此外，还需要考虑在其他气象和流量条件下的测量值，以提升模型在从流量中识别增量改进的精确度，并提高验证测试（如有需要）的统计功效。

正如第二阶段所讨论的那样，我们主要对 IFIM 中水质应用程序中的有机分解和溶解氧循环感兴趣。水质模型需要与水文和水温模型本质相同的数据，此外还需要背景浓度、负荷速率以及温度修正的反应速率。取样地点通常是静态的，并且是被用来提供具有代表性的浓度测量值和增益参数。进行废物同化研究时，通常需要连续测量成分浓度，或在 24h 内间隔取样。固定的取样地点可能更适合负荷速率会暂时变化的情况（USEPA，1985）。取样持续时间至少应能达到通过系统进行一次行程的时间，并且考虑到两个测量点之间的行程时间与不同测量点采样的时间应错开。错开取样的一种变化是引入一种染料示踪剂，然后以与被标记的水相同的速率顺流而下，同时连续取样或间隔取样。如果一个点通过系统进行一次的行程需要几天的时间，或者该地的负荷随距离的变化更大（比如多个非点源污染负荷），则该方法是首要选择。

无论取样策略如何，为了氧平衡研究而要测量的重要成分都包括（大致按重要性降序排列）：①溶解氧浓度；②温度；③生化需氧量；④流量（河段和点源）；⑤氨、亚硝酸盐和硝酸盐的浓度；⑥沉积物需氧量；⑦叶绿素 a；⑧磷酸盐浓度；⑨光。

一个氧平衡模型包含一系列反应系数。在准备校准时，必须提供这些系数的值。QUAL－2E 氧气平衡模型的典型变量和信息来源统计表见表 9－3。表中数据来源要么是文献要么是实验室测试。通常来讲，文献来源倾向于是在不同的研究中表现出相对一致性的反应系数；实验室来源则表明潜在的特定测量点的可变性。其中许多系数的值可以通过查阅文献资源获得。但是，大部分系数的值是以一个范围给出的，这意味着在校准过程中，它们可以被合理地调整。

表 9－3　　　　　QUAL－2E 氧气平衡模型的典型变量和信息来源统计表

变量	来源	变量	来源
叶绿素 a 与藻类的比值	文献	底栖 NH_3 源	实验室
以氮的形式存在的藻类	文献	有机氮沉降速率	文献
以磷的形式存在的藻类	文献	有机磷沉降速率	文献
每单位藻类生长产生的 O_2	实验室	非保守设定率	文献
每单位藻类呼吸消耗的 O_2	实验室	底栖非保守源率	文献
氧化 NH_3 消耗的 O_2	文献	碳脱氧率	文献
氧化 NO_2 消耗的 O_2	文献	复氧率	文献
最大藻类生长速率	实验室	生化需氧量设定值	文献
藻类呼吸速率	实验室	沉积物需氧量	文献
光的半饱和常数	文献	大肠杆菌死亡率	文献
N 的半饱和常数	文献	非保守衰减率	文献
P 的半饱和常数	文献	生物氧化，NH_3 到 NO_2	文献
非藻类消光系数	文献	生物氧化，NO_2 到 NO_3	文献
藻类自身遮光系数	文献	有机 N 水解成 NH_3	文献
藻类 NH_3 偏好因子	文献	有机磷衰变为溶解磷	文献
底栖溶解磷源	文献		

除了与用 IFIM 创建的水质模型的校准和误差分析有关的信息外，模型执行者还应记录用作编制水质生境适宜性指数信息的来源。在选择一组特别的宏生境标准时，应检查两个特征：该标准是如何产生的；以及该标准是为哪个生命阶段、哪个物种产生的。如果宏生境标准是根据最小致死剂量（比如杀死目标物种中个体所需的浓度）制定的，那么你可以认为该标准是保守的。当然最保守的标准是：一个已知的能带来最优生长速率和零死亡率的标准。

9.5.3　校准及误差分析

很少有水质模型能达到温度模型所能达到的严格校准。通常来说，校准的重点在于使模型预测落入在不同水质参数下观测到的纵向变化范围内。从这个意义上来说，校准和误差分析之间没有太大区别，因为前者通常是通过后者完成的。水质模型中的许多变量和可调节速率参数（比如表 9-3）使得基于错误原理得到正确答案和得到错误答案几乎一样容易。该模型可以很好地描述现状，但是在模拟某些修改过的水质时，其结果是完全错误的。

误差分析通常采用的形式有：①敏感性分析；②一阶误差分析；③蒙特卡罗模拟。我们已经在温度模型的校准中对敏感性分析和一阶误差分析进行了讨论。通过指定相关输入变量的统计分布，蒙特卡罗模拟对这些概念进行了拓展。

收集数据和校准模型的操作人员会比其他任何人更了解该系统和该模型的行为。误差分析至关重要，因为它可以引导研究者去研究那些如果模型表现不佳就需要被重新更好地定义或测量的变量和参数。如果你还处于研究阶段的初期，还可以收集额外的数据或再次校准现有的数据。如果直到完成大部分分析才开始担心有没有误差，那就会面临一个更加困难的问题。因需要收集更多数据或重新校准导致的延迟，会导致大量工作需要重做，可能会增加实施者或咨询公司的费用，且期限也需要延长。

尽管本节讨论了用 IFIM 创建的成分宏生境模型的理论和数据要求，但是不应忽略温度和水质成分的最终输出。这些模型可以在河边的特定位置产生生物相关信息，例如日累积量。宏生境模型中特定地点的春季和夏季水温和日累积数量的时间序列如图 9-12 所示。这类信息对评估水质或水温的慢性影响很重要。慢性影响可能影响生长速率和二次存活，但不会直接导致死亡（Bovee 等，1994）。这些影响通常不与微生境整合进行时间序列分析，而是与生境分析一起进行平行评估。

这些模型还可以生成河道上下游的温度或水质成分浓度的稳态纵向剖面图。通过叠加规定目标物种可接受的温度或浓度的信息（宏生境标准），我们得到一段在特定流量下具有适宜的宏生境条件的河道。宏生境模型中时间固定、流量特定情况下的纵向温度剖面图如图 9-13 所示。这个版本的宏生境分析解决了温度或水质的急性影响问题。

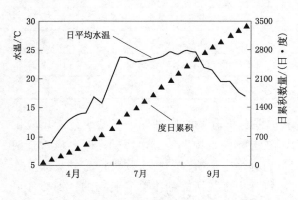

图 9-12　宏生境模型中特定地点的春季
和夏季水温和日累积量的时间序列

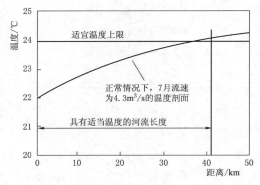

图 9-13　宏生境模型中时间固定、流量
特定情况下的纵向温度剖面图

观察非保守成分是否根据一阶反应而反应是最重要的。解决这一问题的一个快速方法是找出该段河道是否具有相当数量的藻类。如有，则很可能存在导致极端的昼行性或季节

性离均差的二阶动力学。此外，查看校准数据，看看取样是否是昼夜不断地进行。尤其是溶解氧的波动，可以立刻让你想到呼吸作用造成的严重氧气损耗，并给你提供其他诸如由藻类腐烂导致的氨积累等潜在问题的线索。

如果发现二阶动力学未被包含在模型中，应联系利益相关者以及其他研究参与者。这里有两个潜在的严重问题：一是用来模拟的原初模型没有能力或没有充足的数据库来进行二阶动力学模拟；二是可能执行模拟的人员不具备该项能力。无论是哪种情况，都可能需要识别和填补数据缺口，重新校准模型或替换模型，并且推翻所有基于原初模型的结果。这项额外的工作可能会增加实施者的成本，并导致期限的延长。

9.6　物理微生境

9.6.1　模型概念

物理生境模拟系统（PHABSIM）的概念模型是：把研究场所（无论是代表性河段还是中生境类型）描述为河道单元的马赛克式嵌合体。PHABSIM 水动力模型和河床演变模型描绘计算示意图如图 9-14 所示。这些单元的长宽由研究人员在现场确定。在任何特定的流速及流量下，每个河道单元都有一个独特的面积、深度、速度、基质和覆盖的组合。当在水力单元中模拟另一种流量时，所有单元的深度、速度都会改变（靠近边缘的单元中，表面积也可能改变）。

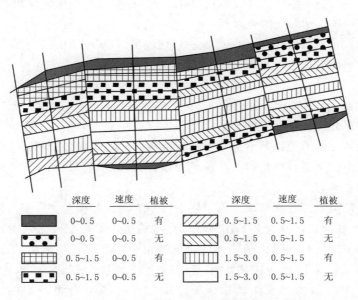

	深度	速度	植被		深度	速度	植被
	0~0.5	0~0.5	有		0.5~1.5	0.5~1.5	有
	0~0.5	0~0.5	无		0.5~1.5	0.5~1.5	无
	0.5~1.5	0~0.5	有		1.5~3.0	0.5~1.5	有
	0.5~1.5	0~0.5	无		1.5~3.0	0.5~1.5	无

图 9-14　PHABSIM 水动力模型和河床演变模型描绘计算示意图

这种物理的马赛克式嵌合体提供了模拟各种流速及流量下的河道环境的图案。为了将这幅图案转化为特定流量下的微生境估计值，生境适宜性标准被用来确定每个河道单元的深度、速度、覆盖类型以及基质特征对于某个物种的某个生命阶段的适宜性指数。将这些单变量的适宜性指数进行数学式汇总，从而确定这些单元的综合适宜性，通常以 0 到 1 之间

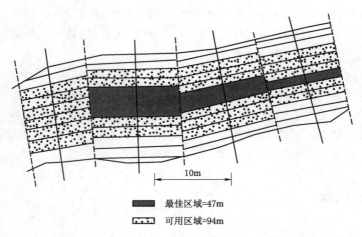

最佳区域=47m

可用区域=94m

图 9-15　PHABSIM 计算微生境区域结果示意图

的标度表示。将该综合适宜性乘以单元的表面积，乘积即为加权可利用生境面积（WUA）。PHABSIM 将结构和水力特性的分布转化为目标物种适宜的微生境区域如图 9-15 所示。该方程式为

$$WUA_{Q,s} = \sum_{i=1}^{n} (a_{i,Q})(csi_{i,Q,s}) \qquad (9-5)$$

式中　$WUA_{Q,s}$——目标物种（s）在流量（Q）处的加权可利用生境面积；

　　　　a_i——单元（i）的表面积；

　　　　$csi_{i,Q,s}$——目标物种（s）的单元（i）在流量（Q）处的综合适宜性指数。

　　一般情况下，综合适宜性指数表示为

$$csi = (si_d)(si_v)(si_{c_i}) \qquad (9-6)$$

式中　si_d——该单元深度的适宜性指数；

　　　　si_v——该单元速度的适宜性指数；

　　　　si_{c_i}——该单元的河道指数（通常是覆盖或基质）的适宜性指数。

　　也可以采用单变量适宜性指数的几何平均数计算 csi 或将最低的单变量适宜性指数作为 csi 的选择。

　　通过水动力模拟组件计算每次入流条件下目标生物的加权生境可用面积（或其他微生境指数）。通过这些计算，得到 PHABSIM 的典型输出，即每个目标生物的流量与物理微生境之间的一种函数关系（图 9-16）。微生境的单位用单位长度河道的面积表示。目标生物通常包括鱼类的不同生命阶段或季节性微生境，但 PHABSIM 也已成功模拟了藻类、水生昆虫、甲壳动物、软体动物、爬行动物、两栖动物和鸟类的微生境。此外，PHABSIM 还被用来量化诸如划独木舟、飞钓等各种娱乐活动时的不同流量的相对适宜值。

9.6.2　生境适宜性标准

　　PHABSIM 的成功执行从获得待评估的目标生物的准确且现实的生境适宜性标准开始。为了充分理解"准确且现实"的含义，有必要引入一些使用 PHABSIM 时可能会涉及的各种

标准的概念。重要的区别包括标准的格式、类别以及取样设计。

1. 格式

格式是指标准的呈现方式。最简单的格式是二进制，如图 9 - 17(a) 所示，它将某一范围内的连续变量（例如深度、速度、离岸距离）归为同一类。二进制标准就像一个简单的离合开关：落在该范围内的变量的适宜性指数为 1，否则为 0。不同的范围可以用来代表目标物种的微生境质量的不同类别。例如，相对狭窄的范围可以确定某个生命阶段偏好的或选择的生境条件，而更为全面的范围可以确定该生物会使用但还未找到的条件。二进制标准甚至还可以用来描述目标物种所回避的条件。在这种情况下，PHABSIM 的输出量将为不适宜的微生境，而非适宜的微生境。

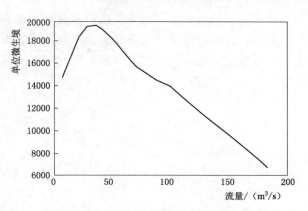

图 9 - 16　特定目标生物的流量与单位微生境
面积之间的函数关系图

在 1976 年，Waters 提议使用单变量曲线，如图 9 - 17(b) 所示，一种比二进制标准更稳健的选择来表示生境适宜性。单变量曲线已逐渐成为人们最熟悉的与 PHABSIM 相关的标准的格式。曲线的尾部被设计成包含一个连续变量的整个适宜性范围，而曲线的窄峰代表最优值。直观上，单变量曲线的优点在于它的详尽性。尽管单变量曲线很受欢迎，但也有反对者。Morhardt 和 Mesick（1988）将人们对单变量曲线的缺点总结如下：

（1）计算综合适宜性指数时，单变量曲线独立处理变量，因而忽略了变量之间潜在的重要交互作用。

（2）利用单变量曲线得到的可用生境面积是一种指数，不能直接测量。

（3）加权可利用面积的不同估计值可以通过采用对综合适宜性指数的不同处理方法获得。

（4）加权可利用面积结合了生境数量和生境质量的要素。大面积的低品质生境可以产生的加权可利用面积与小面积的高品质生境产生的一样多。

多变量标准，如图 9 - 17(c) 所示，克服了假设的独立性问题和微分聚合问题。这是一个适用于两个或多个变量的频率数据的数学函数，通常以指数多项式方程式表示，即

$$P_{(d,y)} = \frac{1}{N} e^{-(a_1 d + a_2 v + a_3 d^2 + a_4 v^2 + a_5 dv)} \qquad (9-7)$$

式中　$P_{(d,y)}$——深度和速度组合的联合利用可能性；

N——将响应曲面以下的区域恢复为单位的正态术语；

a_i——v、d 和 dv 的最小二乘参数；

$a_5 dv$——交叉乘积，它量化了这个双变量模型中变量 d 和 v 之间的相关性。

当 $a_5 dv$ 值增大时，响应曲面会在图 9 - 17(c) 中的 x、y 平面上出现扭转。该交叉乘

积克服了独立性的假设，因为模型中的变量是被联合处理的。通过方程直接计算出综合适宜性指数，这一点与单变量曲线完全不同，后者没有可供选择的聚合函数。但是由于综合适宜性指数仍能在 0 到 1 之间取值，因此对于加权可利用面积的质疑仍然有效。

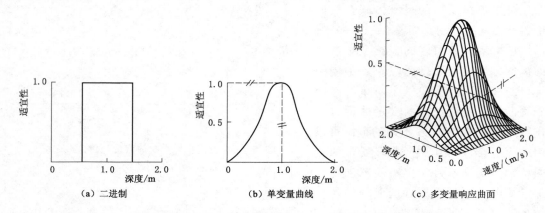

（a）二进制　　　　　　　（b）单变量曲线　　　　　　（c）多变量响应曲面

图 9 - 17　PHABSIM 的三种不同格式的生境适合性标准的示例

　　指数多项式的一个缺点是产生了一个具有单一最大值的对称响应曲面（Bovee，1986）。这很不幸，因为鱼类的生境选择常常表现为一个阈值函数。例如，一旦深度超过某个最小值，许多鱼类就在一个广泛的深度范围内活动，没有任何明显的选择性行为。这种类型的行为无法用指数多项式来表示，也可能无法用其他多元函数来表示。因为这些局限性，以及多元标准比单变量曲线在 PHABSIM 中更难使用的事实，这种格式的标准主要被用作研究工具，而非用在 PHABSIM 的常规应用程序中。

　　一些在生物学上很重要的生境变量之间的相互作用可以用有条件的标准进行更容易的处理（Bovee，1986）。一个有生物学意义的相互作用的例子是，用深层水作为某些鱼类的一种头顶遮蔽。如果有头顶遮蔽，鱼类就会占据浅水层，而它们在无头顶遮蔽时则只好在更深的水层活动，以深水层作为头顶遮蔽。这种现象可以用两条深度适宜性曲线描述，其中一条表示有头顶遮蔽时，另一条表示无头顶遮蔽时。相对较浅的水域的适宜性指数在有遮蔽的情况下被指定为 1.0；至于无遮蔽时的标准，深度曲线只有在水更深时才能达到 1.0 的适宜性。PHABSIM 通过两次模拟运行，解释了这两组标准；其中一个量化所有有覆盖的单元生境，另一个量化所有无覆盖的单元生境，然后将结果相加。类似地，通过使用弗劳德数（势能与动能之比）而非速度，可将地面湍流模拟成一种头顶遮蔽形式，来计算综合适宜性指数。在这种情况下，只有当弗劳德数高到足以预示地面湍流时，没有头顶遮蔽的单元才更适合。

　　2. 类别

　　类别是指用来生成标准的信息类型和数据处理。这可能会让初次使用 PHABSIM 的人感到惊讶，但是，用它为中生境类型制定生境适宜性标准和为某物种制定生境适宜性标准一样有效。例如，假设浅滩被认为是一种重要的中生境类型。根据二进制标准的定义，浅滩的深度范围为 1～75cm，速度为 45～90cm/s，并且有砾石或鹅卵石基质。然后，用 PHABSIM 确定在模拟流量范围内达到这些标准的面积。

（1）Ⅰ类标准。根据个人经验和专业意见或者协商的定义得出的标准统称为Ⅰ类标准。与更需要数据密集型的方法相比，这些标准制定起来相对较快，且成本最低。由于这些标准是可协商的，因此就这些标准达成共识，还可能防止后续在 PHABSIM 中使用这些标准时出现冲突。Ⅰ类标准的主要缺点是：它们是基于意见而非基于数据的。因此，在向未参与初始制定过程的团体展示这些标准时，会出现信任问题。

最不结构化、最不正式地制定Ⅰ类标准的方法是圆桌讨论。Scheele（1975）提议了三种圆桌讨论的参与者：利益相关者、专家和引导人。让利益相关者参与这类讨论很重要，因为他们将会是最先受到研究结果影响的人。但是，在这种面对面的讨论中，一些利益相关者团体可能会倾向于与志同道合的同行们一起"暗中布局"。因此，团体主席或组织者应该注意避免某一利益相关者团体的代表人数过多。圆桌讨论的理念应是鼓励多样化经验的存在，而不是以多数票获胜。

让熟悉目标物种生活史和生境要求的专家参加圆桌讨论也很重要。通常，一些利益相关者也可以被视为是特定物种研究方面的专家，不过，从高校或私立或政府机构的研究部门招募一些更加中立的专家，也是个好主意。一个专家的首要品质是应具有关于目标物种的生境要求的渊博知识。其次，他们必须在标准问题以及该标准对研究结果的潜在影响问题上，努力保持中立和客观。

一个更正式的Ⅰ类标准的制定过程是德尔菲技术（Zuboy，1981）。在该过程中，一个小型监测团队设计一份调查问卷，然后将其发送至一个更大的专家调查小组。问卷被送回至监测团队后，再对团队意见进行总结——通常是以初始响应的中位数和四分位数范围提供。然后，监测团队将团队的估计值反馈给受访者，让其根据新信息重新填写问卷。如果某个受访者第二次的答案不在上一轮调查数据的四分位数内，则其应被要求其提供一份简单的说明，作为其回答的依据。这些解释以及修改后的中位数和四分位数，将提供给参加下一轮调查的受访者。重复此过程，直到达到了这些回答分布的稳定性为止。稳定性不一定代表共识，而是表明，不管再进行多少轮调查，受访者的回答都不会再有太大的变化。

德尔菲技术虽不像圆桌讨论方法那样回应用时短，反馈即时，但也不存在行程规划和重复开会的问题。受访者可以在方便的时候参与，这可能意味着他们在思考所提的建议时，会花费更长的时间。德尔菲技术的反馈回路又长又慢，因此问卷问题要设计得明确清晰，避免歧义，这十分重要。一旦参与者偏题，我们很难将其拉回正轨。Linstone 和 Turoff（1975）建议，在第一轮的调查中使用空白问卷，以改进德尔菲技术预测。在制定标准的过程中，这就好比提供给参与者的适宜性图表副本上只有坐标轴，而没有曲线。然后，让参与者根据第一反应，在适宜的且最优的曲线范围内，绘制草图。

（2）Ⅱ类标准。Ⅱ类标准是基于在目标物种所占位置测得的微生境属性的频率分布。这些标准被称为生境利用功能，因为它们代表观测时目标物种所处的条件。这种标准设定的方法可以追溯到 PHABSIM 的概念先驱，一种由华盛顿州渔业部门开发的平面测绘方法（Collings 等，1972）。华盛顿方法的设计，是为了测量可让太平洋鲑鱼在不同的流速及流量下产卵区域的面积大小。由于该方法是由于产卵产生的，因此标准的制定主要包括发现鲑鱼的河床产卵区，测量其周围不同位置的深度和速度。测量足够多的河床产卵区

121

后，就可以制定涵盖了特定范围的观测结果的二进制标准。

在 PHABSIM 的形成期，制定生境适宜性标准的基本方法还拓展应用到了其他物种和生命阶段上。一种流行的取样方法是：派一队潜水员游到小河道中进行集中搜索，寻找目标物种所处的位置。每次搜索结束时，测量每个位置的深度、速度、覆盖类型、基质以及其他相关数据。测量完 100～200 个位置后，研究人员可以确定一个二进制标准范围，或将所获数据拟合成一条单变量曲线。

Ⅱ类标准的好处是，它们基于数据而非意见。但是，由于环境可用性存在偏差，这些标准仍可能引入误差。Manly 等用下列方式描述了该偏差：即使某种资源程序深受某物种喜爱，但如果不易寻得，就不会被大量利用。相反，不怎么受该物种欢迎，但却是唯一可获得的资源程序，则会被以更大的比例利用。在微生境利用的背景下，如果最优条件不可用的话，该偏差意味着各个物种将会被迫使用次级条件。因此，如果研究人员仅仅观察在给定河道中最常利用的条件，则可能会混淆最优微生境与勉强可以忍受的条件。

（3）Ⅲ类标准。Ⅲ类标准旨在减少与环境可用性有关的偏差。这些标准也称为选择性或偏好函数。资源选择指的是与其可用性不成比例的资源的利用（Manly 等，1993）。例如，假设 10% 的河道中生境是浅滩，但是发现该浅滩中有 90% 的目标物种，这就是不成比例的利用。Johnson（1980）对此的定义略有不同，他将偏好描述为某一资源与其他资源在平等的条件下被提供时会被选择的可能性。制定标准的选择会因这些定义的不同而有所不同。为此，我们将关于 Manly 等人定义的选择性的讨论与关于 Johnson 描述的涉及偏好的讨论进行区分。

人们开发了各种各样的数学指数来表示选择，并且在某些情况下，还表示对不同资源单元的回避。选择性指数通常涉及已用资源比例与可用或未用（可用资源比例包括已用资源比例和未用资源比例）资源比例的比较。至少就生境适宜性标准而言，最为人熟知的选择性指数，是饲料比率（forage ratio），计算公式为

$$E = \frac{U}{A} \tag{9-8}$$

式中　E——选择性指数；

　　　U——类别 i（例如深度为 1.0～1.5m）的已用生境单元的比例；

　　　A——在该样本中类别 i 的可用生境单元的比例。

制定Ⅲ类标准时已经使用的其他选择性指数包括 Ivlev（1961）和 Jacobs（1974）开发的指数。Ivlev 选择性指数可以表示为

$$E = \frac{U - A}{U + A} \tag{9-9}$$

式中　E——选择性指数；

　　　U——类别 i（例如深度为 1.0～1.5m）的已用生境单元的比例；

　　　A——在该样本中类别 i 的可用生境单元的比例。

Jacobs 选择性指数表示为

$$E = \frac{U - A}{(U + A) - 2UA} \tag{9-10}$$

式中　E——选择性指数；

　　U——类别 i（例如深度为 $1.0 \sim 1.5 \mathrm{m}$）的已用生境单元的比例；

　　A——在该样本中类别 i 的可用生境单元的比例。

这些公式的目的，部分是为了将选择性指数的可能范围限定在 $-1 \sim 1$ 之间，部分是为了区分选择与偶然利用或避免利用。Moyle 和 Baltz（1985）认为 Jacobs 选择性指数的值为 $-0.25 \sim 0.25$，则代表无偏好。$E > 0.5$，说明偏好性强，$E < -0.5$，则表示回避性强。在二进制标准下，这些选择性指数可以用来描绘分别被定义为最优（强烈偏好的）、可用（中等偏好的）或勉强适宜（任何没有避免）的微生境条件。

其他标准制定和检验的方法包括卡方拟合度检验和主成分分析。这些统计测试的使用会在下文举例说明。

3. 取样设计

Manly 等（1993）讨论了几种取样方案，以确定资源选择。大多数他们描述的方法，已被用来制定生境适宜性标准。这些设计的主要差别是在资源利用和可用性数据方面。在接下来的一节中，我们描述了这些取样方案，并提供了示例，解释了每个方案是如何用于生境适宜性标准的制定。

(1) 取样方案 A（SPA）。在该取样设计下，所有的测量都在种群水平上进行。对整个研究区域以及研究区域的动物采集已用、未用或可用的资源单元进行了取样或普查。有关 SPA 的解释说明，请参考 Knight 等（1991）的著作，他们制定了亚拉巴马河流域有着丰富的物种的河道的生境协会标准。他们用预置式电捕鱼网，在其研究区域内随机选择位置，进行取样。为了取样，将电网放置在一个预定的随机位置，安静等待至少 $15 \mathrm{min}$，以使鱼类恢复其正常活动。结束等待期时，通过给网架通电 $20 \sim 30 \mathrm{s}$ 来收集鱼。一启动电源，就把围网放在河流的下游，这样受惊的鱼就会被捕获。将在每个位置捕获的鱼保存起来，以备日后在实验室识别。每个样本都要测量其网架四个角的生境属性（如深度、基质类型、覆盖类型及速度），并取平均值。

用多元方差分析（MANOVA）检测包含特定物种的样本与不包含特定物种的样本的生境成分差异。用主成分分析（PCA）来说明每种鱼类在生境空间的位置。由阿拉巴马河流域 7 条河段汇聚数据的主成分分析确定的栖息地空间中的平均物种位置如图 9-18 所示。不规则的圆圈包含的是有相似生境利用的物种（如，C 组包含马鞍峰镖鲈、亚拉巴马州北方黑猪鱼、杜氏吸口鱼以及厚唇鲤形亚口鱼，引自 Knight 等，1991）。这些分析被用来识别哪些生境属性能不断满足鱼类物种的高丰富度和多样性。Felley 和 Hill（1983）、Bain 等（1988）、Scheidegger 和 Bain（1995），以及 Bowen（1996）还描述了该方法的变体。

(2) 取样方案 B（SPB）。有了这个取样设计，就可以识别单个动物，且可以分开测量他们所处的微生境位置，可在种群数量水平上测量可用性。该步骤的一个例子是，让一队潜水员在某个 PHABSIM 的研究地点内观测目标物种。Thomas 和 Bovee（1993）使用这种方法推导出了科罗拉多州南普拉特河的鳟鱼的偏好函数。在一个 PHABSIM 研究地点的上下边界内进行潜水观测。一支 $3 \sim 4$ 人的潜水员队伍，为了识别目标物种占据的每一位置，对该研究站点进行了彻底的普查。在每个被占位置处投放有重量的、有编号的标

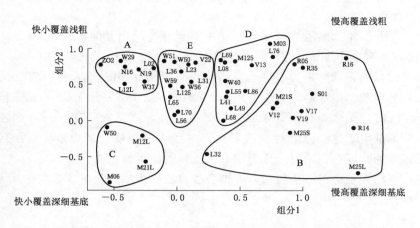

图 9-18　由亚拉巴马河流域 7 条河段汇聚数据的主成分分析
确定的栖息地空间中的平均物种位置

签，有关物种、生命阶段和活动（休息或进食）的数据被传送到岸上的数据记录仪。潜水结束后，测量每个标签位置的微生境变量（如深度、水流平均速度、近底速度、覆盖类型），并与标签编号进行交叉对照。

作为一项完全独立的活动，PHABSIM 的水力单元被用来估计在潜水观测期间流量状况的深度、速度、基质类型以及覆盖分布。该分布被用来确定各个微生境变量的各个类别

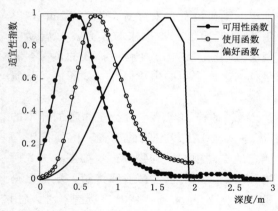

图 9-19　科罗拉多南普拉特河活跃的成年褐鳟
的标准化深度使用、可用性和偏好函数

（如 0.1m 的深度增量）的可用性。对所有观测点的可用性数据进行汇总，以获得两者的单个估计量。用饲料比率方程计算选择性指数，并对这些比率进行归一化处理，使其最大值为 1.0，最小值为 0。科罗拉多南普拉特河活跃的成年褐鳟的标准化深度使用、可用性和偏好函数如图 9-19 所示。

（3）取样方案 C（SPC）。该取样设计，是在整个研究区域内，随机抽取生境利用和可用性样本。将每个样本位置识别为：正在被目标生物利用的或未被目标生物利用的站点。可用性被定义为已用和未用位置的结合。这个取样计划需要一支 3～4 人的队伍。一人留在电捕鱼船（船上装有一台 3500W 的发电机，发电机被转换成 220V 的脉冲直流电）上，用一根 15m 长的电缆将阳极连接到可变电压脉冲发生器上；另一人把阳极拉到离电捕鱼船几米远的上游区，接近预定的取样地点。渔船位于很远处的下游，以减少来自发电机的干扰。等通电人员就位后，拿着阳极的人将其扔进一个高拱形的取样位置。由在渔船上的那个人为阳极的空中飞行供能。阳极一碰到水，就让一两个捞网的人冲到那里，把被电晕的鱼捞上来。捞完鱼后，捞网人要留意该样本中是否有目标物种，并进行类似先前描述的微生境测量。不管该样本中

是否有目标物种，都要测量其微生境。生境利用是通过聚合存在目标物种的所有位置来确定的。可用性是通过聚合已占用和未占用的位置来确定的，而选择性是用饲料比率方程（9-6）计算出来的。

（4）取样方案 D(SPD)。该方法是 SPB 和 SPC 的变体。生境利用的确定要么通过彻底的普查（如 SPB），要么通过取样（如 SPC）进行，而不是利用可用性来对未使用的生境进行随机取样。由 Thomas 和 Bovee（1993）发明的用来测试生境适宜性标准的从一条河道（源头）到另一条河道（目的地）的可转移性方法，就是一个例证。生境利用由潜水员的观测值确定，遵循与 SPB 相同的步骤。此外，在每个潜水地点随机选择 25 个未被占用的位置，并用一个编码的标签标记。记录每个标签对应的生境测量值和占用数据。

待测标准从单变量曲线转换为二进制格式，综合适宜性指数大于 0.85 被定义为最优变量范围；综合适宜性指数介于 0.2 与 0.85 之间被定义为可用微生境；可以观察到目标生物的全部范围被定义为适宜微生境；在适宜范围外的所有值被定义为不适宜微生境。根据这些标准，每个已用和未用的位置都被归类为最优或可用、适宜或不适宜。

然后，将每个样本位置进行交叉分类（如已占用的-最优，未占用的-可用），用一个列联表表示。微生境最优分类与可用分类的单侧卡方检验的列联表格式见表 9-4。用单侧卡方检验（Conover，1980）检验零假设 H_{01}（最优位置所占比例与可用位置相同）和 H_{02}（适宜位置所占比例与不适宜位置相同）。检验统计量 T 表示为

$$T = \frac{\sqrt{N}(ad-bc)}{\sqrt{(a+b)(c+d)(a+c)(b+d)}} \qquad (9-11)$$

式中　N——被测量位置的总数；

　　　a——已占最优位置数；

　　　b——已占可用位置数；

　　　c——未占最优位置数；

　　　d——未占可用位置数。

用适宜位置代替最优位置，用不适宜位置代替不可用位置，来检验适宜和不适宜微生境的分类。

表 9-4　　　　　　　微生境最优分类与可用分类的单侧卡方检验的列联表

项 目	最 佳	可 用	总 计
被占据的	a	b	$a+b$
未被占据的	c	d	$c+d$
总计	$a+c$	$b+d$	N

若要考虑一组标准的可转移性，两个零假设都应在显著水平为 0.05 时被拒绝。需要注意的是，T 在这一显著水平的临界值为 1.6449，该值来自正态分布表，而非卡方分布。参见 Conover（1980）的讨论。

（5）取样方案 E（SPE）。该方法起源于 Johnson（1980）对偏好的定义。Johnson 将偏好描述为某一资源与其他资源在平等的条件下被提供时被选择的可能性。从概念上讲，

如果标准的制定能以生境条件完全均匀分布的河道为基础，则该定义就能适用于生境适宜性标准。根据 Johnson 的定义，人们仅需测量利用情况，就能确定生境偏好，因为所有的微生境条件的可用性相等。显然，符合这种描述的河道十分稀少。然而，在收集生境利用数据时，更改取样设计，就可能接近这一条件。按照这一策略，每个中生境类型都可以等量取样，不管他们在该河道的相对丰富性如何。这种等量取样概念的前提是：尽可能使被取样的亚种群的微生境条件的可用性相等。Thomas 和 Bovee（1993）收集了用等量取样法获得的生境利用数据。本研究在该部分识别了浅滩、流水、浅水池、深水池和水囊五种中生境类型。先选择能将微生境条件的冗余减到最小的地点，然后调整地点长度，以使随后的表面积相等。用如图 9-20 所示的方法，通过潜水收集鱼类观测数据，但不测量可用性或未使用的生境。然后根据Ⅱ类标准描述的步骤，将这些数据拟合为单变量曲线。

对于该数据集，曲线类别中出现最大差异的是各自的深度曲线。例如，等量取样法获得数据导出成年褐鳟的深度曲线与比例取样法获得数据导出的Ⅱ类曲线相比，稍微偏右，如图 9-20 所示。但是，相比之下，等量取样法获得数据导出的曲线向右偏的幅度，没有饲料比率计算值导出的Ⅲ类曲线大。一般认为等量取样的"调整"通常不会像使用选择性指数那样极端，但是需要进行更多研究来支持这一观点。

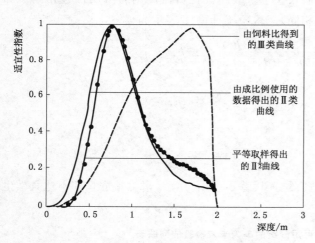

图 9-20　成年褐鳟水深适宜性曲线对比图

Manly 等还讨论了观察单一选集与汇集多个选集的观察结果哪个更好。只有一个结论显而易见：如果只观察单一选集，分析就容易得多。除此之外的其他回答，都变得越来越模糊。从制定生境适宜性标准的角度来看，观察单一选集相当于在一个小到足以确保目标生物行为一致的时间间隔内，收集同一流量下的所有生境利用数据。尽管通过观察单一选集来组装标准更容易，但这不太可能实现，而且也未必能由此得到最准确的标准。例如，有时需要通过无线电遥测获得生境利用数据。这一技术对研究罕见、神秘或难以取样或观察的物种而言，尤为有用。一次监测的频率不能超过几个（通常 10～25 个），且植入在鱼体内的发射机的电池寿命通常相当短。这些情况几乎就决定了同种动物的生境利用会被不止一次地测量。否则，观测值的样本容量太小，不够进行标准设定。如果同种动物的不同观测次数之间的时间间隔太小，就可能违背独立性的假设，导致出现伪重复（Hurlbert，1984）。但是如果时间间隔太长，电池会耗尽，很可能会改变动物行为。要完成单个流量下的各个观测项，还是观测多个流速及流量下的数据，需要认真考虑。通过测量某一范围流量下的生境利用，可以拓展取样条件范围。对于Ⅱ类标准而言，收集某一范围流量下的数据似乎是有意义的。对于等量取样而言，测量不同流量下的不同中生境，也许能真的有助于消除不同地点中的微生境冗余。但是，与推导资源选择函数有关的其中一个假设是：生物体可以自由、平等地利用所有可用资源单元（Manly等，1993）。对于Ⅲ类标准而言，如果将低流量时的数据与高流量时的数据汇集在一起，该假设可能不成立。同样的条件可能不可以在两个不同阶段内适用。为了解决这一问题，Locke（1988）提议分别为高流量和低流量时的数据绘制Ⅲ类曲线，并取平均值。

关于生境适宜性标准的观察有如下内容：

在 PHABSIM 中，描述被广泛利用的生境变量与寻找范围狭隘的生境偏好一样重要。有时，这些标准是阈值，过高过低都不行。被利用的微生境的经验频率分布范围可能会被人为缩小，这因为可用条件的范围窄，或是将标准与数据进行拟合的方法所致。这种人为导致的狭窄标准会使 PHABSIM 的输出对流量的变化异常敏感。如果怀疑有该现象的存在，则应提请利益相关者注意。根据专业判断修改基于数据的曲线，即使不鼓励，也是可以接受的。

在 IFIM 的某个应用程序中，Ⅰ类标准与基于数据的标准一样有效，如果它们得到利益相关者一致认同的话。由委员会制定的标准往往比基于数据的标准要宽泛些，因为标准的范围常常要经过协商确定。在这一方面，Ⅰ类标准很少出现人为缩小范围的情况，但可能会过于详尽。如果标准太宽泛，PHABSIM 的输出可能对流量变化相对不敏感。

取样方案 A（SPA）与我们所讨论的其他方法最为不同。SPA 的一个最独特的优势在于：它可以用来确定关键的生境类型。这一优点可使得分析者只关注几个关键生境类型，而不是分析多个物种以及多个生命阶段的生境。此外，可以通过统计分析量化生境类型与河道生物学之间潜在的生物联系。

为关键生境类型制定的Ⅰ类标准有可能与用取样方案 A（SPA）制定出的标准类似。专家不再被要求说明如何确定某一物种的不同生命阶段的适宜性标准，而是被要求告知如何识别他们认为重要的生境类型。专家不仅能识别这样的生境类型，还能告诉你它们重要的原因。如果专家不能将适宜性指数的编号放入一组标准中来代表生境类型，就让专家直接到现场，识别关键生境类型，并测量该生境的属性。

收集生境利用数据的方式都会有所偏差。每种取样装置或观察技术都有一定的局限性，会导致数据出现偏差。例如，即使能见度很高，潜水员也更易发现浅水区的鱼，而不是深水区中的鱼。此外，他们更易发现活跃的鱼，而不是休息中的鱼，因为人眼总是被动态景象所吸引。另外一个例子是，深水区的电捕鱼效果没有那么好，且考虑到安全问题，深入的深度有限，不超过 1m。评估标准时，考虑用来在源头河道获得数据的方法的局限性。如果你认为该标准偏差过度，请参考第一次的观察结果。

与资源选择函数的估计有关的其中一个假设是：真正影响选择的变量已被正确识别并测量。也许对 PHABSIM 最常见的误解是只有深度、水流平均速度与基质可以被用作微生境变量。事实上，PHABSIM 能接受各种各样的变量，只要它们与河道的水力学或结构特性相关。微生境的替代变量包括近底速度、邻近速度、覆盖类型、到覆盖的距离、到岸距离、接近另一生境类型、剪应力、弗劳德数、深度-流速混合物、深度作为覆盖的一种形式。此外，PHABSIM 可与商业上可用的电子表格结合使用，以获得替代的生境指数、比如生境多样性。

通常标准验证是一个好方法。在 IFIM 中，讨论的基础是生境总面积，并且通过与基准相比来对备选方案做出评估。只要结果对利益相关者和决策者都有意义，生境不一定必须拥有一个被证明的生物连通性。对于低到中等水平的冲突，只要获得利益相关者的认可，标准就可以得到验证。然而，当利益相关者无法达成共识时，可能有必要进行实证验证测试。如果已经建立 PHABSIM 站点，那么通过验证标准来测量每个站点中现存量，计算同一流量下的生境可利用度，并将两者在统计上联系起来是一种较为简单的方法。黄石国家公园 6 个地点割喉鳟的栖息地面积与现存量的关系如图 9-21 所示。此程序有两种优点：第一，如果标准错误，那么不太可能存在显著的相关性，因此提交类型 1 的错误（在应该拒绝标准时接受标准）的机会相当小。第二，一种显著的相关性证实了微生境在生物学上是有意义的。此程序的不利之处在于除标准不准确外，这种相关性可能不太显著。

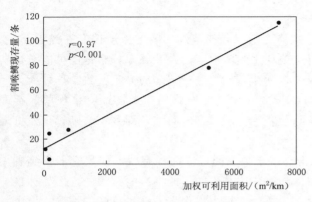

图 9-21　黄石国家公园 6 个地点割喉鳟的
栖息地面积与现存量的关系

Thomas 和 Bovee（1993）提出的一个方法无需建立 PHABSIM 站点即可执行，且与前一种方法相比，该方法受捕捞压力的影响较小。同样地，Thomas - Bovee 方法的结果不依赖于对现存量的精确估计值。此方法的主要缺陷在于它需要相对无偏颇的生境使用和未使用数据，结果在个体水平上是有意义的，但在种群水平上不一定有意义。换言之，在描述鱼类行为的意义上，标准是可转化的。但是，不能保证根据标准计算的生境估计值与鱼类数量有关。

9.6.3　河道结构和水力单元

1. 数据收集

为 PHABSIM 收集物理数据的第一步涉及站点布局和准备。在站点布局中，横断面和河流单元被置于战略位置以确定该站点的微生境环境。用于定义站点的特性或细节取决于横断面数量以及它们在河流中被分割的精细度。从广义上说，即便在选取太多的横断面上犯错，也比选取不足的横断面要好。但是，研究者必须注意不要在站点布局时过度补偿，过于密集地描述站点可能会限制度量复制站点的能力。

站点布局的一个有效技巧是采用分层随机抽样方法进行横断面布置。分层被定义为通过建立纵向单元边界以及短流，其坡度、河床地形、基底、水力特征和覆盖层分布都相对均匀。根据不同覆盖类型、基质和地形特征的分布建立的纵向单元边界如图 9-22 所示。注意"无覆盖"被认为是一种覆盖类型。单元边界的位置可以是相当主观的，但是一旦建立了单元，横断面布置就会变得简单。一部分研究人员将在单元边界内随机放置横断面；另外一部分则是直接简单地将横断面放置在单元中心。理论上而言，如果单元是均匀的，那么用什么方法布置横断面并不重要。

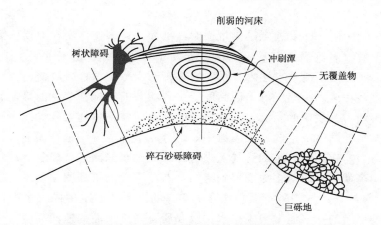

图 9-22　根据不同覆盖类型、基质和地形特征的分布建立的纵向单元边界

建立 PHABSIM 站点的一个重要部分是识别和测量站点中的所有水力控制。水力控制是在上游方向产生回水效应的河道收缩。浅滩顶部是自然河道中最常见的垂直收缩类型。导致河道突然变窄的特征比如基岩露头，可能形成水平收缩。垂直收缩在低流量的水力控制时更有效，但是在高流量时，水平收缩可能会变得更有效。由于水动力模型的输入要求，在 PHABSIM 中水力控制很重要。例如，IFG4 模型将水位和流量联系起来预测未经测量的水流流过河道的深度。当流量为零时，流场上的最低点确定了上游横断面的水位。这一高度被称为零流量阶段（SZF）。河流深泓线和水面的纵向剖面图，如图 9-23所示。其说明了垂直收缩（浅滩）是如何作为水力控制装置的。横跨河流的最低高度是零流量阶段。

水面线（WSP）程序根据相邻下游断面的水位来计算某一断面的水位。为开始模拟，有必要在最下游的横断面为所有的模拟流量提供一个估计的水位。在大多数情况下，必须对这些初始水位进行预测，而河流中唯一可以被可靠预测的地方就是在水力控制之处。

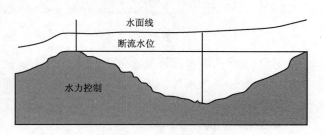

图 9-23　河流深泓线和水面的纵向剖面图

一旦确定了河流单元和横断面，则必须建立水平和垂直的参考系统，以便为横断面和水力数据收集准备站点。水平参考系统确定了横剖面和河流单元的相对位置。建立水平控制可以像测量横断面和单元边界之间的距离一样简单，亦或是如同绘制整个研究站点的比例尺平面图一样复杂。

垂直控制是通过确定场地中许多基准的高度（通常是相对于任意参考的高度或基准面）来实现的。将基准与连circ微差水准测量一起使用。这样的话，场地内所有的地面高程和水位都可以与共同的参考高度联系起来。精确的垂直控制是保证 PHABSIM 数据采集质量的一个重要方面。如果一个站点中的高度并未与相同的基准绑定（或者在建立垂直控制方面有相当大的误差），水动力模拟可能受到不利影响。不良的垂直控制增加了模拟错误并限制了模拟范围。

数据收集序列的下一步骤通常是测量横断面剖面。许多操作者在取得水力数据前或与在获取水力数据时收集剖面资料，但剖面数据几乎可以在这个过程的任何阶段收集。在 PHABSIM 中，河道横断面被描述为一系列的垂直面。每个垂直面被描述为：河道中和一个已知点的距离；在该等距离下的地面高度；位置相关的结构和基材的描述。

对于小规模到中等规模的河流，其跨河道的距离通常是用卷尺或标线来测量的。而地面高度是由微差水准测量决定的。在大河中，部分或全部的测量是在船上进行的，而距离的测量是在一条与船相连的静止的直线上进行的。通过水深测量来确定活动河道的地面高度，因此河床的高度由水位减去深度得到。结合差分水准测量和测深技术的剖面测量如图 9-24 所示。水深测量不太精确，但相比尝试在深的、流动的水中操纵水准标尺，更为安全、现实。通过不同的水深测量来确定水位以及所有高于水面的地面高度。

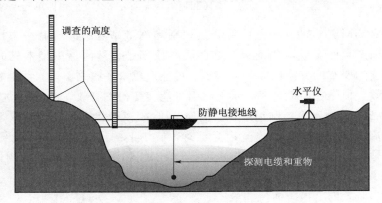

图 9-24　结合差分水准测量和测深技术的剖面测量

除了横断面距离和高度，河道剖面数据还包括每个横断面（包括水面以上的垂直面）的基准和覆盖层的描述。描述河道特征所需的详细程度取决于目标物种的生境适宜性标准的详细程度。如果在收集 PHABSIM 数据前没有验证该标准，那么最好尽可能详细而不是简略地描述河道的细节。

为 PHABSIM 描述河道特征会因为能见度不良受损，特别在水过深的河道中。在小水流中，它可能会以一个相对较低的流速收集河道数据，因为更多的河床将要暴露，而且水可能更加透明。在大型浑浊的河流中，可以使用回声测深仪对基质进行分类。回声测深仪分析了回波信号的特征，以区分河床的硬度和不规则性。回声测深仪的唯一限制是，在深度小于 1m 或在 1m 左右时，底部分类会被边缘化。设备不受浑浊度影响，但基底类型的分辨率受到了一定的限制。过去使用回声探测仪的经验表明泥、沙、砾石以及基岩很好识别，但砾石、卵石和小圆石很难区分，同时并未发现此类回声探测仪对于识别被淹没或覆盖物体起到了很好的作用。

收集 PHABSIM 数据的最后一步是测量校正速度及水位。我们建议，水力校准数据应至少包括三组水面升降流量数据对和一组校准速度。高校准流量和低校准流量应至少相差半个数量级（一个数量级更佳）。在情况复杂的河道中，比如那些包含岛屿和多个副河道的河流，建议测量 5 次或 6 次排放后的水位。在低流量的情况下，当静水出现在旁通道时，应采用若干校准对。当旁通道流动时，建议在流量范围内采用额外的校准对。为了准确模拟旁通道的生境，测量旁通道间的总流量分布也是一个明智的方法。

PHABSIM 的速度预测依赖于经验。因此，速度预测的准确性将随着校准数据的增加而提高。PHABSIM 模拟速度的方式中向下外推法（例如，模拟放水低于校准放水）比向上外推法更精确。当采用向上外推法时，一些垂直面在校准流量时可能已经露出水面，并且未为模拟的排放量进行校准。IFG4 水动力模型中速度预测算法的校准与模拟如图 9-25 所示。因此，如果只收集一组校准速度，一般最好在中等流量范围内测量（例如，满水位的 1/2～2/3），以避免在大流量范围内向上外推。在具有复杂速度分布模式的河道中，两套速度校准将有助于提高速度预测的准确性。总体而言，速度分布在低流量时通常会达到其最大复杂性，由此可得，如果要测量第二组校准速度，数据应在相对较低的流量时进行收集。低流量校准速度将主要用于模拟较低的流量，而高流量的模拟则采用中流量校准。

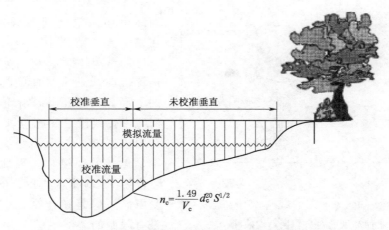

图 9-25　IFG4 水动力模型中速度预测算法的校准与模拟

2. 校准

除生境适宜性标准的验证外，PHABSIM 分析中的校准主要与水动力模拟单元有关。有两个独立但相关的校准模拟活动：水位的模拟与校准以及水流平均速度的模拟。

（1）水位。可用 IFG4、MANSQ、WSP 或 HEC-2 这四组水动力模型生成水位。也可以混合使用这些模型，以发挥其各自的优势。PHABSIM 的水力单元中计算流程示意图如图 9-26 所示。

IFG4 水动力模型使用了经验推导的评级曲线作为其主要的水面高程预测器，这非常类似于测量站所描述的评分曲线。一个最小二乘回归适合于 3 对或 3 对以上对数变换的水位流量数据。通过沿回归线插值或外推得到用于未测量（模拟）流量的水位。IFG4 中未测流量的水面高度的对数转换额定曲线如图 9-27 所示。实际回归在减去零流量阶段后的水面高度处进行。该模型确保，当流量为零时池内会有积水。

IFG4 水动力模型的评级曲线方法不受任何特定的河流限制。这种特性和该方法固有的简单性可能是该模型的最大优点。IFG4 水动力模型的不足之处是数据转换后的地

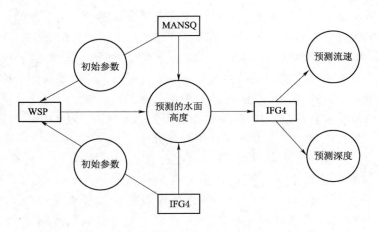

图 9 - 26　PHABSIM 的水力单元中计算流程示意图

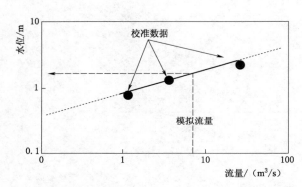

图 9 - 27　IFG4 水动力模型中未测流量
的水面高度的对数转换额定曲线

面高程和流量之间的假定直线关系。在整个流量范围中，河道很少表现出这样的线性关系。更为常见的是，总体评价曲线通常呈曲线形，只有其中的一部分可以用线段来估计。在一些河流中，线段是如此短以至于 IFG4 水动力模型成了一个不切实际的（如果不是无效的）模型。因此，尽管我们可以说 IFG4 水动力模型的作用地点不受限制，但是在什么地方作用良好还是有限制的。

MANSQ 程序使用曼宁方程以确定其在模拟流量时的水位。在这种情况下，所使用的曼宁方程为

$$Q = CR^{2/3}A \tag{9-12}$$

$$C = \frac{1.49}{n}\sqrt{S} \tag{9-13}$$

式中　Q——流量；

　　　R——水力半径（横断面面积经过湿周划分）；

　　　A——横断面面积；

　　　n——曼宁粗糙系数；

　　　S——截面处的能量梯度。

MANSQ 程序中的输入包括横断面，一次校准流量（CALQ）以及对应的水位。鉴于水面和横断面，MANSQ 程序计算了水力半径（R）和横断面面积（A）并确定了输水因素（C）。曼宁的 n（在较小程度上，还有能量梯度）随流量函数变化，如图 9 - 28 所示。相对于河床材料，深度变大后 n 变化不大，n 值最剧烈的变化发生在低流量范围。C 以指

数方式变化

$$C_q = (C_{cal})^{\beta} \tag{9-14}$$

式中 C_q——模拟流量时的输水因素；

C_{cal}——校准流量时的输水因素；

β 与 C——和流量相关的回归线的斜率。

在校准时，用户输入校准水面高度中存在的任何额外流量。随后调整 β 直到 MANSQ 程序预测的水位与实测水位非常吻合。

MANSQ 程序采用迭代求解技术，求得与模拟流量相对应的水位。MANSQ 程序包含一个算法，能够提供这一高度的初始估计值。以内插值替换或外推对应模拟流

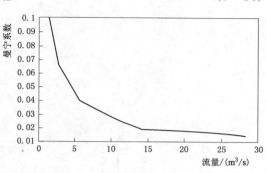

图 9-28　曼宁 n 值变化示意图

量的 β 值，求解式（9-12）得到 C_q，并通过曼宁方程来确定 Q。如式（9-10）中的预估流量大于或小于最初未做模拟流量输入的流量（Q_{sim}），则重复上述计算顺序直到输水达到 $Q_{est} = Q_{sim}$。

在一些河道中，尤其是那些有三角形横断面的河道，横断面积和流量随阶段的增量变化呈非线性变化。这些非线性关系可能导致 IFG4 产生很多的麻烦，但在 MANSQ 程序中却被考虑进去了。MANSQ 程序最大的限制是，它只能用于不受回水效应影响的河道截面。实际上，该局限性限制了 MANSQ 程序的使用，主要是在急流和其他不存在回水的中生境中的使用。但是 MANSQ 程序非常适合在水力控制中测定水位，因此它的主要用途之一是为 WSP 或 HEC-2 模型提供初始条件。

WSP 模型和 HEC-2 模型拥有许多 MANSQ 程序的特征，只有一个重要的例外。其中 MANSQ 程序无法用于回水存在的区域，WSP 模型和 HEC-2 模型都被专门设计用于回水。

在一个阶梯式回水模型中，一个给定的流量在横断面上的总能量是沿该线该点的势能和动能之和。用伯努利方程和连续性方程确定两个横断面之间的能量梯度如图 9-29 所示。L 是横断面之间的距离，E_i 是一个截面的总能量，V_i 是横断面的平均速率，WS_i 是一个截面处的水位，A_i 是一个截面上的横断面积，g 是重力加速度，而 Q 是流量。势能是由水面高于海平面（或任意方向）的高度决定的。在图 9-29 中，该高度在横断面 1 处记为 WS1，在横断面 2 处记为 WS2。动能表达式为

$$E_{动} = \frac{V^2}{2g} \tag{9-15}$$

式中 $E_{动}$——动能；

V——横断面的平均速率（由流量除以横断面积决定）；

g——重力加速度。

如图 9-29 所示，总能量的计算采用伯努利方程，即

$$E = (B+D) + \frac{V^2}{2g} \tag{9-16}$$

式中　E——截面处的总能量；

　　　B——河床高度；

　　　D——深度（注意，河床高度加上深度等于水面的高度）。

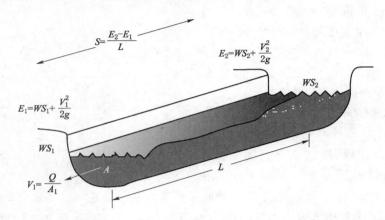

图 9-29　用伯努利方程和连续性方程确定两个横断面之间的能量梯度（S_e）

式（9-16）以相同的线性单位表示动能和势能。水利工程师把这种总能量的表达式称为水头。水头损失是指当大量的水从一个横断面流到另一个横断面时所消耗的总能量，而能量梯度的计算方法是水头损失除以两个横断面之间的距离。

能量梯度也可以用曼宁方程来计算。通过重新排列式（9-12）、式（9-13）、式（9-16），并求解 S，可得到

$$S=\frac{Q^2 n^2}{(1.49)^2 R^{4/3} A^2} \tag{9-17}$$

阶梯式回水模型的工作方式与 MANSQ 的迭代解没有很大差异。以流量的形式输入，第一个横断面的水位以及横断面 1 和 2 的曼宁 n 的预计值。随后 WSP 或 HEC-2 模型估计了横断面 2 处的水位。从估计的水面中，该模型计算了水力半径、横截面积和每个截面的平均流速。随后通过使用伯努利方程和曼宁方程，这些参数被用于计算两个横截面之间的能量梯度。如果两种方程所计算的能量梯度不同，在横截面 2 处调整水面高程，重新计算能量损失。重复本过程直到两种方程计算出相同的能量损失。使用这种方法求得的解称为能量平衡解。确定了横截面 2 的水位后，WSP 将该处的高度作为新的起点，并确定了下一个上游横渡面的水位。

当能量平衡的水位与测量的高度相比较时，即主动开始进行手动校准。如果预测和测量的水位不能合理地匹配，改变曼宁方程的 n，以提高或降低预测水位。构成合理适配的因素往往是由所模拟河流的特征和调查者的倾向性所决定的。获取合理的适配是步骤 1。

步骤 2 包括在交替排放时重新校准，以解释可变粗糙度现象（图 9-28）。除了向模型提供了新的流量和启动水位，并通过将步骤 1 中的 n 值乘以粗糙度修正系数对曼宁方程的 n 进行了全局上的修改外，步骤 2 与步骤 1 在本质上是相同的。在步骤 2，调节这些粗

糙修正系数直到观测到的水位和预测的水位之间再次达到了合理的一致。不管有多少额外的校准数据集可用，重复步骤 2。步骤 2 的最终活动建立了模拟流量与粗糙度修正系数之间的关系（例如通过对数变换值的线性回归）。

与 IFG4 等经验模型相比，WSP 和 HEC-2 模型需要进行更多的实际操作和改进。阶梯式回水模型同样在相对较短的距离内，坡度发生突变的河流中表现不佳。但是，通过将输入数据划分为水力控制和深潭截面的离散组合，进行了成功的模拟。阶梯式回水模型的优势为：与 IFG4 或 MANSQ 相比，它们通常能在更大范围的条件和流量下提供更好的水位预测值。阶梯式回水模型在模拟岸外流量条件方面更有优势。如有必要模拟洪水，WSP 或 HEC-2 可能更合适。

（2）水流。PHABSIM 中的流速预测通常通过 IFG4 执行。垂直方向上的测量速率被用于校准曼宁方程的修订版本，即

$$n_i = \frac{1.49}{V_i} d_i^{2/3} S^{1/2} \qquad (9-18)$$

式中　n_i——垂直方向上的一个粗糙系数，曼宁方程的 n；

　　　V_i——垂直方向上的校准速率；

　　　d_i——垂直深度（由压力梯度和水位差得到）；

　　　S——横断面处的能量梯度（近似水力梯度）。

当进行一次流量模拟时，无论是通过其内部评级曲线，还是从 MANSQ，WSP，或 HEC-2 中，IFG4 获得与新流量相对应的水位。新的水位导致了所有垂直面的新深度 d_i。随后将新深度重新代入曼宁方程以获得模拟流量的估计速率，即

$$V_i^1 = \frac{1.49}{n_i} d_i^{2/3} S^{1/2} \qquad (9-19)$$

式中所有参数的定义同上。

式（9-19）提供了垂直面的初始估计速率 V_i^1。通过在 IFG4 内部执行的水量平衡功能确定了 V_i 的最终估计值，具体步骤如下：

（1）将模拟流量 Q_{sim} 指定为模型的输入。

（2）对所有垂直面的深度 d_i 和速率 V_i^1 进行一阶估计，也确定新湿单元的宽度 W_i^1。

（3）根据水动力参数的这些初步估计值计算出临时流量 Q_{temp}，即

$$Q_{temp} = \sum_{i=0}^{n} w_i^1 d_i^1 V_i^1 \qquad (9-20)$$

因为 Q_{temp} 基于包含错误的预测值，所以 Q_{sim} 和 Q_{temp} 可能不同。Q_{sim} 离校准流量越远，Q_{temp} 的集合误差越大。

（4）为了使 Q_{sim} 和 Q_{temp} 相同（如水量平衡），IFG4 计算得出速率调整因素 VAF，即

$$VAF = \frac{Q_{sim}}{Q_{tep}} \qquad (9-21)$$

（5）将最终的速度转到 PHABSIM 的微生境模拟部分，确定为

$$V_i = V_i^1 VAF \qquad (9-22)$$

3. 误差分析

VAF 是 PHABSIM 的水力单元最重要的质量指标之一。在 IFG4 中，采用校准速率

计算曼宁系数 n 值。一旦输入这些 n 值，就 IFG4 而言，它们是不变的。因此，当模拟流量高于校准流量时，其真实值应该小于校准后的 n 值。校准时的曼宁系数与模拟流量时曼宁系数的比较如图 9-30 所示。相似的是，当模拟较低流量时，校准的 n 值小于它们应该的值。

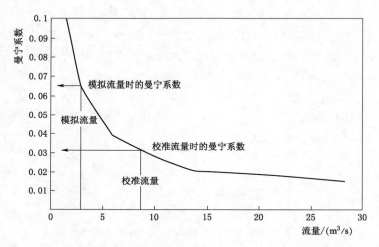

图 9-30　校准时的曼宁系数与模拟流量时曼宁系数的比较

如果 n 的校准值过高，预计速率将会过小也将有 $Q_{temp} < Q_{sim}$。这些因素的组合将导致 $VAF > 1.0$，且其系数足够大以使 $Q_{temp} = Q_{sim}$。如果校准 n 值低于模拟流量应该的大小，则恰恰相反。如果正在根据水力理论执行水动力模拟组件（无论使用何种模型组合），VAF 与流量的关系图应类似于曼宁系数与流量关系的倒置图。

由于其具有的理论基础，VAF 绘图是评估水动力模拟质量最快速、最简单的工具之一。IFG4 中可变曼宁系数与速度调节因子的关系如图 9-31 所示。作为一个经验方法，如果 VAF 图如图 9-31 所示，则水力单元按预期工作。VAF 的范围应该反映出如果将 WSP 校准到最大程度上的模拟流量，所能得到的曼宁系数的范围。例如，假设被用于模拟高水位和低水位的曼宁系数分别是 0.025 和 0.100，在速度校准流量时的曼宁系数为 0.040，校准流量的 $VAF = 1.0$。由于曼宁系数的低流量值是速率校准流量值的 2.5 倍，低流量模拟的 VAF 应该在 2.5 左右。通过相似的逻辑，可以预计到高流量模拟的 VAF 接近于 0.63。

与图 9-31 明显不同，VAF 可能是水位和流量之间不正常或错误关系的症状。水位误差在 VAF 图中以图形的方式显示，由于深度是由水位推导得出且在水量平衡方程中运用了两次，即

$$Q = \sum_{i=0}^{n} (w_i)(d_i)(v_i) = \sum_{i=0}^{n} w_i d_i \frac{1.49}{n_i} d^{2/3} \sqrt{S_c} \qquad (9-23)$$

VAF 图在识别过陡的额定曲线时起到了特别的作用，这导致估计水位在低流量时过低，高流量时过高。如水位过低，横截面的深度和速率对于模拟排放也会过低。因此将有 $Q_{temp} < Q_{sim}$ 且 $VAF > 1.0$。高流量的情况则正好相反，预测的深度将过大。最终的结果是一个与预期的理论分布完全相反的 VAF 图。

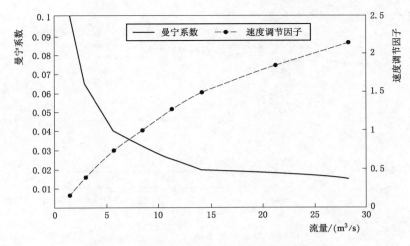

图 9-31　IFG4 中可变曼宁系数与速度调节因子的关系

　　尽管通常表示阶段流量关系的 VAF 图不同于图 9-31，但似乎在 PHABSIM 中，所有规则都有一个例外。当回水出现在高流量而非低流量时，可变回水出现了。此现象通常在当一个水力控制器在高流量时被更下游的另一个控制器的回流所淹没的情况下发生。VAF 图上的可变回水的影响取决于测量校准速率时回水出现或不出现，如图 9-32 所示。水面图不应有任何碰撞、跌落或其他特征表示水沿着纵剖面向高处流。

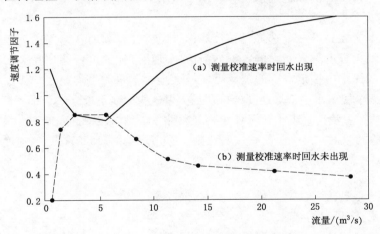

图 9-32　速度调节因子（VAF）与可能发生在受可变回水影响的河段的流量曲线

　　其中一个有用的模型性能指标如图 9-33 所示，为河流的深泓线和水面纵向图。箭头指向剖面一个过陡的部分，表示模拟流量超过 $14m^3/s$ 时可能存在问题。应该检查高流量校准数据，以确定水面上的这个跳跃是真实的，还是水动力模型的人工产物。剖面应该在急流中比较陡峭，在深潭中比较平坦，并且在低流量时应比高流量时更密切地遵循河床的不规则性。剖面分析更多地基于常识而非理论，但它可以与 VAF 分析结合使用。

9.6.4　微生境模拟选择

　　在给定的式（9-6）和式（9-7）中计算微生境区域的算法是 PHABSIM 的标准默认

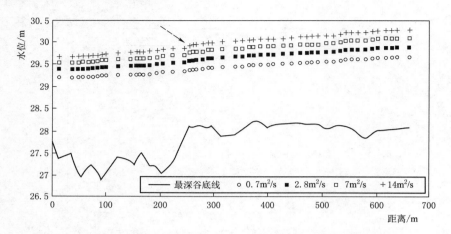

图 9 - 33　不同模拟流量条件下的深泓线和水面高度的纵剖面

值。但是继续跟踪生境适宜性标准的讨论，默认模型可能不适用于对目标物种最重要的微生境属性。这并不奇怪，因此可能有必要在计算加权可利用面积时采用另一种方法（注意，如果使用二进制标准，PHABSIM 的输出是一个真实的面积，而不是加权可利用面积。）尽管许多更重要的替代算法是与数据无关的（可以利用相同的基本数据集对微生境面积进行不同的计算），其中一些需要额外或不同的数据，下文将对这些额外的或不同的数据的计算进行说明，例如近底速度、利用 HABEF 计算有效生境等。

1. 近底速度

我们已经多次提到的一个选择是在计算综合适宜性指数时，采用了近底速度而不是水流平均速度。很大程度上，在大的、深的河流中利用近底速度可能比在小的溪流中利用更为重要。因为在深水中接近底部的速度可能极大地小于水流平均速度。

在大型河流中使用水流平均速度（特别是如果这些标准是来自一个小型河流）可能导致不切实际地低估微生境。在 PHABSIM 中，有数种方法可以模拟近底速度。最早的选择（如需要最缺乏经验的数据）是七分之一次幂法则（Milhous 等，1989），近底速度可被计算为

$$V_n = 1.143 V_{mc} \left(\frac{d_n}{d} \right)^{1/7} \tag{9-24}$$

式中　V_n——近底速度；

　　V_{mc}——水流平均速度；

　　d_n——待计算近底速度的深度；

　　d——水体深度。

使用者可选择通过式（4-24）定义常数项和指数项。在这种情形下，收集了具有代表性的近底、水流平均速度和深度样本，并采用回归分析确定 a 和 B，即

$$\frac{V_n}{V_{mc}} = a \left(\frac{d_n}{d} \right)^B \tag{9-25}$$

选择包括从普朗特-冯卡曼普遍速度分布定律、剪切力或弗劳德数（Chow，1959）中选择一种形式以确定近底速度。无论选择的是哪一个，关于近底速度都有一个注意事项。近底速度是在 PHABSIM 中的"第二代"模拟，这是由水流平均速度的预测中推导得出

的。这意味着无论模拟的水流平均速度的质量如何，近底速度的预测只会是不准确的。此外，当基底尺寸相对于近底深度变大时，近底速度预测的准确度也会变差。根据经验，河床近底深度不应小于河床材料平均尺寸的两倍。换言之，如果河床主要由 15cm 长的鹅卵石组成，近底深度应在河床上方约 30cm 处。

2. 利用 HABEF 模拟的有效生境

HABEF 程序（Milhous，1991）是为了研究波动水位对移动受限生物的微生境可用性的影响而开发的。HABEF 的内涵是：在非稳定流动条件下，只有在移动受限生物所经历的整个水流范围内都适宜的情况下，该河流单元对于该生物才是适宜的，有效生境概念的描述如图 9-34 所示。它涉及在时变的水流状态下产卵和孵化。通过比较单元在两种不同水流条件下的适应性，计算有效生境的单元，如图 9-34 所示。在两种流量的总体比较中，一些单元在高流量时更适合，而有些则在低流量时更适合；HABEF 记录了该单元的两个成对值中较低的一个。然后将有效的综合适宜性乘以单元的表面积，来计算加权可利用面积。虽然 HABEF 最初是为了评估不稳定流动对鲑类红鳍金枪鱼的影响而开发的，但自那以后，它就被用来评估水力峰值对幼鱼和水生大型无脊椎动物造成的影响（Bovee，1985）。

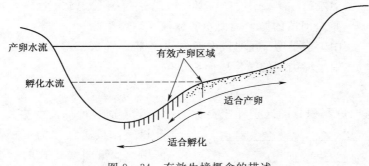

图 9-34　有效生境概念的描述

3. 使用 HABTAV 模拟索饵场

HABTAV 程序用于模拟为漂流取食鱼提供高能量的索饵场的生境组合特征。这些索饵场包含一个靠近高能量漂移输送区的低能量等待区（Fausch，1984）。HABTAV 使用水流平均速度（或者近底速度）和相邻速度的组合计算了河流单元的适宜性。相邻速度标准表示了临近单元中（或在相同单元中）适合运送漂浮食物的速度。为了利用这个程序，生境适宜性标准有必要描述相邻速度的适用范围和索饵场的横向搜寻距离。实际上，相邻速度标准和搜寻距离很少适用，所以这些标准通常是使用第 I 类技术开发的。

9.7　整合宏生境和微生境

在 IFIM 中通过生成和优化生境的时间序列来分析替代。在最小的地理尺度上，这些时间序列是基于一个河段中目标物种可用的生境总数。此处的有效短语是总生境，因为到目前为止，我们只产生了与宏生境和微生境有关的流量关系。为了使我们的信息可用于 IFIM 的下一阶段，有必要将宏生境和微生境的成分输出整合为总生境与流量的单一关系。整合微生境和宏生境的方法主要包括二进制和数值积分。

9.7.1　二进制积分

二进制积分是结合宏生境和微生境最简单也最直接的方法。通过这个方法，宏生境的标准是二进制格式，即无论其适不适合都采用此格式。当采用二进制积分标准时，IFIM 的宏生境成分的输出是目标物种在每次模拟流量时合适的河流长度。微生境成分的输出是以单位河流长度的微生境面积为单位的。因此，对于给定河流，总生境面积的计算公式为

$$HA = SL \cdot WUA \tag{9-26}$$

式中　HA——在流量 Q 时目标物种的总生境面积，m^2；

　　　SL——在流量 Q 时拥有适合目标物种水质和温度的河流长度，km；

　　WUA——流量 Q 时目标物种的微生境面积，m^2/km。

当用生境分类来形容微生境分布时，二进制积分会稍微复杂一点。正如式（9-26）所描述的那样，在与宏生境整合之前，WUA 应以加权平均值的形式计算河段中的所有 PHABSIM 站点，即

$$WUA_{(all)} = w_1 WUA_1 + w_2 WUA_2 + \cdots + w_n WUA_n \tag{9-27}$$

式中　$WUA_{(all)}$——整个河段的微生境面积的加权平均单位；

　　　w_i——中生境类型 i 在河段中所占的比例，$i=1,\cdots,n$；

　　　WUA_i——中生境类型的微生境面积单位，$i=1,\cdots,n$。

9.7.2　数值积分

数值积分与二进制积分的区别在于目标物种宏生境适宜性标准的格式。与二进制标准相反，其适宜性为 0 或 1，数值积分使用单变量曲线格式的标准。这种形式下，适宜性从 0 到 1 不等。例如，在生长季节，适宜生存的温度范围很广（例如，从 7℃ 到 26.5℃），但是狭窄的温度范围（例如从 11℃ 到 20℃）却促进了目标物种的最高生长速度。温度标准的"两阶段"定义产生了温度适宜性曲线，温度适宜性曲线如图 9-35 所示。适宜性指数是一个 0~1 的取值区间，1 代表最佳的温度范围，0 代表不适宜的温度。适合生存和生长极限之间的温度是由内插估计得出。

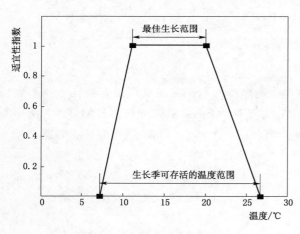

图 9-35　温度适宜性曲线

从流量温度标准曲线中内插得到的温度适宜性被用于计算河流增长长度的总（温度-条件）生境

$$HA_{(Q,i)} = \sum_{i=0}^{n} (WUA_{(Q)})(SI_{(Q,i)})(L_i) \tag{9-28}$$

式中　　$HA_{(Q,i)}$——流量（Q）时总生境增量（i）；

　　　　$WUA_{(Q)}$——河道流量（Q）时的单位微生境；

　　　　$SI_{(Q,i)}$——流量（Q）时增量（i）的温度适宜性；

　　　　　L_i——增量（i）长度。

求解式（9-28）得到河道的第一个增量长度，继续求得下一个增量并重复该过程。整个河段的总生境是通过对该河段所有增量长度的 $HA_{(Q,i)}$ 总和来计算的。每次获得总生境信息的流量都需要重复该步骤。

9.7.3　季节性因素

从数学的角度看，两种形式的生境整合都没有特别复杂的地方。然而，通过假设相同的流量会一直为一个物种或生命阶段提供相同数量的生境，我们必须注意不要把现实世界的现象过分简单化。如果本段陈述看起来是违反直觉的，那么考虑一下相同的流量在一年中的不同时间会产生不同长度的河流。由于季节更替会影响温度及水质（如热负荷、遮阳、废物负荷和同化能力），因此也存在差异。在一次给定的流量中，整个河段的温度和水质不可能一直都全然相同。可能有必要在一年中每个季节的流量和适当的河流长度之间建立独立的函数关系来真实地描述宏生境的季节变化。

一个生命阶段中的流量和单元微生境之间的季节性差异不太明显。因为一个物种的行为通常会随着时间而改变，所以同样的流量并不会始终都产生同样数量的微生境。个体的成长、摄食行为的转变、迁移活动的变化、再生或冬眠都体现了微生境偏好的变化（Bovee 等，1994）。如果行为上的改变导致了微生境使用的可检测的变化，可能有必要使用季节性明确的生境适宜性标准来量化微生境。例如，为真实描绘快速生长了一年的小鱼的微生境，也许有必要在第一个生长季的每个月使用不同的微生境适宜性标准。

第 10 章　IFIM 第四阶段

10.1　方案分析和问题解决

随着我们进入到 IFIM 分析的最后阶段，有几个哲学概念值得重复：

（1）之所以需要开展 IFIM 分析，是因为一些实体提出了一项行动，该行动将改变所涉及河流的生境特征。我们的主要责任是设法解决与该提议行动相关的问题及其造成的影响。

（2）我们涉及的是一个增量问题而非标准设定问题［如果你对差异仍旧存有疑虑，参见 Stalnaker 等（1995）］。本章对所提出的行动和备选方案所作的讨论准备进行了讨论。

（3）在几乎所有的 IFIM 研究中，评估备选方案的通用方法都是总生境，而非微生境、鱼类数量或金钱。

（4）IFIM 并不是为了产生"一个最佳答案"而设计的。最佳答案是利益相关者所达成的共识。

从大多数 IFIM 分析中得出：研究计划的目标和范围、研究站点的布局、使用哪些模型以及分析中所包含的生境指标，在 IFIM 应用期间都可以进行讨论。而且，在研究早期就开始对上述内容进行讨论，在研究后期工作通常会较为轻松。

替代分析不可与问题解决相分离，因为两者皆是一个迭代问题解决的周期。IFIM 所基于的方案解决技术是增量理论的一种形式。讨论解决是一个重复的过程：通过该过程提出了一个备选方案；对替代选择的效果进行了测量和评估；对备选方案的改进、测试和讨论。最终，该过程产生了两个结果：要么达成双方都满意的解决方案，要么讨论陷入僵局。如果无法打破僵局，应由更高级别的机构承担做决定的责任。在讨论中，信息是权力的来源，但仅仅拥有信息不够，还要拥有利用信息来支持目标的能力。前面的章节已经讨论过如何积累解决问题所需的信息。在本章中，描述了如何通过制定和测试备选方案的迭代过程来利用从 IFIM 获得的信息的力量。具体来说，将对工具和过程进行描述以帮助阐明一种备选方案，并评估其有效性、可行性和相关的风险。

10.2　准备讨论

10.2.1　找到讨论协议中最佳的备选方案（BATNA）

在应用 IFIM 的过程中，期望通过讨论解决问题，但有时还是会陷入讨论无法解决的局面。例如，在进行一些会议后，其中的一个利益相关群体想要停止讨论的意图可能变得十分明显。BATNA 代表讨论协议最佳备选方案。BATNA 的意图是当讨论方停止讨论，并开始寻求解决问题的其他途径时（比如诉讼），帮助做出决定。

在进入第一轮讨论会议之前，应该清楚讨论失败后最可能发生的结果是什么。通常地，司法判例是寻求 BATNA 的一个好方法。如果这些问题已有类似的先例时，法庭将如何处理呢？FERC 行政法法官在类似案件中是如何裁决的？当了解的情况更全面时，这些法庭的判决结果将更倾向于你。相反地，你了解的情况越少，可能判决的结果对你越不利。

10.2.2　立场式讨论法

当个人讨论者只试图保护或是强调自己的目标时，他们正在进行所谓的立场式讨论。立场式讨论的目的仅仅在于保护其中一方的立场，无论其是否受到备选方案的威胁。有时候，只是为了避免给人一种向反对方屈服的感觉，即使没有受到威胁，也对立场进行了保护。尽管被广泛应用，立场式讨论仍有两个主要的缺点：第一，立场经常变成目标。反对方经常试图贬低它的重要性，而不是承认一个问题或关注点的合法性。第二，对立场的攻击可能会变得个人化。这可能会导致反击，从而产生了一场针对讨论者而非问题的狭隘的讨论。

10.2.3　理想化的目标

备选方案通常由目标及其支持者的目标引导。灌区提出了一种水资源管理备选方案，这不同于与渔业资源机构提出的方案，至少在最初是这样的。灌区的目标可能是使粮食产量最大化，而渔业资源机构可能期望最大限度地增加观赏鱼的产量。在制定备选方案时，区分目标和实现目标的手段是很重要的。比如，水分配是讨论参与者的共同目标，但它也可考虑作为一种达到目标的手段。如果你的目标是提升鱼的生境，那么改变河流流量可能是完成该目标的其中一个方法。

理想化的目标是：设计一台解决问题的设备，以帮助利益相关者从立场式讨论转移到综合解决问题上来。从概念上来讲，理想化的目标是合并讨论各方的不同目标。可以通过简单的问题来建构一个理想化的目标："这个问题看起来的最佳解决方案是什么？"以灌区、渔业资源机构以及水库周围的业主群体为例，其理想化的目标可能是制定一个水库的排放时间表，以保证灌区完全完成授权公司的产量目标，同时可以恢复虹鳟和褐鳟的生长环境。

制定一个理想化的目标可能需要调解人或其他中立方的服务，因为讨论者通常带着一种立场式心态进入讨论。承认别人的问题或关注点的合法性可能被解释为对自己立场构成威胁。克服不信任和不安全感是设计理想目标的主要障碍。一个理想化目标的意图在于使得个人目标成为团体目标。当该团体承认这一点时，理想化的目标可成为一个有力的工具来解决创新课题。

10.2.4　关注生物目标

如何确定目标取决于拟议的变化的性质、体制和决策领域以及生物信息的可用性。例如，保护现有鱼类群落的生物学目标通常是不造成生境的净损失，即在项目运行后为所有目标物种的全部生命阶段提供的生境数量必须与项目构建前相同。在涉及恢复之前改变河流的研究中，生物目标可能是估算在项目前期条件下所有生命阶段和物种可用的生境数量。此目标如用于恢复生境，有时被称为历史减损，因为其目标是减轻很久以前首次发生的项目影响。偶尔的情况下，渔业资源机构的目标是优化一些备受关注的目标物种的生境资源。虽然利用 IFIM 可以优化生境的流量过程，但这种替代办法可能只有在非常有限的情况下才可行（例如，当水库管理者的主要目标是优化下游渔业时）。

可不使用或使用极少数的生物数据来制定和测试"无净损失"备选方案。测试该备选方案所需的唯一必要信息是生境的历史可用性；随后，制定备选方案以尽可能匹配历史可用性方案。许多利益相关者会反对该方法，理由是为不重要的生命阶段提供不必要的生境是一种资源浪费。

如果渔业资源机构完全缺乏生物信息，那么它将别无选择，只能采用"无净损失"或"历史减损"的目标。如果没有目标物种的种群动态数据，很难得出最重要的生命阶段和生境类型。最终，安全的选择是保护所有人。克服这一问题的一个方法是确认问题确认阶段对此信息的需求，并在研究计划中包括生物数据的收集。

当生物数据可用时，可以确定关键的生境类型和生境瓶颈。关键的生境类型是指对一个物种或一个种群的健康来说非常重要的栖息地。在过去 IFIM 的应用中，被如此指定的生境类型包括有效的产卵生境、漂流觅食性鱼类的索饵场、水生大型脊椎动物繁殖所需的浅滩、作为仔鱼养育区域的回水区。

一些生境的瓶颈十分明显，而另一些则十分轻微。有些与短期事件的规模和时间有关，而有些则会长期对种群造成影响。了解关键生境和其瓶颈在制定备选方案时极为有利。如果可以对这些限制进行确定，可将生境目标集中于减轻这种限制。

阵列表是找出生境瓶颈的最具价值的生物信息，由年龄、生长和 5～10 年收集的种群构成，密歇根州休伦河小嘴鲈鱼阵列见表 10-1。阵列表可使调查人员确定每年的新生鱼数量，然后世代增长跟踪其各世代的命运。在对种群增长做出明显反应的地方，未成年和成年种群通常会与影响生命早期阶段的生境条件有关。例如，产卵生境和鱼苗饲养生境对第一年生长速率的二级影响可能是决定成年种群规模的最重要因素（Nehring 和 Anderson，1993；Bovee 等，1994）。如果世代遗留没有证据，幼鱼和成鱼的种群可能接近负荷能力，这意味着它们与成鱼生境或猎物、竞争者或捕食者的生境有更强的关系。当种群接近负荷能力时，年复一年的幼鱼或成鱼生境数量与种群数量之间通常会有很好的对应关系。

表 10-1　　　　　　　　　　密歇根州休伦河小嘴鲈鱼阵列统计表

年份	0 龄鱼数量/条	1 龄鱼数量/条	2 龄鱼数量/条	0 龄鱼的长度/mm
1982	—	—	78	
1983	—	63	50	—
1984	67	54	14	76.4
1985	585	105	69	89.0

年份	0龄鱼数量/条	1龄鱼数量/条	2龄鱼数量/条	0龄鱼的长度/mm
1986	267	78	50	93.0
1987	1318	217	81	100.8
1988	499	94	—	89.2
1989	88	—	—	83.8

编撰阵列表需要很长时间。如果当开始一项 IFIM 研究时还没有一个很好的阵列表（即已完成 3~4 年），那么不太可能及时拥有一个阵列表以进行替代分析。然而，通过有限的生物数据和一些有根据的猜测，或许可以确定潜在的生境瓶颈。以下是该群体的一些特征：

（1）是否过量捕获了该物种的成鱼？捕获等同于对成鱼进行选择性捕食。如果一个种群被过量捕捞，则可能低于其承载力，而且新生鱼群增长的变化将会对此做出反应。对于这些种群，需要寻找作为瓶颈出现的与早期生活历史相关的关键生境和事件。相反地，受捕捉或释放平衡或类似限制性保护的种群可能更接近其承载力，它们的数量可能与成年生境更相关。

（2）种群的寿命短暂吗？寿命短暂的种群表明需要保持稳定的新生鱼供应以维持成鱼数量。

（3）种群的年龄结构是否正常？此处真正的关键点在于寻找异常强壮、柔弱或缺失的世代。很明显，如果寿命在 20 年左右的种群主要由 19 龄鱼类组成，那么这个种群迫切需要新生鱼的补充。

（4）种群是否表现出良好的增长率和生长状态？如果没有，温度场可能是个问题，或者生产食物的生境可能在全年或部分时间内产生严重的食物短缺。

（5）是否有证据表明存活数与生长或身体状况有关？也许能够在文献中找到答案，但成长和存活可能取决于物种和地理位置。例如，Shuter 和 Post（1991）研究发现在美国北部和加拿大南部，小嘴鲈鱼能否存活到 1 岁与它们在 0 岁时的体型有很大的关系。Sabo（1993）的研究则得出，在弗吉尼亚的小口鲈鱼种群中没有这种关系。

10.2.5　测试

一些备选方案最初可能看起来不可行、不现实，但是，最初看起来似乎古怪的方案，有时会反而会成为合适的解决方案。往往可能会存在这样一种情况，即在备选方案完全开发出来或没有经过彻底评估之前就放弃了它们。还有一种情况是，在对每个备选方案进行测试时，讨论代表错误地直接假定他们知道分析结果会如何，使得"在未知问题上的讨论"所花费的时间降到最低。本着"增量理论"的真正精神，测试和确认备选方案将会产生怎样的结果，是确保方案不断被改进的重要一步。通过采取许多微小的、积极的步骤，讨论团队可能会对一个在讨论一开始就被彻底否决的备选方案上达成一致。

10.3　如何测试备选方案

除利益相关者相互接受外，一个优秀的备选方案应该有效，可行并足够灵活，以适应失败的风险。有效性是衡量一种选择是否符合生物学目标的标准。可行性决定了一个备选方案是否能够真正实现。执行风险分析以确定备选方案失败的频率和情况。在 IFIM 研究中，风险分析通常涉及当主要的备选方案失败时，应变计划的制定与测试。

10.3.1　有效性

1. 生境时间序列

根据其最基本的定义，一个备选方案的有效性是通过比较备选方案下可用的生境数量和基准下可用的生境数量确定的。这个主题有多种变体，不同的生境可用性测量可以用来解释有效性。但是，量化基准状况和备选方案的基本工具是一个生境时间序列。构建生境时间序列的主要要素如图 10-1 所示。构建一个生境时间序列的步骤如下：

（1）从水文时间序列中，找出初始时间步长的流量［图 10-1(a)］。

（2）从生命阶段或物种的流量-总生境关系中，找出与步骤（1）流量相对应的生境面积［图 10-1(b)］。

（3）将该生境面积对应到生境时间序列中的相应时间步长的位置［图 10-1(c)］。

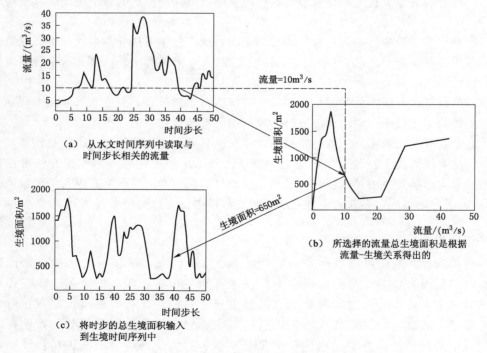

图 10-1　构建生境时间序列的主要要素

（4）在水文时间序列中对所有的时间步长重复上述步骤。

在 IFIM 中构建生境时间序列包括以下方法：

（1）改变流量状态。对比两个水文时间序列（基准和备选方案）以及一个生命阶段的单一流量-生境关系。这种安排是 IFIM 应用中最常用的一种。

（2）改变微生境-流量关系。用一个简单的水文时间序列表示基准和项目实施后状况以及两个或更多的流量-微生境关系。此选择可被用于评估河道渠化或生境改善计划。

（3）改变宏生境-流量关系。在这种情况下主要是反映不同管理措施对生境适宜性纵向上的影响。例如，可以降低排放负荷率来代表废水处理方式的改进，或者修改河流边上的遮蔽来模拟对河岸廊道的保护。这个管理措施可以是非常广泛的，特别是在宏生境基准条件有限的情况下。

（4）上述所有方法。这种方法可以检验改变水流状态和改变河流内微生境和宏生境的综合效果。尽管设计更加复杂，此选择在分析备选方案时提供了最大的灵活性。

生境时间序列可以以图形或表格的形式显示。生境时间序列的属性与水文时间序列的属性相似。两种时间序列都保留了时间顺序，并且可以提供基准和替代条件之间的对比信息。然而，流量与生境之间的非线性关系［如图 10-1(b)］可能使生境时间序列的解释复杂化。生境时间序列的最低值有规律地发生在极高或极低的流量时，而出现适中流量时才能产生数量最多的生境。因此通常看起来，生境时间序列与用来生成它们的水文时间序列毫无相似之处［如将图 10-1(a) 与图 10-1(c) 相比］。

2. 生境历时曲线和指标

叠加生境和水文时间序列可提供关于导致每年不同时期生境减少的流量事件类型的信息。此信息在识别潜在的生境瓶颈时特别有用，特别是如果它伴随有少量的生物数据的话。然而，从生境时间序列中量化生境可用性的差异是十分困难的。通过生境历时曲线则可以使生境的量化变得十分容易，生境历时曲线中超出 10%～90% 截尾均值的平均间隔如图 10-2 所示。构造生境历时曲线的方法与构造流量历时曲线的方法相同。差别仅仅在于使用生境值而不是流量值作为序列数据。

虽然生境的历时曲线看起来与流量历时曲线相似，但两者并无直接对应关系。例如，在超过 90% 的时间内的生境值不对应拥有相同超标概率的流量。这种不协调是由总生境和流量之间的钟形关系所造成的。在两次或两次以上的不同流量时，可以产生相同数量的生境。因此，解读生境历时曲线会产生一些混淆，因为一个带有给定超越概率的生境区域可能与数次流量有关。因此，生境时间序列可被用于确定问题区域存在的地方以及它们是如何与流量相关联的；生境历时曲线应被用于量化生境中存在的基准与替代条件间的差别。生境历时曲线对于量化生境可用性的差异很有价值，因为可以从有序的数据中提取各种生

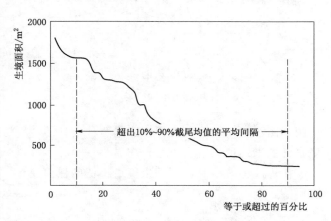

图 10-2 生境历时曲线中超出 10%～90% 截尾均值的平均间隔

境指标。IFIM 中的大多数生境指标是通过求不同部分的历史曲线的平均值得出的。任何特定指标的关联性都取决于为目标种群创造生境瓶颈的机制。

最常见也是最易懂的生境指标是该时间序列中所有生境时间的平均。修饰后的平均值（图 10-2）是一个不包括该系列中的极端高点和低点的变量。在图 10-2 中，含有超越概率的值少于 10％，而超过 90％ 被排除在平均值之外。当整个系列的平均值被极端事件扭曲时，主要使用修正平均值。全系列的平均值和广义上的修正平均值意味着极端的、罕见的事件，这在生物学上不被认为是非常重要的。

全系列和修正的平均值中的一个生物影响是生境充裕的时期可以抵消生境受限的时期。这一影响值得深思。影响成鱼的生境瓶颈似乎是由于过度拥挤造成的（Bovee，1988）。基于密度的影响（比如竞争行为，生长条件的减少以及疾病传播率的增加）最终会影响成鱼存活数目。成鱼瓶颈的慢性本质表明重要的生境特征可以是时间序列中所有事件的总和，也可以是时间序列中最低事件的总和，这取决于它们在时间序列中的顺序。在第一种情况下，全序列平均值或一个广义上的平均值可能是衡量生境中变化的最佳方式。第二种情况可通过取时间序列中最低的连续 3～6 个月的平均值或使用修正后的平均值来表现。该特殊情况包含将所有生境值修正到中位数以上，并在中位数和最小值之间取平均值，生境历时曲线中 50％～100％ 截尾均值的平均间隔如图 10-3 所示。生境时间序列可以被认为是生境可用性的一系列波峰和波谷。这个指标是所有波谷的平均值。该平均间隔等同于只计算生境时间序列中的"波谷"。如果生境的限制在一年的某一段时间内趋于持续和一致，取连续几个月的平均值可能是一种更好的方法。如果生境受限期长期分散在全年，经过特别修正后的平均值可能更加合适。

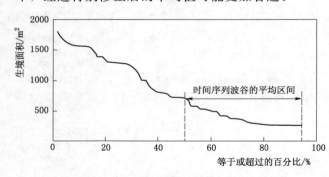

图 10-3　生境历时曲线中 50％～100％ 截尾
均值的平均间隔

生境的最小值、90％的超过数值或其他拥有高超过数概率的事件可被用于量化极限值和低频率的生境事件（Nehring 和 Anderson，1993；Bovee 等，1994）。但是在使用这些指标作为影响评估工具时需要保持谨慎，因为他们可能无法量化一些生境的变化。例如，80％或 90％的超过数值可能无法检测到生境最小值的变化。同样地，最小值无法量化序列中其他低事件频率的变化。不同历时曲线对比图如图 10-4 所示。为了描述这两种类型的生境历时曲线的变化，我们建议使用最低生境事件的平均值。

使用此种方法时，短期生境最小值的任何变化，无论是幅度还是频率，都会对指标造成影响。

3. 有效生境时间序列

对于生境时间序列的分析可能很复杂，因为每个物种的不同生命阶段都存在多个基准和替代时间序列。一个备选方案可能对一个生命周期有益，但对另一个有损。如缺少生境瓶颈的信息，研究者可能会发现很难确定在生命阶段可用的生境变化最终是否会影响种群。

有效生境时间序列（EHTS；Bovee，1982）是一个生境时间序列的修订版本，其目的在于帮助解决不同生命阶段或营养水平的生境利用能力的不均匀效应问题。EHTS是一种简化的种群模型，可对生境可用性随时间的变化做出反应。有效的生境模型是基于生境比率的概念，即所有生命阶段不需要相同数量的生境来维持一定数量的成鱼。

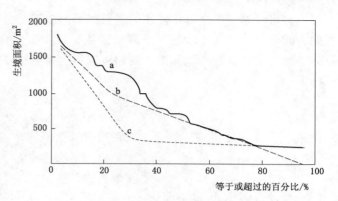

图 10 - 4　不同历时曲线对比图
a—基准生境历时曲线；b—80％的超过数值与基准相同，但最小值更低；c—最小值与基准相同，但频率提升了

比如，少量的产卵生境可产生大量或少量的成鱼，取决于从卵到成鱼生命阶段的生存率。如果一个小的产卵生境将产生许多成鱼，与成鱼生境相比，产卵生境的需要相对较少，因为成鱼比鱼卵需要更多的空间。

虽然可以通过专业判断来近似求得生境比例，但是也应该根据手头的种群增长、密度和存活数目来决定。在有效生境时间序列中，生境比率通常以这些种群参数的平均值为基础，并作为常数处理。更成熟的种群模型将成长和生存与基于种群规模和生境面积计算得出的密度相关联。生境比例的经验估计包括：

（1）鱼类种群中各年龄层的平均重量。

（2）种群周期性。

（3）成鱼寿命和平均年龄。

（4）雌性的平均产卵数量（按产卵雌性的比例和平均大小调整繁殖力）。

（5）每单位产卵生境（H_{SP}）产卵的平均密度（D_{SP}）。

（6）鱼苗生命阶段的卵存活数目（S_{egg}）。

（7）每单位鱼苗生境（H_{fly}）的平均值或生物量密度（D_{fly}）。在第一个生长季节每月估计密度，或将生命阶段细分为鱼苗/仔鱼，可能是明智的做法。

（8）鱼苗的平均存活数目等同于幼鱼生命阶段（S_{fly}）。如使用每月估计的密度，那么也应该使用每月的存活数目。

（9）每单位幼鱼生境（H_{juv}）的幼鱼平均数值或生物量密度（D_{juv}）。

（10）幼鱼的平均存活数目等于成鱼的平均存活数目（S_{juv}）。

（11）成鱼的平均数值或生物量密度（D_{adult}）。

（12）成鱼的年平均存活数目（S_{adult}）。

每单位生境面积内的成鱼估计量用于计算生境比（称为成鱼生境密度）。成鱼生境密度可通过测量成鱼数量和生境面积求得平均值，也可通过与图 9 - 21 相似的回归来确定。假设有一个 1000m^2 的成鱼生境的参考数量，成鱼生境的平均密度被用来估计在如此大的空间内平均能供养的成鱼数量。

在研究者可以获得年龄和体重数据的前提下，可由生物量密度得出成鱼生境密度。例如，假设可用成鱼生境的一条河流估计平均成鱼生物量密度为 650kg/ha。如果我们知道每个年龄组的成鱼平均体重，我们可以将生物量密度转换为第一年成鱼的等效数值估计数（Bovee，1982），即

$$N_1 = \frac{B}{w_1 + w_2 S + w_3 S^2 + \cdots w_n S^{(n-1)}} \tag{10-1}$$

式中　　　　　　N_1——一岁成鱼的等效数值估计，表示具有给定大小结构的种群；

w_1，w_2，w_3，$\cdots$，w_n——每个成鱼组的平均体重；

S——年平均成鱼存活数目。

通过将 N_1 除以成年前幼鱼的平均年生存率，可以得出产生所需数量的第一年成鱼所需的幼鱼数目（未成熟鱼类在成年前的最后一个年龄等级），即

$$N_j = \frac{N_1}{S_j} \tag{10-2}$$

式中　N_j——产生带有幼鱼存活率 S_j 的第一等级 N_1 成鱼所需的幼鱼数量。

以相同的逻辑可得，所需的仔鱼数量为

$$N_F = \frac{N_J}{S_F} \tag{10-3}$$

式中　N_J——产生要求数目幼鱼 N_F 所需的仔鱼数量；

S_J——仔鱼存活率。

注意，如果幼鱼有数个年龄组，使用式（10-2）对每个年龄组简单地向后推，直到到达鱼苗的生命阶段。此外，鱼苗可能有数种在年内的生境比来解释第一年的存活率和平均密度的迅速变化。

最终，我们以相同的步骤计算得出了产生所需数量的鱼苗所需的鱼卵数量。已成熟雌鱼的所需数量是用所需的卵数除以种群的平均繁殖力计算得出的。通过产卵数量（N_{spawn}）除以平均产卵密度（D_{spawn}）可得产卵生境的面积（H_{spawn}），即

$$H_{spawn} = \frac{N_{spawn}}{D_{spawn}} \tag{10-4}$$

相似地，如果知道每个生命阶段的平均生境密度，可以计算出生境培养鱼苗、仔鱼以及幼鱼的各个年龄段所需的生境数量。通过将所需的鱼的数量除以生命阶段的平均密度计算生境要求。

为计算生境比，必须回到成鱼生境的初始值。例如，假设当我们使用式（10-4）时，产卵所需的生境（H_{spawn}）为 100m²。该估计值是基于初始面积为 10000m² 的成鱼生境得出的。因此，产卵生境和成鱼生境之间的比是 100∶1。

解释此比例的一种方式是对于每平方米有效利用的产卵生境，最终需要 100m² 的成鱼生境。或者，要维持一个成鱼种群在 10000hm² 成年生境的负荷能力，大约需要 100hm² 的产卵生境。对于 EHTS 来说，从生命阶段到生命阶段计算生境比率（如产卵孵化成仔鱼再到幼鱼）。将一个生命阶段可用的生境与估计每一时间步长中供养当前数量的动物所需的生境数量进行比较，得出一个有效的生境时间序列。用于开发有效生境时间序列的计算程序见表 10-2。

表 10 - 2　　　　　　用于开发有效生境时间序列的计算程序　　　　　　单位：m²

生命阶段	第1年	第2年	第3年	第4年	第5年	第6年	第7年	第8年	第9年	第10年
成鱼产卵期		650	950	700	400	400	980	1135	1250	1278
可获得的	10	12	6	2	2	4	1	10	8	4
要求的（1∶340）*		1.9	2.8	2.06	1.18	1.18	2.88	3.34	3.68	3.76
鱼苗期	10	1.9	2.8	2	1.18	1.18	1	3.34	3.68	3.76
可获得的	250	400	925	800	900	940	990	200	500	735
要求的（85∶1）*	850	162	237	170	100	100	85	284	312	319
幼鱼期	250	162	237	170	100	100	85	200	312	319
可获得的	525	650	900	950	900	950	990	350	600	825
要求的（1∶1）*		250	162	237	170	100	100	85	200	312
成鱼期		250	162	237	170	100	100	85	200	312
可获得的	650	950	700	400	400	1245	1225	1775	1925	1750
增长（4∶1）			1000	648	948	380	400	400	340	800
遗留（75%）			712	525	300	300	735	850	938	958
要求的总计			1712	1173	1248	980	1135	1250	1278	1758
净有效成鱼	650	950	700	400	400	980	1135	1250	1278	1750

* 表示产卵期客户的栖息地数量。

填写 EHTS 表的第一步是记录生境时间序列中每个时间步和生命阶段可用的生境数量。年生境值或半年生境值可以用生境时间序列中的任何时间指标来表示。记录的数量取决于假定在某一生命阶段的一年内可获得的生境与该种群的数量之间存在的关系。例如，可以使用在产卵潜伏期发生的最小有效产卵生境，鱼苗的生境超越率从 5—7 月达到 90%以及幼鱼和成鱼在生长季节连续 4 个月的平均值。尽管可以对每年进行细分，但一般的惯例是每年记录一个生境值。在比较备选方案时，必须始终使用每个生命阶段的相同的生境指标。在表 10 - 2 中，年度生境可用性指标以粗体显示。

EHTS 的下一步是基于生命阶段的生境比和前一个生命阶段的生境可用性，计算出所需的每个生命阶段的生境数量。例如，在第 1 年中，有 10 个可用的产卵生境。如果使用所有的产卵生境（这是开始一个 EHTS 的初始假设），根据 1∶85 的产卵与鱼苗比，在同一年，对鱼苗生境的潜在需求为 850 个单位。有效鱼苗生境少于可用的和所需的生境数量（250 个单位）。由于鱼苗和幼鱼生境类型的比率为 1∶1，第 1 年的有效鱼苗生境（250个单位）可转化为相当于第 2 年的幼鱼生境。当第 2 年的幼鱼在第 3 年成熟时，时间序列再次交错。第 3 年所需的成鱼生境数量是幼鱼的生境（相当于前一年幼鱼有效生境的 4倍）加上去年存活的成鱼所需的成鱼生境（相当于前一年有效成鱼生境的 75%）之和。

净有效成鱼生境小于第 3 年可用和所需的成年生境总和。为计算第 4 年所需产卵生境的数量，将成鱼与产卵生境之比（340：1）应用于前一年的净有效成鱼生境。在这个情况下，将使用一个略多于两个单位的产卵生境来产生足够的幸存卵，以替换第 3 年在现有生境中可以得到供养的成鱼。

通过将不同生命阶段的生境需求在时间上联系起来，EHTS 将记忆整合到生境时间序列中。在表 10 - 2 中，第 7 年产卵生境的缺乏体现在对第 9 年新容纳成鱼生境的需求减少。第 9 年成鱼对生境的总体需求十分高的原因仅仅在于第 7、第 8 年有一大批幼鱼转化为成鱼。如果在第 7 年产卵生境很富足，那么第 9 年对成鱼生境的需求也会随之增长。在 EHTS 中编入时间链接使它对事件的序列更加敏感，而不仅仅是其大小。例如，这项技术可被用来评估连续数年产卵质量或数量不佳的后果。正如在第 7、第 8 年所述的那样，EHTS 同样期望缓和或缓冲一个单一灾害或意外收获所带来的影响。在这两年中，产卵生境的可用性有 10 倍的差异，但有效成鱼生境的净变化仅仅大约为 50%。

尽管拥有辅助决策的潜力，EHTS 模型是基于数个简化的设想，可能会限制其有用性。生境比基于平均体重、增长率、年龄结构、密度、繁殖能力和存活率。所有的这些变量均作为常量处理。EHTS 并未区分急性和慢性生境瓶颈效应。通过选择合适的生境时间序列指标，可以明确地体现出这些影响（如年平均生境值、年最小值、年平均最低值的 50%）。但是，对每个时间步长使用一个单一年均值，基本上排除了对年内累积效应的评估。

Waddle（1992）使用阵列表（如表 10 - 1）和生境时间序列来表示并行的时间段，以计算种群的平均数值密度、大小和存活率。根据从这些平均值中得出的生境比在同一图表上绘出了 EHTS 和成年鳟鱼的数量。从理论上来讲，ETHS 是种群的替代，因此如果生境大致正确，这两个时间跟踪应该是同步的和自动相关的。也就是说，当 EHTS 上升时，成鱼数量应该以同样的时间步长增加，反之亦然。如果 EHTS 与成鱼数量之间由于生境比例存在明显的滞后，可能重点关注了错误的生命阶段或者是对成熟的时间判断错误，导致卵与成鱼之间的年龄组过多或过少。获得阵列表能使得研究者对几项变量作出调整，并指导在 EHTS 和人口变化间达成一个合理的协议。基本上与用来校准更成熟种群数目的模型步骤相同（Cheslak 和 Jacobson，1990；Williamson 等，1993）。

一旦校准 EHTS 模型后，输出可被用于量化基准条件和备选方案之间的区别，所述的过程与简单生境时间序列分析相同。然而，因为 EHTS 明确地体现了年与年之间的差异，分析人员应使用 EHTS 中的所有值来计算后期影响。

10.3.2　可行性和风险分析

由于可行性和风险分析是不可分离的，故在本节中将两者的分析相结合。风险计划有两种基本的方法：

（1）风险规避。目标是尽可能地将失败的可能性降至为 0。一种方案风险规避最大的问题在于它可能会破坏另一种备选方案的经济可行性。它的第二个问题是：当"安全"备选方案失败时，通常没有相应的策略，这样将会导致失败转变为危机，最后一刻才草草提出一个解决方案。

（2）风险控制。其是在假设所有方案都会失败的情况下运行的。做好失败的准备计划比寄希望于不会失败要好。因此，应变方案是备选方案的一个组成部分。在讨论时，风险控制的概念可作为一个有力的工具，因为低风险的备选方案对于提供生境往往不是十分有效。例如，在风险规避的概念下，一些人可能会提议一种备选方案，这种方案不产生生境，但每年都能得到保证。而风险控制是一种更为灵活的手段，因为失败是可以被预料的。并且由于失败被考虑在备选方案内，许多潜在的危机是可以避免的。

分析 IFIM 备选方案可行性和风险取决于该变化是否被评估为与时间无关。换言之，一个月的管理不受之前一个月实施的备选方案的实际影响或限制。不同方案的可行性主要取决于不受管制的流量机制。涉及水库作业或制度化的水权裁决的备选方案是具有时间依赖性分析的例子。也就是说，在一个时间步长内所做的管理决策会受到约束，并可能妨碍下一个时间步长中可行的选项。

1. 与时间无关的风险评估

在与时间无关的备选方案可行性和风险评估中，流量历时曲线是主要的分析工具。通常而言，此类评估的目的在于评估违反国家河道内流量标准或一条河流的建议最小流量的风险。评估集中在一年中风险最高的时间，而不是对全年的状况进行评估。比如，评估非受控河流中的农业引水会在一年中的什么时候可能产生最大的影响。在美国的大部分地区，7 月和 8 月是首要选择，因为此时流量通常逐渐减弱，而对灌溉用水仍有很高的需求。在这种情况下，将 7 月、8 月的流量持续时间曲线分离，以测试河道内建议流量的可行性，或评估引水可能会违反河道内流量标准的风险。可行性分析可对每月进行单独的评估，如果两个月都发生相同规模的低流量，则可以将这两个月视为一个单一时间段。

流量历时曲线如图 10-5 所示。在这个例子中，一个灌区提议修建一条引水渠，将 2800 万 m^3 的水量输送至一片新的农田。该工程 8 月的需水量为 5.5m^3，或平均日流量约为 2.1m^3/s。美国州和联邦鱼类及野生生物机构根据《清洁水法案》第 404 条对与该项目有关的生境影响下进行了分析。在此分析的基础上，资源机构建议 8 月的河道内正常流量为 2.8m^3/s。8 月天然入流量不足以满足这两种需求的概率是多少？引水和河道内正常流量标准的综合需求略小于 5m^3/s。好消息是，根据图 10-5，这条河流在 8 月的天然入流超过 5m^3/s 的时间约占了 75%。这意味着，平均每 4 年中有 3 年的引水和河道内正常流量需求之间不会出现短缺和冲突。坏消息是 4 年中的某一年将会无法满足需求，可能需要应变方案。

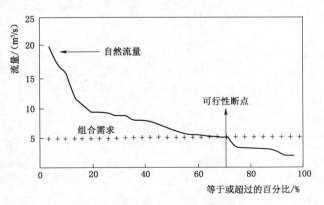

图 10-5 8 月自然入流和组合河道流量和改道需求的流量历时曲线

假设 25% 的失败率是不可接

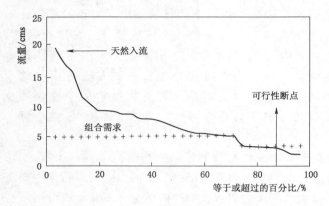

图 10-6　8 月自然流入的流量持续时间曲线以及
河流内部流量和分流需求的组合曲线

受的，诸多可能的应变方案之一是将 8 月的需水量重新定为 $4.4m^3$，并在天然入流低于 $5m^3/s$ 时将河道内正常流量的要求放宽至 $1.4m^3/s$。在该应变方案下，综合需求可以在 10 年中的 9 年内得到满足。8 月自然流入的流量持续时间曲线以及河流内部流量和分流需求的组合曲线如图 10-6 所示。用于测试一个非受控河流中的两阶段应变方案。此类型的分析是一个典型的与时间无关的风险评估案例。拟议的备选方案和应变方案的变化可能包括允许在 7 月水量更充足的时候进行更大的分流、建设不在河槽中的存储设施、种植在这个季节成熟较早的作物，或者为 10 年一遇的干旱制定另一个应变方案。

2. 与时间相关的风险评估

与时间相关的风险评估最常见的形式涉及水文站网中一个或多个水库的运行。水库管理人员基于管理曲线和水库运行模型决定蓄水和放水的时间。管理曲线一般会考虑到所有已确认的用户需求，并通常按照优先级设计。水库运行通常是由几条管理曲线控制的，这些曲线取决于预期的供水和需求，水库在不同水平年的调度曲线如图 10-7 所示。比如在干旱的年份，最大限度地储存水，以保证在需要的时候可以获得水。作为对比，水多的年份则会减少蓄水量以腾出库容来截留洪水，由此同时满足两个要求（削减洪水和积极蓄水的需求）。除管理曲线之外，还必须有操作规则或操作指南来对操作人员在任何特定时间应该遵循哪条管理曲线作出指示。

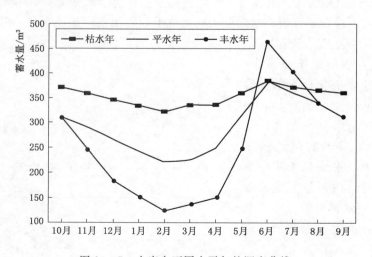

图 10-7　水库在不同水平年的调度曲线

通常水库运行模型（RESOP）是检验水库运行规则的最灵活和最可信的方法。不管有多么复杂，这些 RESOP 模型都是基于水量收支的概念上建立的，水库水量平衡模型的组成部分如图 10 - 8 所示。S1 代表水库在时间点 t 时的蓄水量，S2 代表管理曲线在时间点 $t+1$ 时的蓄水目标。Q_{in} 是流入量，Q_{out} 是流出量。水库水量平衡可总结为

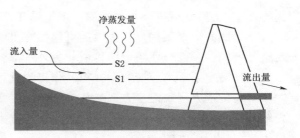

图 10 - 8　水库水量平衡模型的组成部分

$$S_{(t+1)} = S_t + Q_{in} - Q_{out} \pm E \qquad (10-5)$$

式中　$S_{(t+1)}$——时间（$t+1$）管理曲线上的存储目标；

　　　　S_t——时间点的当前蓄水容量；

Q_{in} 和 Q_{out}——流量的流入和流出量，这发生在 $t \sim t+1$ 的时间间隔；

　　　　E——时间间隔内的有效蒸发量。注意有效蒸发量是降雨量和实际蒸发量在时间步上的差异，可能是正的，也可能是负的。

通过在管理曲线中设定一个蓄水目标，并估计该时间段内的流入量和有效蒸发量来确定一个时间步长的水库流出量。在运用水库作业模型建立运行规则时，历史流入量和有效蒸发量作为输入，并根据试验改变流出量的需求，从而确定最终的蓄水量。使用一个迭代过程来确定最能满足水库需求的定期蓄水水平（通常是每月一次），运用了一种流入和有效蒸发的特定模式。在一些更复杂的 RESOP 模型中，将流入量操作成管理曲线，以应对极端状况，比如连续数年干旱。

在不同的流入量和需求情景的试验过程中，经常会出现一些有助于预测何时应从一条管理曲线触发到另一条管理曲线的模式。预测供水的能力是运行灵活性的主要决定性因素。在以融雪水为主的水文系统中，流入量可在径流量之前很好地以相当高的精度确定。对于此类系统，对于是否应该遵循水文年，正常或干旱的年份管理曲线的预测相对比较简单。作为对比，流入量在以雷暴驱动的系统中是不确定的。位于这种降雨区域的水库，通常是根据目前的蓄水情况和预测的降雨情况来开发的。除非相对于可能的流入量来说，水库非常大，否则应每天进行蓄水目标的决策并做出修改。

从 RESOP 模型中可以得到两个有价值的信息。第一个是在各种流入模式、水需求和操作规则的影响下，研究人员可以观察到水库水量平衡的行为。进行这些模拟的目的是使水库的储水量在规定的运行范围内尽可能保持更多的时间，对导致溢洪道频繁泄水或将水库蓄水量降至低于最低运行极限的运行规则进行修改或拒绝。第二个是根据不同的运行规则和不同的流入流量可以生成流出量的流量历时曲线。从流量历时曲线中可以确定可交付的固定流量。通过反复模拟，可以确定哪些规则可以提供最多的确定性。

3. 应变方案

应变方案的概念如图 10 - 6 所示，以一个两阶段溪内正常推荐流量的简单案例加以说明。在冗余的风险下，应变方案可被定义为一个备选方案。只要各层不干扰决策过程，可设计几个层次的意外事件来处理不同的情况。例如，可设计一个意外事件为 5 年中某 1 年

为干旱年，另一个则是 10 年中的一个干旱年。尽管制定应变方案是一个好主意，但是有一点是递减的。在某些点，失败的可能性变得如此小以至于它缺乏了讨论或计划价值。出现这种可能性一部分在于资源价值，另外一部分在于讨论者的韧性。

一旦确定了一个应变方案并对其作出测试，第一条关于应变方案的重要规则是定义触发从基本备选方案到应变方案或从一个应变方案到另一个应变方案。水库蓄水量通常被作为触发一个应变方案的标准。有时候，备选方案运行条件由积雪或以前的降雨量定义。如果系统在一个正常的雨季接收到了微量降雨，那么这可能是一个干旱的信号。在这样的情况下，在水库水位严重下降或河流干涸之前对干旱的意外事件做出准备可能是明智的。相反地，如果积雪是正常水平的 3 倍，将水库保持在满水位是毫无意义的。任意数量的标准可被用于触发一个意外事件。一个重要的概念是这些标准是可测量和可监测的。

第二条关于应变方案的重要规则是定义开始从应变方案转移到原本的备选方案的行为所需的条件。通常，使用相同的标准来改为原本的备选方案或从原本的备选方案转移为另一个。一旦触发了应变方案，原本的备选方案可能会被暂时遗忘，因此定义该条规则是重要的。

第三条也可能是最重要的一个规则是在制定、测试和讨论方案的整个过程中记录你的决定。如果你没有对决定和协议进行记录，你可能会发现选择性记忆的现象。人们可能倾向于记住并推广最有利于他们目标的备选方案。

10.4　河网

河网生境问题与单河段分析的主要区别包括累积影响、协同作用和反馈机制。累积影响源自分散的影响源，它们对河流资源上的影响通常是附加的。协同作用是指当两个或两个以上的项目共同作用产生一种效果，而其任何一个单独作用时都不能产生该效果。反馈机制是指系统中一个部分的管理方式取决于另一部分的运行，比如流域内多个水库的联合运行。即使水库是按顺序排列的，也必须使用为分析供水、输水和存储水网络而开发的模型来分析其互馈关系。在此类情况下，可通过网络模型来直接模拟展示水库联合运行对生境造成的影响。

宽广的流域视角对于回答生物连通性或连续性相关的新问题也是必要的。这些问题涉及在整个流域的时间与空间内为每个生命阶段匹配必要的生境成分。与迁移活动和连通性有关的问题使得生境在河网中的分布变得重要，而不仅仅是生境的数量。是否可以牺牲一个地理区域中一个物种的生境来保护或改善另一个区域的物种生境？如果幼鱼生境在流域内的某些区域很丰富，而在另外一些区域很稀少，那么对种群来说，哪个是重要的呢？从替代分析更大的角度来看，我们仍会在有效性、可行性以及风险的基础上对备选方案进行评估，无论是局部还是河网尺度。然而，鉴于我们经常在局部尺度上轻易地忽略它们，我们必须对河网尺度上的反馈机制、协同效应和累积作用的影响加以考虑。

10.4.1　河网生境分析的组成部分

河网生境分析有 8 个组分，其中许多组分对于一个河段分析来说是常见的（图 10 - 9）。图 10 - 9 中的每一层都为河网中的每一部分建立了一个完整的生境时间序列模型。河网生境利用组分表示了对生境连续性的分析，以评估生境可用性的问题，该河网生境分析的驱动力是河网流量模型。该流量模型考虑了河网中所有的水在空间和时间上的流动，安排了水库的运行，考虑了所有形式的水权和输送需求，并记录了违反规则事件的发生时间和地点。流量模型直接调控微生境模型和宏生境模型。

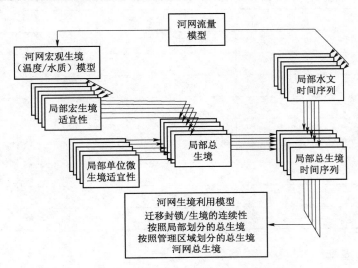

图 10-9　河网生境分析的组成部分

　　水系统管理模型为系统设计及日常运作提供方便，为多用途水库提供综合服务。最初设计主要出于防洪等简单需求，随后在处理发电、工业和市政需求、娱乐、灌溉和其他用水方面的能力有所提高，比如保护水生生境。其逻辑是要在指定地点满足明确的目标，以便在数年间储存水和从储存地运送水。这些模型模拟了不同来水和管理场景下的系统运行状况。这些程序仅能应用于一些特定的河流网络或流域。模型的输出通常包括按节点和时间组织的表，表中通常包含河流中每个节点上模拟预测的流量、水库蓄水量，以及对满足运行目标与否的总结，这些信息将被传送到河网生境分析的其他部分。

　　水温和水质模型（SNTEMP，QUAL-2E）在其原本配置中就是网络模型。事实上，温度和水质变量的单河段模拟是例外而不是规则。当一个拟建项目会改变某个河段在某处的流场分布时，水文变化首先通过河网流量模型进行传播，每个时间步长和河段中的流量随后传输到宏生境模型，因此，通常河网模型中的输出是按每个河段的时间步长排列的流量、温度和水质变量。然而，应谨记的是，这些变量源自河网模型的模拟，在河段层面看到的所有变化都是源于发生在整个河网系统中的反馈机制。

　　在河网分析中，确定总生境时间序列的方法与在河段层面上的方法基本相同，参见使用式（9-26）或式（9-27）（阶段Ⅲ）计算每个河段中的某个生命阶段中的总生境。从河网流量模型中获取河段的水文时间序列（基准和备选方案），使用图 10-1 所述的相同技术构建河段的一个时间序列。

　　河网生境分析中最简单的形式是建立一个目标物种可用的河网生境的单个时间序列。这个时间序列是通过为所有对应的时间步长添加总生境值来开发的。计算河网总生境时间序列的分段总生境时间序列数据总和见表 10－3。一旦河网数据体现在生境时间序列格式中，可使用先前所述的相同时长统计分析，前提是该物种可在该河网界限内完成它的整个生命周期。

表 10－3　　　　　计算河网总生境时间序列的分段总生境时间序列数据总和

时间步长	总 生 境			
	河段 1 长度/m	河段 2 长度/m	河段 3 长度/m	总河网长度/m
1	6236	15235	20150	41621
2	4334	12344	19235	35913
3	3575	10932	17985	32492
4	3213	11815	16544	31572
5	3390	13440	17635	34465
6	3780	12210	15222	31212
7	4590	9835	14940	29365
8	7313	8718	12135	28166

10.4.2　生境连通性

如果生命周期中的一部分与河网中的一部分分离，河网中的总生境取决于生物的连通性，或对于整个生命阶段河网所有部分的可达性。在图 10－9 中，此步骤指代为河网生境利用率。

在一个河网中存在着数个潜在的连通性问题，但其中两个最为常见。第一个问题是河网中位于某些位置上与流量相关的通道障碍。在河网中由于没有足够的河流流量允许通过产卵区，而导致的生境连接问题的一个例子如图 10－10 所示。此类障碍阻止了非常低或非常高流量的迁移，并且它通常会影响游到上游产卵的鱼。在非常低的流量下，水变得太浅以至于鱼无法越过障碍；而在高流量的情况下，水流的速度太快而导致鱼无法上溯。可使用 PHABSIM 中包含的水动力模拟模型来分析通道限制（在潜在的通道障碍物的位置上设置一个断面）。但是无论是 PHABSIM 还是 IFIM，都没有继续关注在关键通道障碍处所发生的事情和在该河段其余部分发生的事情之间的联系。因此，研究者有责任监控每个备选方案中河网不同部分的可达性。例如，图 10－10 中的网络中大多数产卵生境位于通道障碍的上游。假设在流量小于 2m³/s 时，目标物种无法通过该障碍。当计算可接近的网络生境时，对于大于 2m³/s 的排水量，计算发生在通道障碍上游的产卵生境。对于小于 2m³/s 的流量，位于该障碍上游的产卵生境为 0，无论上面有多少产卵生境，如果鱼无法到达，那么它不可以作为鱼类生境计算。

潜在的通道障碍建造新水库可能会隔离小型封闭的生物网络示意图如图 10－11 所示。大部分产卵生境和鱼苗培育生境位于 4 个上游源头河流中，但大部分成鱼生境位于主流和较大的下游支流中。在该河网中拟建一个新的水库。在这种情况下，需要考虑数个生境连通性问题。第一，是否能够有足够多的成鱼能够迁移到产卵地，以维持当前的种群数量？新水库上方的成鱼生境中会有部分亲鱼成长起来，如果没有成鱼从新水库下游迁移过来，是否有足够的数量来维持种群数量？第二，当幼鱼成熟后，它们是否能够向下游迁移，到新水库下的成鱼生境繁衍后代？第三，如果新水库完全隔离上游种群成为一个封闭的生物网络，对于遗传混合将会有什么样的影响？

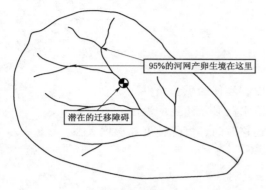

图 10-10　无足够流量而产生的生境分离示意图

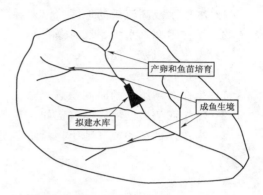

图 10-11　建造新水库可能会隔离小型
封闭的生物网络示意图

生境连续性最有趣的方面之一发生在像条纹鲈鱼这样的物种身上（*Morone saxatilis*）。条纹鲈鱼的卵会浮在水面上，然后在向下游飘移时孵化，孵化大约需要 2 天（18～19℃）或 3 天（14～16℃）。条纹鲈鱼卵的连续悬浮对成功孵化至关重要，若无充足的水流，鱼卵便会下沉到水底，然后因为缺乏溶解氧或淤积而窒息（May 和 Fuller，1965）。当鱼苗在某些鱼苗生境受到了限制或消失了的区域孵化，死亡也会发生（Crance，1984）。

图 10-12 阐释了一个关于此类的连续性问题。这种情况下，两种备选方案间的唯一差距是温度场。因为河网的水文条件不变，所以系统中的旅行时间在两种情况下都是相同的。备选方案 1 下的温度稍高，鱼卵孵化需要 2 天；在备选方案 2 下，温度稍低，鱼卵孵化需要 3 天。在这个时间内，从产卵地至鱼苗培育生境的时间为 3 天。备选方案 1 可能会导致高死亡率，因为新孵化的鱼苗距离他们的培育生境还有 1 天的距离。在备选方案 2 下，鱼卵抵达鱼苗培育生境的时间和它们开始孵化的时间差不多。

正如我们所定义的，当生境连通性的问题明显时，应将河网中的可达生境和可用生境区分开来。尽管没有模型来帮助确定生境可达性，但是在计算总可用生境时，仍然需要明确生境可达性。如上所述，简单的可用生境总和不足以描述真正为生物所利用的有效生境总和。当你在确定可用性和可达性时，你应该考虑以下有关生物连通性的问题：

（1）物种物候学。

1）重要的生命阶段和潜在的瓶颈（如 r 限制的或 k 限制）。

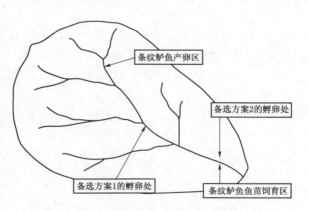

图 10-12　条纹鲈鱼产卵地点与鱼苗繁殖
地点之间的生境关系示意图

2）生命阶段的时间和空间分布。

3）生命阶段的依赖性（如必须成功产卵才能孵化鱼卵）。

（2）空间连通性。

1）减脱水或高流量的地区（流速屏障）。

2）结构阻塞（水坝、堰、瀑布）。

3）宏生境阻塞（温度、DO）。

（3）时间连通性。

1）生命必需组分的时间积累（温度、日度、延伸的生长条件）。

2）特定阈值温度的时间（例如，在产卵前水温必须达到的温度）。

3）半漂浮性鱼卵或其他生物浮游形态的迁移时间、沉降速度和温度关系。

参 考 文 献

Allison G T, 1971. The essence of decision: explaining the Cuban missile crisis [J] . Little, Brown and Company, Boston, Mass: 338.

American Public Health Association, 1995. Standard methods for the examination of water and wastewater [J] . American Public Health Association, American Water Works Association, and Water Environment Federation. Washington D C, 1: 100.

Armour C A, 1991. Guidance for evaluating and recommending temperature regimes to protect fish [J] . U. S. Fish and Wildlife Service Biological Report, 90 (22): 13.

Armour C A, 1993. Evaluating temperature regimes for protection of smallmouth bass [J] . U. S. Fish and Wildlife Service Resource Publication, 191: 27.

Armour C A, Taylor J G, 1991. Evaluation of the instream flow incremental methodology by U. S. Fish and Wildlife Service users [J] . Fisheries, 16 (5): 36 – 43.

Armour C L, Williamson S C, 1988. Guidance for modeling causes and effects in environmental problem solving [J] . U. S. Fish and Wildlife Service Biological Report, 89 (4): 21.

Bain M B, Boltz J M, 1989. Regulated streamflow and warmwater stream fish: a general hypothesis and research agenda [J] . U. S. Fish and Wild life Service Biological Report, 89 (18): 28.

Bain M B, Finn J T, Booke H E, 1988. Streamflow regulation and fish community structure [J] . Ecology, 69 (2): 382 – 392.

Bartholow J M, 1989. Stream temperature investigations: field and analytic methods [J] . U. S. Fish and Wildlife Service Biological Report, 89 (17): 139.

Bartholow J M, 1991. A modeling assessment of the thermal regime for an urban sport fishery [J] . Environmental Management, 15 (6): 833 – 845.

Bartholow J M, Waddle T J, 1986. Introduction to stream network habitat analysis [J] . U. S. Fish and Wildlife Service Biological Report, 86 (8): 242.

Beanlands G E, Du inker P N, 1983. An ecological framework for environmental impact assessment in Canada [J] . Institute for Resource and Environmental Studies, Dalhousie University: 132.

Beckett P L, Lamb B L, 1976. Establishing instream flows: analysis of the policy – making process in the Pacific Northwest [J] . Washington State Water Research Center, Pullman, Wash: 76.

Behn R D, 1981. Policy analysis and policy politics [J] . Policy Analysis, 7 (2): 199 – 226.

Berkman H E, Rabeni C F, 1987. Effect of siltation on stream fish communities [J] . Environmental Biology of Fishes, 18 (4): 285 – 294.

Bingham G, 1986. Resolving environmental disputes: a decade of experience [J] . The Conservation Foundation, Washington D C: 284.

Bovee K D, 1982. A guide to stream habitat analysis using the instream flow incremental methodology [J]. U. S. Fish and Wildlife Service FWS/OBS – 82/26: 248.

Bovee K D, 1985. Evaluation of the effects of hydropeaking on aquatic macroinvertebrates using PHABSIM [J] . 236 – 241.

Bovee K D, 1986. Development and evaluation of habitat suitability criteria for use in the instream flow incremental methodology [J] . U. S. Fish and Wildlife Service Biological Report, 86 (7): 235.

Bovee K D, 1988. Use of the instream flow incremental methodology to evaluate influences of microhabitat variability on trout populations in four Colorado streams [J]. Proceedings of the Annual Conference Western Association of Fish and Wildlife Agencies, 68: 227 - 257.

Bovee K D, 1994. (Draft) Data collection procedures for the Physical Habitat Simulation System [J]. (Coursebook for IF 305). USGS Biological Resources Division, 4512 McMurry Avenue, Fort Collins, Colo: 159.

Bovee K D, 1996. Perspectives on two - dimensional river habitat models: the PHABSIM experience [J]. International Symposium on Habitat Hydraulics, Quebec: 149 - 162.

Bovee K D, Newcomb T J, Coon T G, 1994. Relations between habitat variability and population dynamics of bass in the Huron River, Michigan [J]. National Biological Survey Biological Report, 21: 63.

Bowen Z H, 1996. Relations between fishes and habitat in the Tallapoosa River system, Alabama [J]. Ph. D. dissertation, Auburn University, Ala: 109.

Brett J R, 1956. Some principles in the thermal requirements of fishes [J]. Quarterly Review of Biology, 31 (2): 75 - 87.

Brown G W, 1970. Predicting the effect of clearcutting on stream temperature [J]. Journal of Soil and Water Conservation, 25: 11 - 13.

Brown L C, Barnwell T O, 1987. The enhanced stream water quality models QUAL - 2E and QUAL - 2E - UNCAS: Documentation and users manual [M]. U. S. Environmental Protection Agency ERA/600/3 - 87/007. ix+: 189.

Buchanan T J, Somers W P, 1969. Discharge measurements at gaging stations [M]. Techniques of Water Resources Investigations of the United States Geological Survey, Book 3, ChapterA8. U. S. Geological Survey, Washington D C: 65.

Burkardt N, Lamb B L, Taylor J G, 1997. Power distribution in complex environmental negotiations: does balance matter [J]. Journal of Public Administration Research and Theory, 7 (2): 247 - 275.

Burton G W, Odum E P, 1945. The distribution of stream fish in the vicinity of Mountain Lake, Virginia [J]. Ecology, 26: 182 - 194.

Carpenter S L, Kennedy W J D, 1988. Managing public disputes [J]. Jossey - Bass Publishers, San Francisco, Calif: 293.

Chapman D W, 1962. Aggressive behavior in juvenile coho salmon as a cause of emigration [J]. Journal of the Fisheries Research Board of Canada, 19: 1047 - 1080.

Chapman D W, 1966. Food and space as regulators of salmonid populations in streams [J]. The American Naturalist, 100: 345 - 357.

Cheslak E F, Jacobson A S, 1990. Integrating the instream flow incremental methodology with a population response model [J]. Rivers, 1: 264 - 288.

Chiu S Y, Nebgen J W, Aleti A, et al. 1973. Methods for identifying and evaluating the nature and extent of nonpoint sources of pollutants [J]. U. S. Environmental Protection Agency EPA - 430/9 - 73 - 014: 261.

Chow V T, 1959. Open - channel hydraulics [M]. McGraw - Hill, New York, N. Y: 680.

Clarke J N, McCool D, 1985. Staking out the terrain [J]. State University of New York Press, Buffalo: 189.

Cohn T A, DeLong L L, Gilroy E J, et al. 1989. Estimating constituent loads [J]. Water Resources Research, 25 (5): 937 - 942.

Collings M R, Smith R W, Higgins G T, 1972. The hydrology of four streams in western Washington as related to several Pacific salmon species [J]. U. S. Geological Survey Water Supply: 109.

Connell J H, 1978. Diversity in tropical rain forests and coral reef [J]. Science, 199: 1302 - 1310.

162

Conover W J, 1980. Practical nonparametric statistics [J]. John Wiley & Sons, New York, N. Y: 493.

Coutant C, 1976. Thermal effects on fish ecology [J]. Encyclopedia of Environmental: 891 – 896.

Crance J H, 1984. Habitat suitability index models and instream flow suitability curves: inland stocks of striped bass [J]. U. S. Fish and Wildlife Service FWS/OBS – 82/10. 85: 61.

Currier J B, Hughes D, 1980. Temperature [R]. U. S. Environmental Protection Agency EPA – 600/8 – 80 – 012: 1980.

DeAngelis D L, Bamthouse L W, VanWinkle W, et al. 1990. A critical appraisal of population approaches in assessing fish community health [J]. Journal of Great Lakes Research, 16: 576 – 590.

Doerksen H R, Lamb B L, 1979. Managing the rippling stream [J]. Water Resources Bulletin, 15 (6): 810 – 819.

Dunne T, Leopold L B, 1978. Water in environmental planning [J]. W. H. Freeman and Company, San Francisco, Calif: 818.

Fausch K D, 1984. Profitable stream positions for salmonids: relating specific growth rate to net energy gain [J]. Canadian Journal of Zoology, 62: 441 – 451.

Felley J D, Hill L G, 1983. Multivariate assessment of environmental preference of cyprinid fishes of the Illinois River, Oklahoma [J]. American Midland Naturalist, 109: 209 – 221.

Ferguson R I, 1986. River loads underestimated by rating curves [J]. Water Resources Research, 22 (1): 74 – 76.

Festinger L, 1957. A theory of cognitive dissonance [J]. Row, Peterson Publishers, Evanston, Ill: 312.

Fischer D W, Davies G S, 1973. An approach to assessing environmental impacts [J]. Journal of Environmental Management, 1 (3): 213 – 226.

Fisher R, Ury W, 1981. Getting to yes [M]. Penguin Books, New York, N. Y: 161.

Freeman M C, Crance J H, 1993. Evaluating impacts to stream flow alteration on warmwater fishes [J]. Proceedings of the 1993 Georgia Water Resources Conference. University of Georgia, Athens: 303 – 305.

Fry F E J, 1947. Effects of the environment on animal activity [J]. Biological Series No. 55, Publications of the Ontario Fisheries Research Laboratory, University of Toronto: 62.

Fulton D C, 1992. Negotiating successful resource management: an analysis of instream flow mitigation decision processes [J]. M. S. thesis, Washington State University, Pullman: 260.

Gelwick F P, 1990. Longitudinal and temporal comparisons of riffle and pool fish assemblages in a northeastern Oklahoma Ozaik stream [J]. Copeia: 1072 – 1082.

Golembiewski R T, 1976. Perspectives on public management [J]. F. E. Peacock Publishers, Itasca, N. Y: 87.

Gore J A, 1987. Development and applications of macroinvertebrates instream flow models for regulated flow management [J]. Regulated streams: advances in ecology. Plenum Press, New York, N. Y: 99 – 115.

Gore J A, Nestler J M, 1988. Instream flow studies in perspective [J]. Regulated Rivers: Research & Management, 2: 93 – 101.

Gore J A, Judy R D, 1981. Predictive models of benthic macroinvertebrate density for use in instream flow studies and regulated flow management [J]. Canadian Journal of Fisheries and Aquatic Sciences, 38: 1363 – 1370.

Gorman O T, Karr J R, 1978. Habitat structure and stream fish communities [J]. Ecology, 59: 507 – 515.

Hagar J, Kimmerer W, Garcia J, 1988. Chinook salmon population model for the Sacramento River basin: report for National Marine Fisheries Service, Habitat Conservation Branch [R]. Biosystems Analysis,

Inc. , Sausalito, Calif.

Hardy T B, 1996. The future of habitat modeling [J] . International Symposium on Habitat Hydraulics, B447 – B464.

Harpman D A, Sparling E W, Waddle T J, 1993. A methodology for quantifying and valuing the impacts of flow changes on a fishery [J] . Water Resources Research, 29: 575 – 582.

Harter P J, 1982. Negotiating regulations: a cure for malaise [J] . The Georgetown Law Journal, 71: 1 – 65.

Hawkins C P, Kershner J L, Bisson P A, et al. , 1993. A hierarchial approach to classifying stream habitat features [J] . Fisheries, 18 (6): 3 – 12.

Hesse L W, Sheets W, 1993. The Missouri River hydrosystem [J] . Fisheries, 18 (5): 5 – 14.

Hill M T, Platts W S, Beschta R L, 1991. Ecological and geomorphological concepts for instream and out – of – channel flow requirements [J] . Rivers, 2: 198 – 210.

Hindall S M, 1991. Temporal trends in fluvial – sediment discharge in Ohio [R] . 1950 – 1987. Journal of Soil and Water Conservation, 46 (4): 311 – 313.

Hofferbert R I, 1974. The study of public policy [J] . Bobs – Merrill Company, Inc. , New York, N. Y: 275.

Hurlbert S H, 1984. Pseudoreplication and the design of ecological field experiments [J] . Ecological Monographs, 54: 187 – 211.

Ingram H, 1972. The changing decision rules in the politics of water development [J] . Water Resources Bulletin, 8 (6): 1177 – 1188.

Ingram H, McCain J R, 1977. Federal water resources management: the administrative setting [J] . Public Administration Review, 37 (5): 448 – 455.

Ingram H, Mann D E, Weathford G D, et al. , 1984. Guidelines for improved institutional analysis in water resources planning [J] . Water Resources Research, 20 (3): 323 – 334.

Ivlev VS, 1961. Experimental ecology of the feeding of fishes [J] . Yale University Press, New Haven, Conn: 302.

Jacobs J, 1974. Quantitative measurements of food selection: a modification of the forage ratio and Ivlev's electivity index [J] . Oecologia, 14: 413 – 417.

Janis I L, 1972. Victims of groupthink [J] . Houghton Mifflin Company, Boston, Mass: 278.

Johnson D H, 1980. The comparison of usage and availability measurements for evaluating resource preference [J] . Ecology, 69: 125 – 134.

Jowett I G, 1993. Models of the abundance of large brown trout in New Zealand rivers [J] . North American Journal of Fisheries Management, 12: 417 – 432.

Junk W J, Bayley P B, Sparks R E, 1989. The flood pulse concept in river floodplain systems [J] . Canadian Special Publication of Fisheries and Aquatic Sciences 106: 352 – 371.

Kane J, Vertinsky I, Thomson W, 1973. KSIM: a methodology for interactive resource policy simulation [J] . Water Resources Research, 9 (1): 65 – 79.

Karr J R, 1991. Biological integrity: a long – neglected aspect of water resource management [J] . Ecological Applications, 1: 66 – 84.

Karr J R, Fausch K D, Angermeier P L, et al. , 1986. Assessing biological integrity in running waters: a method and its rationale [J] . Special Publication 5, Illinois Natural History Survey, Champaign: 28.

Kellerhals R, Church M, 1989. The morphology of large rivers: characterization and management [J]. Canadian Special Publication of Fisheries and Aquatic Sciences 106: 31 – 48.

Kellerhals R, Miles M, 1996. Fluvial geomorphology and fish habitat: implications fbr river restoration

［J］．International Symposium on Habitat Hydraulics，Quebec．INRS – Eau，co – published with FQSA，IAHR/ AIRH：A261 – A279．

Knight J G，Bain M B，Scheidegger K J，1991．A habitat framework fbr assessing the effects of streamflow regulation on fish ［J］．Alabama Cooperative Fish and Wildlife Research Unit，Auburn，Ala：161．

Lamb B L，1976．Instream flow decision – making in the Pacific Northwest ［J］．Ph. D. Dissertation，Washington State University，Pullman：271．

Lamb B L，1980．Agency behavior in the management of section 208 ［J］．Water Quality Administration：209 – 218．

Lamb B L，1989．Comprehensive technologies and decision – making：reflections on the instream flow incremental methodology ［J］．Fisheries，14 (5)：12 – 16．

Lamb B L，1993．Quantifying instream flows：Matching policy and technology ［J］．Instream Flow Protection in the West：7 – 1 to 7 – 22．

Lamb B L，Doerksen H R，1978．Bureaucratic power and instream flows ［J］．Journal of Political Science，6 (1)：35 – 50．

Lamb B L，Lovrich N P，1987．Considerations of strategy and use of technical information in building an urban instream flow program ［J］．Journal of Water Resources Planning and Management，113 (1)：42 – 52．

Leonard P M，Orth D J，1988．Use of habitat guilds of fish to determine instream flow requirements ［J］．North American Journal of Fisheries Management，8：399 – 409．

Leopold L B，Maddock T，1953．The hydraulic geometry of stream channels and some physiographic implications ［J］．U. S. Geological Survey Professional Paper，252 – 253．

Leopold L B，Clarke F E，Hanshaw B B，et al. ，1971．A procedure for evaluating environmental impact ［J］．U. S. Department of the Interior，Geological Survey Circular 645，Washington D C：13．

Leopold L B，Wolman M G，Miller J P，1964．Fluvial processes in geomorphology ［J］．W. H. Freeman and Company，San Francisco，Calif：522．

Lindblom C，1959．The science of muddling through ［J］．Public Administration Review，19 (2)：79 – 88．

Linsley R K，Kohler M A，Paulhus J L H，1975．Hydrology for engineers ［M］．2nd ed. McGraw – Hill，New York：482．

Linstone H A，Turoff M，1975．The Delphi method ［M］．Addison – Wesley，Reading，Mass：620．

Loar S C，West J L，1992．Microhabitat selection by brook and rainbow trout in a southern Appalachian stream ［J］．Transactions of the American Fisheries Society，121：729 – 736．

Locke A，1988．IFIM microhabitat criteria development：data pooling considerations ［J］．U. S. Fish and Wildlife Service Biological Report，88 (11)：31 – 54．

Lowi T J，1969．The end of liberalism：ideology，policy and the crises of public authority ［R］．W. W. Norton，New York，N. Y：264．

Lubinski K，1992．A conceptual model of the Upper Mississippi River ecosystem ［R］．U. S. Fish and Wildlife Service operating plan for the Upper Mississippi River system long – term resource monitoring program. Environmental Management Technical Center EMTC 91 – P002，Onalaska，Wis：129 – 151．

MacDonald L H，1991．Monitoring guidelines to evaluate effects of forestry activities on streams in the Pacific Northwest and Alaska ［J］．U. S. Environmental Protection Agency EPA 910/9 – 91 – 001：166．

Magnuson J J，Crowder L B，Medvick P A，1979．Temperature as an ecological resource ［J］．American Zoologist，19：331 – 343．

Manly B F J，McDonald L L，Thomas D L，1993．Resource selection by animals：statistical design and analysis for field studies [R]. Chapman and Hall, London, United Kingdom: 175.

Margolis H, 1973. Technical advice on policy issues [R]. Sage Professional Papers in Administration and Policy Studies 1 (03 – 009), Sage Publications, Beverly Hills, Calif: 77.

Mathur D W, Bason W H, Purdy E J, et al., 1985. A critique of the instream flow incremental methodology [R]. Canadian Journal of Fisheries and Aquatic Sciences, 42: 825 – 831.

May O D, Fuller J C, 1965. A study on striped bass egg production in the Congaree and Wateree Rivers [R]. Proceedings of the Southeastern Association of Game and Fish Commissions, 16: 285 – 301.

McGarigal K, Marks B J, 1995. FRAGSTATS: spatial pattern analysis program for quantifying landscape structure [J]. U. S. Forest Service General Technical Report PNW – GTR – 351: 122.

McGill R, Tukey J W, Larsen W A, 1978. Variations of box plots [J]. American Statistician, 32: 12 – 16.

Meyer F P, Barclay L A, 1990. Field manual for the investigation of fish kills [J]. U. S. Fish and Wildlife Service Resource Publication, 177: 120.

Milhous R T, 1991. Instream flow needs below peaking hydroelectric projects [J]. Proceedings of the International Conference on Hydropower: 163 – 172.

Milhous R T, Bartholow J M, Updike M A, et al., 1990. Reference manual for the generation and analysis of habitat time series—version II [M]. U. S. Fish and Wildlife Service Biological Report, 90 (16). 249.

Milhous R T, Updike M A, Schneider D M, 1989. Physical habitat simulation system reference manual version II [R]. U. S. Fish and Wildlife Service Biological Report, 89 (16): v. p.

Mills W B, Bowie G L, Grieb T M, et al. 1986. Stream sampling for waste load allocation applications [J]. U. S. Environmental Protection Agency EPA/625/6 – 86/013.

Minshall G, 1984. Aquatic insect – substratum relationships [J]. The ecology of aquatic insects. : 358 – 400.

Mnookin R H, 1993. Why negotiations fail: an exploration of barriers to the resolution of conflict [J]. The Ohio State Journal on Dispute Resolution, 8 (2): 235 – 249.

Monahan J T, 1991. Development of habitat suitability data for smallmouth bass (*Micropterus dolomieui*) and rock bass (*Ambloplites rupestris*) in the Huron River [J]. Michigan. M. S. thesis, Michigan State University, East Lansing: 130.

Moore A M, 1967. Correlation and analysis of water – temperature data for Oregon streams [R]. U. S. Geological Survey Water – Supply Paper 1819 – K: 53.

Morhardt J E, 1986. Instream flow methodologies: report of research project 2194 – 2 [J]. Electric Power Research Institute, Palo Alto, Calif.

Morhardt J E, Mesick C F, 1988. Behavioral carrying capacity as a possible short term response variable [J]. Hydro Review, 7 (2): 32 – 40.

Morhardt J E, Hanson D F, Coulston P J, 1983. Instream flow analysis: increased accuracy using habitat mapping [J]. Waterpower 83: an international conference of hydropower: 1294 – 1304.

Mosteller F, Tukey J W, 1977. Data analysis and regression: a second course in statistics [J]. Addison – Wesley, Reading, Mass: 588.

Moyle P B, Baltz D M, 1985. Microhabitat use by an assemblage of California stream fishes: developing criteria fbr instream flow determinations [J]. Transactions of the American Fisheries Society, 114: 695 – 704.

National Research Council, 1992. Water transfers in the West: efficiency, equity, and the environment [J]. National Academy Press, Washington D C: 300.

Needham P R, Usinger R L, 1956. Variability in the macrofauna of a single riffle in Prosser Creek, California, as indicated by Surber sampler [J]. Hilgardia, 24: 383 – 409.

Nehring R B, Anderson R M, 1993. Determination of population – limiting critical salmonid habitats in

Colorado streams using the physical habitat simulation system [J]. Rivers, 4 (1): 1 – 19.

Nierenberg G I, 1973. Fundamentals of negotiating [J]. Hawthorne Books, New York: 306.

Olive S W, 1982. Protecting instream flows in California: an administrative case study [J]. U. S. Fish and Wildlife Service FWS/OBS – 82/34: 32.

Olive S W, Lamb B L, 1984. Conducting a FERC environmental assessment: a case study and recommendations from the Terror Lake Project [J]. U. S. Fish and Wildlife Service FWS/OBS – 84/08: 62.

Orth D J, 1987. Ecological considerations in the development and application of instream flow – habitat models [J]. Regulated Rivers: Research & Management, 1: 171 – 181.

Osborne L L, Wiley M J, 1992. Influence of tributary spatial position on the structure of warmwater fish communities [J]. Canadian Journal of Fisheries and Aquatic Sciences, 49: 671 – 681.

Pauszek F H, 1972. Water – temperature data acquisition activities in the United States [J]. Water – Resources Investigations 2 – 72, U. S. Geological Survey, Washington, D C: 54.

Ranney A, 1976. The divine science: political engineering in American culture [J]. American Political Science Review, 70 (1): 140 – 148.

Reckhow K H, Chapra S C, 1983. Engineering approaches fbr lake management [J]. Butterworth Publishers, Woburn, Mass: 340.

Reckhow K H, Clements J T, Dodd R C, 1990. Statistical evaluation of mechanistic water – quality models [J]. Journal of Environmental Engineering, 116 (2): 250 – 268.

Reiser D W, Wesche T A, Estes C, 1989b. Status of instream flow legislation and practices in North America [J]. Fisheries, 14 (2): 22 – 29.

Reiser D W, Ramey W P, Wesche T A, 1989a. Flushing flows [J]. Alternatives in Regulated River Management: 91 – 135.

Rosgen D L, Silvey H S, Potyondy J P, 1986. The use of channel maintenance flow concepts in the Forest Service [J]. Hydrological Science and Technology, 2 (1): 1926.

Sabo M J, 1993. Microhabitat use and its effect on growth of age – 0 smallmouth bass in the North Anna River, Virginia [J]. Ph. D. dissertation, Virginia Polytechnic Institute and State University, Blacksburg: 174.

Scheele D S, 1975. Reality construction as a product of Delphi interaction [J]. The Delphi Method: Techniques and Applications. : 37 – 71.

Scheidegger K J, Bain M B, 1995. Larval fish distribution and microhabitat use in free – flowing and regulated rivers [J]. Copeia, 1995 (1): 125 – 135.

Schlesinger J R, 1968. Systems analysis and the political process [J]. Journal of Law and Economics, 2: 281 – 284.

Schlosser I J, 1987. A conceptual framework fbr fish communities in small warm water streams [J]. Community and evolutionary ecology of North American stream fishes: 17 – 24.

Schlosser L J, 1982. Fish community structure and function along two habitat gradients in a headwater stream [J]. Ecological Monographs, 52 (4): 395 – 414.

Scott W B, Crossman E J, 1973. Freshwater fishes of Canada [J]. Fisheries Research Board of Canada Bulletin, 184: 966.

Scott W, Shirveil C S, 1987. A critique of the instream flow incremental methodology and observations on flow determination in New Zealand [J]. Regulated Streams: Advances in Ecology: 27 – 43.

Sheldon A L, 1987. Rarity: patterns and consequences for stream fishes [J]. Community and evolutionary ecology of North American stream fishes: 203 – 209.

Shelfbrd V E, 1911. Ecological succession I: Stream fishes and the method of physiographic analysis [J].

Biological Bulletin, 21: 9 – 34.

Shirvell C S, 1986. Pitfalls of physical habitat simulation in the instream flow incremental methodology [J]. Canadian Technical Report of Fisheries and Aquatic Sciences, 1460: 68.

Shuter B J, Post J R, 1991. Climate, population viability, and the zoogeography of temperate fishes [J]. Transactions of the American Fisheries Society, 119: 314 – 336.

Simon H, 1957. Administrative behavior [J]. Macmillan and Company, Inc., New York, N. Y: 364.

Singer J D, 1969. The level – of – analysis problem in international relations [J]. International politics and foreign policy. : 20 – 29.

Smith K, Lavis M E, 1975. Environmental influences on the temperature of a small upland stream [J]. Oikos, 26 (2): 228 – 236.

Spiro H, 1970. Politics as the master science: from Plato to Mao [J]. Harper and Row, New York, N. Y: 238.

Sprules W M, 1947. An ecological investigation of stream insects in Algonquin Park, Ontario. Publications of the Ontario Fisheries Research Laboratory [J]. University of Toronto Studies, 69: 1 – 81.

Stalnaker C B, 1982. Instream flow assessments come of age in the decade of the 1970's [J]. Research on fish and wildlife habitat : 119 – 141.

Stalnaker C B, 1993. Fish habitat evaluation models in environmental assessments [J]. Environmental analysis: the NEPA experience: 140 – 162.

Stalnaker C B, 1994. Evolution of instream flow modeling [J]. Blackwell Scientific Publications, Oxford: 276 – 286.

Stalnaker C B, Milhous R T, Bovee K D, 1989. Hydrology and hydraulics applied to fishery management in large rivers [J]. Canadian Special Publication of Fisheries and Aquatic Sciences, 106: 13 – 30.

Stalnaker C, Lamb B L, Henriksen J, et al., 1995. The instream flow incremental methodology: a primer for IFIM [R]. National Biological Service Biological Report, 29: 45.

Stevens H H, Ficke J F, Smoot G F, 1975. Water temperature, influential factors, field measurement and data presentation: techniques of water – resources investigations of the USGS Book 1, collection of water data by direct measurement [J]. U. S. Geological Survey, Washington D C: 65.

Strange E M, Foin T C, Moyle P B, 1991. Evaluating the role of environmental variability in community assembly: interactions between stochastic and deterministic processes in stream fish assemblages [J]. Revue Suisse de Zoologie, 98: 714.

Susskind L, Weinstein A, 1980. Towards a theory of environmental dispute resolution [J]. Environmental Afiairs, 9 (2): 311 – 357.

Theurer F D, Vbos K A, Miller W J, 1984. Instream water temperature model [J]. U. S. Fish and Wildlife Service FWS/OBS – 84/15. v. p.

Thomas J A, Bovee K D, 1993. Application and testing of a procedure to evaluate transferability of habitat suitability criteria [J]. Regulated Rivers: Research & Management, 8: 285 – 294.

Thomthwaite C W, Mather J R, 1955. The water balance [J]. Laboratory of Climatology, Publication No. 8, Centerton, N. J.

Thomthwaite C W, Mather J R, 1957. Instructions and tables for computing potential evapotranspiration and the water balance [J]. Laboratory of Climatology, Publication No. 10, Centerton, N. J.

Thornton K C, Stalnaker C B, Baum K, 1990. Problems with surface water models from a user's perspective [J]. Proceedings of the International Symposium on Water Quality Modeling of Agricultural Non – point Sources, 447 – 458.

Trautman M B, 1942. Fish distribution and abundance correlated with stream gradients as a consideration in stocking programs [J]. Transactions of the Seventh North American Wildlife Conference: 211 – 233.

Trial J G, Demion L M, Stanley J G, 1980. The dual matrix and other environmental impact assessment methods [J]. U. S. Fish and Widlife Service FWS/OBS – 80/32: 46.

Trihey E W: 1981. Using time series streamflow data to determine project effects on physical habitat fbr spawning and incubating pink salmon [J]. Acquisition and utilization of aquatic habitat inventory information, proceedings of a symposium: 232 – 240.

Trihey E W, Stalnaker C B, 1985. Evolution and application of instream flow methodologies to small hydropower development: an overview of the issues [J]. Proceedings of the Symposium on Small Hydropower and Fisheries. American Fisheries Society Bethesda, Md: 176 – 183.

Tukey J W, 1977. Exploratory data analysis [J]. Addison – Wesley, Reading, Mass: 688.

U. S. Army Corps of Engineers, 1991. HEC – 6: scour and deposition in rivers and reservoirs [S]. Hydrologic Engineering Center, U. S. Army Corps of Engineers, CPD – 6, Davis, Calif: 156.

U. S. Environmental Protection Agency, 1985. Technical support document fbr water quality – based toxics control [J]. U. S. Environmental Protection Agency, Washington D C v. p.

Vannote R L, Minshall G W, Cummings K W, et al. , 1980. The river continuum concept [J]. Canadian Journal of Fisheries and Aquatic Sciences, 37: 130 – 137.

Velz C J, 1970. Applied stream sanitation [J]. John Wiley & Sons, New York, N. Y: 619.

Waddle T J, 1991. A water budget approach to instream flow maintenance [J]. Proceedings of the International Conference on Hydropower: 155 – 167.

Waddle T J, 1992. A method for instream flow water management [J]. Ph. D. dissertation, Colorado State University, Fort Collins: 278.

Waddle T J, 1993. Managing reservoir storage for instream flow. Water management in the 90's: a time for innovation. Proceedings of the Twentieth University Conference [J]. American Society of Civil Engineers, New York, N. Y: 880.

Waters B F, 1976. A methodology for evaluating the effects of different stream flows on salmonid habitat [J]. Special Publication of the American Fisheries Society, 254 – 266.

Westman W E, 1985. Ecology, impact assessment, and environmental planning [J]. John Wiley & Sons, New York, N. Y: 532.

Whicker M L, Strickland R A, Olfchski D, 1993. The troublesome cleft: public administration and political science [J]. Public Administration Review, 53 (6): 531 – 541.

Wiens J A, 1977. On competition and variable environments [J]. American Scientist, 65: 590 – 597.

Wildavsky A, 1975. Budgeting: a comparative theory of budgetary processes [J]. Little, Brown and Co. , Boston, Mass: 432.

Wilds L J, 1986. A new perspective in institutional analysis: the legal – institutional analysis model(LIAM) [R]. U. S. Fish and Wildlife Service Biological Report 86 (9).

Wilds L J, 1990. Understanding who wins: organizational behavior and environmental politics [J]. Garland Publishing, Inc. , New York, NY: 207.

Williamson S C, Armour C L, Kinser G W, et al. 1987. Cumulative impacts assessment: an application to Chesapeake Bay [J]. Wildlife Management Institute, Washington D C: 377 – 388.

Williamson S C, Bartholow J M, Stalnaker C B, 1993. A conceptual model for quantifying pre – smolt production from flow – dependent physical habitat and water temperature [J]. Regulated Rivers: Research & Management, 8: 15 – 28.

Yaffee S L, 1982. Prohibitive policy: implementing the federal endangered species act [M]. MIT Press,

Cambridge，Mass.

Yorke T H，1978. Impact assessment of water resource development activities：a dual matrix approach ［J］. U. S. Fish and Wildlife Service FWS/OBS－78－82：27.

Zuboy J R，1981. A new tool for fisheries managers：the Delphi technique ［J］. North American Journal of Fisheries Management，1：55－59.

第 3 篇

河流水生生物栖息地
模拟模型

第 11 章　PHABSIM 模型

11.1　PHABSIM 模型简介

PHABSIM 模型是 20 世纪 70 年代末美国鱼类及野生动物管理局根据 IFIM 概念而建立的模型。PHABSIM 模型主要包括水动力模拟与栖息地模拟两大部分，其中：水动力模拟可通过 IFG4、MANSQ、WSP、STGQS4 和 HEC−2 五个水模拟模拟程序实现；栖息地模拟可由 HABTAT、HABVQE、HABTAV、HABTAM 和 HABVD 五个栖息地模拟程序完成。

PHABSIM 模型是 IFIM 法中最典型的模型，PHABSIM 模型首先将河道断面按一定步长分割，确定每个部分的平均垂直流速、水位高程、底质和覆盖物类型等；然后调查分析指示物种对这些参数的适宜要求，绘制生态因子的适宜度曲线，根据该曲线确定每个分隔部分的环境喜好度，即水位喜好度、流速喜好度、底质喜好度、覆盖喜好度；最后计算每个断面、每个指示物种的总生境适宜性，并将其称作加权可利用面积（weighted usable area，WUA）。重复计算不同流量下的 WUA，绘制成 WUA −流量曲线，它能显示出流量变化对指示物种某个生命阶段的影响，WUA −流量曲线在低流量处具有一个最大值，其常作为水资源规划的依据。

该法是基于以下假设建立：①水深、流速、基质和覆盖物是流量变化对物种数量和分布造成影响的主要因素；②这些因素相互影响，共同确定河流微生境条件；③河床形状不随流量变化而改变；④WUA 与物种数量之间存在一定比例关系。

PHABSIM 模型的目的是模拟鱼类各个生命阶段的物理栖息地与流量之间的关系。物理栖息地模拟的基本目标是获得具体流量值，以便可以通过生物学考虑将河流流量与社会、政治和经济的发展相适应。

许多人将 IFIM 模型与 PHABSIM 模型混淆。IFIM 模型是采用系统分析技术解决一般问题的方法，而 PHABSIM 模型是一种特定的模型，旨在计算不同生命阶段在不同流量水平下可用微生境数量的指数。

11.2　PHABSIM 模型框架

使用 PHABSIM 模型时，需要进行一系列工作，包括选择研究范围、选择研究站点、横截面布置、栖息地分类、结果评估等。图 11-1 提供了 PHABSIM 模型基本建模元素的框架结构——"路线图"，它还提供了各建模组件之间的相互关系。

图 11-1 说明了几个关键特征，代表了 PHABSIM 模型在河道内栖息地建模的实际过程。首先，定义一个新项目，导入已有的数据文件，或者使用 PHABSIM for Windows 数据输入界面输入原始字段数据。一旦输入并检查了数据，分析员就可以使用 3 个可用的水力模拟模型（STGQ、MANSQ、WSP）中的任何一个（或组合）进行水面高程的校准和模拟。然后，分析员接着在 VELSIM 程序中进行流速校准和模拟，如图 11-1 所示。生境适宜度曲线数据的选择、发展和输入可以并行进行。最后，用户将选择合适的栖息地模型，设置所需的建模选项，并生成栖息地与流量的结果，如图 11-1 右下角标有的栖息地—流量关系。此时，微生境分析已完成，这些结果可与大生境结果相结合，或直接用于 IFIM 评估框架。

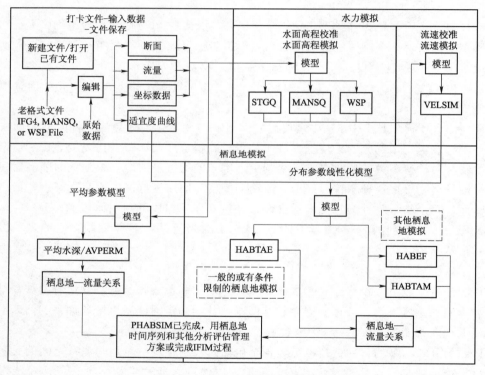

图 11-1　PHABSIM 模型程序框架图

11.3　PHABSIM 模型模拟流程

当 PHABSIM 模型被用作 IFIM 范围界定和工具选择阶段的分析工具，其应用过程可分为 9 个步骤。这些步骤为模型的应用提供了一个初步框架，并为涉及的一些问题提供了指南。个别研究可能会偏离这些步骤，但在任何情况下，都应仔细考虑、证明并记录为特定应用构建模型所做的决定。

（1）范围界定：确定栖息地信息需求和研究目标，选择研究方法（此过程为 IFIM 的第二阶段），如果 PHABSIM 模型被确定为研究方法，则进行步骤（2）～（9）。

（2）选择目标物种或群体，选择合适的微生境或大生境适宜度曲线（此过程为 IFIM 的第二阶段）。

（3）研究区域划分和研究站点选择（此过程为 IFIM 的第三阶段）。

（4）横截面布置和现场数据收集（此过程为 IFIM 的第三阶段）。

（5）水力模拟（此过程为 IFIM 的第三阶段）。

（6）栖息地模拟（此过程为 IFIM 的第三阶段）。

（7）总栖息地时间序列和微观或宏观栖息地的推导（此过程为 IFIM 的第三阶段）。

（8）确定生境瓶颈（此过程为 IFIM 的第三阶段）。

（9）管理方案评估和解决问题（此过程为 IFIM 的第四阶段）。

下文将简要介绍一些重要步骤，包括研究范围界定、实测数据收集、水力模拟和生境模拟等。

11.3.1 研究范围界定

项目范围界定应遵循基于待解决问题重要性的务实方法。项目记录应包括每项选择的支持性证据。项目范围界定应解决以下问题：

（1）应尽可能详细地说明项目的产出、期望和要求，并在可能的情况下，在项目开始之前便达成一致。这对于确定 PHABSIM 模型是否适合该项目很重要。

（2）确定受影响区域或待研究区域。确定研究站点的最佳方法一方面需要考虑关键的或有代表性的河段或基于生境制图（中生境分类）的分层随机抽样是否合适（甚至是这些方法的组合）？可用的中生境应如何分类？如何选择中生境研究站点？另一方面需要考虑的问题是选择能够提供合适水文数据的河道和测量站点。

（3）确定所需要的专业团队。因为 PHABSIM 应用通常需要来自多学科团队的加入，包括水生生物学、水文学、水力和栖息地建模方面的专业知识，PHABSIM 输出结果的解释等。

（4）考虑限制因素。为了将生境的变化与目标生物的生物量联系起来，可能有必要对大生境问题（如水质和温度）进行特征描述，并考虑其他因素，如食物供应和竞争、河道动力学和泥沙输运等。这种联系最好用其他模型或预测技术来解决，如多元回归分析或回归分位数。可使用选定无脊椎动物物种的生境适宜度曲线来模拟食用生物的生境。

（5）选择目标物种和生命阶段。很少有模型能评估物理栖息地的变化对河流中所有物种所有生命阶段的影响。在范围界定过程中，可选择对生境变化最敏感的一个或多个指示物种，其代表了河道内流量评估参与者的主要管理利益。推动这项研究的问题导向以及渔业和自然保护人员的建议，将决定这项研究是集中在广泛的物种，还是集中在少数特定物种或生命阶段。选择物种的一种方法是根据各种标准对它们进行排序，包括它们的重要性、脆弱性和可用信息的范围。

（6）必须考虑研究所需花费的时间。这包括现场数据收集的时间（例如何时可以考虑高或低流量）。鼓励用户构建物种周期图（哪些目标物种或生命阶段是重要的，什么时候是最重要的），并确定水文时间序列数据的可用性。

（7）必须确定责任方，并由这些个人和机构以书面形式明确承诺开展研究，作为研究计划的一部分。

11.3.2　选择目标物种和适宜度曲线

PHABSIM 的使用既包括目标物种的选择，也包括栖息地模型中使用的生境适宜度曲线的开发和选择。PHABSIM 研究的一个重要部分是确定哪些条件为所考虑的目标物种提供了有利的栖息地。PHABSIM 的微生境由水深、流速和河道指数来定义。河道指数代表基质、覆盖层或其他类似的固定变量，这些变量对确定目标物种的物理栖息地要求很重要。生境适宜度曲线在先前的 IFIM 相关出版物和一般文献中被称为适宜性指数、适宜性标准、偏好指数、偏好曲线和适宜性曲线。

1. 选择目标物种

PHABSIM 研究启动的一个基本步骤是识别和选择目标物种和生命阶段。可从渔业部门和管理机构获得有价值的数据，以确定鱼类群落的历史和现有结构。在一些河流系统中，物种生命阶段可能只在系统中存在较短时间。鱼类数量的历史记录可用于确定管理决策是否只关注目前的情况或潜在的恢复工作。

一旦收集了候选物种和生命阶段的初始列表，应将数据编制成物种和生命阶段周期图，该周期图突出了目标生物不同生命阶段对研究区域的季节性利用。接着，应确定现有生境适宜度曲线的可用性，并决定是否继续收集特定地点的栖息地适宜性数据、收集可转移性测试数据或由物种专家进行生境适宜度曲线审查，从中可以确定最终的生境适宜度曲线。利用文献资料可以考虑某些物种或某个生命阶段的生境适宜度曲线。然而，在应用 PHABSIM 时，并非所有的目标物种或生命阶段都有生境适宜度曲线。当特定地点的生境适宜度曲线不可利用时，用户可采用指导方法，通过中生境利用情况来代表鱼类群落的组成部分。

2. 选择适宜度曲线

目前选择适宜度曲线有三种方法：

（1）专家意见或文献曲线。这些通常来自专家对物种生命阶段栖息地利用的累积知识的共识或通过评估专业文献中发现的栖息地利用信息。

（2）栖息地利用曲线。这些直接来自对目标物种生命阶段的栖息地利用的观察。

（3）栖息地偏好曲线。这些数据来源于根据生境可用性校正的生境利用观测数据。

由于资源可用性有限，且开发特定河流适宜度曲线的相关成本较高，因此可借鉴使用其他河流的生境适宜度曲线。因此，检查生境适宜度曲线的适用性就很重要。研究者必须运用专业知识和判断来评估原生境适宜度曲线是否可用于当前研究。在 IFIM 背景下，各方必须就生境适宜度曲线是否能用于该研究以及是否能借鉴达成一致意见。Thomas 和 Bovee（1993）提供了定量测试生境适宜度曲线可转移性的方法。Manly（1993）提供了各种动物栖息地选择建模的指导。

11.3.3　选择研究站点

通常有三种方法用于确定微生境：临界河段研究站点、代表性河段研究站点、中生境研究站点。这三种方法都要求对河流进行分段（Bovee 等，1998），具体步骤如下：

（1）确定研究区域边界，即受到或将受到改变的水文情势影响的河流范围。

（2）将研究区域划分为水文区段，即具有均匀水文线的河段。

（3）根据影响生境适宜性的地貌因素，将水文区段进一步划分。例如，在一个水文区段内，有两个河段的坡度明显不同，但水文曲线相似。一个河段的平均坡度为 1.5ft/mile，而另一个河段的平均坡度为 2.8ft/mile。由于这一因素控制着水流速度和泥沙（基质）这两个用来描述微生境的变量，因此水文区段应进一步划分为两个子区段。

（4）确定将要取样的研究站点类型：关键河段的研究站点、代表河段的研究站点、中生境类型的研究站点。一旦做出这一决定，使用分层随机或分层系统抽样方案选择具体的研究站点。如果使用中生境类型方法，则必须制定中生境类型分类，并在每个分段或子分段内列出比例清单。

（5）使用分层随机或分层系统抽样方案在每个研究站点放置横截面，并在对研究区域有影响的所有水力控制装置内设置该装置的横截面。

所采用的方法取决于个人研究目标，可能涉及上述程序的组合。该程序描述了研究区域微生境的特征，这些微生境对受相关水资源问题影响的选定目标物种或生命阶段非常重要。启动研究时，应量化研究区域、水文区段和需要评估的子区段的长度。河流区段或子区段的水文和地貌特征越均匀，研究区域的模拟结果就越准确。

1. 临界河段研究站点选择

这种方法使用了对流量变化最敏感的特定河段或对特定物种生命阶段的影响较大的河段。例如，如果认为产卵栖息地的可用性是特定鱼类物种数量增加的限制因素，那么在已知产卵区内选择研究站点是合适的，该研究旨在得出最适合物种数量增加的水文情势。

可根据以下基本标准选择关键河段：

（1）河段可能受到流量变化的显著影响或对流量变化特别敏感。例如，对流量最敏感的河段可能是河道的抬高部分，如浅滩和砾石坝。

（2）临界范围可作为限制目标物种特定生命阶段的生物防治措施。例如，如果已知产卵栖息地的可用性限制了鱼类的数量，那么对于关键河段而言，已知的河流河段内的产卵区（例如凸形砾石坝）可能是一个合适的选择。或者一个低流量的河道阻塞，限制了产卵区的进入，这可能是调查的关键范围。

应尽可能通过取样来验证特定中生境类型作为物种生命阶段成功的限制因素的假定作用。对于单个物种，不同的中生境类型可能对一年中不同时间的不同生命阶段产生限制；如果研究涉及多个目标物种，不同中生境类型的限制在不同物种的种群中可能不同。在任何一种情况下，研究站点都必须代表研究区域内存在的所有中生境类型。这种情况通常涉及使用代表性河段或中生境分类。

2. 中生境研究站点选择

在整个研究区域内，确定了水文区段和子区段（例如，由地貌或人为影响确定，如渠道或大坝）。这可能包括河流水文显著不同的部分，如支流流入的上方或下方区域或引水的下方区域。

为描述河流中特定的中生境类型，制定了一个分类方案。这可以通过使用熟悉河流和目标物种以及那些接受过 PHABSIM 使用培训的人来完成。这也可以通过文献中公布的或参与研究的资源管理机构采用的不同生境分类方案来实现。除了确定不同的地貌特征

（如水池和浅滩）外，还应在适当情况下确定有覆盖物的区域（如顶部覆盖物、底切河岸或漂浮水生植物）和被认为具有特殊生态重要性的区域（如回水避难所）。还必须考虑进行中生境分类实地调查的流量。

　　下一步进行中生境分类。在选定站点建立 PHABSIM 模型研究点，并根据 Bovee（2000）中描述的技术进行调查。使用加权方案将数据输入 PHABSIM for Windows，该加权方案使生成的栖息地模拟在最终 PHABSIM 结果中分配每个栖息地类型的所需比例。

　　简单地说，中生境分类程序涉及通过在河流中的每个水文段和子段内对中生境类型进行分类。然后选择 PHABSIM 模型研究站点和横截面的具体位置来描述这些栖息地。可以用一个代表性河段代表整个研究区域。在大多数情况下，例如在含有复杂和可变生境类型的河流中，需要大量的研究站点。

　　一种常见的方法是根据实际测量，使用预定义的河道地貌单元进行分类，在每个水文区段和子区段内描绘每个中生境类型的数量和线性分布。然后，研究人员可以在研究区域内的代表性河段内选择每个中生境类型的横截面，或采用分层随机选择程序或多种方法的组合。在 PHABSIM 模型中，在栖息地建模过程中给每个横截面的最终权重来自总的栖息地分类结果。在一些研究中，只包括一些最小数量的中生境类型（例如，至少占总面积的 5%～10%），除非认为较稀有的生境类型对目标物种的各生命阶段需求至关重要。在研究范围界定过程中，应明确确定基于百分比组成或临界性质的中生境类型的纳入或排除。

　　另一种更为详细的中生境分类方法是通过对河流宽度、最大流速、深度、基质和覆盖率等生境变量的实地测量，划定相似物理微生境的研究站点，以及对这些栖息地变量的定量判别。分析这些生境变量的分布，可以对相关的生境变量进行详细的判别。例如，它可以突出显示浅水池内的独特区域。根据这些分析，可以按照上述方法确定横截面的具体位置。

11.3.4　断面选择及设置

　　横断面设置、横断面数量对于 PHABSIM 模型的成功应用至关重要。PHABSIM 模型研究横截面的数量和位置基于已确定的栖息地类型。如果河流内栖息地的分布允许，应选择一系列横截面，以便于收集现场数据，这将有助于水力和栖息地建模。横截面的总数将取决于栖息地的多样性、研究范围以及可用的资源。每个研究站点内的横截面数量通常较小，但在资源允许的情况下，应尽可能多地选择横截面，以提供栖息地类型的复制样本，以更稳健的方式将特定栖息地类型内的固有变异性结合起来。

　　除了在目标中生境类型中放置横截面外，通常有必要在每个中生境类型内或影响每个中生境类型的所有水力控制装置处放置额外的横截面。如果采用代表性河段方法，则应对研究场地内的所有水力控制装置进行取样，或者如果将横截面分组，则应包括每个分组下游端的水力控制装置。在水力控制装置处放置横截面，使用户能够考虑 PHABSIM 模型中的所有水力模型，包括基于阶梯回水的 WSP 模型。

11.3.5　实测资料收集

　　有关河流水力特性的实测数据的收集也对 PHABSIM 模型的成功应用至关重要。

PHABSIM 模型数据收集通常需要完成以下步骤：

（1）必须选择测量单位。

（2）在需要现场数据的地方选择目标流量（通常是 3 个或更多），以及选择获得高、中或低流量测量的最佳时间。为了正确模拟实际栖息地，可能需要从 3 个以上的水流中获取数据。例如，在河床形态复杂或杂草季节性生长的地方。

（3）测量木桩需在每个横截面处固定于河岸。其位置应能提供稳定的水平和垂直基准，并应与水保持合理距离，以避免在高流量事件期间受到干扰。

（4）对于每一组连接的横截面，需要通过所有测量桩进行闭环测量，显示高程和距离。

（5）对每个横截面（如上所选）处河道形态（河床高程）进行地形测量。研究人员应确保有足够数量的观测数据来描述河道横截面，当被水覆盖时，每个测量点将用作水力测量的位置。

（6）河床高程测量点处河道指数参数（基底和覆盖层）的记录。PHABSIM 认为基质或覆盖层在整个流量范围内是不变的，尽管用户可以通过创建一组以上的研究项目文件来评估改变河道指数条件的栖息地。

（7）在每次流量测量期间，建立一个临时水位计，以检查水面高程的波动。

（8）在每个横截面的每个测量点测量平均流速。应在多个间隔良好的排水口处进行全套测量。这不是必须的，但它是可取的，因为它允许用户在流速模拟中具有最大的灵活性，并允许对模拟误差进行更全面的评估。在 0.6～2.5ft 深度处测量平均流速。如果时间和资源允许，建议在 2.0～2.5ft 深度处测量平均读数。可参考见 Rantz（1982）美国地质勘探局河流测量指南。

（9）在每个流量下，应在进行流量测量的每个站点处记录水深；并测量每个横截面相对于横截面测量桩的水面高度。

（10）必须注意现场工作期间的任何流量变化。应经常读取位于良好横截面处用于测量流量的固定标尺，以检测流量的变化；在一个合适的点（最下游的横截面或测量流量的最佳横截面）安装一个水面水位数据记录器代替标尺，可以提供有价值的附加信息。

建议至少收集三套完整的水面水位和至少一套流速数据，以确保水力模型校准的最大灵活性。然而，在大多数河道中，交替流动的附加速度集是非常可取的，因为单个流速数据集不太可能反映所有流量范围内的速度分布。在复杂河道中，特别需要额外的水位集和流速集，因为在复杂水道中，可能需要测量多个横截面以捕捉河道多个其他特征。可用资源可能会限制数据收集所需的时间，因此提前计划数据收集行程的数量和目标流量范围非常重要，以满足特定研究的水力和栖息地建模的数据质量。有关野外数据收集考虑因素和技术的更完整描述，请参见 Bovee（2000）。

11.3.6 水力模拟

用于模拟河流水力条件的技术可对 PHABSIM 模型中栖息地模拟确定的栖息地与流量关系产生重大影响。水力模型的正确选择和正确校准往往是分析河道内流量过程中最困难的一步。

PHABSIM 模型中的水力模拟程序假设在模拟的流量范围内，渠道形状不会随流量发生实质性变化。实际上，在高流量和低流量的现场数据收集工作之间，河床地形经常会发生微小变化。如果这些差异很小，则在分析中忽略它们。然而，如果在数据收集和实地考察期间河床地形确实发生了重大变化，则这些数据应被视为河道内水力特性的独立估计，并在水力模型校准和随后的栖息地模拟中用作独立数据集。

　　模拟河流的水力特征主要指水面高程（即水深）和流速，按顺序排列。根据水力程序中模拟的水面高程，在栖息地程序中计算水深。假定单个横截面上的水面高程相同（尽管水深不同，由于它是通过从水面高程减去河床高程来计算的）。相反，在任何横截面上，每个单元的流速都不同。

　　水面高程的计算方法有：①水位流量关系；②曼宁方程；③阶梯回水法。PHABSIM模型应用中至少需要一组水面高程数据集。在标准实践中，至少要收集三组水面高程以及至少一组流速测量值。

　　1. 水面高程建模

PHABSIM 内水力建模的第一步是水面高程的校准和模拟。根据可用现场数据的性质，可采用以下程序和方法：

　　（1）STGQ。STGQ 模型使用水位流量关系（流量曲线）计算每个横截面的水面高程。在水位流量关系及其模拟中，每个横截面都独立于数据集中的所有其他横截面。基本的计算程序是通过在每个横截面的观测水位和流量之间进行对数回归来进行的，由此产生回归方程，然后用于估计所有设定流量处的水面高程。

　　（2）MANSQ。MANSQ 程序利用曼宁方程计算各个横截面的水面高程，因此将每个横截面视为独立的。模型校准通过试错程序以选择一个 β 系数，该系数使所有测量流量的观测和模拟水面高程之间的误差最小化。

　　（3）WSP。水面线（WSP）程序使用标准的阶梯回水法来确定各个横截面上的水面高程。WSP 要求每个横截面的水力特性（河床几何形状和水面高程）是从一个共同的基准面下测量的。对整个研究现场和每个横截面，通过调整曼宁值对模型进行初步校准，以测量水面高程的纵向剖面。然后，通过设置模型中的糙率修改器，对曼宁糙率进行调整，以用于其他排水口处后续测量的纵向水面线。这种方法要求模型研究区域内的所有水力控制装置都用横截面表示。

　　2. 流速模拟

　　在 PHABSIM for Windows 中，VELSIM 程序是用于模拟所需流量范围内横截面内速度分布的主要工具（即每个模拟流量下研究横截面中每个湿润单元的平均流速）。该技术依赖于一组速度观测值（即测量的流速），这些流速观测值作为模板，通过求解曼宁方程中的 "n" 来得到分布渠道中的流速（"n" 为渠道中的糙率）。河道被划分为多个单元，并计算每个单元的流速。通常的做法是使用一组流速作为模板来模拟特定范围的流速。当一组以上的经验流速测量值可用时，可以用不同的流速模板模拟更多的流量范围。当没有可用的流速测量值时，可以使用该程序。在这种情况下，流速将作为水流深度的函数分布在横截面上。

11.3.7　生境模拟

　　生境模拟以生境适宜度曲线为传递函数，将河道结构信息、水面高程和流速转化为可用生境的数量和质量指标。该生境指数被称为加权可利用面积 WUA，并在每个模拟水流的每个横截面上为每个单元计算。然后，对每个独立物种或生命阶段的单元值进行求和，得出给定流量的复合或总 *WUA*。这使得在整个研究区域的一系列流量和总栖息地可用性之间建立了一种关系。生境模拟中的参数选择对预测的生境面积关系和大小有一定的影响。因此，建模者应以合理的方式选择选项，如果结果具有可比性，则在不同地点的栖息地建模时应保持一致。

PHABSIM 模型中提供的两种常见栖息地建模选项基于整个河道的平均条件（即平均参数模型）或整个横截面上速度、深度和河道指数的显式分布（即分布参数模型）。这些方法中的每一种都有一套分析工具的支持。

1. 平均参数模型

平均参数模型（AVDEPTH/AVPERM）除了计算整个研究区域外，还计算每个横截面的各种水力特性。包括湿润宽度、湿润周长和湿润表面积、横截面积、平均河道流速和平均水深。它们还可以用来确定水流的宽度，超过用户指定的任意深度的水流深度。这些过程提供了一个横截面或研究区域的大量信息，应在大多数应用程序中进行检查。

2. 分布参数模型

分布参数模型基于每个测量垂直方向的水深和流速的相关属性，这些属性以生境适宜度曲线的形式与生物标准相结合。使用分布参数的主要程序是 HABTAE 模型。在 PHABSIM 模型的早期版本中，还有另外两个栖息地模型，HABTAT 和 HABTAV。这两个程序的功能已整合在修改后的 HABTAE 模型中。HABTAE 模型中的选项允许用户选择生境计算，假设一个单元内的条件确定了该单元中生境的价值，或假设一个单元内的条件加上相邻单元或附近另一个位置的流速确定了该单元中生境的价值。HABTAE 模型计划还允许根据体积（而不是表面积）确定栖息地，并提供了确定每个横截面栖息地条件的方法。

11.3.8 解释 PHABSIM 模型输出结果

PHABSIM 模型中栖息地建模的最终结果是产生每个目标物种和生命阶段的栖息地与流量函数（如图 11-2 所示）。这些关系代表了评估备选水文情势或拟建项目影响的起点。在许多情况下，需要对诸如河道和河岸维护流量或水质和温度建模等因素进行额外分析，以评估交替的水文情势。

IFIM 模型提供了一个用于解释 PHABSIM 模型结果的评估框架。在 IFIM 模型中，鼓励利益相关者在当下水资源决策背景下，就这些结果的评估达成共识。幸运的是，在这一决策过程中，有许多分析方法可以帮助研究者和水资源管理者。从物理栖息地建模的角度来看，最常见的（和推荐的）方法是基于项目的现有或预期流量进行时间序列分析。栖息地时间序列说明了在历史、现有和拟建项目流量情景下，每个季节或关键时间段内

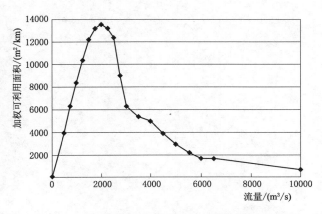

图 11-2　某一生命阶段下栖息地—流量关系示例图

特定物种和生命阶段的临时栖息地变化动态。这是 PHABSIM 模型应用（产生栖息地—流量关系）和真实 IFIM 模型研究（产生大量替代栖息地时间序列）之间的关键区别之一。

栖息地时间序列分析将流量情景与选定项目基线条件进行比较时，根据栖息地收益或损失量化项目影响或效益。这些分析还可用于生成季节性栖息地历时曲线或计算持续低于某个规定阈值的栖息地条件。通常，水资源问题的类型和目标物种对资源管理者的重要性决定了可接受的影响或效益水平。此外，建立河道内流量通常需要在关键时期整合水质或温度。在径流高峰期使用替代技术（如河道维护流量计算）来选择合适的流量，而不是仅仅依赖 PHABSIM 模型输出，这也是很常见的。

11.4　PHABSIM 模型的发展

20 世纪 80 年代，PHABSIM 模型成为河流生态安全调控管理的重要工具（Lamb 等，2004；Tharme，2003）。在 PHABSIM 模型之后，栖息地模拟方法在世界各国蓬勃发展，开发了许多类似的栖息地模型。新西兰农业部开发的 RHYHABSIM 模型（Jowett，1997）是 PHABSIM Ⅱ 的简化版，与 PHABSIM 模型有类似的数据要求和相同的步骤。RHYHABSIM 模型服务于水资源科学管理（Thorn 和 Conallin，2006）能计算流量、水位—流量关系曲线、水动力参数、水面线及流量增量分析等参数（Jowett，1997）。美国 Payne & Associates 公司开发的 RHABSIM 模型（Dunbar 等，1997）是 PHABSIM 的商业化程序。Parasiewicz（2001）提出的 MesoHABSIM 模型弥补了 PHABSIM 模型在中观尺度上应用的不足，也考虑了生物对流量过程的需要，增加了基于日水位、流量增幅的生态流量过程模型。

第 12 章　River2D 模型

12.1　河流水动力与鱼类栖息地的二维水深平均模型

River2D 模型是一个沿水深平均的二维水动力和鱼类栖息地模型，适用于天然溪流和河流。这是一个有限元模型，基于保守的 Petrov‐Galerkin 迎风守恒公式，使用隐式有限单元法和 Newton‐Raphson 迭代法求解水动力模型，因在计算时更容易趋于稳定而应用较广。它具有解决亚临界/超临界过渡流、冰盖和可变湿润区的能力。该模型由加拿大阿尔伯塔大学于 2002 年研制开发，并收到加拿大自然科学与工程研究委员会、加拿大政府渔业和海洋部、艾伯塔省环境保护局和美国地质调查局的资助。River2D 模型在任何 32 位版本的 Windows 下可正常使用，它是一个不断更新的软件。

12.1.1　简介

River2D 是一个用于鱼类生境评价研究的二维水深平均有限元水动力模型。River2D 模型套件实际上包括 River2D_Bed、River2D_Ice、River2D_Mseh 和 River2D 四个模块。这四个程序都有图形用户界面，任何 32 位版本的 Windows 都支持这些界面。River2D_Mseh 是图形文件编辑器。River2D_Bed 模块的设计目的是编辑河床地形数据，而 River2D_Ice 模块是用于在冰覆盖的冰川地形上建模。使用 River2D_Mseh 程序开发计算网格，并最终输入到 River2D 中。

这些程序通常是连续使用的。正常的建模过程包括从原始的现场数据创建一个初步的地层地形文件（文本），然后使用 River2D_Bed 模块对其进行编辑和细化。如果要模拟一个有冰覆盖的区域，可使用 River2D_Ice 模块来编辑含冰盖的地形。在 River2D_Mseh 中使用所得到的河床地形文件（与相关的冰盖地形文件一起）来开发离散化计算，最终作为 River2D 的输入。然后使用 River2D 来求解整个离散化过程中的水深和速度。最后，利用 River2D 对结果进行可视化和解释，并进行 PHABSIM 型鱼类栖息地分析。

12.1.2　River2D_Bed 模块

准确地表达河道河床的物理特征可能是成功地进行河流流量模拟的最关键因素。除了准确和广泛的现场数据，具有连接分散的数据点形成地形图的判断和经验是必要的。River2D 模型基于三角不规则网络（TIN）方法，包括用于节点参数空间插值的折线。节点值通常是测量点，但折线位置是判断的。R2D_Bed 允许交互设置和删除空白段。

河床的相关物理特性是河床高程和河床粗糙度高度，这是进行水流模拟所必需的。

R2D_Bed 允许在单独的点基础上或在不规则的多边形区域上编辑这些值。R2D_Bed 对于编辑栖息地分析中使用的通道索引文件也很有用，河道指数替代粗糙度高度作为第二个节点参数。

12.1.3　River2D_Ice 模块

R2D_Ice 是一个用于 River2D 河流建模系统的程序。R2D_Ice 是一个交互式图形程序，用于定义和编辑 River2D 程序中使用的冰地形文件。Ice 地形文件的正常开发包括使用文本编辑器从文本数据创建初步文件，然后使用 R2D_Ice 对其进行编辑和细化。所得到的冰地形文件可以（虽然不是必需的）与相应的河床地形文件结合使用，在 R2D_Mesh 中进行离散化计算。然后在 River2D 中利用冰的地形和离散化来求解冰对水深和流速的影响。

12.1.4　River2D_Mseh 模块

River2D_Mseh 为二维深度平均有限元水动力建模提供一个相对容易使用且有效的计算网格。为了生成一个网格，River2D_Mseh 的必要输入是一个河床地形文件，河床文件可在 River2D_Bed 中编辑，使用高程点和粗糙图来定义所研究的范围。这些点可以是独立的，也可以连接在折线或特征线中。一旦输入河床地形文件，用户就可以在 River2D_Mseh 中借助各种工具对地形文件进行数值离散化处理。当用户满意时，就可以生成一个 River2D 程序的输入文件。

12.1.5　River2D

River2D 模型为二维平均深度的有限元模型。它基本上是一个瞬态模型，但提供了一个加速收敛到稳态的条件。River2D 有许多选项来帮助用户可视化水动力计算的进程和最终结果，包括彩色地图、等高线地图和速度矢量场。在 River2D 中，用户还可以使用一些网格编辑命令对网格进行调整。

River2D 中的鱼类栖息地模块基于 PHABSIM 加权可用面积方法，适用于三角形不规则网络几何描述。视觉辅助工具也可用于显示生境分析的结果。

12.2　模型的基本控制方程与数值离散方法

12.2.1　水动力模型基本控制方程

River2D 模型的水动力部分基于二维水深平均的圣维南方程组，并假设垂直方向上的压力分布是静水压、水平速度在深度上的分布基本上是恒定的。该方程组代表了水的质量守恒和动量守恒。

1. 质量守恒控制方程

质量守恒控制方程为

$$\frac{\partial H}{\partial t}+\frac{\partial q_x}{\partial x}+\frac{\partial q_y}{\partial y}=0 \tag{12-1}$$

X 方向上动量守恒控制方程为

$$\frac{\partial q_x}{\partial t} + \frac{\partial}{\partial x}(U q_x) + \frac{\partial}{\partial y}(V q_x) + \frac{g}{2}\frac{\partial}{\partial x}H^2 \tag{12-2}$$

$$= gH(S_{0x} - S_{fx}) + \frac{1}{\rho}\left[\frac{\partial}{\partial x}(H\tau_{xx})\right] + \frac{1}{\rho}\left[\frac{\partial}{\partial y}(H\tau_{xy})\right]$$

Y 方向上动量守恒控制方程为

$$\frac{\partial q_y}{\partial t} + \frac{\partial}{\partial y}(U q_y) + \frac{\partial}{\partial y}(V q_y) + \frac{g}{2}\frac{\partial}{\partial y}H^2 \tag{12-3}$$

$$= gH[S_{0y} - S_{fy}] + \frac{1}{\rho}\left[\frac{\partial}{\partial x}(H\tau_{yx})\right] + \frac{1}{\rho}\left[\frac{\partial}{\partial y}(H\tau_{xy})\right]$$

$$q_x = HU \tag{12-4}$$

$$q_y = HV \tag{12-5}$$

式中　　　　　　g——重力加速度；

　　　　　　　H——水深；

　　　U、V——x 和 y 坐标方向上的深度平均速度；

　　q_x、q_y——与速度分量有关的流量强度；

　　　　　　　ρ——水的密度；

　S_{0x}、S_{0y}——x 和 y 方向上的河床坡度；

　　S_{fx}、S_{fy}——相应的摩擦斜率；

τ_{xx}、τ_{xy}、τ_{yx}、τ_{yy}——水平湍流应力张量的分量。

　　摩擦斜率取决于床面剪应力，剪应力与深度平均速度的大小和方向有关。在 x 方向上有

$$S_{fx} = \frac{\tau_{bx}}{\rho g h} = \frac{\sqrt{U^2 + V^2}}{gH C_s^2}U \tag{12-6}$$

式中　τ_{bx}——x 方向上的床层剪应力；

　　　C_s——谢才数，该系数与边界的有效粗糙度 k_s 和水流深度有关。

$$C_s = 5.75\log\left(12\frac{H}{k_s}\right) \tag{12-7}$$

　　对于给定的水深和曼宁值，有效粗糙度与两者之间的关系为

$$k_s = \frac{12H}{e^m} \tag{12-8}$$

$$m = \frac{H^{1/6}}{2.5n\sqrt{g}} \tag{12-9}$$

　　对于水深与粗糙度的比值小于一定值时 $\left(\dfrac{H}{k_s} < \dfrac{e^2}{12}\right)$，式（12-7）可改写为

$$C_s = 2.5 + \frac{30}{e^2}\left(\frac{H}{k_s}\right) \tag{12-10}$$

　　采用 Boussinesq 型涡黏公式模拟了深度平均横向湍流剪切应力。假设涡动黏性系数由三个分量组成，即常数、床面剪切力生成项和横向剪切力生成项。则有

$$\tau_{xy} = v_t \left(\frac{\partial U}{\partial y} + \frac{\partial V}{\partial x} \right) \tag{12-11}$$

式中　v_t——涡流黏性系数。

$$v_t = \varepsilon_1 + \varepsilon_2 \frac{H \sqrt{U^2+V^2}}{C_s} + \varepsilon_3^2 H^2 \sqrt{2 \frac{\partial U}{\partial x} + \left(\frac{\partial U}{\partial y} + \frac{\partial V}{\partial x} \right)^2 + 2 \frac{\partial V}{\partial y}} \tag{12-12}$$

式中　ε_1、ε_2、ε_3——用户自定义的系数。ε_1 的默认值为 0。

当式（12-12）中的第二项可能无法充分描述水流的 v_t 时，该系数可用于得到稳定且非常浅水流的解。ε_1 的合理值可通过使用模型站点的平均流量条件（平均水深和平均流速）计算上式中的第二项获得。ε_2 的默认值为 0.5，其取值范围为 0.2～1.0。由于大多数河流紊流是由河床剪切力产生的，所以这一项通常是最重要的。在较深的湖泊底流或横向流速较大的水流中，横向剪切力可能是产生湍流的主要原因。假设混合长度与流量深度成正比。ε_3 一般取值为 0.1，该值可通过校准进行调整。

River2D 模型在处理干湿边界区域时采用地下水流量方程。该模型可在不改变边界条件的情况下计算具有正负深度的连续自由面。地下水质量守恒方程为

$$\frac{\partial H}{\partial t} = \frac{T}{S} \left(\frac{\partial^2}{\partial x^2}(H+z_b) + \frac{\partial^2}{\partial y^2}(H+z_b) \right) \tag{12-13}$$

式中　T——渗透系数；

　　　S——人工含水层蓄水量；

　　　z_b——地面标高。

渗透系数和人工含水层蓄水量都可由用户根据实际需要输入数值，其默认值分别为 0.1、1。渗透系数应设置为低值，以避免实际地下水排放量的影响。

2. 冰盖模型基本控制方程

River2D 可用于模拟具有已知冰厚度和粗糙度的浮冰覆盖层下的水流。考虑到冰盖增加了剪切力作用的区域以及冰盖的粗糙度增加了剪切应力，从而增加了水流阻力降低了平均流速。因此，动量守恒方程将做相应的改变，质量守恒方程仍保持不变。

X 方向上动量守恒控制方程为

$$\frac{\partial q_x}{\partial t} + \frac{\partial(U q_x)}{\partial x} + \frac{\partial(V q_x)}{\partial y} + g \frac{\partial}{\partial x}\left(\frac{H^2}{2}\right) - g t_s \frac{\partial H}{\partial x}$$

$$= gD(S_{0x}-S_{fx}) + \frac{1}{\rho}\left[\frac{\partial}{\partial x}(D\tau_{xx})\right] + \frac{1}{\rho}\left[\frac{\partial}{\partial y}(D\tau_{xy})\right] \tag{12-14}$$

Y 方向上动量守恒控制方程为

$$\frac{\partial q_y}{\partial t} + \frac{\partial(U q_y)}{\partial y} + \frac{\partial(V q_y)}{\partial y} + g \frac{\partial}{\partial y}\left(\frac{H^2}{2}\right) - g t_s \frac{\partial H}{\partial y}$$

$$= gD(S_{0y}-S_{fy}) + \frac{1}{\rho}\left[\frac{\partial}{\partial x}(D\tau_{yx})\right] + \frac{1}{\rho}\left[\frac{\partial}{\partial y}(D\tau_{xy})\right] \tag{12-15}$$

$$D = H - t_s \tag{12-16}$$

$$t_s = \frac{\rho_i}{\rho} t \tag{12-17}$$

$$q_x = DU \qquad (12-18)$$

$$q_y = DV \qquad (12-19)$$

式中　H——自由水面的深度；

　　　D——河床到冰盖底部的水深；

　　　t_s——冰盖的淹没厚度；

　　　t——冰盖总厚度；

　ρ_i、ρ——冰和水的密度；

　U、V——x 和 y 方向上的与流量强度有关的水深平均流速；

其他项的定义可参见前文。

由于冰的存在，摩擦斜率除了受到床层剪切力的影响，还受到冰剪切力的影响。因此，x 方向上的摩擦斜率公式为

$$S_{fx} = \frac{\tau_{bx} + \tau_{ix}}{\rho g D} = 2 \frac{\tau_{fx}}{\rho g D} = 2 \frac{\sqrt{U^2 + V^2}}{g D C_s^2} U \qquad (12-20)$$

$$C_s = 5.75 \log\left(6 \frac{D}{k_c}\right) \qquad (12-21)$$

$$k_c = \left(\frac{k_i^{1/4} + k_b^{1/4}}{2}\right)^4 \qquad (12-22)$$

其中

$$\tau_{fx} = \frac{\tau_{bx} + \tau_{ix}}{2}$$

式中　τ_{bx}、τ_{ix}——河床和冰在 x 方向上的剪切力；

　　　C_s——谢才数；

　　　D——冰盖下的水深；

　　　k_c——河床和冰的综合粗糙度，使用 Sabaneev 方程 $\left[k_c = \left(\dfrac{k_i^{1/4} + k_b^{1/4}}{2}\right)^4\right]$ 验证。

应注意的是，即使流量或水深相同，在无冰盖条件下校准得到的河床粗糙度也不适用于冰盖情况，此时应考虑综合粗糙度。

3. 鱼类栖息地模型原理

River2D 的鱼类栖息地部分基于 PHABSIM 鱼类栖息地模型中使用的加权可用面积（WUA）（Bovee，1982）。在 River2D 模型中，计算 WUA 面积，需要每种鱼类各生命阶段的适宜性曲线指数（SI）图、速度以及水深数据，其中 SI 图由外部数据导入，速度和深度数据可直接取自模型的水动力模拟结果。

加权可利用面积计算公式（英晓明，河道内流量增加方法 IFIM 研究及其应用）为

$$WUA = \sum_{i=1}^{n} CSF(V_i, D_i, C_i) \times A_i / L$$

$$CSF_i = V_i D_i C_i$$

$$CSF_i = (V_i D_i C_i)^{1/3}$$

$$CSF_i = \min(V_i, D_i, C_i)$$

式中　　　　　WUA——河段单位长度的微生境适宜性；

$CSF(V_i, D_i, C_i)$ ——各影响因子的组合适宜性值；

C_i——河道指标，包括基质和覆盖物；

V_i——流速；

D_i——水深；

i——第 i 个研究河段；

A_i——长度为有效断面距离的每个单元水平面积；

L——河段长度。

12.2.2　数值离散方法

River2D 水动力模型采用基于流线迎风 Petrov - Galerkin 误差权公式的有限单元法。有限元方法的求解过程就是将一连续的求解区域划分为有限个互不重叠的子区域（称为"单元"），在每个单元内选择合适的"结点"作为求解函数的插值点。在 River2D 中，采用隐式的 Newton - Raphson 迭代法进行求解。

12.3　River2D 模型的模拟过程

12.3.1　准备工作

为了保证 River2D 的正常运行，需要准备地形文件、冰盖文件、河道指标适宜性指数文件、鱼类栖息地偏好文件。地形文件包含各节点的坐标值、高程和河床粗糙度信息，作为 River 网格编辑器的输入文件。冰盖文件只有在考虑河流冰盖的情况下才需准备，该文件中包含冰的厚度和粗糙度等信息。河道适宜性指数文件作为鱼类栖息地模型的输入文件，在 River2D 水动力模拟中将不会使用。该文件中包含被插入到地形文件各计算节点中的河道指标值。鱼类偏好文件也是作为栖息地模型的输入文件，该文件包含特定物种或生命阶段的速度、水深和河道指标偏好曲线的信息。

12.3.2　模型运行

首先将河岸和河床地形数据输入至 River 河床模块中确定研究区域的计算边界，该边界包括研究区域的入流边界、出流边界和无流边界，一般情况下将河岸设置为无流边界。接着，将处理好的河床文件输入至网格编辑器模块进行网格化处理，生成有限元网格文件。最后，将处理好的网格文件输入至 River2D 模块，选择迭代法运行模型，生成水深、流速等图表。

加权可利用面积可在 River2D 的栖息地模块中完成。结合鱼类偏好曲线、河道适宜性指数以及水动力模拟结果进行计算，当水动力模拟解收敛于指定的流量值，此时便可得到 WUA 值。

第 13 章　SEFA 分析软件

13.1　基于河道内流量增量法的环境流量分析软件（SEFA）

随着计算机技术的快速发展以及环境流量理论的不断完善，迫切需要改进河流生境的建模方法并建立更为全面的环境流量评估体系。IFIM 提供了一个影响评估框架，但并未创建适用其框架的综合软件。环境流量分析系统（system for environmental flow analysis，SEFA）是一款能够实现 IFIM 评估体系的软件，SEFA 是对现有物理栖息地模拟软件进一步创新开发而创建的。Bob Milhous（PHABSIM 的开发人员）、Ian Jowett（RHYHABSIM 的开发人员）和 Tom Payne（RHABSIM 的开发人员）等人在程序开发过程中担当了重要角色。SEFA 软件包含多个模块：一维生境水力学模型、二维生境水力学模型、生境适宜度曲线制定、水温模型、泥沙输移分析、溶解氧模型、河岸生境模型、时间序列分析等。这一新工具及其技术将会对环境流量评估未来的发展起到至关重要的作用。

13.2　SEFA 软件概述

SEFA 的开发旨在为 IFIM 中的环境流量评估提供一套集成的工具，以评估流量变化对各种物理参数的影响。SEFA 能够将各种输出数据以图形或表格的形式呈现，以显示面积加权适宜性（*AWS*，以前称为 *WUA*）、溶解氧、水温、洪水等级和沉积物功能等参数随流量变化的趋势，此后还可以通过使用时间序列分析来评估水文变量、面积加权适宜性、洪水等变量的频率，幅度和时间变化，以进一步检查流量状态改变所引起的变化。本软件适用于经验丰富的 PHABSIM 用户。各组件的功能如下所述。

13.2.1　数据

尽管可以直接输入数据，但最好在 Excel 中输入数据并导入。这样既可以在 Excel 中也可以在 SEFA rhbx 文件中拥有数据的副本。输入/编辑模块允许在必要时查看和编辑数据。

13.2.2　单位和时间

所有计算均以米制单位进行，结果可以英尺或米表示。导入文件时，如果未在文件中指定，则应为该文件指定相应的单位。可以识别各种各样的日期格式。日期可以按天/月/年或月/日/年顺序排列。默认的日期/时间表示格式为日/月/年，可以更改为月/日/年。

13.2.3　文件的输入和输出格式

可以导入各种文件类型并将其转换为 SEFA 文件。类型包括限定的文本（txt hab）、excel（xls，xlsx）、RHYHABSIM（rhb）、RHABSIM（rhb）、PHABSIM DOS 文本（*.ifg）和 PHABSIM Windows 文件（*.phb 等）。

SEFA 文件可以导出为文本文件（.hab），也可以导入文本文件以重新创建 SEFA 文件。这对于创建文件的文本备份及其校准很有用。当使用者熟悉文本格式时，它还提供了另外一种查看数据的方法。

13.2.4　审查数据

SEFA 提供了检查数据和校准的过程。结果将在文本窗口中列出，如果有任何问题，它们将显示为蓝色文本。包括以下检查项：①根据程序假定的基质类型输入的基质名称；②额定曲线；③等级；④栖息地质量权重之和应为 1（100%）；⑤速度负值的极值；⑥偏移量都是按升序或降序排列；⑦校准计量表将列出水位变化/流量变化，突出显示异常高或低的值。

13.2.5　生境适宜性曲线和模型

SEFA 提供了一个单独的程序模块，用于分析生境适宜性数据并开发生境适宜性曲线和统计模型，能够将生境适宜性曲线从文本文件导入到库中。

13.2.6　水力参数/生境适宜性分析

水力参数和生境适宜性随流量的变化表现在点、断面和河段三个方面，可以对任意河段和横截面的组合进行大多数分析操作。

默认情况下，使用深度、流速和基质标准评估生境。也可以使用这些标准的任何组合。另外，评估中可以包括其他标准，例如基质指数或覆盖指数。

13.2.7　分析波动流量

这将产生一个图表，显示出生境如何随着流量波动的增加而减少。左半轴是面积加权适宜性 AWS，下半轴是流量波动的比例。

流量波动对水力生境的影响分析模块是围绕基流建立的。基流即为正常流量，波动会导致流量降至正常值以下或增加至高于正常值。

13.2.8　鱼类通道分析

鱼类通道分析可以计算出通道宽度（总宽度和最大连续宽度）随流量的变化。

13.2.9　沉积物模拟

沉积物模拟可以通过使用 Milhous 冲洗标准（Milhous，2015）计算被冲洗的河床（深层和表面）面积来估算冲洗流量需求，还可显示剪切速度、剪切应力、悬浮沉积物尺寸和河床尺寸。

也可以使用运动开始时的 Shields 曲线计算出河流中有淤泥或沙子沉积的面积百分比（即当无量纲剪切应力为 0.056 时发生运动/沉积）。

假定不输入泥沙，计算悬浮沉积物浓度的纵向变化；这一模型是依据 Einstein (1968) 关于淤积的研究中提出的细颗粒（黏性河床）在水中的沉降理论。

13.2.10 水温模拟

水温模拟可以使用拉格朗日法（Rutherford，1997）或 Theurer 法（Theurer，1984）来计算最大、最小和日平均水温随下游距离的变化；也可以将气象和水温时间序列数据用于校准和建模。

13.2.11 溶解氧模拟

溶解氧模拟提供了从记录的数据计算溶解氧参数（复氧作用、呼吸作用和氧气产生量）的程序，并使用这些参数来计算流量对溶解氧的影响。

13.2.12 水面曲线模拟

水面曲线模拟提供了使用水面曲线模型进行校准和建模的程序。在 SEFA 中能够随流量改变曼宁值 N，可以将一系列的 WSP 文件保存为额定曲线，并用于后续分析。

13.2.13 流量分析

本软件能够识别多种日期格式，包括 dd/mm/yy 或 mm/dd/yy 顺序，包含日期和流量数据的文本或将 Excel 文件作为一种输入文件的标准。

这些数据可以显示为图表，并用于计算流量持续时间统计、季节性流量统计和水文变化指示。可以对面积加权适宜性（AWS 以前称为加权可用面积）进行类似分析。对于基流以上的特定高度，可以计算河岸淹没的频率、时间和持续时间。可以计算流量事件的频率和持续时间；可以为流量事件指定多个标准（例如流量大于 $10\mathrm{m}^3/\mathrm{s}$ 和流量小于 $100\mathrm{m}^3/\mathrm{s}$）。

13.2.14 模型计算

一般情况下，建议使用默认方法，但应优先允许 IFG4 法进行曼宁值 N 校准、速度计算、额定曲线计算。

默认情况下，SEFA 通过在横截面测量点之间线性插值来计算生境适宜性。例如，如果一个测量点在河道边缘，另一个测量点在水深 0.5m 的水中，则程序将以 0.025m 为增量从 0 增至 0.5m 并计算栖息地适宜性，如果数据没有被审查，则按照 PHABSIM 中所述的方法在测量点计算栖息地适宜性。

推导出测量的水位流量之间的对数—对数额定值关系。默认的方法是通过校准流量对曲线进行拟合，并对其他水位流量进行最佳的最小二乘法拟合。当测量断面是基于测量的水深时，这种方法是最合适的，因为它在预测测量流量的水位时不会引入深度误差。

一种方法是在 IFG4（PHABSIM）中使用的方法，拟合所有水位流量的曲线。默认的流速校准和预测方法是根据测量点处的输送量（水力半径的函数）计算曼宁值的 N 和 VDF。在预测给定流量的速度时，会根据输送量进行计算并进行调整，以使它们得出给定流量乘以实量流量与测量流量之比。使用此默认方法和默认的对数评级方法，会使得测量流量处的预测速度与实测值更为接近。

另一种方法是在 IFG4（PHABSIM）中使用的方法，其中曼宁值的 N 是根据每个测量点的水深和横截面的斜率（通常为默认的 0.0025）计算得出的。在预测给定流量的速度时，使用曼宁方程（N，深度和坡度）计算它们，然后调整流速以使它们满足给定流量。

13.2.15　生境适宜性计算

有三种计算组合适宜性指数的方法。默认情况下，CSI 值要相乘以形成单个组合指数。

当水位高于左岸或右岸时，用线性插值法估计边界高度。但是，如果河岸坡度小于 0.05（默认值），则会自动创建垂直河岸。PHABSIM 总是建立垂直河岸，假定水力粗糙度随流量而变化，从而利用曼宁方程计算水位流量关系。还有一种方法是允许粗糙度随水力半径变化。

13.3　SEFA 中各软件模块的简介

13.3.1　概述

为了帮助维持水力生境建模和 IFIM 方法的适用性，Bob Milhous、Ian Jowett、Tom Payne 等结合现有资源创建了一个新的软件包，该软件包能够在最新一代的计算机和操作系统上运行。该软件包被命名为 SEFA，是环境流量分析系统的缩写，目前该软件由一家名为水生系统分析师的公司独家管理。该软件基本能够实现 IFIM 的目标，根据范围界定过程的结果能够使用多种途径，依据界定范围来呈现模拟的结果，并且可以满足多种研究类型的需要。环境流量指的是目前大多数河道内流量的综合性质，而不仅是静态的最小流量。分析是该系统的一个重要组成部分，包括水文分析、栖息地水力模型分析、水温模型、栖息地选择性标准制定、沉积物冲刷运输和沉积分析、河岸栖息地评估以及水文和栖息地时间序列分析。

图 13-1 显示了 SEFA 初始视图的屏幕截图，软件的总体布局遵循 IFIM 理论框架（Bovee，1998）。使用鼠标点击 SEFA 流程框架中的任何一个项目都将显示描述其功能和用途的文字说明。在尚未导入河道相关资料的情况下，软件功能仅限于制定栖息地选择性标准（即主菜单栏上的生境适宜度曲线）和时间序列分析。单击主菜单栏上的"文件"选项将允许用户加载现有的 SEFA 格式河流模型文件，或导入 PHABSIM、RHABSIM 或 RHYHABSIM 格式的河道横断面数据文件，或从 Microsoft Excel 中导入指定格式的文本文件。加载河流模型文件后，依赖于河道形态数据而进行的工作进程选项都将被激活，并显示在主菜单栏上以供选用。

该软件的设计是为了在应用中获得最大的灵活性，除了大多数流量研究所共有的元素以外，不受其他特定框架或分析方法的限制。其中，流量研究所共有的元素包括法律制度分析（正式或非正式的，以评估研究参与者可能的政治观点和实施研究所依据的法律领域所需的研究类型）、范围界定和规划（选择研究方法并确定基线、项目边界和潜在的备选方案）、研究目标（为任何需要的研究提供明确的目的）、生态评估（将现有的生物和物理过程联系起来）和协商（解决相互冲突的目标并提出建议）。

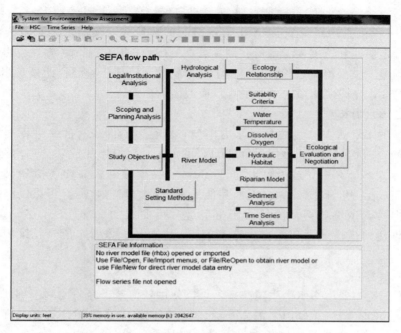

图 13-1　SEFA 软件初始界面示意图

一旦确定了研究目标并获取了水文数据库，环境流量分析就可以依据标准方法进行。例如 Tennant 法（Tennant，1976），Richter 等（1997）的可变范围法或一些流量历时曲线技术。如果河道宽度法（例如 Leathe 和 Nelson 的 Wetted Perimeter 法）满足研究目标，那么一旦收集到所需的河道形态资料便可使用此方法。如果环境流量问题更为复杂（通常涉及大量的流量变化或来自水库的季节性流量变化），那么不仅需要进行更复杂的水力评估，还要研究与水质、沉积物、河岸生境及类似主题相关的潜在的生态影响。

13.3.2　河流模型

SEFA 的功能广泛，其中几个内部程序蕴含大量的理论技术，本节将对每个模块进行简要说明。在 SEFA 中，栖息地模拟可以使用以下方法：PHABSIM、RHYHABSIM 和 RHABSIM 中基于横截面的标准一维水力模型、二维模型结果的输入和参考、大多数已被实证的经验评估方法（用于进一步与其他 SEFA 模型和生境时间序列分析相联系）。该程序既可使用米制单位，也可使用美制测量单位。

13.3.2.1　一维水力模型

SEFA 一维水力模型的构建基于河道剖面的调查断面，所选择的断面应具有以下特性：要么位于代表性河段并包含一系列栖息地类型或属性，要么根据栖息地地图，从河流存在的每种栖息地类型中随机选择横截面。根据各栖息地在栖息地类型中所占的百分比赋予权重。水力模型的模拟还需要水面高程和流速等数据。水面高程可输入实际测量值也可从外部模型中导入。水面高程的校准和模拟可使用对数级额定曲线、河道运输参数以及阶梯式回水模型。水流速度可根据测量模型、水深关系以及经验和专业判断进行模拟和校准。可以根据每个测量点的传输速度计算水流速度（例如在 PHABSIM、RHABSIM 和 RHYHABSIM 中的方法）。在 SEFA 中，对断面的数量或定义断面的垂直线的数量没有设置限制。额定曲线和速度模型都可在测量数据范围内进行可视化调整，也可通过专业知识和经验来创建。模型检查过程将形成一个文本文档，以便于查阅。此外，SEFA 还结合了 RHYHABSIM 允许使用横向（非垂直）横截面的功能。

13.3.2.2　二维水力模型

当前版本的 SEFA 并未内置二维水力模型，但可以借助现有的二维标准模型完成水力模拟。例如，Steffler 和 Blackburn（2001）的 River2D 模型能成功计算出栖息地指数，并可将结果导入 SEFA 中，或者可以通过 Excel 文件模板导入需要模拟的水力数据，并在 SEFA 中完成栖息地指数计算。任何其他二维模型的水力数据都可以以同样的方法导入和分析。但是，生境分析目前仅限于生境适宜度曲线的标准乘法选择。可以通过从二维模型中创建河道横截面，并将其导入 SEFA 中，从而进行水质及其沉积物运移的相关研究。

13.3.2.3　经验评估

SEFA 不一定需要运用水生生境建模，可以使用任何基于经验或基于判断的方法。该类方法包括：Parasiewicz（2001）的 MesoHABSIM，该方法能够针对不同流量下的生境类型依据地质信息对生境适应性指标进行估算；Railsback 和 Kadvany（2004）的示范流量法，也被 Swales 和 Harris（2009）称为专家小组评估法；Trihey 和 Baldridge（1985）使用横截面（无模型）进行的水力生境经验性评估；Williams（2001）倡导的随机抽样及能够在生境适宜性和流量之间建立指数关系的方法。在使用基于经验或判断的评估法时应当谨慎，因为这些方法具有一定的局限性，对其结果应抱以怀疑态度。

13.3.3　其他的分析模块

水力生境模拟的一个重要方面涉及栖息地适宜性（或选择性）标准的开发和制定。SEFA 包含一个用于编译、分析和创建适宜性函数的模块，以及一个用于连接水力学和计算栖息地指数的模块。SEFA 中包含的模块可以与水力栖息地（或其他）指数相关联，也可以用于单独提出建议。现有版本的 SEFA 包含单个或多个河段的溶解氧和污染物稀释模型、泥沙冲刷输运和沉积模型、用于测试河岸植被淹没频率和程度的模型，以及水文和生境时间序列分析。

13.3.3.1　制定生境适宜度曲线

SEFA 的生境适宜度曲线模块可以根据不同生境中动物的数量来确定不同生境的相对质量。通常，在生境质量最好的地方，物种数量最为丰富；在生境质量较差的地方，物种数量较少，而且不存在完全不适宜的栖息地。生境适宜度曲线是生境模拟中最重要的部分，对结果的影响比其他任何一部分都大。因此，适宜性标准必须是合适的，否则结果将是错误的。开发该模块的目的是通过提供一系列相关程序来显示生境概况、可用性和适宜性的柱状图，将内核平滑曲线与这些数据拟合，并将用于生境分析值的标准化，这有利于生境适宜性分析工作的推进。直方图和核密度图都可用于显示生境使用频率和可用性，数据可按组进行分析，如生境类型、鱼类大小或河流系统，频率直方图可用于任何生境变量、数值或分类。曲线可以通过多种方法拟合数据，并且可以通过逻辑拟合、二项式、泊松和伽马建立广义加性模型。多元分析可以用来测试变量之间的交互作用，并且可以通过与可用性数据的比较来调整数据的使用。

13.3.3.2　栖息地指数计算

SEFA 内的栖息地指数表示为面积加权适宜性（area weighted suitability，AWS），单位为 m^2/m 或 ft^2/ft，或者表示为河段或横截面的平均综合适宜性指数（combined suitability index，CSI）。用于栖息地指数的术语是 AWS，以前称为加权可用面积（weighted usable area，WUA）。SEFA 之所以对其进行更改，是因为该指数并不代表实际区域，容易产生相当大的误解。区域加权适用性（AWS）是每个测量点（1D 或 2D）的 CSI，以该点代表的面积加权。CSI 是基于栖息地适宜性曲线中体现的物理特征（水深、流速、基质以及其他属性）而定义的。如果指定了生境适宜性，以最适宜的生境权重为 1，不合适的栖息地权重为 0，则该面积为可用面积，以宽度单位或单位河段长度（m^2/m 或 ft^2/ft）的平方表示。SEFA 运用了将河流水力学与选定的生境适宜度曲线联系起来的标准程序，并且可以按覆盖面、横截面、每个横截面上的点以及栖息地变量显示结果。可以通过求积、几何平均或对单个适宜性的最小值进行组合来对生境变量进行计算。SEFA 中提供了两种预测使用概率或丰度的统计模型（广义加性模型或 GAMs 和多元线性回归），并且可以在任何横截面、河段或河段组合中代替 CSI。

13.3.3.3　鱼类通道评价

SEFA 可以通过调查流量或模拟流量为鱼或船只可通过的河道宽度计算出合适的水深和流量。结果以最小深度和速度的连续宽度或总宽度表示，该总宽度是满足指定条件的所有横截面元素的总和。通过将所需速度设置为零，可以找到满足条件的最小水深；也可以通过将水深设置为零来找到满足条件的最低流速；最小通道宽度往往是所有合适的模拟横截面中的最小值。

13.3.3.4　水温模型

SEFA 中内置水温模型，以帮助水生生物学家和工程师预测水流或遮荫操纵对水温的影响。水温可能以多种方式影响水生系统，从急性致死效应到行为动作的改变，再到慢性应急，最后到整体水质降低。该模型是一种一维热传输模型，可预测日平均和最高水温随河流距离和环境热通量的变化。净热通量通过长波大气辐射、短波太阳辐射、对流、传导、蒸发、河边植被（阴影）、河床流体摩擦、反辐射和地下水入流等要素来进行综合运算。当水向下游流动时，水温的变化是根据河段开始时的初始水温计算得出的。可以指定河段的数量或选择的横截面，并且将为具有水力特性的河段计算水温，该水力特性表现的是所有河道段的均值。

13.3.3.5　溶解氧模型

除了河流的几何形态数据和水温数据外，还需要其他三个参数来计算流量对溶解氧浓度的影响。这三个参数分别是：①群落日呼吸速率（水生植物和微生物的平均耗氧率）；②生产/呼吸比（每天光合作用产生的氧气与植物和微生物每日呼吸所需的氧气量的比值）；③复氧系数（描述大气和河流之间氧气交换速率的系数）。SEFA 中包含两种 DO 模型：一种是适用于水生植物合理均质分布的单站点 DO 模型；另一种是计算有支流流入、点源排放和流出的河段溶解氧浓度和生物需氧量的多站点 DO 模型。

13.3.3.6　沉积物分析

SEFA 可以运用三个单独的模型来模拟计算与流量相关的沉积物冲刷、输送和沉积情况。冲刷流量可从河床基质中去除细小沉积物和浮游植物的积聚，在大多数溪流中，冲刷流量对于清除积聚的细小沉积物和恢复砾石基质中的间隙空间是必需的。表面冲刷流从表层清除了细小的沉积物，使防护层保持完整，而深层冲刷流干扰了防护层，清除了沉积在砾石基质中的沉积物。沉积物沉积发生在水流速低到足以使沉积物沉降的区域。潜在的沉积物淤积面积是根据两种尺寸的沉积物计算得出的：规定流量范围内的沙子（2mm）和泥沙（0.064mm）。可以使用 Einstein（1986）所述的方法计算由于沉积物在死区的沉积/截留而导致的悬浮泥沙浓度的减少。

13.3.3.7　河岸植被评估

河岸植被评估可在 SEFA 内进行，河流模型具有高流量阶段流量额定曲线和日平均流量时间序列。洪水高度和面积计算针对指定基流以上的高度，以及洪水频率、时间和持续时间。还需要熟悉植物生活史和河岸物种对洪水的生物学反应的植物学家对建模结果进行进一步阐释。

13.3.3.8　时间序列分析

SEFA 能查看流量或 AWS 的时间序列数据、对记录的实例数或单独的指定事件数（例如洪水或干旱）进行分析、计算季节性流量或 AWS 统计信息（最小值、最大值、平均值、中位数、标准差等）。使用 AWS 进行栖息地持续时间分析以显示等于或超过该值的频率，使用 Parasiewicz 和 Capra 等（2007）的统一连续阈值下限（UCUT）分析方法。

13.3.3.9　法律制度分析方法

法律制度分析（LIAM）是一个正式的、结构化的流程，一直是 IFIM 流程的组成部分。LIAM 促进了环境流量评估参与者之间的沟通和理解，帮助确定重要的关注点和机会，有助于相互理解此类研究的复杂性，并建立了合作的工作关系。当前的 SEFA 软件并没有内置的 LIAM 模块，而是通过外部软件进行相应的研究。未来的 SEFA 版本将直接内置 LIAM 模块，以保持与进行环境流量评估的政治和社会环境的联系。

13.4　模型的基本控制方程

13.4.1　河流模型中流量和流速的控制方程

1. 流量控制方程

流量控制方程为

$$Q = V_i A \qquad (13-1)$$

式中　V_i——横截面上每个点的速度；

　　　A——横截面的面积。

2. 流速控制方程

在 SEFA 软件中，对于河流流速的计算有三种方程可供选择，分别为曼宁方程、IFG4 方程、SEFA 默认方法。

（1）曼宁方程为

$$V = 1/N \times R^{2/3} \times S^{1/2} \qquad (13-2)$$

式中　V——平均流速；

　　　S——河道坡度；

　　　R——河道水力半径；

　　　N——曼宁值。

（2）IFG4 方程为

$$N = 1/V \times D^{\left(\frac{2}{3}-\beta\right)} \times S^{1/2} \qquad (13-3)$$

当流量发生改变时，可根据水深重新计算曼宁值和流速，即

$$N_{new} = N \times (D_{new}^{\beta}) \qquad (13-4)$$

$$V_{new} = 1/N_{new} \times D_{new}^{2/3} \times S^{1/2} \qquad (13-5)$$

式中　V——平均流速；

　　　S——河道坡度；

　　　N——曼宁值；

　　　β——常数，用以描述曼宁值随着流量的改变。

（3）SEFA 默认方法为

$$V_1 = R_1^{\left(\frac{2}{3}-\beta\right)}/N_1 \times (QN)/(AR^{2/3}) \qquad (13-6)$$

式中　Q——总流量；

　　　N——断面粗糙度；

　　　R——断面水力半径；

　　　R_1——单元水力半径；

　　　N_1——单元粗糙度；

　　　V_1——单元流速；

　　　β——常数。

13.4.2　栖息地适宜性指数控制方程

有三种可用于计算栖息地适宜指数的方法：将单个适宜性指数相乘以形成一个综合指数、单个适宜性指数的几何平均值、单个适宜性指数中的最小值，对应的公式分别为

$$CSI_i = V_i \times D_i \times C_i \qquad (13-7)$$

$$CSI_i = (V_i \times D_i \times C_i)^{1/3} \qquad (13-8)$$

$$CSI_i = MIN(V_i, D_i, C_i) \qquad (13-9)$$

式中　C_i——河道指标，包括基质和覆盖物；

　　　V_i——流速；

　　　D_i——水深；

　　　i——第 i 个研究河段。

13.4.3　沉积物模型的基本控制方程

在 SEFA 的沉积物模型中，根据坡度和水力半径计算河床剪切力时，假设断面上的流速分布是均匀的（即各点的流速与深度成正比）。计算公式为

$$\tau = wRS \tag{13-10}$$

$$\tau_{\text{无量纲}} = \frac{RS}{(sg-1)d_{50}} \tag{13-11}$$

式中 τ——河床剪切力；

$\tau_{\text{无量纲}}$——无量纲的河床剪切力；

w——水的比重；

R——水力半径；

S——坡度；

sg——基质的比密度；

d_{50}——表层基质尺寸的中值。

还有一种计算河床剪切力的公式是根据摩擦系数和各点速度进行计算的，具体公式为

$$RS = f\frac{v^2}{8g} \tag{13-12}$$

由式（13-10）和式（13-12）可得

$$\tau = wf\frac{v^2}{8g} \tag{13-13}$$

式中 τ——河床剪切力；

w——水的比重；

f——摩擦系数；

v——流速；

g——重力加速度。

其中，摩擦系数 f 可用 Prandtl von Karman 方程根据基质尺寸进行计算。

$$V_\tau = \sqrt{f \times \frac{V^2}{8}} \tag{13-14}$$

其中

$$\sqrt{\frac{f}{8}} = 5.75 \times \log_{10}\left(12.2 \times \frac{R}{K_s}\right)$$

且

$$K_s = 3.5 \times d_{84}$$

由此可得

$$V_\tau = \sqrt{\frac{V^2}{8} \times \frac{1}{2.03 \times \log_{10}\left(12.2 \times \frac{R}{3.5 \times d_{84}}\right)}} \tag{13-15}$$

式中 V_τ——剪切力速度；

V——水流速度；

d_{84}——泥沙粒径；

K_s——某一常数乘以粒径值；

R——水力半径。

式（13-15）适用于水力半径大于 $3.5 \times d_{84}$ 时。当水力半径小于 $3.5 \times d_{84}$ 时，剪切速度计算公式为

$$V_\tau = \sqrt{\frac{V^2}{8} \times \frac{1}{2.03 \times \log_{10} 12.2}} \qquad (13-16)$$

式中各参数的定义参考上文。

13.4.4 溶解氧模型基本控制方程

溶解氧日变化受大气复氧作用、植物光合作用以及细菌呼吸作用三个基本过程的影响，溶解氧变化率（dC/dt）方程为

$$\frac{dC}{dt} = k(C_s - C) + P - R \qquad (13-17)$$

$$k_2^{(20)} = k_2^{(T_{av})} \times 1.0241^{20 - T_{av}} \qquad (13-18)$$

$$R = R^{(20)} (e^{\frac{\ln(Q_{10})}{10}})^{T_{av} - 20} \qquad (13-19)$$

$$P = P^{(20)} (e^{\frac{\ln(Q_{10})}{10}})^{T_{av} - 20} \qquad (13-20)$$

式中　C——t 时刻的溶解氧浓度；

C_s——饱和溶解氧浓度（与水温有关）；

k——复氧系数；

P——t 时刻植物光合作用瞬时速率；

R——t 时刻微生物呼吸作用瞬时速率；

$k_2^{(20)}$——20℃时修正后的复氧作用瞬时速率；

T_{av}——温度；

$k_2^{(T_{av})}$——T_{av}时的复氧作用瞬时速率；

$R^{(20)}$——20℃时呼吸作用瞬时速率；

$P^{(20)}$——20℃时光合作用瞬时速率；

Q_{10}——介于 1～2 之间。

参 考 文 献

Bovee K D, 1982. A guide to stream habitat analysis using the Instream Flow Incremental Methodology [M]. Instream Flow Information Paper 12. U. S. D. I. Fish and Wildlife Service, Office of Biological Services. FWS/OBS－82/26：248.

Bovee K, Lamb B, Bartholow J, et al. , 1998. Stream habitat analysis using the instream flow incremental methodology. U. S. Geological Survey, Biological Resources Division Information and Technology Report [R]. USGS/BRD－1998－0004：131.

Bovee K D, 1985. Evaluation of the effects of hydropeaking on aquatic macroinvertebrates using PHABSIM [M]. The American Fisheries Society：236－242

Bovee K D, 1986. Development and evaluation of habitat suitability criteria for use in the instream flow incremental methodology [J]. Instream Flow Information Paper 21. U. S. Fish and Wildlife Service Biological Report, 86 (7)：235.

Bovee K D, 2000. Data collection procedures for the Physical Habitat Simulation System [R]. Available on the Internet at http：//www. mesc. usgs. gov.

Bovee K D, Lamb B L, Bartholow J M, et al. , 1998. Stream habitat analysis using the instream flow incremental methodology. U. S. Geological Survey, Biological Resources Division Information and Technology Report [R]. USGS/BRD－1998－0004：131.

Cavendish M G, Duncan M I, 1986. Use of the instream flow incremental methodology：A tool for negotiation [J]. Environmental Impact Assessment Review, 6：347－363.

Einstein H, 1968. "Deposition of suspended particles in a gravel bed", Journal of the Hydraulics Division [J]. American Society of Civil Engineers, 94 (5)：1197－1205.

Geer W H, 1980. Evaluation of five instream flow needs methodologies and water quality needs of three Utah trout streams [J]. Utah Division of Wildlife Resources, Publication：227.

Goodman D, Martin A, Petros P, et al. , 2009. Judgment Based Habitat Mapping on the Trinity River, 2006. U. S. Fish and Wildlife Service, Arcata Fish and Wildlife Office, Arcata Fisheries Technical Report [R]. Number TR2009－12, Arcata, California.

Hearn H E, 1987. Interspecific competition and habitat segregation among stream－dwelling trout and salmon：A review [J]. Fisheries, 12 (5)：441－451.

Hey R D, 1979. Flow resistance in gravel－bed rivers [J]. Journal of Hydraulics Division, 105 (HY4)：365－379.

Jowett I G, 1997. Instream flow methods：a comparison of approaches [J]. Regulated Rivers：Research & Management.

Lamb B L, Sabaton C, Souchon Y, 2004. Use of the Instream Flow Incremental Methodology：Introduction to the Special Issue [J]. Hydroécologie Appliquée, 14：1－7.

Leathe S, Nelson F, 1986. A literature evaluation of Montana's wetted perimeter inflection point method for deriving instream flow recommendations [R]. Montana Department of Fish, Wildlife and Parks, Helena, Montana：70.

Dunbar M, Acreman M, Elliott C, et al. , 1997. Overseas Approaches to Setting River Flow Objectives [J]. Bristol：Environment Agency.

Manly B F J, McDonald L L, Thomas D L, 1993. Resource selection by animals：statistical design and analysis for field studies [J]. Chapman and Hall, London, United Kingdom：175.

Midcontinent Ecological Science Center, 2001. PHABSIM for Windows User's Manual and Exercises [R]. U. S. Department of the Interior, U. S. Geological Survey, Open File Report (01): 340.

Milhous R T, 2015. Modelling of instream flow needs: the link between sediment and aquatic habitat [J]. River Research & Applications, 14 (1): 79 – 94.

Modde T, Hardy T B, 1992. Influence of different microhabitat criteria on salmonid habitat simulation [J]. Rivers 3, 37 – 44.

Modde T, Ford R C, Parsons M G, 1991. Use ofa habitat – based stream classification system for categorizing trout biomass [J]. North American Journal of Fisheries Management, 11 (3): 305 – 311.

Morhardt J E, 1986. Instream flow methodologies. Report of Research Project 2194 – 2 [R]. Electric Power Research Institute, Palo Alto, Calif, v. p. Morhardt, J. E., and C. F. Mesick. 1988. Behavioral carrying capacity as a possible short – term response variable [J]. Hydro Review, 7: 32 – 40.

Olive S W, Lamb B L, 1984. Conducting a FERC environmental assessment: A case study and recommendations from the Terror Lake Project [R]. U. S. Fish and Wildlife Service FWS/OBS – 84/08: 62.

Parasiewicz P, 2007. The Meso HABSIM model revisited [J]. River Research and Applications, 23 (8): 893 – 903.

Parasiewicz P, 2001. MesoHABSIM: a concept for application of instream flow models in river restoration planning [J]. Fisheries, 26 (9): 6 – 13.

Peter Steffler and Julia Blackburn, 2002. River2D: Two – Dimensional Depth Averaged Model of River Hydrodynamics and Fish Habitat, Introduction to Depth Averaged Modeling and User's Manual [R]. the Cumulative Environmental Management Association.

Railsback S, Kadvany J, 2004. Demonstration flow assessment, procedures for judgementbased instream flow studies [M]. EPRI Final Report, March 2004, TR – 1005389: 124.

Rantz S E, 1982. Measurement and computation of streamflow: Volume 1: Measurement of stage and discharge [M]. U. S. Geological Survey Water Supply Paper, 2175: 284.

Richter B, Baumgartner J, Wigington R, et al., 1997. How much water does a river need [J]. Freshwater Biology, 37: 231 – 249.

Rutherford J C, Blackett S, Blackett C, et al., 1997. Predicting the effects of shade on water temperature in small streams [J]. New Zealand Journal of Marine and Freshwater Research, 31: 707 – 721.

Steffler P, Blackburn J, 2002. River2D, Two – Dimensional Depth Averaged Model of River Hydrodynamics and Fish Habitat, Introduction to Depth Averaged Modeling and User's Manual. river 2d users manual [M].

Steffler P, Blackburn J, 2001. River 2D, two – dimensional depth averaged model of river hydrodynamics and fish habitat, introduction to depth averaged modeling and user'smanual [J]. University of Alberta, April 23: 64.

Tennant D, 1976. Instream flow regimens for fish, wildlife, recreation and related environmental resources [J]. Fisheries, 1 (4): 6 – 10.

Tharme R E, 2003. A global perspective on environmental flow assessment: emerging trends in the development and application of environmental flow methodologies for rivers [J]. River Research and Applications, 19: 5 – 6.

Theurer et al., 1984. Instream water temperature model [J]. United States Fish & Wildlife Service.

Thomas J A, Bovee K D, 1993. Application and testing of procedures to evaluate transferability of habitat suitability criteria [J]. Regulated Rivers: Research and Management, 8 (3): 285 – 294.

Thorn P A, 2006. RHYHABSIM as a stream management tool [J]. Journal of Transdisciplinary Environmental Studies, 5: 1 – 2.

Trihey E，Baldridge J，1985. An empirical approach for evaluating microhabitat response to streamflow in steep – gradient，large bed – element streams ［J］. American Fisheries Society：215 – 222.

Williams J，2001. Testing models used for instream flow assessment ［J］. Fisheries，26（12）：19 – 20.

第
4
篇

基于适宜度曲线的鱼类
栖息地适宜度指数模型

第 14 章　概述

14.1　栖息地适宜度指数模型

栖息地适宜度指数模型（HSI）最初由美国渔业和野生动物局开发，主要以目标物种对栖息地的选择、生态位分化和栖息地限制因子等生态学理论为基础，根据选定的保护物种对不同栖息地因子的需求之间的函数关系构建模型。该模型适用于评估主要环境因子对研究生物的分布特征及丰富度的影响，在过去几十年间已经逐步成为一种广泛应用的栖息地评价方法。该模型主要将河道断面按一定比例分割，确定每一段的垂向平均流速、水位、底质和覆盖物类型等；然后分析鱼类或其他指示物种对这些参数的适宜度，绘制单因子适宜度曲线，根据曲线确定每部分的环境喜好度，例如水位喜好度、流速喜好度、溶解氧喜好度、底质喜好度、覆盖物喜好度等；最后计算出每个断面每个指示物种的总生境适宜度，称为加权可利用面积 WUA。绘制 WUA—流量曲线，该曲线能清楚地显示流量变化对指示物种某个生命阶段的影响。

栖息地模型是根据水动力学模型得到的不同流量下河段内的流速和水深分布情况，结合鱼类对流速和水深的适宜度曲线，确定不同流量下各区段对应的栖息地适宜度指数，最终得出栖息地加权可利用面积 WUA 与流量的关系曲线。

鉴于物种对生境的选择并不是独立考虑单一生境因子，而是选择一个适宜生境因子的组合。因此，需要计算每个研究单元中各环境因子组合适宜度，其计算方法有算术平均法、几何平均法、加权乘积法、最小值法、加权求和法等。

（1）算术平均法公式为

$$HSI = \frac{\prod_{i=1}^{n} SI_i}{n}$$

（2）几何平均法公式为

$$HSI = \prod_{i=1}^{n} SI_i$$

（3）加权乘积法公式为

$$HSI = \prod_{i=1}^{n} (SI_i)^{W_i}$$

（4）最小值法公式为

$$HSI = \min(SI_1, SI_2, \cdots, SI_n)$$

（5）加权求和法公式为

$$HSI = \sum_{i=1}^{n} SI_i W_i$$

式中　SI_i——物种对第 i 种环境因子的适宜度；

$\quad\quad W_i$——第 i 种环境因子的权重，取值范围为 $0\sim1$。各环境因子的权重既可由专家意见获得，也可通过主成分分析等统计方法获得。

以上各种计算方法都基于一定的假设条件。算术平均法假定每个变量互相独立，且它们的重要性相同，较好的变量条件可以适度补偿其他变量条件的不足；几何平均法考虑了不同变量之间的补偿作用；加权乘积法考虑了不同环境因子之间的补偿作用，当某一环境因子的 SI 值为 0，则所得 HSI 值也为 0；最小值法假定目标物种的生境适宜度取决于限制性因子，不考虑各个环境因子之间的相互作用，但该方法认为高 SI 的环境因子不能产生补偿效应；加权求和法为每个环境因子赋予适宜的权重，表明各个环境因子的相对重要性。

14.2　栖息地适宜度曲线

栖息地适宜度曲线用来定量描述生物生长与环境因子之间关系，目前已得到广泛应用。该方法通过收集资料对目标生物所需的最优非生物环境条件建立生境评级指数，用来表示不同生物不同生命阶段对流速、水深、基质、遮蔽物等环境因子的偏好。栖息地适宜度可在平面坐标系中表示，其中 X 轴代表某些环境因子，如流速、水深、河床基质等，Y 轴用 $0\sim1$ 之间的数值表示目标生物的生长对该环境因子的偏好程度，最喜欢或最适宜的环境条件设值为 1，最不适宜或无法生长的环境设值为 0。一般情况下，栖息地适宜度曲线是一个上凸曲线，与横坐标有两个交点，两交点之间的环境条件范围代表着该种生物对该环境因子可生存的范围。栖息地适宜度也可用文字表示，如好、中、差。栖息地适宜度曲线有三种格式：单变量二元格式、单变量曲线格式、多变量曲线格式。在 IFIM 法中，息地适宜性标准是 IFIM 法的生物学基础，常采用单变量曲线格式来表示栖息地适宜度曲线。

单变量曲线格式是通过连续曲线或阶段函数定义生境因子对某物质的适宜范围和最佳范围。该表示方法将生物对生境因子的选择通过一系列曲线而不是二元格式的阶梯函数表达。曲线的峰值代表生物对环境因子的偏好范围，曲线的两个端点代表该环境因子的适宜范围。

建立栖息地适宜度曲线最常用的方法主要有两种：专家判断法和生境利用法。

1. 专家判断法

根据专家的经验判断以及相关资料和文献中的记载，借助会议讨论、专家调查问卷、栖息地现场识别等手段，获取物种栖息地适宜度曲线。该方法不需要野外监测，费用少、耗时少，但该方法在很大程度上依赖主观判断，缺乏一定的可靠性。

2. 生境利用法

对河流内目标物种正在利用的栖息地，即可利用的区域进行相关环境因子的测量、统计直接得到各个环境因子对应的适宜度曲线。也可通过在研究区域使用预设电捕鱼网格随机捕获目标生物，随后对捕获物的物种、数量、生命阶段等参数进行统计分析，再利用统计学手段（例如绘制目标生物相应生命阶段栖息地使用频率分布直方图）即可得到该生物对不同环境因子的适宜度曲线。

生境利用法是基于野外实测数据而不是主观判断，具有一定的可靠性，但是该方法得到的曲线可能由于野外测量区域无最佳栖息地条件，鱼类只能在低质量环境中生存，使得栖息地适宜度指数中最适宜栖息地与实际情况不相符。同时该方法需要进行大量的野外调查，具有周期长、工作量大、费用高等缺点，其精度受样本数量的影响。

第 15 章　中国内陆鱼类物种

15.1　中国内陆鱼类物种多样性

　　经过文献数据整理，统计出中国现有内陆鱼类 1384 种，其中引入种 21 种，原产于中国的内陆鱼类共 1363 种。土著种中，所占比例前三名分别为鲤形目（Cypriniformes）共 1032 种，鲇形目（Siluriformes）共 145 种，鲈形目（Perciformes）共 107 种。此外，鲑形目（Salmoniformes）18 种；胡瓜鱼目（Osmeriformes）9 种；鲟形目（Acipenseriformes）、合鳃鱼目（Synbranchiformes）、鲉形目（Scorpaeniformes）各 7 种；鳗鲡目（Anguilliformes）4 种；鳉形目（Cyprinodontiformes）和七鳃鳗目（Petromyzontiformes）各 3 种；鲱形目（Clupeiformes）、狗鱼目（Esociformes）、刺鱼目（Gasterosteiformes）各 2 种。中国内陆土著鱼类亚科级以上分类系统名录及种数见表 15-1。

表 15-1　　　　　　　　　　　中国内陆土著鱼类亚科级以上分类系统名录及种数

目	科	亚　科	种数
七鳃鳗目（Petromyzontiformes）	七鳃鳗科（Petromyzontidae）		3
鲼形目（Myliobatiformes）	魟科（Dasyatidae）		2
鲟形目（Acipenseriformes）	鲟科（Acipenseridae）		7
	长吻鲟科（Polyodontidae）		1
鳗鲡目（Anguilliformes）	鳗鲡科（Anguillidae）		5
鲱形目（Clupeiformes）	鲱科（Clupeidae）		1
	鳀科（Engraulidae）		1
鲤形目（Cypriniformes）	鲤科（Cyprinidae）	雅罗鱼科（Leuciscinae）	31
		鲌亚科（Cultrinae）	71
		鲴亚科（Xenocyprinae）	12
		鲢亚科（Hypophthalmichthyinae）	3
		鱊亚科（Acheilognathinae）	27
		鮈亚科（Gobioninae）	101
		鳅鉈亚科（Gobiobotinae）	15
		鲤亚科（Cyprininae）	23
		鲃亚科（Barbinae）	158

续表

目	科	亚科	种数
鲤形目 (Cypriniformes)	鲤科 (Cyprinidae)	野鲮亚科 (Labeoninae)	96
		裂腹鱼亚科 (Schizothoracinae)	87
	裸吻鱼科 (Psilorhynchidae)		1
	双孔鱼科 (Gyrinocheilidae)		1
	胭脂鱼科 (Catostomidae)		1
	条鳅科 (Nemacheilidae)		220
	花鳅科 (Cobitidae)	花鳅亚科 (Cobininae)	25
		沙鳅亚科 (Botiinae)	31
		腹吸鳅亚科 (Gastromyzonninae)	53
	爬鳅科 (Balitoridae)	爬鳅亚科 (Balitorinae)	38
鲇形目 (Siluriformes)	钝头鮠科 (Amblycipitidae)		13
	粒鲇科 (Akysidae)		2
	鲱科 (Sisoridae)		70
	长臀鮠科 (Cranoglanididae)		3
	鲇科 (Siluridae)		15
	胡子鲇科 (Clariidae)		1
	囊鳃鲇科 (Heteropneustidae)		1
	锡伯鲇科 (Schilbeidae)		3
	𩷹科 (Pangasiidae)		3
	鲿科 (Bagridae)		35
胡瓜鱼目 (Osmeriformes)	胡瓜鱼科 (Osmeridae)	公鱼亚科 (Hypomesinae)	2
		胡瓜鱼亚科 (Osmerinae)	1
		香瓜鱼亚科 (Plecoglossinae)	2
	银鱼科 (Salangidae)		5
鲑形目 (Salmoniformes)	鲑科 (Salmonidae)		18
狗鱼目 (Esociformes)	狗鱼科 (Esocidae)		2
鳕形目 (Gadiformes)	江鳕科 (Lotidae)		1
颌针鱼目 (Beloniformes)	大颌鳉科 (Adrianichthyidae)		4
	颌针鱼科 (Belonidae)		1
刺鱼目 (Gasterosteiformes)	刺鱼科 (Gasterosteidae)		2
合鳃鱼目 (Synbranchiformes)	合鳃鱼科 (Synbranchidae)		2
	刺鳅科 (Mastacembelidae)		5
鲉形目 (Scorpaeniformes)	杜父鱼科 (Cottidae)		7

续表

目	科	亚　科	种数
鲈形目 （Perciformes）	鮨鲈科 （Percichthyidae）		12
	鲈科 （Percidae）		3
	变色鲈科 （Badidae）		1
	溪鳢科 （Rhyacichthyidae）		1
	沙塘鳢科 （Odontobutidae）		8
	塘鳢科 （Eleotridae）		8
	虾虎鱼科 （Gobiidae）		64
	攀鲈科 （Anabantidae）		1
	斗鱼科 （Osphronemidae）		4
	鳢科 （Channidae）		7
鲀形目 （Tetraodontiformes）	鲀科 （Tetraodontidae）		1

从科级水平分析可知，鲤科（Cyprinidae）为主，包含 664 种；条鳅科（Nemacheilidae）217 种，爬鳅科（Balitoridae）91 种；鲱科（Sisoridae）69 种；虾虎鱼科（Gobiidae）62 种；花鳅科（Cobitidae）56 种。以上 6 科的物种总数超过我国内陆鱼类土著种总数的 85%。

从属级水平上看，排列在前 10 位的分别是高原鳅属（*Triplophysa*）100 种、金线鲃属（*Sinocyclocheilus*）61 种、裂腹鱼属（*Schizothorax*）47 种、吻虾虎鱼属（*Rhinogobius*）43 种、云南鳅属（*Yunnanilus*）31 种、南鳅属（*ScHSItura*）29 种、纹胸鲱属（*Glyptothorax*）22 种、光唇鱼属（*Acrossocheilus*）21 种、白鱼属（*Anabarilius*）20 种、拟鲿属（*Pseudobagrus*）20 种和四须鲃属（*Barbodes*）19 种。

15.2　中国内陆鱼类特有种分析

据相关统计数据分析可知，中国内陆鱼类共包含 878 个特有种（包含亚种），约占中国内陆鱼类总数的 65%。其中，以鲤形目为主，共 737 种，约占已知特有种总数的 83.94%；鲈形目 75 种，约占 8.54%；鲈形目 57 种，约占 6.49%；胡瓜鱼目、鲶形目各 3 种，约各占 0.34%；鲟形目 2 种，约占 0.23%；鳍形目 1 种，约占 0.11%。

从科级水平分析，鲤科有 440 个特有种，约占 50.11%。从属级水平分析，高原鳅属（*Triplophysa*）特有种数最多，包含 92 个特有种，约占我国内陆特有种总数的 10.48%；金线鲃属（*Sinocyclocheilus*）61 种，约占 6.95%；裂腹鱼属（*Schizothorax*）41 种，约占 4.67%。其他属特有种数量较少。

15.3　中国内陆鱼类濒危性分析

根据对《中国濒危动物红皮书—鱼类》《中国物种红色名录（第二卷）》和《中国国家

重点保护水生野生动物名录》等文献资料整理，目前中国内陆鱼类中濒危鱼类 252 种，约占已知内陆鱼类的 18.50%。从目级水平分析，鲤形目最多，包含 175 种，约占 69.44%；鲟形目全部为濒危种；鲑形目、鳗鲡目和鲱形目濒危程度也很高，其中 50% 为濒危种。从科级水平分析，鲤科为主，约占濒危种总数的 62.70%。鲟科（Acipenseridae）、匙吻鲟科（Polyodontidae）、胭脂鱼科（Catostomidae）、双孔鱼科（Gyrinocheilidae）、裸吻鱼科（Psilorhynchidae）、香鱼科（Plecoglossidae）和鲱科（Clupeidae）全部种均为濒危种。60% 的鲑科为濒危种。粒鲇科（Akysidae）、鳗鲡科（Anguillidae）、长臀鮠科（Cranoglanididae）中均有 50% 的濒危种。国家重点保护水生野生动物名录见表 15 - 2。

表 15 - 2　　　　　　　　　　　国家重点保护水生野生动物名录

目	科	种	等级
鲟形目（Acipenseriformes）	鲟科（Acipenseridae）	中华鲟（Acipenser sinensis）	I
		达氏鲟（Acipenser dabryanus）	I
	匙吻鲟科（Polyodontidae）	白鲟（Psephurus gladius）	I
鳗鲡目（Anguilliformes）	鳗鲡科（Anguillidae）	花鳗鲡（Anguilla Marmorata）	II
鲤形目（Cypriniformes）	胭脂鱼科（Catostomidae）	胭脂鱼（Myxocyprinus asiaticus）	II
		唐鱼（Tanichthys albonubes）	II
	鲤科（Cyprinidae）	滇池金线鲃（Sinocyclocheilus grahami）	II
		扁吻鱼（Aspiorhynchus laticeps）	I
		大理裂腹鱼（Schizothorax taliensis）	II
鲑形目（Salmoniformes）	鲑科（Salmonidae）	秦岭细鳞鲑（Brachymystax lenok tsinlingensisis）	II
		川陕哲罗鲑（Hucho bleekeri）	II
鲉形目（Scorpaeniformes）	杜父鱼科（Cottidae）	淞江鲈（Trachidermus fasciatus）	II

注：各地方鱼类保护名录可参照各省市颁发的地方重点野生动物目录。例如《北京市农业局关于公布地方二级保护水生野生动物名录的通告》《江苏省重点保护水生野生动物名录（第一批）》等公告通知。

第 16 章　典型鱼类栖息地适宜度指数模型

16.1　斑点叉尾鮰栖息地适宜度指数模型

16.1.1　区域分布

斑点叉尾鮰（河鲶，*Ictalurus runctatus*）原产于北美洲大陆，从加拿大北美草原省份的南部延伸到海湾各州，西至落基山脉，东至阿巴拉契亚山脉（Trautman，1957；Miller，1966；Scott 和 Crossman，1973）。斑点叉尾鮰大量存在于密西西比河和密苏里河流域（Walden，1964）。

中国于 1984 年由湖北省水产科学研究所从美国引进斑点叉尾鮰。目前广泛分布于我国长江干、支流以及洞庭湖等沿江湖泊。

16.1.2　模型描述——河流

一般认为，斑点叉尾鮰的栖息地质量主要取决于它们的食物、覆盖、水质和繁殖要求。对斑点叉尾鮰的生长、存活、分布、丰度或其他种群指标有影响的变量被置于合适的组分中，并根据各个可变适宜度指数得出组分评级。斑点叉尾鮰河流模型中生境变量与生命必需组分之间的关系如图 16 - 1 所示。影响斑点叉尾鮰栖息地质量但不属于四个主要成分的变量在"其他成分"下进行梳理。一个变量的水平若接近致命水平或导致没有增长，则不能被其他变量抵消。

1. 食物组分

覆盖率（V_2）被认为是评价食物组分的重要因素，因为如果覆盖可用，鱼类更有可能占据一个区域并利用食物资源。包含基质类型（V_4）是因为水生昆虫（直接被斑点叉尾鮰或其被捕食者食用）的产量、种类与基质的数量和类型有关。

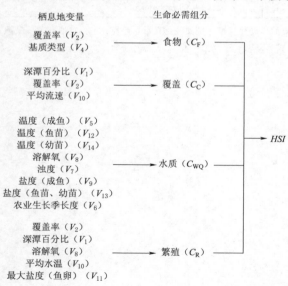

图 16 - 1　斑点叉尾鮰河流模型中生境变量与
生命必需组分之间关系的树状图

2. 覆盖组分

深潭百分比（V_1）被包括在内，因为斑点叉尾鮰利用深潭作为掩护。覆盖率（V_2）是用于河流所有覆盖类型物体的指数，包括原木和碎片。覆盖区的平均流速（V_{10}）很重要，因为如果覆盖物被高流速包围，覆盖物附近的可用栖息地就会减少。

3. 水质组分

水质组分仅限于温度、氧气、浊度和盐度。这些参数已被证明影响生长或存活，或与现存量的变化相关。当温度、溶解氧和盐度接近致死水平时，与之相关的变量被认为是有限的。不考虑有毒物质。

4. 繁殖组分

由于斑点叉尾鮰在河流低速区产卵，因此深潭百分比（V_1）属于繁殖组分。覆盖率（V_2）包含在该组分中，即斑点叉尾鮰产卵所需的覆盖率。如果在仲夏期间深潭和回水中的最低溶解氧水平足够，那么在产卵期间应该也足够。在产卵和鱼卵发育期间测得的溶解氧水平可以代替 V_8。另外两个变量包括产卵和鱼卵发育期深潭和回水的平均水温（V_{10}）以及产卵和鱼卵发育期间的最大盐度（鱼卵）（V_{11}），因为这些水质条件影响鱼卵的存活和发育。

16.1.3　模型描述——湖泊

斑点叉尾鮰湖泊模型中生境变量与生命必需组分之间的关系的树状图如图 16-2 所示。

1. 食物组分

覆盖率（V_2）被包括在内，因为假设覆盖率可用，斑点叉尾鮰更有可能利用一个区域进行摄食。湖滨面积百分比（V_3）包括在内，因为湖滨地区通常为斑点叉尾鮰提供最多的食物和饲料。包括总溶解性固体（TDS）（V_{16}），因为成年斑点叉尾鮰以鱼为食，湖泊和水库的鱼产量与 TDS 相关。

2. 覆盖组分

根据覆盖率（V_2）的要求，从斑点叉尾鮰开始，寻求原木、碎片、灌木丛和其他覆盖物的结构特征。覆盖组分包括沿湖滨区域百分比（V_3），因为所有生命阶段都主要利用湖滨地区的覆盖物。

3. 水质组分

与河流模型要求相同。

4. 繁殖组分

由于斑点叉尾鮰在黑暗和隐蔽的地方筑巢，因此包含了覆盖率（V_2）；如果没有合适的覆盖，则不能观察到产卵行为。由于斑点叉尾鮰的产卵集中在沿湖岸线上，因此繁殖组分包括了湖滨面积百分比（V_3）。其还包括溶解氧（V_8）、温度（鱼卵）（V_{10}）和盐度（鱼卵）（V_{11}），因为这些水质参数影响鱼卵

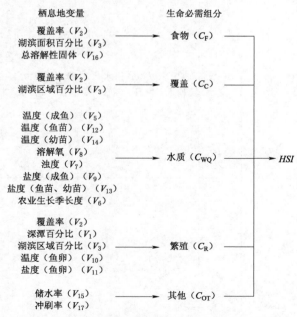

图 16-2　斑点叉尾鮰湖泊模型中生境变量与生命必需组分之间关系的树状图

的存活和发育。

5. 其他组分

对于水库来说，储水率（V_{15}）和存在鱼苗时的冲刷率（V_{17}）包含在该组分中，因为储水率可能会影响现存量，而从水库出口冲洗鱼苗可以减少鱼苗的丰度。

16.1.4　模型变量适宜度指数（SI）图

本节包含上述 18 个变量的适宜度指数图，以及使用成分法将选定变量组合成物种 HSI 的方程式。18 个变量的适宜度指数图见表 16-1。变量与河流（R）栖息地、湖泊（L）栖息地或两者（R，L）有关。

表 16-1　　　　　　　　　　　　　　　18 个变量的适宜度指数图

栖息地	变量	描　　述	对　应　图
R	V_1	夏季平均流量中的深潭百分比	
R，L	V_2	夏季深潭、回水区和湖滨地区的覆盖率（原木、巨石、洞穴、灌木丛、碎片或木材）	
L	V_3	夏季湖滨面积百分比	

栖息地	变量	描　述	对　应　图
R	V_4	夏季平均流量期间按基质类型划分的河流食物生产潜力。 A：碎石占优势，出现一些砾石或巨砾；不常见的细颗粒（淤泥和沙子）；深潭水生植被丰度（≥30％）。 B：碎石、砾石和细石在浅滩区域的数量几乎相等；深潭的水生植被占10％～30％。 C：有些碎石和砾石存在，但细颗粒或巨砾占主导地位；深潭的水生植被不足10％。 D：细颗粒或基岩是主要的底层材料。很少或没有水生植物或碎石	
R，L	V_5	在深潭、回水区或湖滨地区（成鱼）的仲夏平均水温	
R，L	V_6	农业生长季节的长度（无霜期），此为可选变量	
R，L	V_7	夏季最大月平均浊度	

栖息地	变量	描　　述	对　应　图
R，L	V_8	仲夏期，深潭、回水或湖滨地区的平均最低溶解氧水平	
R，L	V_9	夏季最大盐度（成鱼）	
R，L	V_{10}	在产卵和鱼卵发育期间，深潭、回水和湖滨地区的平均水温	
R，L	V_{11}	产卵和鱼卵发育期间的最大盐度	

栖息地	变量	描 述	对 应 图
R，L	V_{12}	在深潭、回水区或湖滨地区（鱼苗区）内，仲夏平均水温	
R，L	V_{13}	夏季最大盐度（鱼苗、幼鱼）	
R，L	V_{14}	在深潭、回水区或湖滨地区（幼鱼）内仲夏平均水温	
L	V_{15}	储水率	

栖息地	变量	描　　　述	对　应　图
L	V_{16}	夏季的月平均 TDS（总溶解固体）	
L	V_{17}	存在鱼苗时，最大水库冲刷率	
R	V_{18}	夏季平均流量期间覆盖区平均流速	

16.1.5　河流模型

河流模型由 4 个部分组成：食物、覆盖物、水质和繁殖。

食物（C_F）：

$$C_F = \frac{V_2 + V_4}{2} \tag{16-1}$$

覆盖物（C_C）：

$$C_C = (V_1 V_2 V_{18})^{1/3} \tag{16-2}$$

水质（C_{WQ}）：

$$C_{WQ} = \frac{\dfrac{2(V_5 + V_{12} + V_{14})}{3} + V_7 + 2V_8 + V_9 + V_{13}}{7} \tag{16-3}$$

如果 V_5、V_{12}、V_{14}、V_8、V_9 或 $V_{13} \leqslant 0.4$，那么 C_{WQ} 等于以下各项中的最低值：V_5，V_{12}，V_{14}，V_8，V_9，V_{13}，或式（16-3）。

如果没有温度数据，2（V_6）（农业生长季长度）可表示为

$$C_{WQ} = \frac{2(V_5 + V_{12} + V_{14})}{3} \tag{16-4}$$

繁殖（C_R）：

$$C_R = (V_1 \times V_2^2 \times V_8^2 \times V_{10}^2 \times V_{11}^2)^{1/8} \tag{16-5}$$

如果 V_8、V_{10} 或 $V_{11} \leqslant 0.4$，则 C_R 为以下各项中的最低值：V_6、V_{10}、V_{11} 或式（16-5）。

计算 HSI

$$HSI = (C_F \times C_C \times C_{WQ}^2 \times C_R^2)^{1/6} \tag{16-6}$$

如果 C_{WQ} 或 $C_R \leqslant 0.4$，则 HSI 等于以下各项中的最低值：C_{WQ}、C_R 或式（16-6）。

斑点叉尾鮰适宜度指数的数据来源和假设见表16-3。

表 16-2　　　　　　　　　　　斑点叉尾鮰适宜度指数的数据来源和假设

变量	信息来源	假　设
V_1	Bailey 和 Harrison，1948	当有几乎相等数量的深潭和浅滩时，将找到斑点叉尾鮰流速、水深和结构特征多样性的最佳条件
V_2	Bailey 和 Harrison，1948 Marzolf，1957 Cross 和 Collins，1975	斑点叉尾鮰各生命阶段对覆盖物的强烈偏好表明，为了达到最佳条件，必须有一定的覆盖物
V_3	Bailey 和 Harrison，1948 Marzolf，1957 Cross 和 Collins，1975	湖滨面积小的湖泊将为斑点叉尾鮰提供较少的覆盖面积和食物生产，因此不太适合
V_4	Bailey 和 Harrison，1948	基质的数量和类型或与水生昆虫高产量相关的水生植被的数量（用作斑点叉尾鮰和斑点叉尾鮰捕食物种的食物）是最佳的
V_5	Clemens 和 Sneed，1957 West，1966 Shrable 等，1969 Starostka 和 Nelson，1974 Biesinger 等，1979	一年中最暖和时候的温度必须达到允许生长的水平，才能使栖息地适宜。最佳温度是指出现最大生长时的温度
V_6	Jenkins，1970	与高现存量相关的生长季节是最适宜的
V_7	Finnell 和 Jenkins，1954 Buck，1956 Marzolf，1957	高浊度水平与现存量减少有关，因此不太适合

变量	信 息 来 源	假　　设
V_8	Moss 和 Scott，1961 Andrews 等，1973 Carl son 等，1974 Randolph 和 Clemens，1976	溶解氧的致死水平是不合适的。减少进食量的溶解氧水平是次优的
V_9	Perry 和 Avault，1968 Perry，1973	与成鱼高丰度相关的盐度水平是最适宜的。据报道，成鱼所处的任何盐度水平都有一定的适宜度
V_{10}	Brown，1942 Clemens 和 Sneed，1957	最适温度是指能够产生最佳生长的温度。导致死亡或不生长的温度是不合适的
V_{11}	Perry 和 Avault，1968 Perry，1973	观察到产卵的盐度水平是合适的
V_{12}	McCammon 和 LaFaunce，1961 Moss 和 Scott，1961 Macklin 和 Soule，1964 West，1966 Allen 和 Strawn，1968 Andrews，1972 Starostka 和 Nelson，1974	鱼苗能最好生长的温度是最佳温度。导致生长或死亡的温度是不合适的
V_{13}	Allen 和 Avault，1970	不降低鱼苗和幼鱼生长的盐度是最适宜的。严重降低生长的盐度是不合适的
V_{14}	Andrews 等，1972 Andrews 和 Stickney，1972	幼鱼生长最好的温度是最适宜的。不会导致生长或死亡的温度是不合适的
V_{15}	Jenkins，1976	与最高现存量相关的储水率是最优的；与较低现存量相关的储水率是次优的
V_{16}	Jenkins，1976	与温水鱼类高现存量相关的总溶解固体（IDS）水平是最佳的；与低现存量相关的总溶解固体（IDS）水平是次优的。用于绘制此图的数据主要来自东南部水库
V_{17}	Walburg，1971	与鱼苗丰度降低水平相关的冲洗率是次优的
V_{18}	Miller，1966 Scott 和 Crossman，1973 Cross 和 Collins，1975	覆盖物附近的高流速将减少物体周围可用的栖息地数量，因此被认为是次优的

16.1.6　湖泊模型

该模型由五个部分组成：食物、覆盖物、水质、繁殖和其他。

食物（C_F）：

$$C_F = \frac{V_2 + V_3 + V_{16}}{3} \tag{16-7}$$

覆盖物（C_C）：

$$C_C = (V_2 \times V_3)^{1/2} \tag{16-8}$$

水质（C_{WQ}）：

$$C_{WQ} = \cfrac{\cfrac{2(V_5 + V_{12} + V_{14})}{3} + V_7 + 2V_8 + V_9 + V_{13}}{7} \qquad (16-9)$$

如果 V_5、V_{12}、V_{14}、V_8、V_9 或 $V_{13} \leqslant 0.4$，那么 C_{WQ} 等于以下各项中的最低值：V_5、V_{12}、V_{14}、V_8、V_9、V_{13}，或式（16-9）。

如果没有温度数据，2（V_6）（农业生长季长度）可表示为

$$\frac{2(V_5 + V_{12} + V_{14})}{3} \qquad (16-10)$$

繁殖（C_R）：

$$C_R = (V_2^2 \times V_3 \times V_8^2 \times V_{10}^2 \times V_{11})^{1/8} \qquad (16-11)$$

如果 V_8、V_{10} 或 $V_{11} \leqslant 0.4$，则 C_R 为以下各项中的最低值：V_8、V_{10}、V_{11} 或式（16-11）。

其他（C_{OT}）：

$$C_{OT} = \frac{V_{15} + V_{17}}{2} \qquad (16-12)$$

16.2 栖息地适宜度指数模型——蓝鳃太阳鱼

16.2.1 区域分布

蓝鳃太阳鱼（*Lepomis macrochirus*）原产于尚普兰湖和安大略省南部地区，途经五大湖至明尼苏达州，南至墨西哥东北部、海湾国家和卡罗来纳州，主要分布于圣劳伦斯至五大湖区和密西西比河流域（Scott 和 Crossman，1973）。

中国于 1987 年从美国引进蓝腮太阳鱼，在全国许多湖泊、水库、池塘放养繁殖，目前，该物种已能在自然条件下生存，现已成为各地野钓对象之一。

16.2.2 模型描述——河流

已被证明影响蓝鳃太阳鱼生长、存活、丰度或其他种群特征的栖息地变量放在相应的生命必需组分中蓝鳃太阳鱼在河流模型中栖息地变量和生命必需组分之间关系的树状图如图 16-3 所示。

1. 食物组分

覆盖率（原木和其他物体）（V_2）包括在内，因为这种类型的深潭覆盖是有利的猎物栖息地。覆盖率（植被）（V_3）是一个单独的变量，因为植被密

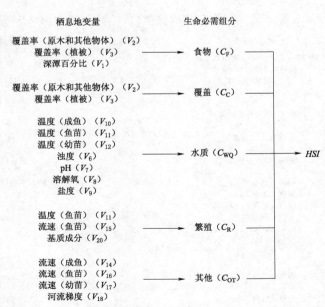

图 16-3 蓝鳃太阳鱼在河流模型中栖息地变量和生命必需组分之间关系的树状图

度可以影响蓝鳃的摄食能力和食物的丰度。深潭百分比（V_1）用来量化食物栖息地的数量。

2. 覆盖组分

覆盖组分包括覆盖率（原木和其他物体）（V_2）和覆盖率（植被）（V_3），这是因为蓝鳃太阳鱼表现出寻找覆盖物的行为。植被覆盖率与其他植被是分开的，因为过多的植被会导致栖息地问题，而原木、灌木丛和其他碎片提供了良好的覆盖。

3. 水质组分

浊度（V_6），pH（V_7），溶解氧（V_8），温度（V_{10}、V_{11} 和 V_{12}）是影响发育、生长和存活的关键参数。溶解氧和温度在模型中进行加权，它们被认为是限制因素。盐度（V_9）是一个可选变量，因为在大多数发现蓝鳃太阳鱼的地区，它不被认为是一个问题。

4. 繁殖组分

繁殖组分包括温度（V_{11}），因为鱼卵的存活和发育取决于孵化的温度。繁殖组分包括产卵区的流速（V_{15}），因为鱼卵不能在流速较高的区域存活。繁殖组分还包括基质成分（V_{20}），因为蓝鳃太阳鱼更喜欢在细砾石和沙子基质中产卵。

5. 其他组分

其他组分中的变量是那些有助于描述蓝鳃太阳鱼栖息地适宜度的变量，但与已经提出的生命必需组分没有特别的关系。其他组分包括不同生命阶段（V_{14}、V_{16} 和 V_{17}）的流速，因为所有阶段都不能承受较快的流速。其他组分还包括河流梯度（V_{18}），因为蓝鳃太阳鱼在低梯度河流最常见。

16.2.3　模型描述—湖泊

蓝鳃太阳鱼湖泊模型中生境变量与生命必需组分之间关系的树状图如图 16-4 所示。

1. 食物组分

覆盖率（原木和其他物体）（V_2）包括在内，因为这种类型的栖息地为摄食和被捕食者

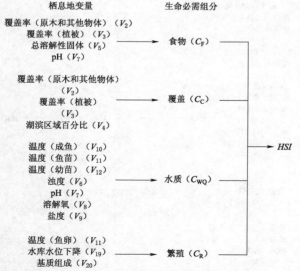

图 16-4　描述蓝鳃太阳鱼湖泊模型中生境变量与生命必需组分之间关系的树状图

提供了良好的栖息地。食物组分包括植被覆盖率（V_3），因为尽管植被可以作为湖泊生产力的一种衡量指标，但过多的植被会严重降低觅食能力。总溶解性固体（TDS）（V_5）包括在内，因为 TDS 是一个衡量湖泊生产力的一般性指标。pH（V_7）包含在食物组分中，因为低 pH 可能表示低碱度和低生产率。

2. 覆盖组分

覆盖率（原木和其他物体）（V_2）和覆盖率（植被）（V_3）是很重要的，因为寻找覆盖的行为表明一定要有一些覆盖物才能有好的栖息地。过多的植被可能表明栖息地不良。覆盖组分还包括湖滨区域百分比（V_4），以量化覆盖栖息地的数量。

3. 水质组分

与河流水质组分说明相同。

4. 繁殖组分

繁殖组分包括温度（V_{11}），因为鱼卵的存活和发育与温度有关。水库水位下降（V_{19}）包括在内，因为蓝鳃太阳鱼在一定深度产卵，如果水位下降太低，鱼卵可能暴露在外（这个变量不包括在天然湖泊或深潭中）。繁殖组分包括基质组成（V_{20}），因为蓝鳃太阳鱼更喜欢在细砾石和沙子中产卵。

16.2.4 模型变量的适宜度指数（*SI*）图

本节包含的 20 个变量的适宜度指数图见表 16 - 3。R 代表河流生境，L 代表湖泊生境。

表 16 - 3   20 个变量的适宜度指数图

栖息地	变量	描　　述	对　应　图
R	V_1	夏季平均流量时间的深潭面积百分比	
R，L	V_2	夏季深潭或湖滨地区的覆盖率（如原木、灌木和碎片）	
R，L	V_3	覆盖率（水生植被、沉水、密林、细叶）	

栖息地	变量	描　述	对　应　图
L	V_4	夏季湖滨面积百分比	
L	V_5	生长季节的平均 TDS 水平	
R，L	V_6	夏季平均流量期间最大月平均浊度	
R，L	V_7	生长期间 pH 范围 A：6.5~8.5； B：6.0~6.5 或 8.5~9.0； C：5.0~6.0 或 9.0~10.0； D：<5.0 或>10.0	

栖息地	变量	描 述	对 应 图
R，L	V_8	夏季最大溶解氧范围 A：很少低于 5mg/L； B：通常为 3～5mg/L； C：经常介于 1.5～3.0mg/L； D：通常低于 1.5mg/L	
R，L	V_9	生长季最大月平均盐度	
R，L	V_{10}	深潭或湖滨区域仲夏最大温度（成鱼）	
R，L	V_{11}	产卵期，深潭或湖滨区域每周平均水温（鱼卵）	

栖息地	变量	描　述	对　应　图
R，L	V_{12}	深潭和湖滨区域夏季早期最大温度（鱼苗）	
R，L	V_{13}	深潭和湖滨区域仲夏最大温度（幼鱼）	
R	V_{14}	生长季深潭和回水区平均流速（成鱼）	
R	V_{15}	产卵期当前平均流速（鱼卵）	

栖息地	变量	描　　述	对　应　图
R	V_{16}	夏季早期深潭和回水区平均流速（鱼苗）	
R	V_{17}	生长季深潭和回水区平均流速（幼鱼）	
R	V_{18}	代表性河段河流梯度	
L	V_{19}	产卵期水库库存减少	

续表

栖息地	变量	描　　述	对　应　图
R，L	V_{20}	产卵期深潭或湖滨区基质组成（鱼卵） A：细颗粒和较多的砾石； B：细颗粒和较少的砾石	

16.2.5　河流模型

该模型由 5 个部分组成：食物、覆盖、水质、繁殖和其他。

食物（C_F）：

$$C_F = (V_1 \times V_2 \times V_3)^{1/3} \tag{16-13}$$

覆盖（C_C）：

$$C_C = \frac{V_2 + V_3}{2} \tag{16-14}$$

水质（C_{WQ}）：

$$C_{WQ} = \frac{V_6 + V_7 + 2V_8 + V_9 + 2\left[(V_{10} \times V_{12} \times V_{13})^{1/3}\right]}{7} \tag{16-15}$$

如果 V_8 或 $(V_{10} \times V_{12} \times V_{13})^{1/3} \leqslant 0.4$，则 C_{WQ} 为 V_8 或 $(V_{10} \times V_{12} \times V_{13})^{1/3}$。

繁殖（C_R）：

$$C_R = (V_{11} \times V_{15} \times V_{20})^{1/3} \tag{16-16}$$

其他（C_{OT}）：

$$C_{OT} = \frac{\dfrac{V_{14} + V_{16} + V_{17}}{3} + V_{18}}{2} \tag{16-17}$$

如果所有组分评估值均大于 0.4，计算 HSI 得

$$HSI = (C_F \times C_C \times C_{WQ}^2 \times C_R \times C_{OT})^{1/6} \tag{16-18}$$

如果 C_{WQ} 或 C_R 不大于 0.7，则 HSI 为 C_{WQ}、C_R 或式（16-18）中 HSI 的最低值。

16.2.6　湖泊模型

该模型由 4 个部分组成：食物、覆盖、水质和繁殖。

食物（C_F）：

$$C_F = (V_2 \times V_3 \times V_5 \times V_7)^{1/4} \tag{16-19}$$

覆盖（C_C）：

$$C_C = (V_2 \times V_3 \times V_4^2)^{1/4} \tag{16-20}$$

水质（C_{WQ}）：

$$C_{WQ} = \frac{V_6 + V_7 + 2V_8 + V_9 + 2\left[(V_{10} \times V_{12} \times V_{13})^{1/3}\right]}{7} \tag{16-21}$$

如果 V_8 或 $(V_{10} \times V_{12} \times V_{13})^{1/3} \leqslant 0.4$，则 C_{WQ} 为 V_8 或 $(V_{10} \times V_{12} \times V_{13})^{1/3}$。

繁殖（C_R）：

$$C_R = (V_{11} \times V_{19} \times V_{20})^{1/3} \tag{16-22}$$

如果是一个自然湖泊，则 V_{19} 将不被采用，因此公式为

$$C_R = (V_{11} \times V_{20})^{1/2} \tag{16-23}$$

如果所有组分评估值大于 0.4，计算 HSI 得

$$HSI = (C_F \times C_C \times C_{WQ}^2 \times C_R)^{1/5} \tag{16-24}$$

如果 C_{WQ} 或 $C_R \leqslant 0.4$，则 HSI 为各组分中的最低值。

蓝鳃太阳鱼适宜度指数的数据来源和假设见表 16-4。

表 16-4　　　　　　　　　　蓝鳃太阳鱼适宜度指数的数据来源和假设

变量	参考文献	假设
V_1	Moyle 和 Nichols，1973	与蓝鳃太阳鱼高丰度相关的深潭面积是最适宜的
V_2	Moyle 和 Nichols，1973 Scott 和 Crossman，1973 Pflieger，1975	与蓝鳃太阳鱼高丰度相关的覆盖率（原木和其他物体）是最佳的
V_3	Moyle 和 Nichols，1973 Scott 和 Crossman，1973 Weaver 和 Ziebell，1976	与鱼类高丰度相关的覆盖率（植被）是最佳的。没有足够的植被覆盖或过多的植被覆盖是次优的，因为前者限制了食物的供应，而后者限制了觅食能力
V_4	Emig，1966 Scott 和 Crossman，1973	由于蓝鳃太阳鱼栖息于植被较浅的地区，因此必须有一定比例的湖滨区域才能适宜栖息。由于蓝鳃太阳鱼在冬季需要更深的水域，并且为了避开夏季的高温，过多的湖滨区将是不适宜的
V_5	Jenkins，1976	与高现存量相关的 TDS 水平是最佳的。减少食物可用性水平是次优或不合适的
V_6	Buck，1956 Trautman，1957 Hastings 和 Cross，1962 Shireman，1968 Pflieger，1975	生长速度最快的浊度水平是最佳的。阻碍生长发育和对繁殖产生不利影响的水平是次优或不适宜的
V_7	Trama，1954 Stroud，1967 Calabrese，1969 Ultsch，1978	促进良好生产和最大存活率的 pH 值水平是最佳的。降低生殖能力和摄食水平是不适宜的次优水平

变量	参考文献	假设
V_8	Cooper 和 Washburn，1946 Whitmore 等，1960 Doudoroff 和 Shumway，1970 Petit，1973	生存率最高、发育正常的 DO 水平是最佳的。短时间内的耐受水平是不合适的
V_9	Kilby，1955 Tebo 和 McCoy，1964 Carver，1967	促进成功繁殖和良好生长的盐度水平是最佳的。物种不繁殖的水平是不合适的
V_{10}	Anderson，1959 Emig，1966	促进最大生长的温度是最适宜的。不生长的温度是不合适的
V_{11}	Clugston，1966 Emig，1966 Banner 和 Van Arman，1973 Scott 和 Crossman，1973 Kitchell 等，1974 Pflieger，1975	鱼卵发育成功、正常生长、存活率最高的温度是最适宜的。存活率降低但可能会发育的温度是次优的。不生长的温度是不合适的
V_{12}	Banner 和 Van Arman，1973 Hardin 和 Bovee，1978	达到最高生长水平的温度是最适宜的。物种不能生存的温度是不合适的
V_{13}	Lemke，1977	达到最高生长水平的温度是最适宜的。摄食减少但仍有生长的温度是次优的。导致不生长或死亡的温度是不合适的
V_{14}	Kallemyn 和 Novotny，1977 Hardin 和 Bovee，1978	与蓝鳃太阳鱼最多捕获量相关的流速是最佳的。物种很少或从未被发现的速度是次优或不适宜的
V_{15}	Kallemyn 和 Novotny，1977 Hardin 和 Bovee，1978	与蓝鳃太阳鱼最多捕获量相关的流速是最佳的。物种很少或从未被发现的速度是次优或不适宜的
V_{16}	Kallemyn 和 Novotny，1977 Hardin 和 Bovee，1978	与蓝鳃太阳鱼最多捕获量相关的流速是最佳的。物种很少或从未被发现的速度是次优或不适宜的
V_{17}	Kallemyn 和 Novotny，1977 Hardin 和 Bovee，1978	与蓝鳃太阳鱼最多捕获量相关的流速是最佳的。物种很少或从未被发现的速度是次优或不适宜的
V_{18}	Trautman，1957	与蓝鳃太阳鱼最多捕获量相关的流速是最佳的。物种很少或从未被发现的速度是次优或不适宜的
V_{19}	Swingle 和 Smith，1943	因为蓝鳃太阳鱼在特定的深度产卵，所以稳定的水位是最佳的。任何水库水位下降都是不合适的
V_{20}	Stevenson 等，1969 Pflieger，1975	该物种喜欢的基质是最佳的。几乎任何其他基质都具有很高的适宜度

16.3 栖息地适宜度指数模型——泥鳅

16.3.1 区域分布

泥鳅（*Etheostoma gracile*）的原生范围从亚拉巴马州西部（Smith Vaniz，1968）延伸至德克萨斯州中部，并向北延伸至前密西西比州海湾和内陆低地地区，直至伊利诺伊州中部（Collette，1962）和印第安纳州西南部（Gerking，1945）。其分布还包括堪萨斯州东南部（Metcalf，1959；Cross，1967）和俄克拉荷马州东北部（Blair，1959）。

在中国，泥鳅广泛分布于各省市，栖息于河流、湖泊、沟渠水田、池沼等各种浅水多淤泥环境水域的底层。

16.3.2 模型描述——河流

泥鳅栖息地质量分析基于基本组成部分，包括食物-覆盖、水质和其他各种要求。已被证明能影响泥鳅生长、生存、丰度或其他物种指标的变量放在相应的成分中，河流模型中栖息地变量和生命必需组分之间关系的树状图如图 16-5 所示。

1. 食物-覆盖组分

目前还缺乏关于泥鳅对食物和覆盖物具体栖息地要求的信息。浊度（V_6）很重要，因为很高的浊度会限制食物供应。浊度也可以为鱼类的所有生命阶段提供覆盖。深潭百分比（V_2）被包括在内，因为泥鳅需要河流栖息地中的深潭栖息地，而食物和覆盖要求将在深潭区域得到满足。

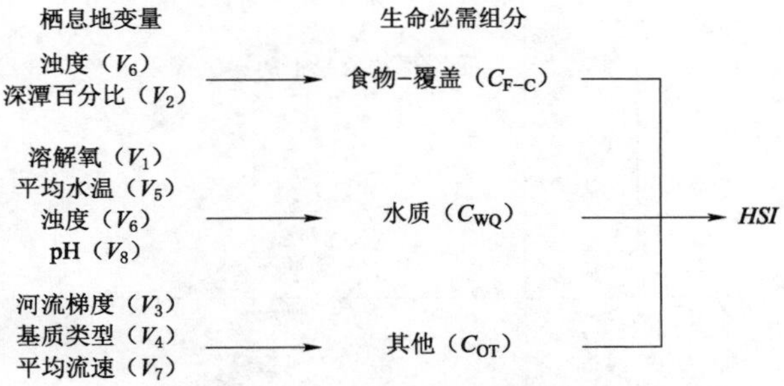

2. 水质组分

水质组分包括溶解氧（V_1）和平

图 16-5 河流模型中栖息地变量和生命必需组分之间关系的树状图

均水温（V_5），因为这些参数会影响物种的生存、发育和生长。水质组分包括浊度（V_6），因为它是一个限制泥鳅栖息地的重要特征。pH（V_8）是影响淡水鱼生存的重要水质参数。

3. 其他组分

这个组分中的变量是那些有助于描述泥鳅栖息地适宜度的变量，但与已经提出的生命必需组分没有特别的关系。河流梯度（V_3）也包括在内，因为泥鳅只在梯度较低的河流中存在。

基质类型（V_4）是泥鳅栖息地中需要考虑的重要因素。由于泥鳅分布受到流速的限制，因此包含了平均流速（V_7）。

16.3.3 模型描述——湖泊

由于大多数信息仅限于泥鳅河流栖息地，因此泥鳅湖泊模型仅描述水质。水质成分参考河流水质部分。

16.3.4 模型变量的适宜度指数图

本节包含上述 8 个变量的适宜度指数图（见表 16-5），以及使用成分法将选定变量指数

组合成物种 *HSI* 的公式。变量可能与河流（R）栖息地、湖泊（L）栖息地或两者有关。

表 16-5　　　　　　　　　　　　8 个变量的适宜度指数图

栖息地	变量	描　述	对　应　图
R，L	V_1	夏季最低溶解氧水平	
R	V_2	夏季平均流量中的深潭百分比	
R	V_3	代表性河段河流平均梯度	
R	V_4	河流底部主要基质类型 A：>75％的泥沙以及一些沙子或碎石； B：>50％的沙子、碎石或一些泥沙； C：>75％的砾石、沙子或碎石； D：大量黏土或基岩	

栖息地	变量	描　　述	对　应　图
R，L	V_5	春季至秋季平均水温	
R，L	V_6	最大月平均浊度	
R	V_7	夏季平均流量期间 0.6m 深处的平均流速	
R，L	V_8	年 pH 水平	

16.3.5　河流模型

河流模型由 3 个部分组成：食物-覆盖、水质和其他。

食物-覆盖（$C_{F\text{-}C}$）：

$$C_{F\text{-}C} = \frac{V_2 + V_6}{2} \tag{16-25}$$

水质（C_{WQ}）：

$$C_{WQ} = (V_1^2 \times V_5^2 \times V_6^2 \times V_8)^{1/7} \tag{16-26}$$

如果 V_1、V_5 或 V_6 不大于 0.4，则 C_{WQ} 为 V_1、V_5、V_6 中的最低值。如果任何一个变量为 0，则 C_{WQ} 为 0。

其他（C_{OT}）：

$$C_{OT} = (V_4^2 \times V_7^2 \times V_3)^{1/5} \tag{16-27}$$

如果任何一个变量值不大于 0.4，则 C_{OT} 为 V_3、V_4、V_7 中的最低值；若任一变量为 0，则 C_{OT} 为 0。

HSI 的计算公式为

$$HSI = (C_{F\text{-}C} \times C_{WQ} \times C_{OT}^2)^{1/4} \tag{16-28}$$

若 C_{OT} 或 C_{WQ} 不大于 0.4，则 HSI 为两者中的最低值。

16.3.6　湖泊模型

湖泊模型由水质组成。其公式为

$$C_{WQ} = (V_1^2 \times V_5^2 \times V_6^2 \times V_8)^{1/7} \tag{16-29}$$

如果 V_1、V_5 或 V_6 不大于 0.4，则 C_{WQ} 为 V_1、V_5、V_6 中的最低值。如果任何一个变量为 0，则 C_{WQ} 为 0。

HSI 的计算公式为

$$HSI = C_{WQ} \tag{16-30}$$

若任一变量为 0，则 HSI 为 0。

泥鳅栖息地适宜度指数的数据来源和假设见表 16-6。

表 16-6　　　　　　　　　　泥鳅栖息地适宜度指数的数据来源和假设

变量	参 考 文 献	假　　设
V_1	Hancock 和 Sublette, 1958 Braasch 和 Smith, 1967 Stroud, 1967	促进最大生长和存活的溶解氧水平是最佳的。可忍受但不足以实现良好增长的水平是次优的。可能致命的溶解氧水平是不合适的
V_2	Hancock 和 Sublette, 1958 Braasch 和 Smith, 1967 Cross, 1967	由于泥鳅几乎只在深潭中发现，因此假设高比例的深潭-浅滩将是最佳栖息地的特征

变量	参 考 文 献	假 设
V_3	Collette，1962	与最常发现泥鳅的河流梯度相关的栖息地是最佳的。没有发现泥鳅物种的梯度是不合适的
V_4	Wallen，1958 Collette，1962	最常发现泥鳅的基质类型是最佳的。泥鳅较少的基质类型是次优的
V_5	Hancock 和 Sublette，1958	能捕获到泥鳅的栖息地温度被认为是最佳的
V_6	Gerking，1945 Linder，1955 Wallen，1958 Blair，1959 Collette，1962 Braasch 和 Smith，1967 Pflieger，1975	通常发现有泥鳅水域的浊度水平是最佳的。物种较少被发现或食物产量可能受到限制的是次优的
V_7	Gerking，1945 Hanock 和 Sublette，1958 Wallen，1958 Blair，1959 Collette，1962 Braasch 和 Smith，1967 Cross，1967 Pflieger，1975	常捕获到泥鳅的栖息地平均流速是最佳的。物种不能忍受的流速是不合适的
V_8	Hancock 和 Sublette，1958 Stroud，1967 U. S. Environmental Protection Agency，1972	能捕获到泥鳅的栖息地 pH 值是最佳的，被认为适合淡水鱼生长的水平具有很高的适宜度。一般来说，仅提供最低限度保护或导致鱼类死亡的水平是不合适的

16.4 栖息地适宜度指数模型——鲤鱼

16.4.1 区域分布

鲤鱼（*Cyprinus carpio*）原产于亚洲。在我国，除西部高原外，各地淡水中均有鲤鱼，是一种重要的养殖鱼。我国养鲤已有 2400 余年历史，现世界各地均已养殖。

16.4.2 模型描述——河流

鲤鱼栖息地质量分析的基础是其基本组成部分，包括食物、覆盖物、水质和繁殖要求。已证明影响鲤鱼生长、存活、丰富度或其他物种指标的变量被放在相应的成分中，鲤鱼河流模型中栖息地变量和生命必需组分之间关系的树状图如图 16 - 6 所示。

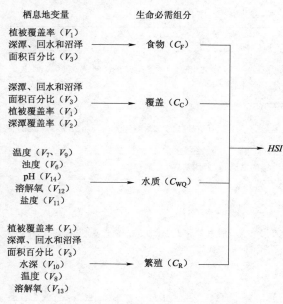

图 16-6　鲤鱼河流模型中栖息地变量和
生命必需组分之间关系的树状图

1. 食物组分

植被覆盖率（V_1）被包括在内，因为植被丰富的地区为各种食物有机体提供栖息地。此外，植被的数量反映了栖息地的总体生产力，鲤鱼以植被、腐殖质和动物为食。深潭、回水和沼泽面积百分比（V_3）被包含在内，因为该变量量化了该物种可用的食物产量的面积。

2. 覆盖组分

植被覆盖率（V_1）被包括在内，因为该物种的成鱼在夏季和秋季经常出现在植被区。鱼苗和幼鱼也需要茂密的植被作为掩护。深潭、回水和沼泽面积百分比（V_3）量化了可供覆盖的栖息地数量。深潭的覆盖率被（V_2）包括在内，因为成鱼在这些地区过冬，需要覆盖。

3. 水质组分

浊度（V_6）很重要，因为高浊度可能限制食物产量，降低生长速度。温度（V_7、V_9）和溶解氧（V_{12}）影响生长、存活和摄食。pH（V_{14}）包括在内，因为一定的 pH 值范围是生存和繁殖所必需的。盐度（V_{11}）是一个可选变量；鲤鱼对高盐度有很强的耐受性，在大多数发现该物种的地区，盐度不被认为是一个问题。

4. 繁殖组分

植被覆盖率（V_1）很重要，因为首选的产卵基质是植被。由于此变量量化了产卵栖息地的数量，因此包含了深潭、回水区和湿地区域百分比（V_3）。最大产卵水深（V_{10}）包括在内，因为鲤鱼主要在浅水区产卵。温度（V_8）和溶解氧（V_{13}）是影响鱼卵存活和发育的重要水质变量。温度也是产卵的主要刺激因素。

16.4.3　模型描述——湖泊

鲤鱼湖泊模型中栖息地变量与生命必需组分之间关系的树状图如图 16-7 所示。

1. 食物-覆盖组分

食物和覆盖被作为一个组成部

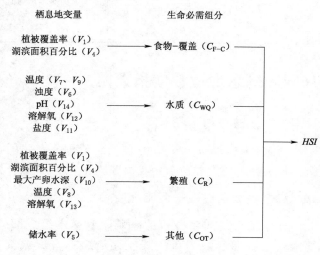

图 16-7　鲤鱼湖泊模型中栖息地变量与生命
必需组分之间关系的树状图

分，这个组成部分中的变量描述了食物和覆盖的适宜度。植被覆盖率（V_1）被包括在内，因为植被丰富的地区为各种食物有机体提供栖息地。鲤鱼是机会性摄食者，植被的数量反映了摄食区的综合生产力。植被可为所有生命阶段提供覆盖。湖滨区域百分比（V_4）表示可用的食物数量和覆盖的面积。

2. 水质组分

参见河流水质组分。

3. 繁殖组分

植被覆盖率（V_1）很重要，因为首选的产卵基质是植被。湖滨区域百分比（V_4）量化了可用产卵栖息地的数量。最大产卵水深（V_{10}）很重要，因为产卵主要发生在浅水区。温度（V_8）和溶解氧（V_{13}）的水平会影响鱼卵的存活和发育。温度也是产卵的主要刺激因素。

4. 其他组分

储水率（V_5）是一个重要的指标，因为鲤鱼的现存量与储水率密切相关。

16.4.4 模型变量的适宜度指数（SI）图

14 个变量的适宜度指数图见表 16-7。"R"表示河流生境，"L"表示湖泊生境。

表 16-7　　　　　　　　　　　　14 个变量的适宜度指数图

栖息地	变量	描　　述	对　应　图
R，L	V_1	春季和夏季浅层植被覆盖率	
R	V_2	深潭内覆盖百分比（例如原木、沉水物质、深度）	

栖息地	变量	描　述	对　应　图
R	V_3	夏季平均流量期间，深潭、回水区、沼泽区域百分比	
L	V_4	春季和夏季期间，湖滨面积百分比	
L	V_5	储水率	
R，L	V_6	夏季平均流量期间最大月平均浊度	

栖息地	变量	描　述	对　应　图
R，L	V_7	仲夏最大水温（成鱼）	
R，L	V_8	产卵区平均水温（鱼卵）	
R，L	V_9	深潭、回水区或湖滨区域仲夏最大水温（幼鱼和鱼苗）	
R，L	V_{10}	产卵期间，深潭、沼泽和回水区最大深度	

239

栖息地	变量	描　　述	对　应　图
R，L	V_{11}	最大盐度（可选变量）	
R，L	V_{12}	仲夏时期，最大溶解氧水平（鱼苗、幼鱼和成鱼）	
R，L	V_{13}	产卵期间（3—6 月），特殊区域最小溶解氧水平（鱼卵）	
R，L	V_{14}	年 pH 水平	

16.4.5 河流模型

河流模型由 4 个部分组成：食物、覆盖、水质和繁殖。

食物（C_F）：

$$C_F = (V_1 \times V_3)^{1/2} \tag{16-31}$$

覆盖（C_C）：

$$C_C = (V_1 \times V_2 \times V_3)^{1/3} \tag{16-32}$$

水质（C_{WQ}）：

$$C_{WQ} = \frac{V_6 + 2[(V_7 \times V_9)^{1/2}] + 2V_{12} + V_{14}}{6} \tag{16-33}$$

若 $(V_7 \times V_9)^{1/2}$ 或 $V_{12} \leqslant 0.4$，C_{WQ} 为两者中的最低值；若 V_7 或 $V_9 \leqslant 0.4$，$(V_7 \times V_9)^{1/2}$ 为 V_7 或 V_9 中的最低值。

若 V_{11} 被采用，则公式为

$$C_{WQ} = \frac{V_6 + 2[(V_7 \times V_9)^{1/2}] + 2V_{12} + V_{14} + V_{11}}{6} \tag{16-34}$$

繁殖（C_R）：

$$C_R = (V_1 \times V_3 \times V_8 \times V_{10} \times V_{13})^{1/5} \tag{16-35}$$

HSI 的计算公式为

$$HSI = (C_F \times C_C \times C_{WQ} \times C_R)^{1/4} \tag{16-36}$$

若 C_{WQ} 或 $C_R \leqslant 0.4$，则 HSI 为两者中的最低值。

16.4.6 湖泊模型

该模型由 4 个部分组成：食物-覆盖、水质、繁殖和其他。

食物-覆盖（C_{F-C}）：

$$C_{F-C} = \frac{V_1 + V_4}{2} \tag{16-37}$$

水质（C_{WQ}）：

$$C_{WQ} = \frac{V_6 + 2[(V_7 \times V_9)^{1/2}] + 2V_{12} + V_{14}}{6} \tag{16-38}$$

若 $(V_7 \times V_9)^{1/2}$ 或 $V_{12} \leqslant 0.4$，C_{WQ} 为两者中的最低值；若 V_7 或 $V_9 \leqslant 0.4$，$(V_7 \times V_9)^{1/2}$ 为 V_7 或 V_9 中的最低值。

若 V_{11} 被采用，则公式为

$$C_{WQ} = \frac{V_6 + 2[(V_7 \times V_9)^{1/2}] + 2V_{12} + V_{14} + V_{11}}{6} \tag{16-39}$$

繁殖（C_R）：

$$C_R = (V_1 \times V_4 \times V_8 \times V_{10} \times V_{13})^{1/5} \tag{16-40}$$

其他（C_{OT}）：

$$C_{OT} = V_5 \tag{16-41}$$

HSI 的计算公式为

$$HSI = (C_{F-C} \times C_{OT} \times C_{WQ} \times C_R)^{1/4} \tag{16-42}$$

若 C_{WQ} 或 $C_R \leqslant 0.4$，则 HSI 为两者中的最低值。

鲤鱼适宜度指数的数据来源和假设见表 16-8。

表 16-8　　　　　　　　　　　　鲤鱼适宜度指数的数据来源和假设

变量	参考文献	假设
V_1	McCrimmon，1968 May 和 Gloss，1979	与鱼类高现存量相关的植被覆盖率是最佳的。与低现存量相关的植被覆盖率是次优的
V_2	Pflieger，1975	与河流中物种最常出现的区域相关的覆盖率是最佳的
V_3	Kallemeyn 和 Novotny，1977	由于该物种在河道外和深潭区最为丰富，因此假设这些区域中一定存在一些区域以使栖息地达到最佳状态
V_4	Sigler，1955；1958 McCrimmon，1968	由于鲤鱼与浅层植被地区有联系，因此人们认为必须有一个湖滨地区才能有足够的栖息地。鲤鱼在冬季退到更深的水域，过多的湖滨面积是次优的
V_5	Jenkins，1976	与高现存量相关的储水率是最佳的
V_6	Burns，1966 McCrimmon，1968 Jester，1974	尽管成鱼可以忍受高浊度，但鱼卵和鱼苗的种群数量可能受到浊度影响的限制。因此，与高丰度相关的水平是最佳的。与种群减少相关的水平是次优的
V_7	Meuwis 和 Heuts，1957 Backiel 和 Stegman，1968 Gribanov 等，1968 McCrimmon，1968 Huet，1970 May 和 Gloss，1979	与鱼的高现存量相关的温度是最佳的。那些与增长率降低相关的温度是次优的。致命的温度是不合适的
V_8	Makino 和 Osima，1943 Swee 和 McCrimmon，1966 Huet，1970 Jester，1974 Ignatieva，1976	存活率最高、发育正常的温度是最适宜的。与较低存活率相关的温度是次优的。导致死亡的温度是不合适的
V_9	Meuwis 和 Heuts，1957 Backiel 和 Stegman，1968 Tatarko，1970 Askerov，1975 Adelman，1977	与高生长速率相关的温度是最佳的。热排放物附近的温度偏好不一定反映自然条件。导致死亡的温度是不合适的
V_{10}	McCrimmon，1968 Jester，1974	物种最偏爱的产卵深度是最佳的。更深的区域是合格的，但不是最理想的
V_{11}	Soller 等，1965 Mark，1966 Bardach 等，1972	与最高生长速率相关的盐度水平是最佳的。产量较低的水平是所有生命阶段的次优至不适宜水平

续表

变量	参 考 文 献	假　　　设
V_{12}	Chiba，1965 Doudoroff 和 Shumway，1970 Huet，1970 Itazawa，1971 Askerov，1975 Davis，1975	与高现存量相关的溶解氧水平是最佳的。可以容忍但会降低生长的水平是次优的。致死水平是不合适的
V_{13}	Kaur 和 Toor，1978	与最大孵化率和高存活率相关的溶解氧水平是最佳的。孵化水平降低是次优的。不能孵化的水平是不合适的
V_{14}	European Inland Fisheries Advisory Commission，1969 Committee on Water Quality Criteria，1972	促进高生长速率的 pH 值是最适宜的。生长减少或繁殖受到不利影响的 pH 值为次优。导致死亡的水平是不合适的

16.5　栖息地适宜度指数模型——大口黑鲈

16.5.1　区域分布

　　大口黑鲈（*Micropterus salmoiges*）原产于美国和加拿大，广泛分布于美国和加拿大各淡水水域。

　　中国台湾地区于 20 世纪 70 年代引进大口黑鲈，深圳、惠阳、佛山等地也于 1983 年引进大口黑鲈苗，并于 1985 年相继人工繁殖成功。繁殖的鱼苗已被引种到中国江苏、浙江、上海、山东等地养殖。目前，主要分布在金沙江流域，可见于宜宾向上至巧家江段。

16.5.2　模型描述——河流

　　大口黑鲈河流模型概念结构的树状图如图 16 - 8 所示。

　　1. 食物组分

　　底部覆盖百分比（V_3、V_4）被认为是重要的，因为底部覆盖为水生昆虫、小龙虾和饲料鱼提供栖息地，而这些是大口黑鲈的主要食物。食物组分包括深潭和回水区面积百分比（V_1），以量化食物栖息地的数量。

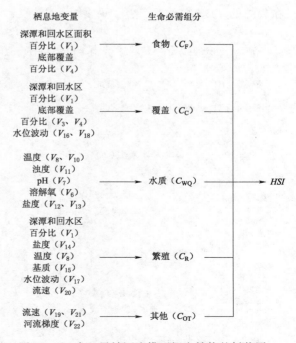

图 16 - 8　大口黑鲈河流模型概念结构的树状图

2. 覆盖组分

底部覆盖百分比（V_3、V_4）包括在内，因为在有底部覆盖的区域，大口黑鲈最为丰富。深潭和回水区面积百分比（V_1）量化了覆盖栖息地的数量。水位波动（V_{16}，V_{18}）被认为是重要的，因为可用的覆盖量取决于水位波动。

3. 水质组分

水质组分仅限于溶解氧（V_6）、pH（V_7）、温度（V_8、V_{10}）、浊度（V_{11}）和盐度（V_{12}、V_{13}）。这些参数已经被证明会影响生长或存活。当温度和氧气接近致死水平时，与之相关的变量被认为是有限的。本模型不考虑有毒物质。

4. 繁殖组分

产卵和鱼卵发育过程中的温度（V_8）和盐度（V_{14}）描述了影响繁殖的水质条件。繁殖组分包括水位波动（V_{17}），因为最佳发育和存活取决于产卵期的稳定水位。流速（V_{20}）也是重要的，因为鱼卵需要较小或没有流速的区域。深潭和回水区面积百分比（V_1）量化了低速产卵区的数量。

5. 其他组分

其他组分包括河流梯度（V_{22}），因为大口黑鲈喜欢缓慢移动的水流。流速（V_{19}、V_{21}）是描述河流生境适宜度的一种方法，因为坡度和流速之间存在正相关。

16.5.3　模型描述——湖泊

大口黑鲈湖泊模型概念结构的树状图如图 16-9 所示。

1. 食物组分

食物组分包括总溶解性固体（V_5），因为其与黑鲈现存量之间呈正相关，可能是由于在较高的 TDS 水平下产生了更多的食物。

2. 覆盖组分

底部覆盖百分比（V_3、V_4）包括在内，因为大口黑鲈最丰富的地区有底部覆盖。水深区域（深度 ≤ 6m）百分比（V_2）表示覆盖栖息地的数量。水位波动（V_{16}、V_{18}）被认为是重要的，因为可用覆盖的数量取决于水位波动。

3. 水质组分

参考河流模型中给出的解释。

4. 繁殖组分

产卵和鱼卵发育的温度（V_9）和盐度（V_{14}）描述了影响繁殖的水质条件。基质（V_{15}）是产卵成功的重要因素。繁殖组分包括水位波动（V_{17}），因为鱼卵的最佳发育和存活取决于产卵期间的稳定水位。水深区域（深度 ≤ 6m）百分比（V_2）表示产卵栖息地的数量。

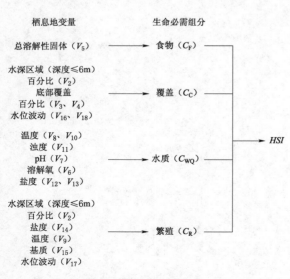

图 16-9　大口黑鲈湖泊模型概念结构的树状图

16.5.4 模型变量适宜度指数（*SI*）图

22 个变量的适宜度指数图见表 16-9。

表 16-9   **22 个变量的适宜度指数图**

栖息地	变量	描　　述	对　应　图
R	V_1	夏季平均流量期间深潭和回水区面积百分比	
L	V_2	水深区域（深度≤6m）百分比 A：北纬； B：南纬	
R，L	V_3	夏季深潭、回水区或沿岸区域（成鱼、幼鱼）的底部覆盖百分比（例如，水生植物、原木和碎石）	
R，L	V_4	夏季深潭、回水区或湖滨地区底部覆盖百分比（例如水生植被，原木和碎片）（鱼苗）	

栖息地	变量	描　　述	对　应　图
L	V_5	生长季碳酸氢盐浓度大于硫酸氢盐离子浓度时 TDS 的平均浓度。如果硫酸氢盐浓度超过碳酸氢盐，则将 TDS 的 SI 评级降低 0.2	
R，L	V_6	在仲夏期，深潭或湖滨地区的溶解氧水平最低。 A：通常＜2mg/L； B：通常≥2mg/L 且＜5mg/L； C：通常≥5mg/L 且＜8mg/L； D：通常≥8mg/L	
R，L	V_7	生长期 pH 范围 A：＜5.0 或＞10.0； B：≥5 和＜6.5 或＞8.5 和≤10； C：6.5～8.5	
R，L	V_8	生长期深潭、回水区或湖滨区的平均水温（成鱼，幼鱼）	

栖息地	变量	描　述	对　应　图
R，L	V_9	产卵期间，深潭或湖滨区的周平均温度（鱼卵）	
R，L	V_{10}	生长期深潭、回水区或湖滨区的平均水温（鱼苗）	
R，L	V_{11}	生长期最大月平均浊度（悬浮物）。A：5～25ppm；B：>25ppm且≤100ppm；C：<5ppm或>100ppm	
R，L	V_{12}	夏季最高盐度（成鱼、幼鱼）	

栖息地	变量	描　述	对　应　图
R，L	V_{13}	夏季的最高盐度（鱼苗）	
R，L	V_{14}	产卵期的最高盐度（鱼卵）	
R，L	V_{15}	河流的深潭和回水区或湖滨区基质组成（鱼卵）。 A：岩石和基岩为主（≥50%）； B：沙子为主（0.062～2.0mm）； C：淤泥和黏土为主（0.0～0.004mm）； D：砂砾为主（0.2～6.4cm）	
R，L	V_{16}	生长期平均水位波动（成鱼，幼鱼）	

栖息地	变量	描 述	对 应 图
R，L	V_{17}	产卵期的最高水位（鱼卵）	
R，L	V_{18}	生长期平均水位波动（鱼苗）	
R	V_{19}	夏季 0.6m 水深处的平均流速（成鱼，幼鱼）	
R	V_{20}	产卵期间（5—6月），在深潭或回水区 0.8 深处的最大流速（鱼卵）	

249

栖息地	变量	描　述	对　应　图
R	V_{21}	夏季 0.6m 深处平均流速（鱼苗）	纵轴：适宜度指数 0～1.0；横轴：速度/(m/s) 0～3.0
R	V_{22}	代表性河段的河流梯度	纵轴：适宜度指数 0～1.0；横轴：河流梯度/(m/km) 0～4

16.5.5　河流模型

河流模型由 5 个部分组成：食物、覆盖、水质、繁殖和其他。

食物（C_F）：

$$C_F = \left(V_1 \times \frac{V_3 + V_4}{2} \right)^{1/2} \tag{16-43}$$

覆盖（C_C）：

$$C_C = \left(V_1 \times \frac{V_3 + V_4}{2} \times \frac{V_{16} + V_{18}}{2} \right)^{1/3} \tag{16-44}$$

水质（C_{WQ}）：

若 V_{12} 和 $V_{13} = 1$，则

$$C_{WQ} = \frac{2V_6 + V_7 + 2V_8 + V_{10} + V_{11}}{7} \tag{16-45}$$

若 V_{12} 或 $V_{13} < 1$，则

$$C_{WQ} = \frac{2V_6 + V_7 + 2V_8 + V_{10} + V_{11} + \dfrac{V_{12} + V_{13}}{2}}{7} \tag{16-46}$$

如果 V_6、V_8，$V_{10} \leqslant 0.4$，则 C_{WQ} 为三者中的最小值。

繁殖（C_R）：

若 $V_{14}=1$，则

$$C_R=(V_1 \times V_9 \times V_{15} \times V_{17} \times V_{20})^{1/5} \tag{16-47}$$

若 $V_{14}<1$，则

$$C_R=(V_1 \times V_9 \times V_{15} \times V_{17} \times V_{20} \times V_{14})^{1/6} \tag{16-48}$$

其他（C_{OT}）：

由于河流梯度和当前速度之间存在相关性，有两个"其他"组分选项：

A：

$$C_{OT}=\frac{V_{19}+V_{21}}{2} \tag{16-49}$$

B：

$$C_{OT}=V_{22} \tag{16-50}$$

HSI 的计算公式为

$$HSI=(C_F \times C_C \times C_{WQ} \times C_R \times C_{OT})^{1/5} \tag{16-51}$$

若 C_{WQ} 或 $C_R \leqslant 0.4$，HSI 为两者中的最低值。

16.5.6　湖泊模型

湖泊模型由 4 个部分组成：食物、覆盖、水质和繁殖。

食物（C_F）：

$$C_F=V_5 \tag{16-52}$$

覆盖（C_C）：

$$C_C=\left(V_2 \times \frac{V_3+V_4}{2} \times V_{16} \times V_{18}\right)^{1/4} \tag{16-53}$$

水质（C_{WQ}）：

若 V_{12} 和 $V_{13}=1$，则

$$C_{WQ}=\frac{2V_6+V_7+2V_8+V_{10}+V_{11}}{7} \tag{16-54}$$

若 V_{12} 或 $V_{13}<1$，则

$$C_{WQ}=\frac{2V_6+V_7+2V_8+V_{10}+V_{11}+\frac{V_{12}+V_{13}}{2}}{7} \tag{16-55}$$

如果 V_6，V_8，$V_{10} \leqslant 0.4$，则 C_{WQ} 为三者中的最小值。

繁殖（C_R）：

若 $V_{14}=1$，则

$$C_R=(V_2 \times V_9 \times V_{15} \times V_{17})^{1/4} \tag{16-56}$$

若 $V_{14}<1$，则

$$C_R=(V_2 \times V_9 \times V_{15} \times V_{17} \times V_{14})^{1/5} \tag{16-57}$$

HSI 的计算公式为

$$HSI=(C_F \times C_C \times C_{WQ} \times C_R)^{1/4} \tag{16-58}$$

若 C_{WQ} 或 $C_R \leqslant 0.4$，HSI 为两者中的最低值。

制定适宜度指数的来源和假设见表 16-10。

表 16 - 10　　　　　　　　　　　　　　制定适宜度指数的数据来源和假设

变量	来　源	假　定
V_1	Trautman，1957 Deacon，1961 Larimore 和 Smith，1963 Branson，1967 Scott 和 Crossman，1973 Funk，1975	大口黑鲈通常栖息在河流的深潭和回水区；最佳栖息地至少包括 60% 的深潭或回水区
V_2	Robbins 和 MacCrimmon，1974 Carlander，1977 Winter，1977	足以支撑大量种群的覆盖面积可提供超过 25% 的面积（深度≤6m）
V_3	Jenkins 等，1952 Miller，1975 Saik. i 和 Tash，1979	成年大口黑鲈在有覆盖物的地区最为丰富；过多的覆盖物可能会降低猎物的可获性
V_4	Kramer 和 Smith，1960 Newell，1960 Aggus 和 Elliot，1975 Anderson，1981	覆盖量与鱼苗数量呈正相关。过多的覆盖会造成产卵和养殖环境不良
V_5	Jenkins，1976	与高现存量相关的总溶解固体（TDS）水平是最优的；与低现存量相关的总溶解固体（TDS）水平是次优的
V_6	Katz 等，1959 Whitmore 等，1960 Moss 和 Scott，1961 Mohler，1966 Stewart 等，1967 Dahlberg 等，1968 Petit，1973	生长不受影响的溶解氧水平是最佳的，生长减少的溶解氧水平是次优的，可能发生死亡的溶解氧水平是不合适的
V_7	Swingle，1956 Stroud，1967[a] Calabrese，1969 Buck. 和 Thoits，1970	最适 pH 值范围可能与所有淡水鱼相同。损害鲈鱼生长的水平是次优的；那些可能导致死亡的水平是不合适的
V_8	Hart，1952 Johnson 和 Charlton，1960 Mohler，1966 Coutant，1975 Venables 等，1978	成鱼鲈鱼和幼鱼生长最快的温度是最佳的，生长降低的温度是次优的。那些很少生长或没有生长的温度是不合适的
V_9	Carr，1942 Kramer 和 Smith，1960 Strawn，1961 Clugston，1966 Kelley，1968 Badenhuizen，1969	导致鱼卵存活率最大的温度是最佳的，那些存活率降低的温度是次优的，那些存活率很低或存活率为 0 的温度是不合适的
V_{10}	Strawn，1961	与 V_9 相同的假设，仅适用于鱼苗

变量	来　源	假　定
V_{11}	Buck，1956a；1956b Bulkley，1975 Muncy 等，1979	与最大的生存和生长相关的浊度（悬浮固体）水平是最佳的。降低生长和干扰繁殖过程的浊度水平是次优的
V_{12}	Bailey 等，1954 Tebo 和 McCoy，1964	成年和幼年鲈鱼丰度最高的盐度水平是最理想的。那些丰度下降的地区是次优到不合适的
V_{13}	Tebo 和 McCoy，1964	鱼苗生长速度不受影响的盐度水平是最佳的，生长速度下降的盐度水平是次优的。那些没有生长的盐度水平是不合适的
V_{14}	Tebo 和 McCoy，1964	不影响鱼卵存活的盐度水平是最佳的，而那些存活受到损害的盐度水平是次优的。没有存活的盐度水平是不合适的
V_{15}	Harlan 和 Speaker，1956 Mraz 和 Cooper，1957 Newell，1960 Mraz 等，1961 Robinson，1961 Mraz，1964	发生大量产卵的基质类型是最优的；其他基质类型是次优的
V_{16}	Heman 等，1969	集中猎食并导致成年和幼年鲈鱼生长率增加的水位波动是最优的；减少猎物可获性的水位波动是次优的
V_{17}	Harlan 和 Speaker，1956 Mraz，1964 Clugston，1966 Jester 等，1969 Allan 和 Romero，1975	不影响鱼卵存活的水位波动是最佳的；那些超过巢穴平均深度（并降低存活率）的水位波动是次优到不合适的
V_{18}	Aggus 和 Elliot，1975	导致鱼苗对覆盖可利用性增加的水位波动是最佳的。那些减少覆盖数量的水位波动是次优的
V_{19}	Bailey 等，1954 Kallemeyn 和 Novotny，1977 Hardin 和 Bovee，1978	成鱼和幼年鲈鱼数量最多的流速是最佳的；数量减少的流速是次优到不合适的
V_{20}	Deacon，1961 Dudley，1969	不损害鱼卵存活率的速度是最佳的，而降低活率的速度则是次优到不合适的
V_{21}	Macleod，1967 laurence，1972 Hardin 和 Bovee，1978	与 V_{19} 相同，假设仅适用于鱼苗
V_{22}	Finnell 等，1956 Trautman，1957 Moyle 和 Nichols，1973	物种丰度最大的梯度是最优的；导致丰度下降的梯度是次优到不合适的

16.6　栖息地适宜度指数模型——白斑狗鱼

16.6.1　区域分布

白斑狗鱼（*Esox lucius*）原产于北美和欧亚大陆的物种，广泛分布在北美洲及欧亚大陆北纬 74°～36°之间（Scott 和 Crossman，1973）。白斑狗鱼的分布随着它们被引入本地范围以外的水域而扩张。白斑狗鱼主要分布在北美的大部分湖泊中（Carlander 等，1978；Crossman，1978）。

在中国，该物种主要分布在新疆阿勒泰地区额尔齐斯河流域。

16.6.2　模型描述——河流和湖泊

栖息地适宜度指数（*HSI*）模型试图将之前的观察结果浓缩成一套可管理的栖息地评价标准，其结构旨在为白斑狗鱼的 11 个栖息地质量产生一个介于 0.0 和 1.0 之间的指数。假设 *HSI* 与栖息地承载力之间存在正相关。

该模型适用于基础流量大于年平均日流量 50% 的永久性河流，并假设深潭和回水的平均深度约为 0.5m。

白斑狗鱼一年中的大部分时间都在湖泊或水库里度过，但通常是向上游迁移产卵。在这种情况下，只需要应用湖泊模型。上游产卵点的利用率在 V_1 中得到说明，V_1 包括所有可接触的潜在产卵区。然而，如果湖泊和河流栖息地都被评估为夏季栖息地，则河流应使用河流模型，湖泊应使用湖泊模型。

在水质方面，该模型不适用于污水负荷过重的水域、已知含有有毒物质或特定溶质极端浓度的水域，或热排放显著改变正常热状态的水域。

在最小栖息地面积方面，白斑狗鱼自给自足所需的最小区域尚不清楚。

针对湖泊和河流栖息地，提出了单独的 *HSI* 模型，如图 16-10 和图 16-11 所示，但两者非常相似，更适合描述为一般模型的单个变化。唯一的区别是河流模型包含两个额外的变量（V_8 和 V_9）来解释低速栖息地的可用性，TDS（V_4）有时可以从河流模型中排除。V_8 和 V_9 在静水环境中没有限制；也就是说，两者的适宜度指数都等于 1.0。

该模型包含了被认为对限制白斑狗鱼产量具有普遍重要性的栖息地变量。各生境变量与白斑狗鱼生境适宜度之间的假定函数关系用适宜度指数（*SI*）图表示。*SI* 图将 *SI* 等级（在 0.0～1.0 范围内）与环境变量的不同级别相关联。假设可以比较不同生境变量的 *SI* 评分。假设总体生境适宜度由适宜度指数最低的变量确定，即

$$HSI_{湖泊} = \min(V_1 - V_7) \tag{16-59}$$

$$HSI_{河流} = \min(V_1 - V_7) \tag{16-60}$$

在某些情况下，可能需要对模型进行修改，例如包括不同的或附加的变量。该模型结构简单，易于修改。

图 16-10 描述白斑狗鱼湖泊 HSI 模型
中包含的栖息地变量以及相应适宜
度指数（SI）组合

图 16-11 描述白斑狗鱼河流模型中包含
的栖息地变量以及相应适宜
度指数（SI）组合

16.6.3 模型变量的适宜度指数（SI）图

湖泊（L）和河流（R）HSI 模型中变量的适宜度指数应根据表 16-11 确定。

表 16-11 　　　　　　　　　　　　9 个变量的适宜度指数

栖息地	变量	描　　述	对　应　图
L，R	V_1	产卵栖息地—夏季栖息地的比率（该区域有植被覆盖且小于 1m 深） 根据产卵栖息地区域内植被或植物碎屑的密度，使用合适的曲线。不包括被丝状藻类覆盖的区域。 A：植被遮住了底部的大部分（>80%）；植物密集分布在基底上方 15cm 的水体中。沉入水中时，植物未紧密压实。植被提供了广泛的表面积，鱼卵可以附着在其中，为鱼卵和鱼苗提供了充足的覆盖，并允许鱼卵周围的水循环。 B：植物的生长比 A 中的少，但覆盖了大部分基质，并占据了沉积物正上方的水体。 C：植被或碎片覆盖了大部分底部，但植物材料并没有占据基底正上方的大部分水体。 D：只有稀疏散落的植被或碎片。如果有的话，也只能供很少的鱼卵和鱼苗使用	

255

栖息地	变量	描　述	对　应　图
L，R	V_2	鱼卵期和鱼苗期水位下降。 A：产卵期和早期鱼苗期； B：鱼苗期 SI 为 A 与 B 中较低值	
L，R	V_3	有淹没的或漂浮的水生植被或陆生植物残余物（不包括底部碎片）的仲夏区域百分比。 A：最大水深＜3m 且湖泊冰盖时间＞2 个月； B：最大水深＞3m 或湖泊冰盖时间≤2 个月，或者同时包含两者	
L，R	V_4	仲夏时期表层水（深 1～2m）总溶解性固体的对数（底数为 10）	
L，R	V_5	鱼卵期和鱼苗期产卵栖息地适宜的最小 pH	

栖息地	变量	描　　述	对　应　图
L，R	V_6	无霜冻季节的平均长度（气温平均值为0℃时，从去年春天到第一次秋天之间的天数）	
L，R	V_7	表层水（深1～2m）最大平均温度。 A：变温层中溶解氧≥1.5ppm 的分层湖； B：变温层中溶解氧＜1.5ppm 的河流、溪流、不分层湖泊或分层湖泊	
R	V_8	夏季回水区、深潭或其他缓慢水流（＜5cm/s）区域百分比	
R	V_9	河流梯度	

16.7　栖息地适宜度指数模型——大嘴牛胭脂鱼

16.7.1　区域分布

大嘴牛胭脂鱼（*Ictiobus cypinellus*）产于伊利湖流域，南起俄亥俄河和密西西比河，流经阿拉巴马州北部的田纳西河；西至阿肯色州；南至路易斯安那州的墨西哥湾附近；西北至德克萨斯州东部和俄克拉荷马州；北至艾奥瓦州、南达科他州和明尼苏达州。该物种已被引入亚利桑那州的水库，南加州的洛杉矶高架渠系统（Trautman，1957；Johnson，1963；Scott 和 Crossman，1973；Hubbs 和 Lagler，1974；Moyle，1976；Lee 等，1980），以及北达科他州和蒙大拿州密苏里流域的水库（Lee 等，1980）。

在中国，该物种主要分布于在长江流域与珠江流域。

16.7.2　模型描述——河流

大嘴牛胭脂鱼栖息地质量的分析是基于食物、覆盖物、水质和繁殖要求等基本组成部分。将已被证明影响大嘴牛胭脂鱼生长、存活、丰度或其他物种指标的变量放在相应的成分中，大嘴牛胭脂鱼河流模型中栖息地变量与生命必需组分之间关系的树状图如图 16-12 所示。

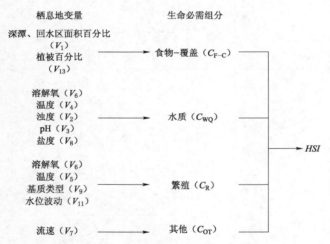

图 16-12　大嘴牛胭脂鱼河流模型中栖息地变量
与生命必需组分之间关系的树状图

1. 食物-覆盖组分

食物和覆盖被组合为一个组成部分，因为有相同的变量描述食物和覆盖的适宜度。深潭回水区面积百分比（V_1）被包括在内，因为这是该物种度过大部分时间的地方，这些区域必须满足食物和植被的要求。植被百分比（V_{13}）很重要，因为大嘴牛胭脂鱼种群的成功产卵与植被的存在有关，植被对于鱼苗和幼鱼的覆盖以及食物产量是必要的。

2. 水质组分

温度（V_4）是最重要的水质变量，因为它通过对生长和生存的影响来限制这种温水物种。浊度（V_2）、pH（V_3）和溶解氧（V_6）也会影响物种的生长和存活。大嘴牛胭脂鱼能耐受高盐度（V_8）。然而，在发现物种的地区，盐度通常不是问题，因此是一个可选变量。

3. 繁殖组分

繁殖组分包括产卵期间的温度（V_5）和溶解氧（V_6），因为鱼卵的存活取决于这些变量。产卵的基质类型（V_9）是一个非常重要的变量，因为大嘴牛胭脂鱼繁殖是否成功取决于产卵期间是否有植被。繁殖组分包括水位波动（V_{11}），因为春季淡水洪水"触发"产卵，水位上升淹没陆地植被作为产卵基质，水位下降降低繁殖成功率。

4. 其他组分

其他组分中的变量有助于描述大嘴牛胭脂鱼的栖息地适宜度，但与已经提出的生命必需组分无关。其他组分包括流速（V_7），这是因为物种积极寻找低流速区域。

16.7.3　模型描述——湖泊

大嘴牛胭脂鱼湖泊模型中栖息地变量与生命必需组分之间关系的树状图如图 16-13 所示。

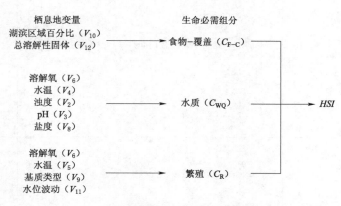

1. 食物-覆盖组分

食物和覆盖被组合为湖泊模型的一个组成部分。湖滨区域百分比（V_{10}）包括在内，因为大嘴牛胭脂鱼几乎只在湖滨区觅食和栖息。总溶解性固体（V_{12}）是重要的，因为大嘴牛胭脂鱼的现存量与总溶解固体呈正相关，进而影响食物供应。

图 16-13　大嘴牛胭脂鱼湖泊模型中栖息地变量
与生命必需组分之间关系的树状图

2. 水质组分

河流模型和湖泊模型的水质成分是相同的。可参见河流模型的描述。

3. 繁殖组分

河流模型和湖泊模型的繁殖成分是相同的。可参见河流模型的描述。

16.7.4　模型变量的适宜度曲线（*SI*）图

上述 13 个与栖息地相关的变量的适宜度指数见表 16-12，使用生命必需组分法将选定变量指数组合成物种 *HSI* 的方程式。变量可能与河流（R）栖息地、湖泊（L）栖息地或两者有关。

表 16-12　　　　　　　　　13 个与栖息地相关的变量的适宜度指数图

栖息地	变量	描　　　述	对　应　图
R	V_1	春季和夏季深潭、回水区和沼泽百分比（成鱼、鱼卵、幼鱼和鱼苗）	

栖息地	变量	描　　述	对　应　图
R，L	V_2	夏季平均流量期间月平均最大浊度	
R，L	V_3	年 pH 水平	
R，L	V_4	该物种在夏季出现的最高水温（成鱼）	
R，L	V_5	春季和夏季养殖区栖息地的平均最高水温（鱼卵）	

续表

栖息地	变量	描　述	对　应　图
R，L	V_6	春季和夏季的最低溶解氧水平（鱼卵-成鱼）	
R	V_7	平均流速	
R，L	V_8	春季和夏季最大盐度（鱼卵-成鱼）。 如果研究区域认为盐不是潜在问题，则可以省略 V_8	
R，L	V_9	产卵区主要基质类型（鱼卵）。 A：丰富的洪泛区，水生植物浮现或淹没； B：一些植被和淹没的物体； C：很少的植被，但有些被淹没的物体； D：没有植被，且基质清晰可见	

栖息地	变量	描　述	对　应　图
L	V_{10}	夏季湖滨区和受保护的海湾面积百分比	
R，L	V_{11}	产卵前后水位波动。 A：产卵前大幅上升，产卵后水位稳定； B：产卵前后水位均稳定； C：产卵前水位稳定，产卵后水位下降	
L	V_{12}	生长期最小的总溶解性固体	
R，L	V_{13}	深潭、回水区、沼泽区、受保护的海湾、湖滨区植被覆盖百分比	

16.7.5 河流模型

河流模型由 4 个部分组成：食物-覆盖、水质、繁殖和其他。

食物-覆盖（C_{F-C}）：

$$C_{F-C} = (V_1 \times V_{13})^{1/2} \tag{16-61}$$

水质（C_{WQ}）：

$$C_{WQ} = (V_2 \times V_3 \times V_4^2 \times V_6)^{1/5} \tag{16-62}$$

若考虑 V_8，则公式为

$$C_{WQ} = (V_2 \times V_3 \times V_4^2 \times V_6 \times V_8)^{1/6} \tag{16-63}$$

繁殖（C_R）：

$$C_R = (V_5^2 \times V_6 \times V_9^2 \times V_{11})^{1/6} \tag{16-64}$$

若 V_5 或 $V_9 \leqslant 0.4$，则 C_R 为两者中的最小值。

其他（C_{OT}）：

$$C_{OT} = V_7 \tag{16-65}$$

HSI 的计算公式为

$$HSI = (C_{F-C} \times C_{WQ} \times C_R^2 \times C_{OT})^{1/5} \tag{16-66}$$

若 $C_R \leqslant 0.4$，则 HSI 为 C_R 或上述等式的最小值。

16.7.6 湖泊模型

湖泊模型由 3 个部分组成：食物-覆盖、水质和繁殖。

食物-覆盖（C_{F-C}）：

$$C_{F-C} = (V_{10} \times V_{12}^2)^{1/3} \tag{16-67}$$

水质（C_{WQ}）：

$$C_{WQ} = (V_2 \times V_3 \times V_4^2 \times V_6)^{1/5} \tag{16-68}$$

繁殖（C_R）：

$$C_R = (V_5^2 \times V_6 \times V_9^2 \times V_{11})^{1/6} \tag{16-69}$$

计算 HSI

$$HSI = (C_{F-C} \times C_{WQ} \times C_R^2)^{1/4} \tag{16-70}$$

若 $C_R \leqslant 0.4$，则 HSI 为 C_{WQ}、C_R 或上述等式的最小值。

大嘴牛胭脂鱼适宜度指数的数据来源和假设见表 16-13。

表 16-13　　　　　　　　大嘴牛胭脂鱼适宜度指数的数据来源和假设

变量	参 考 文 献	假　　设
V_1	Trautman，1957 Johnson，1963 Kozel 和 Schmulbach，1976	由于大嘴牛胭脂鱼寻求安静的深潭和河道外地区，这些地区存在的栖息地是最佳的
V_2	Trautman，1957 Johnson，1963 Walburg 和 Nelson，1966	物种丰度较高地区的浊度水平是最佳的。更高的水平是可以接受的，但不是最理想的

续表

变量	参考文献	假　设
V_3	Doudoroff 和 Katz，1950 Stroud，1967 European Inland Fisheries Advisory Commission，1969	促进大嘴牛胭脂鱼良好繁殖的 pH 值是最适宜的
V_4	Gammon，1973	该物种喜欢的温度被认为是最佳的
V_5	Canfield，1922 Swingle，1954 Johnson，1963	促进鱼卵正常发育的温度是最适宜的
V_6	U. S. Environmental Protection Agency，1976	促进淡水鱼种群健康生长的溶解氧水平是最佳的
V_7	Kallemeyn 和 Novotny，1977 Zittel，1978	与成年大嘴牛胭脂鱼在夏季频繁出现相关的流速是最佳的。大嘴牛胭脂鱼只能短期承受的流速是次优的
V_8	Hollander 和 Avault，1975 Perry，1976	保证良好繁殖力和鱼卵发育的盐度水平是最佳的
V_9	Moen，1954 Johnson，1963 Benson，1973，1980 Willis 和 Owen，1978	产卵所用的基质类型（具有较高产量）是最佳的
V_{10}	Benson，1973，1980	与大嘴牛胭脂鱼高丰度相关的湖滨区和海湾的百分比是最佳的。湖滨区面积减少太多会减少种群
V_{11}	Benson，1973	具有高产量的水位波动是最佳的。降低繁殖成功率的波动是次优到不合适的
V_{12}	Walburg 和 Nelson，1966 Jenkins，1976	促进良好生长或与大嘴牛胭脂鱼的高现存量相关的 TDS 水平是最佳的
V_{13}	Benson，1980	与大嘴牛胭脂鱼高丰度相关的水库植被数量是最适宜的

16.8　栖息地适宜度指数模型——北极茴鱼

16.8.1　区域分布

北极茴鱼（*Thymallus arcticus*）分布在北美的曼尼托巴省北部、萨斯喀彻温省、艾伯塔省、不列颠哥伦比亚省以及西北地区、育空地区和阿拉斯加大部分地区（Kruger，1981）。密歇根州和蒙大拿州曾出现过遗骸，但在密歇根州已经灭绝（Holton，1971；Scott 和 Crossman，1973）。北极茴鱼已经被引入佛蒙特州、科罗拉多州、怀俄明州、爱达荷州、犹他州和加利福尼亚州（Nelson，1953；Baxter 和 Simon，1970；Scott 和 Crossman，1973；Rieber，1983）。

茴鱼在中国另有两个亚种：产于鸭绿江的鸭绿江茴鱼（*T. arcticusyaluensis*）和产于新疆额尔齐斯河流域的北极茴鱼。在黑龙江水系（中国境内）的乌苏里江、呼玛河、额木尔河等河流采集到茴鱼属鱼类标本，经鉴定为中国新纪录种—黑龙江茴鱼。

16.8.2 模型描述

HSI 模型由两部分组成：①产卵和鱼卵发育；②幼鱼和成鱼阶段的迁徙和越冬栖息地。

（1）产卵和鱼卵发育部分。这一组成部分包括六个生境变量，这些变量控制北极茴鱼的产卵和鱼卵的存活。变量 V_1 和 V_2 描述了所需的水温和溶解氧浓度，而变量 V_3 和 V_4 描述了基质要求。变量 V_5 评估流速，V_6 评估深潭可用性。

（2）迁徙和越冬部分。该部分使用了四个可能影响幼鱼和成鱼栖息地质量的栖息地变量。变量 V_7 和 V_8 描述了这些生命阶段所需的水温和溶解氧浓度。变量 V_9 描述了越冬区和产卵之间迁徙路线的需要，而 V_{10} 则评估越冬栖息地的质量。

16.8.3 模型变量的适宜度指数（*SI*）图

本节包含 10 个模型变量的适宜度指数，见表 16-14，其包括将各变量 *SI* 组合成北极茴鱼 *HSI* 的方程式和说明。生境测量和 *SI* 图的构建基于这样一个前提：极端而非平均的可变值通常限制了生境的承载力。用于构建北极茴鱼 *HSI* 模型适宜度指数的数据来源和假设见表 16-15。

表 16-14   10 个模型变量的适宜度指数

变量	描 述	对 应 图
V_1	产卵河流一年中最暖时期的平均最高水温（℃）	
V_2	产卵河流在夏末低流量期间的平均最大溶解氧（mg/L）	

变量	描　　述	对　应　图
V_3	产卵区基质百分比，主要由砾石和碎石组成（直径 1.0～20.0cm）	
V_4	产卵和鱼卵发育期，产卵区和下游浅滩区的细粒百分比（<3mm 直径）	
V_5	产卵期和鱼卵发育期产卵区水深 0.6m 处的平均流速（cm/s）	
V_6	流速小于 0.15m/s（在水面以下水深 0.6m 处测量）的产卵区和繁殖区下游的百分比	

变量	描 述	对 应 图
V_7	在一年中最温暖的时期，成鱼所在河流的平均最高水温（℃）	
V_8	夏末、枯水期成鱼所在河流的平均最小溶解氧（mg/L）	
V_9	每年早春进入越冬区 150km 内支流产卵的频率	
V_{10}	冬季栖息地的出现（流速小于 0.15m/s 的深潭，在冬季不冻结的大小河流的泉水河段水深大于 1.2m，流速小于 0.15m/s，冬季溶解氧水平保持在 1.0mg/L 以上）	如果有深深潭，$SI=1.0$ 如果无深深潭，$SI=0.0$

表 16 – 15　　　　　　　　　　北极茴鱼适宜度指数的数据来源和假设

	变 量 和 来 源	假 设
V_1	Henshall，1907 Ward，1951 Nelson，1954 Watling 和 Brown，1955 Kruse，1959 LaPerriere 和 Carlson，1973 Craig 和 Poulen，1975 Feldmuth 和 Eriksen，1978 Kreuger，1981 Kratt 和 Smith，1981	日平均最高水温对鱼卵生长和存活的影响大于最低水温。支持最大生长和存活的温度是最佳的
V_2	Feldmuth 和 Eriksen，1978	夏末平均日最低溶解氧水平与北极茴鱼鱼苗的生长和存活有关。降低生存和生长的溶解氧浓度是次优的
V_3	Brown，1983 Nelson，1953 Nelson，1954 Bishop，1971 Kratt 和 Smith，1977 Kreuger，1981	鱼卵的存活与覆盖的数量有关。假设当超过 20% 的底部提供覆盖时，达到最佳覆盖条件
V_4	Brown，1983 Nelson，1953 Nelson，1954 Bishop，1971 Kratt 和 Smith，1977	大量的细粒阻止鱼卵进入内部空间，阻止水流向鱼卵，阻碍鱼卵存活。在砾石和碎石区域，需要小于 50% 的细粒才能获得最佳鱼卵存活率
V_5	Vincent，1962 Liknes，1981 Raleigh，1982	需要能通过鱼卵栖息地的流速，以防止细粒沉降并提供溶解氧
V_6	Nelson，1954 Tack，1972 McCart 等，1972 Craid 和 Poulin，1975 CHSIlett 和 Stuart，1979 Cuccarease 等，1980 Elliott，1980 Kreuger，1981	鱼苗需要低流速的回水区和支流。鱼苗的存活率与这种栖息地的数量有关
V_7	Nelson 和 Wojcik，1953 LaPerriere 和 Carlson，1973 Feldmuth 和 Eriksen，1978	日平均最高水温对成鱼生长和存活的影响大于最低水温。提供最大生长和存活的温度是最佳的
V_8	Feldmuth 和 Eriksen，1978 Nelson，1954	夏末平均每日最低溶解氧水平与北极茴鱼成鱼的生长和存活有关。降低生存和生长的溶解氧浓度是次优的

变 量 和 来 源*	假 设
V_9 Henshall，1907 Brown，1938 Nelson，1954 Warner，1955 Wojcik，1955 Reed，1964 Williams，1968 Vascotto，1970 Bishop，1971 Kratt 和 Smith，1977 Tack，1980 Kreuger，1981 Liknes，1981 Falk 等，1982	北极茴鱼是一年生的产卵者，在性成熟期的寿命相对较短。阻止迁移到产卵区的障碍物会阻止产卵，并影响特定的产卵种群。产卵支流的最佳通道每年出现一次
V_{10} Ward，1951 Nelson 和 Wojcik，1953 Yoshihara，1972 Craig 和 Poulin，1975 Alt 和 Furniss，1976 Kratt 和 Smith，1977 Tack，1980 Bendock，1980 Kreuger，1981	河流系统内适宜的越冬栖息地是北极茴鱼种群生存的必要条件

这些图是通过量化文献中关于每个生境变量对北极茴鱼生存和丰度影响的信息而构建的。该曲线基于一个假设，即在图的 y 轴上绘制的存活率和丰度的增量可以直接转化为物种适宜度指数，从 0.0 到 1.0。

16.8.4 模型

该模型由两部分组成：①产卵、鱼卵和鱼苗发育生境；②成鱼和幼鱼生境。

产卵、鱼卵和鱼苗（A_1）包括 V_1、V_2、V_3、V_4、V_5、V_6。

$$A_1 = V_1、V_2、V_3、V_4、V_5、V_6 中的最低值 \qquad (16-71)$$

成鱼和幼鱼（A_2）包括 V_7、V_8、V_9、V_{10}。

$$A_2 = V_7、V_8、V_9、V_{10} 中的最低值 \qquad (16-72)$$

一个 HSI 可作为一个组分导出，也可同时导出这两个组分。如果同时使用这两个组分，则 HSI 得分计算公式为

$$HSI = A_1 和 A_2 中的较低值 \qquad (16-73)$$

16.9 栖息地适宜度指数模型——虹鳟

16.9.1 区域分布

由于生活史模式和成年后大部分时间所处的栖息地的差异，虹鳟鱼（*Salmo gairdneri*）

可分为三种基本生态形式：①溯河北美鳟鱼；②常驻虹鳟鱼；③湖泊或水库虹鳟鱼。重要的是要认识到每种生态形式都有遗传或遗传基础。

非厌食性虹鳟鱼原产于太平洋沿岸的内陆地区，如落基山脉以及从墨西哥的里约热内卢河到阿拉斯加西南部的库斯科克维姆河（Behnke，1979）。它们也是不列颠哥伦比亚省的和平河流域和阿尔伯塔的亚大巴斯卡河（麦肯齐河流域的上游）的上游水源（MacCrimmon，1971）。南极洲是唯一没有虹鳟鱼的大陆（McAfee，1966；MacCrimmon，1971），虹鳟鱼出现在海平面 0～4500.00 之间（MacCrimmon，1971）。

溯河北美鳟鱼分布在从加利福尼亚州圣伊内斯山脉到阿拉斯加半岛的太平洋沿岸（Jordan 和 Evermann，1902；Withler，1966）。

虹鳟在中国原为人工养殖引入，后进入到天然水体，在中国北方、西北、西南等一些天然江河、湖泊、水库等常有捕获。

16.9.2　模型描述

HSI 模型由五个部分组成：成鱼（C_A）、幼鱼（C_J）、鱼苗（C_F）、鱼卵（C_E）和其他（C_O），每个生命阶段组分都包含与该组分特别相关的变量。成分 C_O 包含与水质和食物供应有关的变量，这些变量会影响虹鳟的所有生命阶段。

该模型利用了修改后的限制因素程序。此过程假定适宜度指数在平均值至良好范围（0.4～1.0）中的模型变量和组分可以通过其他相关模型变量和组分的更高适宜度指数进行补偿。但是，适宜度不大于 0.4 的变量和组分无法得到补偿，因此成为栖息地适宜度的限制因素。

1. 成鱼组分

根据鳟鱼和尖嘴鳟鱼的研究，假定成年鳟鱼的现存量与可利用的覆盖量有关，因此成鱼组分包括 V_{6A}，即河流覆盖百分比。成鱼组分包括深潭百分比（V_{10}），因为深潭为成年鳟鱼提供了遮盖和休息区。变量 V_{10} 还可以量化所需的深潭栖息地数量。成鱼组分包括变量 V_{15}（深潭等级评定），因为深潭在逃生掩护、冬季掩护和休息区域的数量和质量上具有一定的贡献。成鱼组分包括平均河流谷底线深度（V_4），因为平均水深会影响成年鳟鱼可利用的深潭和河道覆盖物的数量和质量，以及迁移到产卵区和养殖区的通道。

2. 幼鱼组分

河流覆盖百分比（V_6）、深潭百分比（V_{10}）、深潭等级评定（V_{15}）也包含在幼鱼组分中，原因与上述成鱼内容相同。幼年虹鳟将这些必不可少的河流特征用于逃生掩护，冬季掩护和休息区。

3. 鱼苗组分

由于鳟鱼鱼苗利用底物作为逃生覆盖和冬季遮盖物，因此鱼苗组分包括了 V_8（基质粒径等级百分比）。鱼苗组分包括 V_{10}（深潭百分比），因为鱼苗使用深潭和回水的浅水区、慢水区作为养殖区域。鱼苗组分包含 V_{16A}，即浅滩细颗粒的百分比，因为细颗粒百分比会影响鱼苗利用砾石基质进行覆盖的能力。

4. 鱼卵组分

假定鳟鱼鱼卵的栖息地适宜度取决于最大平均水温 (V_2)、最小平均溶解氧 (V_3)、平均流速 (V_5)、产卵区的砾石平均粒径 (V_7)、浅滩细颗粒百分比 (V_{16A})。平均流速 (V_5)、碎石平均粒径 (V_7) 和浅滩细颗粒百分比 (V_{16B}) 是相互影响的因素，这些因素影响溶解氧向鱼卵的运输以及代谢废物的清除。另外，碎屑中存在太多细颗粒会阻碍鱼苗从孵化砾石游向河流中。

5. 其他组分

该组分包含影响两个生命阶段的两个子成分（水质和食物供应）的模型变量。子成分水质包含四个变量：最高温度 (V_1)、平均最低溶解氧 (V_3)、pH (V_{13}) 和平均基流 (V_{14})。所有河流的水流量都在一个季节周期内波动，并且在年平均日流量与年低基流期之间存在相关性。水质包括平均基流 (V_{14}) 以量化年流量波动与鳟鱼栖息地适宜度之间的关系。这四个变量会影响除鱼卵之外的所有生命阶段的生长和存活，鱼卵的水质要求已包含在鱼卵中。次级食物供应包含三种变量：主导基质类型 (V_9)、河流沿岸植被百分比 (V_{11})、浅滩细颗粒百分比 (V_{16B})。食物供应包括主导基质类型 (V_9)，因为大量的水生昆虫是虹鳟的重要食物，它们的产量与基质类型相关。食物供应包括变量 V_{16B}，即在浅滩急流区和产卵区的细颗粒百分比，因为在浅滩急流区存在过多的细颗粒会减少水生昆虫的产量。食物供应之所以包含变量 V_{11}，是因为异源物质是冷的非生产性鳟鱼河流中营养的重要来源。

变量 V_{12}、V_{17} 和 V_{18} 是可选变量，仅在需要且合适时才使用。河岸植被 V_{12} 是控制土壤侵蚀的重要手段，是河流中细颗粒的主要来源。其他组分包含变量 V_{17}，即午间阴影百分比，因为阴影量会影响水温和溪流中的光合作用。日平均流量 (V_{18}) 与成年虹鳟迅速向上游迁移有关。变量 V_{12} 和 V_{17} 主要用于宽度不大于 50m 的河流，在这些河流中会发生温度、光合作用或侵蚀问题，或者河流植被的变化是潜在项目计划的一部分。变量 V_{18} 用于生境评估，以评估虹鳟的产卵迁移。

虹鳟模型的模型变量、组分和 HSI 之间的假定关系如图 16-14 所示。

16.9.3 模型变量的适宜度指数 (SI) 图

18 个与栖息地相关的模型变量适宜度指数见表 16-16，其包括用于将变量 SI 得分组合为成分分数和将成分分数组合为虹鳟 HSI 的方程式和说明。

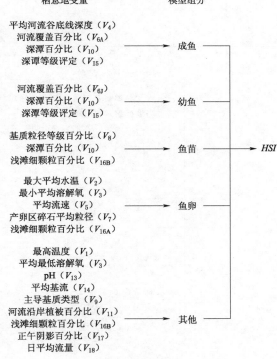

图 16-14 虹鳟模型的模型变量、组分和 HSI 之间假定关系

271

表 16 - 16　　　　　　　　　　18 个与栖息地相关的模型变量适宜度指数

栖息地	变量	描　　述	对　应　图
R，L	V_1	一年中最暖和时期（成鱼，幼鱼和鱼苗）以及成年虹鳟向上游迁移期间的平均最高水温（℃）。 对于湖泊生境，请在大于 3mg/L 的溶解氧区域中使用最接近最佳温度的温度层。 A：虹鳟； B：成年虹鳟迁徙	
R	V_2	鱼卵发育期间（所有虹鳟）和 3—6 月转化期的平均最高水温（℃）（幼鱼虹鳟）。 A：虹鳟转化； B：鱼卵	
R，L	V_3	鱼卵发育期间（成鱼、幼鱼、鱼苗和鱼卵）的平均最低溶解氧（mg/L）。 对于湖泊生境，在溶解氧大于 3mg/L 的最佳温度区域使用。 A：≤15℃； B：>15℃	
R	V_4	生长季后期低水期（成鱼）的平均水深（cm）。 A：≤5m 河流宽度； B：>5m 河流宽度	

栖息地	变量	描　　　述	对　应　图
R	V_5	鱼卵发育期间产卵区的平均速度（cm/s）	
R	V_6	生长季后期低水期（深度约 15cm，速度 ＜15cm/s）内河道覆盖百分比。 A：成鱼 J：幼鱼	
R	V_7	产卵区域（最好在产卵期间）的平均基质尺寸（cm）。 A：产卵期基质平均大小小于 50cm； B：产卵期基质平均大小大于 250cm	
R	V_8	基质粒径等级百分比（10～40cm），用于鱼苗和幼鱼的冬季和逃生掩护	

栖息地	变量	描　述	对　应　图
R	V_9	浅滩区食物生产中主要（≥50％）的基质类型。 A：主要为砾石或小巨石（或春季地区的水生植物）；数量有限的砾石、大石块或基岩。 B：为碎石、砾石、巨石和细屑的含量大致相等，或以砾石为主。水生植被可能存在或可能不存在。 C：为细颗粒、基岩或大石块占主导地位。砾石数量很少（≤25％）	
R	V_{10}	生长季后期低水期的深潭百分比	
R	V_{11}	夏季，沿岸植被平均地面覆盖率和冠层覆盖率（树木，灌木和草丛）的百分比。 植被指数＝2（灌木百分比）＋1.5（草丛）＋（树木％）（对于 50m 宽的河流）	
R	V_{12}	生根植被的平均百分比和沿岸的岩石覆盖率的比值	

栖息地	变量	描　述	对　应　图
R，L	V_{13}	年度最大或最小 pH。 对于湖泊栖息地，请结合溶解氧和温度的最佳组合来测量该区域的 pH	
R	V_{14}	夏末或冬季低流量期的平均年基本流量占年平均流量的百分比	
R	V_{15}	生长季后期低流量时段的深潭等级评定。评级基于包含以下三个类别的深潭面积的百分比。 A：≥30％的面积由一级深潭组成； B：面积为≥10％但＜30％的是一级深潭或≥50％是二级深潭； C：＜10％的区域是一级深潭，＜50％的是二级深潭	
R	V_{16}	夏季平均流量期间，浅滩和产卵区的细颗粒（＜3mm）百分比。 A：产卵； B：急流区	

275

续表

栖息地	变量	描　述	对　应　图
R	V_{17}	遮盖时间介于 1000～1400h 的河流面积百分比（适用于宽度不大于 50m 的河流）	
R	V_{18}	成年虹鳟上游迁移期间的日平均流量百分比	

注：一级深潭：大而深。深潭的深度和大小足以为几个成年鳟鱼提供低速休息区。由于深度、表面湍流或诸如原木、碎屑、巨石或悬垂的河流和植被等结构的存在，深潭底部 30% 以上被覆盖了。或者深潭最大深度在大于 5m 宽的河流中不小于 2m，或者在小于 5m 宽的河流中不小于 1.5m 深。

二级深潭：中等大小和深度。深潭的深度和大小足以为一些成年鳟鱼提供低速休息区。由于表面湍流或结构的存在，底部的 5%～30% 被遮盖。典型的二级深潭是巨石后面的大涡流和低速的在悬垂的河流和植被下有中等深度的区域。

三级深潭：小或浅或两者兼有。深潭的深度和大小足以为一只到很少的成年鳟鱼提供低速休息区。如果存在覆盖层，则其形式为阴影，表面湍流或结构非常有限。典型的三级深潭是宽大的浅深潭区域、溪流或巨石后面的小漩涡。深潭的整个底部区域可见。

通过量化有关每个栖息地变量对虹鳟生长、存活或生物量的影响的信息来构建 SI 图。建立曲线的前提是，可以将绘制在 y 轴上的生长、存活或生物量的增量直接转换为该物种的适宜度指数（0～1.0），其中 0 表示不合适的条件，而 1.0 表示最佳条件。图形趋势线代表每个变量各个级别的适宜度的最佳估计。

栖息地的测量和 SI 图的构建是基于这样一个前提，即变量的极限值（而不是平均值）通常能模拟栖息地的承载能力。因此，在图表中经常使用极限条件（例如最高温度和最低溶解氧水平）来得出模型的 SI 值。栖息地列中的字母 R 和 L 标识用于评估河流（R）或湖泊（L）栖息地的变量。

通过为表中列出的适当生境变量选择最低适宜度指数（SI），可以获得针对虹鳟特定生命阶段或所有生命阶段组合的 HSI。

虹鳟适宜度指数的文献来源和假设见表16-17。

表16-17 虹鳟适宜度指数的文献来源和假设

变量	来源	假设
V_1	Black, 1953 Garside 和 Tait, 1958 Dickson 和 Kramer, 1971 Hanel, 1971 May, 1973 Cherry 等, 1977	日平均最高水温比最低温度对鳟鱼的生长和生存影响更大。支持最大范围活动的温度是最佳的。另外，与成年北美虹鳟的快速迁移速率相关的温度范围是最佳的
V_2	Snyder 和 Tanner, 1960 Calhoun, 1966 Zaugg 和 McLain, 1972 Zaugg 和 Wagner, 1973 Wagner, 1974	与鱼卵的最高存活率和牡蛎正常发育有关的鱼卵和仔鱼发育时期的日平均最高水温是最佳的。降低鲑鱼存活或发育的温度不是最佳的
V_3	Randall 和 Smith, 1967 Doudoroff 和 Shumway, 1970 Trojnar, 1972 Sekulich, 1974	与虹鳟和鳟鱼鱼卵的最大生长和存活有关的鱼卵发育和生长后期的日平均最低溶解氧水平是最佳的。降低存活和生长的溶解氧浓度不是最佳的
V_4	Delisle 和 Eliason, 1961	为成年鳟鱼提供深潭，河内覆盖物和河内最佳运动组合的平均水深是最适宜的
V_5	Delisle 和 Eliason, 1961 Thompson, 1972 Hooper, 1973 Silver 等, 1963	产卵区域的平均流速会影响栖息地的适宜度，因为溶解氧会被运输到正在发育的鱼卵中，废物会从正在发育的鱼卵中被带出。导致鱼卵最高存活的平均速度是最佳的。导致存活率降低的流速是不适宜的
V_6	Boussu, 1954 Elser, 1968 Lewis, 1969 Wesche, 1980	鳟鱼现存量与可用覆盖量相关。可用覆盖层与15cm水深和15cm/s流速有关。这些条件更多地与深潭和浅滩条件相关。栖息地条件的最佳比例是深潭和浅滩面积各约50%。并非深潭的所有区域都提供可用的覆盖物。因此，假设当可用覆盖范围小于总面积的50%时，存在最佳条件
V_7	Orcutt 等, 1968 Bjornn, 1969 Phillips 等, 1975 Duff, 1980	产卵砾石的平均大小与最佳水交换率、适当的冲积构造和鱼苗的最高存活率相关，被认为是最佳的
V_8	Hartman, 1965 Everest, 1969 Bustard 和 Narver, 1975a	假定虹鳟鱼苗和仔鱼选择用于逃生和冬季覆盖的基质尺寸范围是最佳的
V_9	Pennak 和 Van Gerpen, 1947 Hynes, 1970 Binns 和 Eiserman, 1979	假定包含最大水生昆虫数量的主要基质类型是昆虫产量的最佳选择
V_{10}	Elser, 1968 Fortune 和 Thompson, 1969 Hunt, 1971	夏末低流量期间与鳟鱼最大丰度相关的水库百分比是最佳的

续表

变量	来　源	假　设
V_{11}	Idyll, 1942 Delisle 和 Eliason, 1961 Chapman, 1966 Hunt, 1971	沿河流的平均植被百分比与河流中每年沉积的异源物质的数量有关。灌木是异源物质的最佳来源，其次是草，然后是树木。植被指数是大多数鳟鱼河流生境的最佳和次佳条件的合理近似值
V_{12}	Oregon/Washington Interagency Wildlife Conference, 1979 Raleigh 和 Duff, 1980	最佳的根系植被和地面岩石覆盖百分比可对河流提供足够的侵蚀控制
V_{13}	Hartman 和 Gill, 1968 Behnke 和 Zarn, 1976	与鳟鱼高存活率相关的年平均最大或最小 pH 水平是最佳的
V_{14}	Duff 和 Cooper, 1976 Binns, 1979	流量变化会影响深潭的数量和质量、河流覆盖和水质。与高现存量相关的年平均基流是最佳的
V_{15}	Lewis, 1969	与鳟鱼最高现存量相关的水库类型是最佳的
V_{16}	Cordone 和 Kelly, 1961 Bjornn, 1969 Phillips 等, 1975 Crouse 等, 1981	与每个指定区域中鱼卵和鱼苗相关的细颗粒百分比是最佳的
V_{17}	Sabean, 1976, 1977 Anonymous, 1979	与最佳水温和光合速率相关的河流中午阴影面积百分比是最佳的
V_{18}	Withler, 1966 Everest, 1973	最佳的虹鳟上游迁徙日平均流量高于上述日平均流量。与延迟迁徙相关的低流量不是理想的

16.9.4　河流模型

16.9.4.1　变量

这种模型使用整个生命阶段方法，包含 5 个部分：成鱼、幼鱼、鱼苗、鱼卵、其他。

1. 成鱼（C_A）

C_A 变量：V_4、V_5、V_{10}、V_{15} 和 V_{18}

情景 1：其中 $V_6 > (V_{10} \times V_{15})^{1/2}$

$$C_A = [V_4 \times V_6 (V_{10} \times V_{15})^{1/2}]^{1/3} \tag{16-74}$$

情景 2：其中 $V_6 \leqslant (V_{10} \times V_{15})^{1/2}$

$$C_A = [V_4 \times (V_{10} \times V_{15})^{1/2}]^{1/2} \tag{16-75}$$

情景 3：北美虹鳟（C_{AS}）

$$C_{AS} = (C_A \times V_{1B} \times V_{18})^{1/3} \tag{16-76}$$

如果在任一方程中 V_4 或 $(V_{10} \times V_{15})^{1/2} \leqslant 0.4$，则 C_A 为两者中的最低值。

2. 幼鱼（C_J）

C_J 变量：V_6、V_{10}、V_{15} 和 V_{2A}

情景 1：

$$C_J = \frac{V_6 + V_{10} + V_{15}}{3} \tag{16-77}$$

如果任何值$\leqslant 0.4$，C_J为上述变量中的最低值。

情景 2：虹鳟（C_{JS}）

$$C_{JS}=(C_J\times V_{2A})^{1/2} \tag{16-78}$$

3. 鱼苗（C_F）

C_F变量：V_8、V_{10}和V_{16}

$$C_F=[V_{10}(V_8\times V_{16})^{1/2}]^{1/2} \tag{16-79}$$

如果V_{10}或$(V_8\times V_{16})^{1/2}\leqslant 0.4$，$C_F$为上述变量中的最低值。

4. 鱼卵（C_E）

C_E变量：V_2、V_3、V_5、V_7和V_{16}

计算C_E的步骤：

（1）一个潜在的产卵地点是不小于$0.5m^2$的砾石面积，平均直径为$0.3\sim 8.0cm$，被不小于15cm深的水流覆盖。对于硬头鳟鱼，将产卵区面积从0.5增大到$2.0m^2$，并将砾石尺寸从0.3cm增大到10.0cm。在每个产卵站点采样时应记录以下数据：

①站点平均流速；②所有砾石的平均尺寸为$0.3\sim 8.0cm$；③碎石中直径小于0.3cm的细颗粒百分比；④总面积。

（2）通过将每个站点的V_5、V_7和V_{16}值进行如下组合，得出每个站点的适宜度指数（V_S），即

$$V_S=(V_5\times V_7\times V_{16})^{1/3} \tag{16-80}$$

（3）得出样本中所有位置的加权平均值（$\overline{V}_S$）。选择最佳的V_S，直到包括所有站点或直到包括但不超过鳟鱼总栖息地5%的总产卵面积。

$$\overline{V}_S=\frac{\sum\limits_{i=1}^{n}A_i V_{Si}}{总栖息地面积}/0.05（输出不能超过1.0） \tag{16-81}$$

式中　A_i——每个产卵场的面积，m^2，但$\sum A_i$不能超过总栖息地的5%；

　　　V_{Si}——从最佳产卵区开始的单个SI，直到包括所有产卵站点，或者直到包括等于被评估的总栖息地5%的区域的SI。

（4）得出C_E，即

$$C_E=\min(V_2,V_3,\overline{V}_S) \tag{16-82}$$

5. 其他（C_O）

C_O变量：V_1、V_3、V_9、V_{11}、V_{12}、V_{14}、V_{16}和V_{17}

$$C_O=\frac{(V_9\times V_{16})^{1/2}+V_{11}}{2}\times(V_1\times V_3\times V_{12}\times V_{13}\times V_{14}\times V_{17})^{1/N^{1/2}} \tag{16-83}$$

其中$N=$括号内的变量个数。请注意，变量V_{12}和V_{17}是可选变量，因此可以省略。

16.9.4.2　计算HSI

HSI可以针对单个生命阶段，两个、多个生命阶段的组合或所有生命阶段的组合得出。在所有情况下，除了鱼卵成分（C_E）之外，通过将一个或多个生命阶段组分得分值与C_O成分得分值结合起来，即可获得HSI。

1. 等分法

假定每个分量在确定 HSI 时都施加相同的影响。除非存在信息表明各个组分的权重应不同，否则应使用此方法确定 HSI。

成分：C_A、C_J、C_F、C_E 和 C_O

$$HSI = (C_A \times C_J \times C_F \times C_E \times C_O)^{1/N} \qquad (16-84)$$

其中 N＝等式中的变量个数

如果任何成分不大于 0.4，则 HSI 为上述变量中的最低值。

2. 非等分法

此方法还使用具有 5 个组成部分的生命阶段方法：成鱼（C_A）、幼鱼（C_J）、鱼苗（C_F）、鱼卵（C_E）以及其他（C_O）。但是，C_O 成分被分为两个子成分：食物（C_{OF}）和水质（C_{OQ}）。据推测，C_{OQ} 子成分可以通过其对每个生命阶段（鱼卵除外）生长的影响，来增加或减少栖息地的适宜度。在确定栖息地的适宜度时，假定 C_{OQ} 子成分施加的影响等于所有其他模型成分的组合影响。该方法还假定水质优良，即 $C_{OQ}=1$。当 $C_{OQ}<1$ 时，HSI 降低。另外，当存在用于对各个分量加权的基础时，可以通过将每个指数乘以大于 1 的倍数来增加模型分量和子分量的权重。

组分和子组分：C_A、C_J、C_F、C_E、C_{OF} 和 C_{OQ}

计算步骤：

（1）计算 C_O 的子成分 C_{OF} 和 C_{OQ}

$$C_{OF} = \frac{(V_9 \times V_{16})^{1/2} + V_{11}}{2} \qquad (16-85)$$

$$C_{OQ} = (V_1 \times V_3 \times V_{13} \times V_{14})^{1/4} \qquad (16-86)$$

或如果任何变量都不大于 0.4，C_{OQ} 为各个变量中的最低值。

（2）通过非补偿或补偿选项计算 HSI。

1）非补偿性选项。此选项假设良好的物理栖息地条件无法弥补退化的水质条件。对于河流（宽不大于 5m）和持续恶化的水质条件，这种假设最有可能成立，即

$$HSI = (C_A \times C_J \times C_F \times C_E \times C_{OF})^{1/N} \times C_{OQ} \qquad (16-87)$$

或如果任何成分不大于 0.4，HSI 为各个变量中的最低值。

其中，N 为括号内的组分和子组分的数量；或者，如果对模型组分或子组分进行了加权，N 为所选权重之和。

对于虹鳟，用 C_A 和 C_J 取代 C_{AS} 和 C_{JS}。

如果仅对鱼卵成分进行评估，则 $HSI = C_E \times C_{OQ}$

2）补偿选项。该方法假定，良好的自然栖息地条件可以部分补偿中等程度退化的水质条件。对于大河（宽不小于 50m）和短暂的不良水质条件，此假设最有用。其中有

$$HSI' = (C_A \times C_J \times C_F \times C_E \times C_{OF})^{1/N} \qquad (16-88)$$

或如果任何成分不大于 0.4，则 HSI 为各个变量中的最低值。

其中，N 为等式中组分和子组分的数量；或者，如果对模型组分或子组分进行了加权，N 为所选权重的总和。

对于硬头鳟，用 C_A 和 C_J 取代 C_{AS} 和 C_{JS}。

如果 $C_{OQ} < HSI'$，则 $HSI = HSI' \times [1 - (HSI' - C_{OQ})]$；

如果 $C_{OQ} \geqslant HSI'$，则 $HSI = HSI'$。

如果仅要评估鱼卵成分，请用 C_E 代替 HSI'，然后按照上一步骤进行操作。

16.9.5 湖泊模型

湖泊模型旨在评估虹鳟湖泊栖息地。湖泊模型包含两个部分：水质（C_{WQ}）和繁殖（C_R）。

1. 水质（C_{WQ}）

C_{WQ} 变量：V_1、V_3 和 V_{13}

$$C_{WQ} = (V_1 \times V_3 \times V_{13})^{1/3} \qquad (16-89)$$

或如果 V_1 或 V_3 的 SI 分不大于 0.4，C_{WQ} 为 V_1 或 V_3 中的最低值。

湖泊虹鳟需要一条支流才能产卵和发育。如果评估中包括鱼卵生命阶段的栖息地，请使用上述河流模型中的鱼卵组分步骤和方程式，所需要的产卵砾石面积仅占湖泊栖息地总表面积的 1%。

2. 鱼卵（CE）

CE 变量：V_2、V_3、V_5、V_7 和 V_{16}

$$\overline{V}_S = \frac{\sum_{i=1}^{n} A_i V_{Si}}{\text{总栖息地面积}} / 0.01 \text{（输出不能大于 1.0）} \qquad (16-90)$$

$$HSI = (C_{WQ} \times C_E)^{1/2} \qquad (16-91)$$

如果仅评估湖泊栖息地，则 $HSI = C_{WQ}$。

16.10 栖息地适宜度指数模型——大麻哈鱼

16.10.1 区域分布

大麻哈鱼（*Oncorhynchus keta*）是太平洋鲑鱼中分布最广的一种，分布在北太平洋北部、白令海、楚科奇海以及西伯利亚、阿拉斯加和加拿大西北部的北冰洋沿岸（Bakkala，1970）。产卵活动发生在北美从加利福尼亚的萨克拉门托河到加拿大北极海岸的麦肯齐河和安德森河（Hart，1973）；在亚洲，从韩国的洛东江和日本的利根川到西伯利亚的莱纳河（Bakkala，1970）。在美国至少有 1270 条溪流记录到产卵活动（Atkinson 等，1967 年）。沿着北美海岸，在俄勒冈州中部以南或阿拉斯加科茨布海峡以北的大麻哈鱼种群相对较少（Helle，1979）。

大麻哈鱼在中国分布于黑龙江、图们江、乌苏里江、松花江、珲春河、密江、绥芬河、嫩江、牡丹江以及台湾的大甲溪等水域。

16.10.2 模型描述

HSI 模型试图将大麻哈鱼对淡水生境的需求综合成一套生境评价标准。该模型使用基于已知参数的栖息地变量来影响大麻哈鱼的生长、存活、分布、丰度或行为。该模型产生了一个指标，表明当前或未来栖息地在上游迁徙，产卵阶段以及繁殖和下游迁徙的淡水阶段（被指定为模型组成部分）满足大麻哈鱼需求的能力。栖息地变量、模型组成和

HSI 之间的关系如图 16-15 所示。

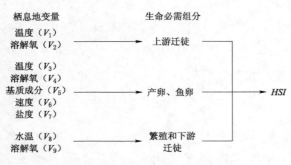

图 16-15　栖息地变量、模型组成和
HSI 之间的关系

以下内容记录了在淡水的特定阶段选择一组特定生境变量作为衡量大麻哈鱼栖息地适宜度的原因和假设。

1. 上游迁徙部分

上游迁徙部分将变量 V_1 包含在该组分中，因为温度可以改变大麻哈鱼（Hunter，1959）的上游迁徙时间，并影响大麻哈鱼产卵前对疾病的易感性（Wedemeyer，1970）；变量 V_2 包含在该组分中是因为溶解氧影响鱼类行动能力（Davis 等，1963；Dahlberg 等，1968）和溯河产卵的回避行为（Whitmore 等，1960）。

此组分中未包含任何特定变量。然而，在向上游迁徙时，大麻哈鱼遇到的物理特征应被考虑，以确定被评估的栖息地是否可进入。大麻哈鱼能成功向上游迁移的标准已确定为深度大于 0.18m，速度小于 2.44m/s（Thompson，1972），而从干流成功进入自然产卵区的标准为深度大于 0.16m（Blakely 等，1985）。使用河道内流量增量法（Bovee，1982）可能适用于确定改变的水文情势是否能提供了合适的河道内流量。

2. 产卵、鱼卵部分

将 V_3 包含在这组分中是因为温度影响产卵的时间和持续时间（Hunter，1959；Schroder，1973）、鱼卵的存活（Schroder，1973；Koski，1975）以及大麻哈鱼鱼苗的出现和存活时间（Koski，1975）。纳入 V_4 是因为溶解氧水平影响鱼卵存活率、发育异常的发生率以及大麻哈鱼鱼苗出现的时间（Wickett，1954，1958；Alderdice 等，1958；Koski，1975）。

包括指数 V_5 是因为产卵只发生在有限的基质范围内，而且鱼卵存活和鱼苗的产生都与大麻哈鱼产卵区的基质成分有关（Wickett，1958；McNeil，1966；Rukhlov，1969；Dill 和 Northcote，1970；Koski，1975）。V_6 包括在内是因为产卵不发生在流速较快的区域，并且产卵量与鱼卵的生存和产量有关（Wickett，1958；Hunter，1959；McNeil，1966；Cederholm 和 Koski，1977）。包括 V_7 是因为盐度影响鱼卵存活（Rockwell，1956；Kashiwagi 和 Sato，1969）。

3. 繁殖和下游迁徙部分

我们将 V_8 包括在这一组分中，因为温度会影响大麻哈鱼鱼苗的死亡率（Brett，1952），而且一般来说，温度会改变鲑鱼向海迁移的时间和对疾病的敏感性（Wedemeyer 等，1980）。包括变量 V_9 是因为溶解氧浓度可能通过降低迁移速度影响下游迁移（Dahlberg 等，1968），引发回避（Whitmore 等，1960）或直接致死。

16.10.3　模型变量的适宜度指数（SI）图

表 16-18 列出了 9 个与栖息地相关变量适宜度指数。通过将大麻哈鱼栖息地要求的可用信息转换成 0（不合适）至 1.0（最佳或最优选水平）的适宜度指数，构建表 16-18。其不应解释为真实数据的图形表示，而应解释为特定环境变量水平与其作为大麻哈鱼栖息

地的相应适宜度之间关系的假设模型。所有变量都与河流（R）栖息地有关。

表 16－18　9 个与栖息地相关变量的适宜度指数

生境	变量	描　　述	对　应　图
R	V_1	上游迁移期间的最高温度	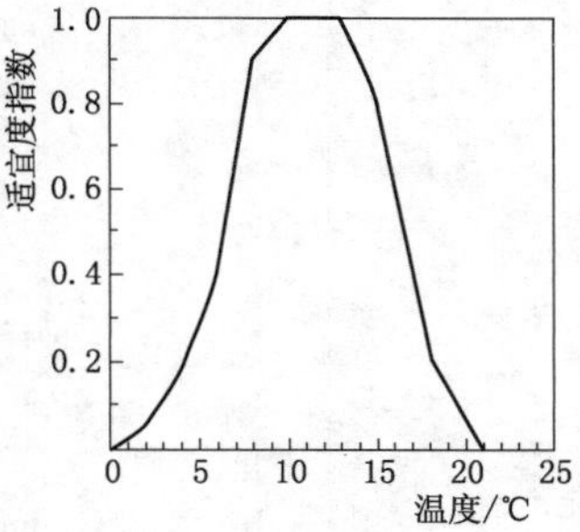
R	V_2	上游迁移期间的最小溶解氧（DO）浓度	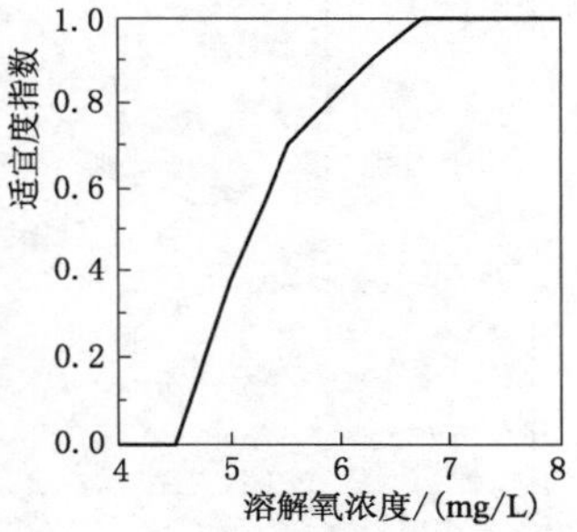
R	V_3	从产卵到鱼苗出现期间砾石内温度。 A：最大值； B：最小值 V_3 的 SI＝A 或 B 中的较低值	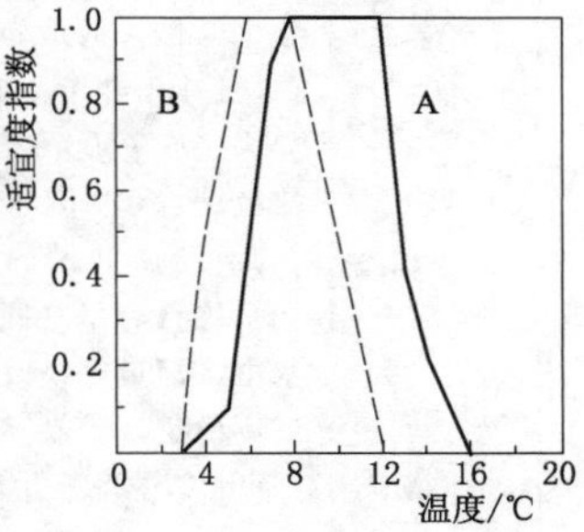
R	V_4	从产卵到鱼苗出现期间溶解氧最低浓度	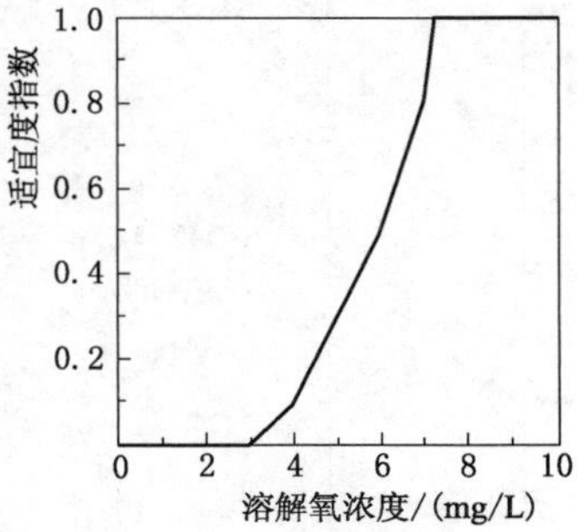

283

生境	变量	描　　　述	对　应　图
R	V_5	浅滩和径流区域内的基质成分。 A：直径为 10～100mm 的砾石基质百分比； B：细粒（<6mm）百分比或基质嵌入率 V_5 的 $SI=\dfrac{A\ 的\ SI+B\ 的\ SI}{2}$	
R	V_6	从鱼卵沉积到鱼苗下游洄游的水流流态。 A：水流稳定，日流量极端平均值相差小于 100 倍，河道稳定，变化不大； B：中等洪水，极端平均日流量之间的差异为 100～500 倍。（阴影标记表示建议的水流范围，100 倍等于 0.7，500 倍等于 0.3）； C：基质冲刷的高可能性，在此期间，极端平均日流量之间的差异大于 500 倍；在淡水中，河道容易改变；在水流不稳定期，基质不稳定，容易移动； D：冬季低流量导致产卵区暴露或冻结	
R	V_7	砾石内平均盐度。 A：鱼卵期； B：仔鱼期	

续表

生境	变量	描　　述	对　应　图
R	V_8	鱼苗在饲养和下游迁徙过程中的极端温度。 A：最大值； B：最小值。 V_8的SI＝A或B中的较低值	
R	V_9	鱼苗培育和下游迁移过程中的溶解氧最低浓度	

注：大麻哈鱼的栖息地被归类为0.8～1.0"优秀"，0.5～0.7"良好"，0.2～0.4"一般"，0.0～0.1"差"。

用于构建适宜度指数图的信息来源和基本假设见表16-19。

表 16-19　　　　用于构建适宜度指数图的信息来源和基本假设

变量	来 源 和 基 本 假 设
V_1	由于大麻哈鱼的上游洄游与每条产卵河流的温度状况密切相关（Sheridan，1962），我们假设上游洄游期间与正常季节温度循环的任何偏差都是次优的。大麻哈鱼主要在8～14℃的温度时向上游迁徙（Hunter，1959；Sano，1966）。然而，8～12℃的温度被认为是极好的，因为在高于12.7℃的温度下，溯河产卵的大麻哈鱼发病率显著增加（Fryer和Pilcher，1974；Holt等，1975；Groberg等，1978）。温度不小于20℃被视为差，因为：①温度不小于25.5℃对溯河产卵的大麻哈鱼是致命的（Bell，1973）；②亚致死温度大于20℃与疾病引起的高死亡率相关（Wedemeyer，1970）；③太平洋鲑鱼的上游迁徙因温度大于20℃而延迟（Bell，1973）。15～20℃的温度被认为是一般的，因为在此温度范围内几乎没有观察到上游迁移
V_2	使鱼类迁移能力不受影响的溶解氧浓度（＞6.5mg/L；Davis等，1963）和溯河产卵大麻哈鱼（＞6.3mg/L；Davis，1975）的上游迁徙被认为是极好的
V_3	异常的低温或高温会导致鲑鱼鱼苗不适合在河口生存（Sheridan，1962）。Koski（1975）、Wangaard和Burger（1983）记录了由于温度降低，大麻哈鱼鱼苗延迟出苗。7.2～12.8℃的温度被认为是极好的，因为它们与高存活率（Bailey和Evans，1971）和粉红鲑鱼鱼苗的正常出现时间（Godin，1980）有关。对大麻哈鱼鱼卵的存活和发育产生不利影响的温度（＜4.4℃；Schroder，1973；Koski，1975；Raymond，1981；Wangaard和Burger，1983）或抑制大麻哈鱼产卵的温度（＜2.5℃；Schroder 1973）被认为是低的。McNeil或Bailey（1975）提出，与粉红鲑鱼鱼卵（Bailey和Evans，1971）一样，如果受精后温度超过4.4℃并持续出现至少30天，鲑鱼鱼卵也能对其产生耐受性

变量	来 源 和 基 本 假 设
V_4	低溶解氧浓度会增加死亡率，降低适宜度，并改变大麻哈鱼鱼卵和鱼苗的出现时间（Wickett，1954，1958；Alderdice 等，1958；Koski，1975）。形成高存活率、鱼卵和鱼苗适宜度高的溶解氧水平（>6mg/L；Alderdice 等，1958；Lukina，1973；Koski，1975）被认为是适宜的。与存活率低或无存活（<3mg/L；Wickett，1954；Mattson 等，1964；Koski，1975）有关的溶解氧浓度被认为是不合适的
V_5	A. Hunter（1959）报告说，大麻哈鱼的卵产在直径 13～130mm 的砾石中。Sano（1959）报告说，大麻哈鱼产卵区由 30% 以上的砾石组成（直径>31mm）。Burner（1951）报告说，哥伦比亚河支流中的大麻哈鱼产卵区 81% 由砾石组成（<152mm）。Dill 和 Northcote（1970）发现，大麻哈鱼卵在直径 50～102mm 的砾石中存活率为 100%，而直径 10～38mm 的砾石中存活率仅为 38%。 B. 孵化期间的沉积是大麻哈鱼卵死亡率的主要来源（Neave，1953；Wickett，1954；McNeil，1966；Rukhlov，1969；Scriverner 和 Brownlee，1982）。Koski（1975）观察到细颗粒百分比（<3.3mm 但>0.1mm）与大麻哈鱼出现的存活率成反比关系。Thorsteinson（1965）报告说，产卵区细颗粒含量大于 13%（直径<0.833mm）是大麻哈鱼鱼苗较差的栖息地，因为砾石内渗透性降低。Scriverner 和 Brownlee（1982）发现，随着鱼卵沉积的增加，从鱼卵到鱼苗的存活率降低。因此，与大麻哈鱼高产卵量和高存活率（<13%，Thorsteinson，1965；<14%，Rukhlov，1969）以及鲑鱼高存活率和鱼苗的孵化（<10%，Hall 和 Lantz，1969；Phillips 等，1975）有关的细颗粒水平被认为是优秀的。与较低存活率和鱼苗出现率相对应的细颗粒百分比（>15%）被认为适宜度一般
V_6	大麻哈鱼鱼卵和仔鱼的存活率在更稳定的水流状态下很高（McNeil，1966，1969），而在水流波动较为严重的河流中很差（Neave，1953；Wickett，1958；McNeil，1966，1969）。在冬季低流量期间，也观察到大麻哈鱼卵和仔鱼的存活较低（Hunter，1959；McNeil，1966，1969）。根据 McNeil（1966，1969）、Cederholm 和 Koski（1977）以及 Lister 和 Walker（1966）的研究结果，我们将具有稳定流态的河流划为优良河流。具有不稳定河道和河床以及高洪水可能性的河流被认为适宜度较差
V_7	Rockwell（1956）报告，在盐度恒定小于 6ppt 时，大麻哈鱼鱼卵的存活率最高；死亡率在盐度为 6.0～11.6ppt 时增加到 67%，在盐度大于 12ppt 时增加到 100%。Kashiwagi 和 Sato（1969）发现，在盐度不大于 9ppt 时大麻哈鱼卵孵化的死亡率为 0%，在 18ppt 时为 25%，在 27ppt 时为 50%，在 35ppt 时为 75%。然而，几乎所有从暴露于盐度大于 9ppt 的卵中孵化出来的仔鱼都在几天内死亡。Helle 发现，在有盐度（4～8ppt）的河流中，大麻哈鱼沉积的鱼苗没有存活。基于这些结果，假设盐度小于 4ppt 为优，4～9ppt 为良，不小于 9ppt 为差。Hartman 观察到，如果淡水定期（每天）冲洗产卵区，大麻哈鱼卵可以在高达 24ppt 盐度的潮水中存活。Rockwell（1956）观察表明，大麻哈鱼鱼卵和仔鱼可以在高达 30ppt 的海水和低温下存活数天
V_8	为了确保最佳的条件、向海迁移的时间和大麻哈鱼的存活，温度应尽可能遵循自然的季节循环（Wedemeyer 等，1980）。由于 Wedemeyer 等（1980）建议大麻哈鱼向海迁移的温度低于 12℃，以防止迁移时间发生改变，并且 Bell（1973）将 6.7～13.3℃ 列为适合大麻哈鱼下游迁移的温度范围，因此认为 7～12℃ 的温度是极好的。稍微暖和一点的温度（大约 8～13℃）最适合生长（Brett，1952；Levanidov，1954；McNeil 和 Bailey，1975）。14～20℃ 的温度被认为是一般的，因为患病风险可能更高（Fryer 和 Pilcher，1974；Holt 等，1975）。温度大于 20℃ 被认为是较差的，因为在这一范围内大麻哈鱼鱼苗（Kepshire，1976）和其他鲑鱼鱼苗（Reiser 和 Bjornn，1979）的生长停止
V_9	我们认为与大麻哈鱼鱼苗的高摄食率和生长率（>11mg/L；Levanidov，1954）、没有迁移障碍（>5mg/L；Dahlberg 等，1968）、缺乏回避（>5mg/L；Whitmore 等，1960）有关的溶解氧是适宜的

16.10.4 模型应用

1. 计算 HSI

假设最限制因素定义了淡水中大麻哈鱼栖息地的适宜度；因此有

$$HSI＝适宜度指数 V_1 \sim V_9 之间的最小值$$

2. 模型的现场应用

Hamilton 和 Bergersen（1984）提供了测量水生生境变量的一般准则。随着时间的推移，栖息地变量的详细采样将提供最可靠的 HSI 值。应仔细记录用于计算 SI 值的方法，以确保决策者了解用于确定特定大麻哈鱼栖息地 HSI 的数据质量。

16.11 栖息地适宜度指数模型——红鼓鱼

16.11.1 区域分布

红鼓鱼（*Sciaenops ocellatus*）（又称美国红鱼）广泛分布于大西洋沿岸和墨西哥湾，是一种依赖河口的物种（Hildebrand 和 Schroeder，1928）。该物种的其他常见名称包括红鱼和鲈鱼。随着东海岸纬度的增加，该物种丰度降低。

1991 年，我国从美国得克萨斯州引进红鼓鱼仔鱼，历经四年成功培育出第一代美国红鱼幼鱼。目前在我国沿岸自然海域中均可发现红鼓鱼踪迹。

16.11.2 模型描述

我们为仔鱼和幼鱼开发了两种模型。一种用于具有天然植被基质的河口；另一种用于由于自然原因如高浊度等而无法支撑底部植被的河口。模型中包括水质、食物和生命必需组分。红鼓鱼栖息地变量、生命必需组分和 HSI 之间的关系如图 16-16 所示。

1. 水质组分

在两个模型中，水质都会影响栖息地的适宜度，并由幼鱼发育期的水温和盐度来定义。假定低于 15℃（59°F）的平均温度不适合幼年红鼓鱼，并且 25～30℃（77～86°F）的温度是最佳的（V_1）。盐度水平低至 10ppt 是不合适的，最佳盐度条件假定为 25～30ppt（V_2）。虽然 V_1 和 V_2 仅对幼鱼很重要（由于幼鱼可以承受较大的温度和盐度

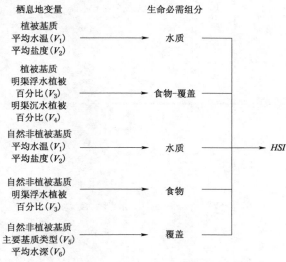

图 16-16 红鼓鱼栖息地变量、生命必需组分和 HSI 之间的关系

范围），但可以将仔鱼和幼鱼的生命阶段结合起来进行计算河口 HSI。

2. 食物-覆盖组分

在这两个模型中，都假定食物的可获得性是河口生产力的函数，潮间带湿地的数量与生产力有关。尽管湿地与开阔水域的最佳比例未知，但是可以认为，随着潮间带湿地在开阔水域边缘的百分比增加，红鼓鱼食物的丰度也随之增加（V_3）。假设支持淹没植被生长的基质百分比（V_4）与 V_3 相互作用，以确定食物和覆盖的适宜度。由于非植被基质上的开阔水域能提供食物，因此，假设淹没植被的覆盖率超过 75%，栖息地的适宜度就会降低。

对于底部无天然植被的河口，单独考虑红鼓鱼的食物和覆盖要求。假定食物质量仅由边缘有湿地的明渠百分比（V_3）确定。基质组成和平均深度决定了覆盖层的适宜度。在模型中，基质（V_5）分为五种类型：泥土、细砂、粗砂、岩石和贝壳。在此范围内，泥土代表最佳栖息地，而贝壳则是最不适宜的栖息地。

16.11.3　模型变量的适宜度指数（SI）图

表 16-20 显示了 6 个与河口相关变量的适宜度指数图。红鼓鱼适宜度指数的数据来源和假设见表 16-21。

表 16-20　　6 个与河口相关变量的适宜度指数图

栖息地	变量	描　述	对　应　图
E	V_1	仔鱼生长期间平均水温	
E	V_2	仔鱼生长期间平均盐度	

续表

栖息地	变量	描 述	对 应 图
E	V_3	明渠边缘持续不断的新生植被百分比	
E	V_4	淹没植被覆盖面积的百分比	
E	V_5	基质类型：① 淤泥；② 细砂；③ 粗砂；④岩石；⑤贝壳	
E	V_6	退潮时河口明渠的平均深度	

表 16－21   红鼓鱼适宜度指数的数据来源和假设

变量	来　源	假　设
V_1	Holt 等，1981a Holt 等，1981b	与最高存活率相关的温度是最佳的
V_2	Holt 等，1981a Holt 等，1981b	与最高存活率相关的盐度是最佳的
V_3	Yokel，1966 Turner，1977 Bahr 等，1982	潮间带湿地与生产力有关，湿地的丧失导致承载能力下降
V_4	Pearson，1929 Miles，1950 Simmons 和 Breuer，1952 Weinstein，1979 Holt 等，1983	淹没的植被可提供掩盖，但红鼓鱼在无植被的底部觅食
V_5	Miles，1950 Simmons 和 Breuer，1962 Holt 等，1983	红鼓鱼仔鱼和幼鱼更喜欢淤泥而不是沙子和岩石。贝壳是不适宜的
V_6	Bass 和 Avaul，1975 Dr. William Herke， Louisiana State Univ. （unpublished data）	仔鱼和幼鱼更喜欢水深为 1.5～2.5m 且具有天然植被的河底

16.11.4 生境适宜度指数公式

建议使用栖息地变量组合的公式，以获取仔鱼和幼鱼的 HSI 值。

当河口植被被淹没时

水质（W_Q）

$$W_Q = (SI_{V_1}{}^2 \times SI_{V_2})^{1/3} \tag{16-92}$$

食物/覆盖（F/C）

$$F/C = (SI_{V_3} \times SI_{V_4})^{1/2} \tag{16-93}$$

$HSI = W_Q$ 或 F/C，两者中的最低值。

当河口植被很少或没有淹没时

水质（W_Q）

$$W_Q = (SI_{V_1}{}^2 \times SI_{V_2})^{1/3} \tag{16-94}$$

食物（F）

$$F = SI_{V_3} \tag{16-95}$$

覆盖（C）

$$C = (SI_{V_5} \times SI_{V_6})^{1/2} \tag{16-96}$$

$HSI = W_Q$，F 或 C，三者中的最低值。

16.12 栖息地适宜度指数模型——长吻鲟

16.12.1 模型适宜度

长吻鲟（*Polyodon spathula*）主要是一种大型河流物种，广泛分布于各种河流栖息地，如密苏里州的奥萨吉河、密苏里河和黄石河（Rosen，1976；Elzer，1977；Rehwinkel，1978）；坎伯兰河（Pasch 等，1978，1980）和密西西比河（Gengerke，1978）。

1994—1995 年，余志堂等移植分布于密西西比河的长吻鲟受精卵 20 万粒，投放于中国河南、江西、湖南和湖北等的 5 座水库之中，生长良好。目前，长吻鲟主要存在于中国南方的一些天然水体中。

16.12.2 模型描述

长吻鲟的栖息地变量与重要生命需求之间的关系如图 16-17 所示。对长吻鲟栖息地质量的分析是基于栖息地是否满足产卵和成鱼栖息地需求的能力。

1. 繁殖组分

产卵期水温（V_1）是繁殖组分的一个关键变量，因为在春季未能达到适当的温度或温度持续超过与产卵有关的温度，可能会阻止或损害产卵活动以及鱼卵和仔鱼的存活。进入一条大河（V_2）是产卵的关键条件。在河流内，合适的产卵基质（V_3）必须在足够的水深处出现。需要春季水位上升（V_4）来刺激产卵活动。在产卵前，需要有足够的流速通过产卵砾石（V_5）来冲刷产卵区积累的淤泥。产卵区溶解氧（V_6）必须足够多，以保证鱼卵的生存和发育。

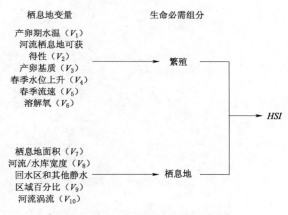

图 16-17　长吻鲟的栖息地变量与重要
生命需求之间的关系

2. 栖息地组分

长吻鲟生活在大河、水库和与大河相连的天然湖泊中。栖息地面积（V_7）是很重要的，在夏季和冬季，成鱼需要一个最小的平均河流宽度（V_8）。与河道相连的大量回水区和其他静水区域（V_9）提高了长吻鲟的产量，河流涡流（V_{10}）同样如此。

计算 HSI：建立了两种不同栖息地适宜度指数模型，一种为产卵栖息地，另一种为成年长吻鲟夏、冬季栖息地。

产卵栖息地（HSI_s）为

$$HSI_s = (V_1 \times V_2 \times V_3 \times V_4 \times V_5 \times V_6)^{1/6} \tag{16-97}$$

成鱼的夏季和冬季栖息地（HSI_a）为

$$HSI_a = (V_1 \times V_2 \times V_5 \times V_9 \times V_{10})^{1/5} \tag{16-98}$$

16.12.3　模型变量的适宜度指数（SI）图

上述 10 个与栖息地相关变量的适宜度指数见表 16-22。这个表和相关的模型可以应用于主要居住于河流栖息地的长吻鲟种群，这些栖息地是一个大型河流系统的一部分。

表 16-22　　　　　　　10 个与栖息地相关变量的适宜度指数图

变量	描　　述	对 应 图
V_1	水温在 10~17℃ 的年发生频率至少为 21 天	
V_2	春季进入河流上游（平均宽度 >40m，深度 >1m）产卵的年频率	
V_3	冬季栖息地 200km 内产卵河流中砾石和鹅卵石基质的可用区域（基质直径大于 15~100mm 的颗粒大于 80%）	
V_4	在水温为 10~17℃ 的情况下，河流中春季平均水量上升超过 10 天	

变量	描　述	对　应　图
V_5	春季水量上涨期间平均流速（比潜在产卵基质高出 0.3m 处）	
V_6	当水温为 10～17℃时，潜在产卵区的最低溶解氧水平	
V_7	夏季和冬季栖息地面积	
V_8	夏季和冬季栖息的河道、水库或湖泊的平均宽度（平均河道深度＞1.0m）	

变量	描　述	对　应　图
V_9	河流系统（回水、水库、无障碍湖泊）中流速小于 0.05m/s 的夏季和冬季栖息地水域面积百分比	
V_{10}	在夏季和冬季的河道栖息地（流速为 0.0～0.3m/s，水深 1.5m，面积大于 25m² 每公里河流内的涡流数。如果 $V_9>0.3$，则 $SI=1.0$	

16.12.4　适宜度指数的建立：理论基础和标准

适宜度指数图在实际应用过程中可进行适当修改。

产卵期水温（V_1）：春季水温上升与流量增加有关，是产卵活动的环境刺激因素。当水温达到或超过 10℃ 时，长吻鲟开始向上游迁移（Purkett，1963a；Pasch 等，1980）。产卵温度在 10～17℃（Kallemeyn，1975；Unkenholz，1981；Pasch 等，1980）。它们在 16～17℃ 时最活跃（Alexander，1915；Purkett，1961）。温度在 10～17℃ 的时间至少为 3 周，以便能够进行上游迁移、产卵和鱼卵发育（Purkett，1961，1963a，b；Ballard 和 Needham，1964；Pasch 等，1978，1980）。根据这些观察，假定每年春季水温上升至 10～17℃ 且至少维持 21 天，这是产卵成功所必须的。

河流栖息地可得性（V_2）：成年长吻鲟在春季向大河上游产卵区迁移。假定产卵区河流的平均宽度至少为 40m。产卵洄游每年发生一次，但在无法每年成为上游产卵区的河流中也可以繁殖鱼类。

产卵基质（V_3）：长吻鲟在大河的沙砾基质上产卵。假设产卵河流的砾石和卵石（直径 15～100mm）的面积是成功繁殖所必需的，因此砾石/卵石基质的丰度越大，繁殖成功的可能性越大。

春季水位上升（V_4）：与适宜产卵温度（V_1）相关的河流流量迅速增加是产卵的刺激因素。高流量的规模和持续时间可能是产卵成功的关键（Needham，1965；Elser，

1977）。我们假设水位上升越大，产卵的条件越好，环境刺激越强。最适合产卵的水温（10～17℃）是产卵成功的必要条件。

春季流速（V_5）：长吻鲟在无淤泥的沙砾上产卵（Purkett，1961，1963a）。为了成功产卵，产卵前需要有足够的流速来冲刷淤泥中的砾石。假定基板上方 0.3m 处 0.4m/s 的流速最适合冲淤，小于 0.1m/s 的流速不能冲淤。

溶解氧（V_6）：长吻鲟的鱼卵和幼鱼需要与其他温暖水域鱼类相似的溶解氧水平才能生存。假设最佳浓度为 6mg/L 或更高，而在溶解氧浓度低于 3mg/L 的情况下停留一段时间，存活率为零。

栖息地的面积（V_7）：回水区域是夏季长吻鲟的主要栖息地（Wagner，1908；Alexander，1915；Marcoux，1966；Rosen 等，1982）。在冬季，长吻鲟栖息在相对较深的静水域（>3m）（Kallemeyn 和 Novotny，1977；Rosen 等，1982）。假设长吻鲟所居住的区域具有这样的特征，则可能的栖息地总面积越大，长吻鲟的承载能力也越大。

河流/水库宽度（V_8）：大河的是长吻鲟的栖息地。假设支持长吻鲟的最小河流宽度约为 40m，平均深度超过 1.0m（Purkett，1961，1963a；Pasch 等，1980；Carlson 和 Bonislawsky，1981），河流越大，长吻鲟的栖息地比例就越大。

回水区百分比（V_9）：因为回水区对长吻鲟来说特别重要（Wagner，1908；Alexander，1915；Marcoux，1966；Rosen 等，1982；Southall，1982；Southall 和 Hubert，1984），其在生长期作为食物的来源地（Kofoid，1903；Eckblad 等，1984）。回水面积（流速小于 0.05m/s）占夏季/冬季栖息地水体总面积的比例越大，长吻鲟的承载能力越大。

河流涡流（V_{10}）：在几乎没有回水的河流中流速降低（<0.3m/s）的区域对长吻鲟很重要。假设河道中高流速的避难面积越大，长吻鲟的承载能力越大。一个适宜的避难所流速为 0.0～0.3m/s，水深大于 1.5m，表面积大于 25m^2（Rosen 等，1982；Southall，1982；Southall 和 Hubert，1984）。

16.13 栖息地适宜度指数模型——中华鲟

16.13.1 区域分布

中华鲟（*Polyodon spathula*）的分布较广，在中国的渤海的大连沿岸、旅顺、辽东湾、辽河；黄河北部辽宁省海洋岛及中朝界河鸭绿江；山东石岛以及黄河、长江、钱塘江、宁波、闽江、台湾基雄及珠江水系等。在长江可达金沙江下游；在珠江水系可上溯西江三水封开，北江达乳源，甚至达广西浔江、郁江、柳江；在海南省沿岸亦产。其也见于朝鲜汉江口及丽江和日本九州西侧。

16.13.2 特殊的栖息地要求

中华鲟洄游至长江主要完成产卵、孵化及 1 龄以下幼鲟生长的过程，亲鲟寻找到适宜的产卵场产卵，受精卵即粘着在石坝、石块上，需经 120～150h 孵化；仔鲟脱膜而出，随波逐流，在长江下游及河口滩涂处渐渐发育成长；幼鲟长到一定阶段后转移至东海海区，直至性成熟。因此，中华鲟产卵场栖息地适宜度的评价主要考虑产卵、孵化及成鱼生长。

　　中华鲟生长、繁殖受众多因素的影响。调查发现，成鱼主要受水温、水深和底质影响。性成熟后的亲鲟对产卵场和产卵时间的选择主要受水温、水深和底质影响。影响孵化的主要生态因素有水温、流速、底质、含沙量、溶氧及食卵鱼数。水温对鱼卵孵化影响很关键，产卵场的底层流速影响鲟卵的受精及在江底的分布，该模型中用相应的表面流速表示。过大的含沙量易使鲟卵脱黏，不能有效地在江底黏着，影响卵的受精和孵化。

　　据常剑波对底层鱼类捕食中华鲟卵的数量变动趋势的理论分析，得到 90%以上的中华鲟卵都被敌害鱼类捕食的结论。溶解氧对鲟卵孵化有较重要的影响。实验研究表明培育中华鲟苗种所要求的溶解氧大于 6mg/L，鲟卵孵化时，水中溶解氧量最好控制在 4mg/L以上，不得低于 3mg/L，但是已有研究没有明确说明鲟卵孵化要求的溶解氧上限值。以往调查结果显示，葛洲坝以下中华鲟产卵江段，没有出现因溶解氧过低或过高而影响鲟卵孵化的情况。因此，本文认为现有情况下葛洲坝以下江段的溶解氧浓度适宜中华鲟卵的孵化，其溶解氧适宜度均为 1。

　　该研究栖息地适宜度主要考虑成鱼生长适宜度、产卵适宜度和孵化适宜度。

　　栖息地适宜度为

$$HSI = \min(C_{Ad}, C_{Sp}, C_{Ha}) \qquad (16-99)$$

式中　C_{Ad}——成鱼生长适宜度，$C_{Ad} = \min(V_1, V_2, V_3)$；

　　　　C_{Sp}——产卵适宜度，$C_{Sp} = \min(V_4, V_5, V_6)$；

　　　　C_{Ha}——孵化适宜度，$C_{Ha} = V_{10} \times \min(V_6, V_7, V_8, V_9)$。

　　其中 $V_1 - V_{10}$ 为适宜度指数（SI），是用来评价研究区域该因素对所研究生物生存的好坏程度。适宜度以 0、1 为界，0 为完全不适宜，1 为最适宜，中间其余值表示物种对特定因素的适宜程度。中华鲟栖息地生态因子研究结果见表 16-23，表中列出了成鱼和成鱼产卵时对典型环境因素的适宜度指数（SI）。

表 16-23　　　　　　　　　　　　中华鲟栖息地生态因子研究结果

变量	环境因子	说　明
V_1	水温（成鱼，幼鲟）	国家农业信息化工程技术研究中心的结果为中华鲟的生存水温为 0～37℃，生长适宜水温 13～25℃，最佳生长水温为 20～22℃。当水温下降至 6～9℃时，中华鲟摄食量很少，生长停滞。郭忠东等（2001）研究表明中华鲟生长适温性广，8～29.1℃均有其进食记录。颜远义（2003）研究认为中华鲟属温水性鱼类，6℃时摄食量少，个体几乎不长大；10℃左右时生长缓慢，18～25℃是生长适宜温度，28℃以上摄食量减少，生长速度减慢，35℃以上有死亡危险。张洁（1998）提出幼鲟生长的适宜水温为 22～25℃
V_2	水深（成鱼）	根据 1998—2001 年葛洲坝坝下至宜昌江段的超声波探测结果，不同年份中华鲟分布地点的水深范围没有明显的变化，分布地点水深范围是 9.3～40m，90%的个体分布于水深在 11～30m 的水域；烟收坝至古老背江段探测到的 11 尾中华鲟分布在 9～19m 水深范围内
V_3	底质（成鱼）	美国的短鼻鲟与中华鲟在生活习性上非常相似。Pottle 和 Dadswell（1979）的实验证明短鼻鲟幼鱼喜栖息于沙泥底质或砾石泥底质。中华鲟喜好深槽坝即沿江河道水深较深且多沙丘的地方游移，并有明显喜停留在江底洼地或有较大起伏的地形处的行为

变量	环境因子	说　明
V_4	水温（产卵）	中华鲟催产水温为 15.8～24.5℃。产卵期间水温为 17～20℃，水温下降到 16.5℃后，历年没有鲟鱼继续自然产卵。中华鲟产卵时葛洲坝下游江段日平均水温变动在 15.8～20.7℃ 之间，平均 18.5℃。多数年份为 17.5～19.5℃，占 79.31％。而在长江上游原中华鲟产卵场的产卵时水温在 17.0～20.2℃，平均 18.5℃。两者的平均水温与变化范围都很接近。由此可见，中华鲟产卵的适宜水温为 17.0～20.0℃
V_5	水深（产卵）	Deng 和 Xu（1991）划分的所谓"中华鲟稳定的产卵场"范围之内，区域水深为 4～10m。20 多年来的监测表明，在葛洲坝尾水区至古老背江段已形成了长约 30km 新的产卵场，水深为 10～15m
V_6	底质（产卵，孵化）	中华鲟产卵场的自然环境特点是，河道两岸山岭延绵，河岸陡峭；河床有石砾或卵石。河床底质由左向右一般由沙质、卵石夹沙、卵石和礁板石组成，从左向右底质逐渐粗化。中华鲟过去较集中的产卵场在金沙江的宜宾—屏山段，这里底质为岩石，产黏着性、沉性卵，卵粘附于石砾上孵化。中华鲟卵是沉性卵，卵粒较大、较重，在天然状态下是粘附在江底的石块上孵化的
V_7	水温（孵化）	国家农业信息化工程技术研究中心的研究认为，中华鲟孵化的适宜水温为16～22℃，最适水温17～21℃。水温低于 16℃，孵化率明显下降，水温高于 23℃，孵化的畸形率上升。孵化水温要相对稳定，如短时间内水温突变达 3～5℃时，即会引起胚胎发育的异常或死亡；如水温低于或高于最适范围时，受精卵孵化率也会明显下降。王彩理等（2002）认为培育中华鲟苗种所要求的水温为 12～29℃，其中适宜水温为 16～24℃
V_8	流速	李思发（2001）按葛洲坝修建前金沙江三块石产卵场的测定得到，产卵场底层的流速为 0.08～0.14m/s，中层为 0.43～0.58m/s，表层为 1.15～1.70m/s。中华鲟产卵场表层流速为 1.1～1.7m/s。中华鲟产卵时葛洲坝下游江段流速变动为 0.82～2.01m/s，平均为 1.35m/s。多数变动在 1.2～1.5m/s 之间，占总数 57.69％。其中在水位下降期间所发生的产卵活动中，日平均流速的变化幅度为 0.82～1.86m/s，平均 1.24m/s；日最大流速的变化幅度为 1.20～2.33m/s，平均为 1.56m/s。在水位上升期间发生的产卵活动中，日平均流速的变化幅度为 1.17～2.01m/s，平均为 1.55m/s
V_9	含沙量	中华鲟产卵时葛洲坝下游江段含沙量变动为 0.073～1.290kg/m³，平均 0.508kg/m³。多数为 0.3～0.7kg/m³，占 66.67％。其中，在水位下降期间所发生的产卵活动中，日平均含沙量的变化幅度为 0.17～1.29kg/m³，平均 0.52kg/m³；在水位上升期间发生的产卵活动中，日平均含沙量的变化幅度为 0.41～1.02kg/m³，平均 0.61kg/m³

其中，V_{10} 为每年估算所得的亲鲟数与食卵鱼数之比，最大值为 1（即相对被吞食的鲟卵数最小的年份为 1），其他年份的比值除以最大年份的比值为相应年份的适宜度。1982—1990 年中华鲟繁殖群体数采用常剑波等根据中华鲟逐年补充量和捕捞样本中性腺

未成熟个体的比例所得繁殖群体数。1991—1993 年根据 1990—1994 年监测到的中华鲟数量比照 1990 年中华鲟繁殖群体数修正后所得。根据 1984 年，1997—2001 年食卵鱼数分布规律，推算出 1982—1993 年间食卵鱼数量。

16.13.3　模型变量的适宜度指数（*SI*）图

中华鲟环境因子适宜度曲线如图 16-18～图 16-26 所示。

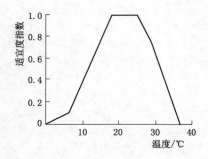

图 16-18　成年中华鲟或幼鲟的
温度适宜度曲线图

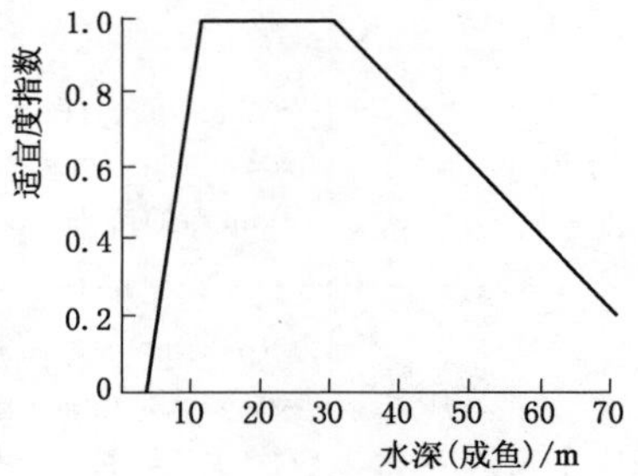

图 16-19　成年中华鲟的水深
适宜度曲线图

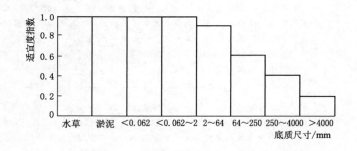

图 16-20　成年中华鲟的底质类型
适宜度曲线图

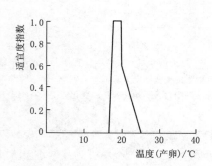

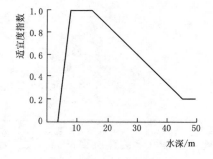

图 16-21　中华鲟产卵期的温度
适宜度曲线图

图 16-22　中华鲟的水深
适宜度曲线图

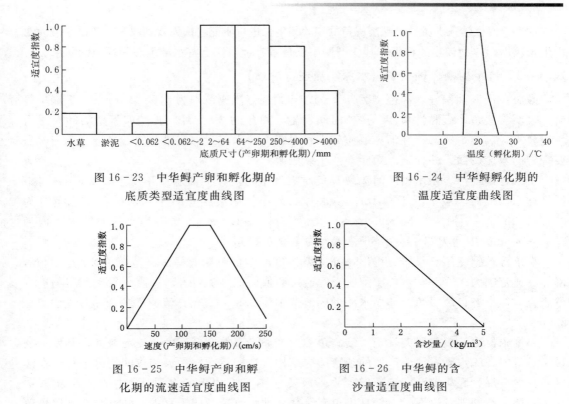

图 16-23　中华鲟产卵和孵化期的
底质类型适宜度曲线图

图 16-24　中华鲟孵化期的
温度适宜度曲线图

图 16-25　中华鲟产卵和孵
化期的流速适宜度曲线图

图 16-26　中华鲟的含
沙量适宜度曲线图

16.14　栖息地适宜度指数模型——裂腹鱼

16.14.1　区域分布

　　裂腹鱼类是特产于亚洲高原地区的一群鲤科鱼类，主要分布于高原湖泊和江河缓流之中。陈毅峰等研究发现裂腹鱼类在我国的分布范围大体在西北以天山山脉、东北以祁连山脉、东以横断山脉、南以喜马拉雅山脉、西南以兴都库什山脉为界的广大地区，其中的青藏高原是分布最为集中的区域。裂腹鱼类属亚冷水性鱼类，具有极强的适宜度，不仅能生活在青藏高原水流湍急水温较低的流域中，甚至还能生活在盐度高达 12‰～13‰ 的湖泊中。裂腹鱼类的生长速度缓慢，性成熟晚，寿命较长，拐点年龄大多在 10 龄以上。

　　裂腹鱼类的食性也存在较大差异，但大体可根据食物组成分为三类：一是主食着生藻类的，如嘉陵江上游中华裂腹鱼（*Schizothoraxsinensis*）、乌江上游昆明裂腹鱼（*Schizothoraxgrahami*）；二是主食无脊椎动物的，如乌江上游四川裂腹鱼（*Schizothoraxkozlovi*）、金沙江小裂腹鱼（*Schizothoraxparvus*）；三是主食鱼类的，如新疆扁吻鱼（*Aspiorhynchuslaticeps*）。季强的研究结果表明，异齿裂腹鱼食物组成主要为着生藻类，其中以硅藻最多；除藻类外，食物组成中还有大量有机碎屑以及少量水蚯蚓和节肢动物附肢等。裂腹鱼类通常在 3～6 龄达性成熟，雄鱼通常比雌鱼早成熟；繁殖季节因种类不同而有较大差异，多数种类大批集群产卵在 3—5 月，有的种类早在 11 月即开始繁殖，而有的种类繁殖期可延续到 7 月。

胡睿等对金沙江上游软刺裸裂尻鱼的年龄和生长进行研究，认为软刺裸裂尻鱼是裂腹鱼类中生长较慢、体型较小的种类，其体型偏小正是适应金沙江上游水域生态和环境的结果。

16.14.2 特定的栖息地要求（水深、流速、底质）

裂腹鱼产卵期偏好水深范围为 0.5～1.5m，偏好流速范围为 0.5～2.0m/s。丁瑞华等研究表明裂腹鱼产沉黏性鱼卵，产卵时间发生在每年的 3—4 月。其产卵繁殖活动对水力生境要求较高，一般选择在河床底质砾石相对粗大、水流缓急交错的地方进行，产卵时需要一定的水流刺激，并伴随着短距离的生殖洄游。

王玉蓉等提出，西南山区河流裂腹鱼对最低平均流速的需求应不低于 0.2m/s，对最低平均水深的需求应不低于 0.4m；枯水月 2 月小河中裂腹鱼对平均流速的需求范围为 0.4～1.2m/s、中河为 0.36～0.9m/s、大河为 0.4～1.0m/s，对平均水深的需求小河为 0.3～0.65m、中河为 0.44～2.6m、大河为 1.5～5.8m。

李永等根据专家意见研究得出，齐口裂腹鱼产卵繁殖期偏好水深范围为 0.5～1.5m，偏好流速范围为 1.5～2.5m/s。陈明千等通过数值模拟方法对齐口裂腹鱼天然产卵场进行了研究，提出齐口裂腹鱼产卵期水深的阈值范围为 0.5～1.5m，流速的阈值范围为 0.5～2.5m/s。

根据朱挺冰等多年研究发现，裂腹鱼类的产卵场多在有砾石的急流河滩处，其发达的臀鳞是帮助在流水砾石河滩产卵的独特适应结构。产卵活动在白天和夜间均可进行，在浅滩卵石泥沙混合底质上产卵，产卵行为一般发生在 13℃ 以上的水温环境中。一般集群进入产卵场，产卵前有追逐行为，且雄鱼有筑窝习性，雌鱼产卵于窝中，并且会有多尾雄鱼参与交配，刚产出的卵具微黏性，下沉后被水冲入砾石缝隙中发育，产卵后雄鱼会衔沙埋卵，并具有护幼行为。颜文斌通过模拟的产卵场研究了短须裂腹鱼繁殖期对周边环境的偏好，结果表明是流速维持在 2.4～2.6ft/s，水深为 25～55cm，水温为 13～15℃，且以沙质为主（掺杂一定石质）的底质环境是短须裂腹鱼繁殖期栖息地偏好。

2012 年水利部中国科学院水工程生态研究所提出岷江上游齐口裂腹鱼产卵期偏好流速为 0.5～1.5m/s，偏好水深为 0.8～1.5m。

邵甜等通过野外调查以及文献研究，确定齐口裂腹鱼产卵繁殖适宜的水深为 0.15～1.50m，其中最适宜水深为 0.2～0.8m；适宜的流速为 0.07～1.50m/s，其中最适宜流速为 0.2～0.8m/s。

李忠利等研究发现，乌江上游四川裂腹鱼产卵习性具有以下要素：①产卵行为发生在水温高于 13.0℃ 的早春季节，持续 30～40 天；②产卵活动是在夜间进行的；③在浅滩卵石泥沙混合底质产黏性卵；④产卵前有追逐行为；⑤产卵前雄鱼有筑窝习性，常用尾鳍和臀鳍推扫出直径 30～50cm 的"窝"。

16.14.3 模型变量的适宜度指数图

韩仕清等研究了澜沧裂腹鱼与光唇裂腹鱼产卵场不同流速、水深适宜度曲线。根据研究河段某水文站 2001—2010 年的天然径流资料，统计澜沧裂腹鱼和光唇裂腹鱼产卵场不同流速和水深范围出现的频率，以此作为基础数据，对流速和水深频率分布图进行归一化处理，得到频率指数（各水深、流速范围对应的频率值与最大频率值之比），绘制流速和水深范围分布频率柱状图和频率指数折线图，将分布频率指数达 0.6 以上的范围设为适宜，0.8 以上设为理想，得到澜沧裂腹鱼和光唇裂腹鱼产卵期流速适宜范围为 1.8～3.0m/s，理想范围为 1.8～2.4m/s；得到澜沧裂腹鱼和光唇裂腹鱼产卵期水深适宜范围为 2.2～3.4m，理想范围为 2.8～3.0m。流速和水深适宜度曲线如图 16-27、图 16-28 所示。

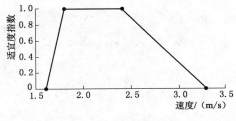

图 16-27　流速适宜度曲线

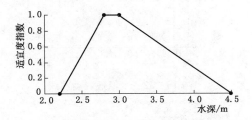

图 16-28　水深适宜度曲线

宋旭燕等由实地调研结果及专家意见得出重口裂腹鱼繁殖期最适宜水深范围为 0.5～1.5m，最适宜流速范围为 1.5～2.5m/s。当水深及流速值在目标鱼种的最适宜水深和流速范围内时，适宜度设为 1。当流速和水深为零时，适宜度均为 0。当流速大于 3.5m/s 时，重口裂腹鱼的流速适宜度为 0。将相应数据输入模型后，生成的适宜度指数关系如图 16-29 所示。

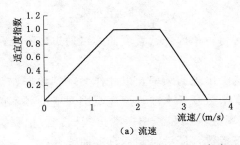

（a）流速

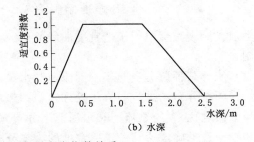

（b）水深

图 16-29　流速、水深与适宜度指数关系

邵甜和王玉蓉等通过参考前人鱼类适宜度曲线的研究成果，确定大渡河金川坝下游复兴村及李家河坝产卵场的齐口裂腹鱼在产卵繁殖季节对流速和水深适宜度曲线如图 16-30、图 16-31 所示。

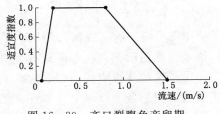

图 16-30　齐口裂腹鱼产卵期
流速适宜度曲线

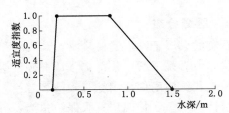

图 16-31　齐口裂腹鱼产卵期
水深适宜曲

李洋结合已有关于大河湾裂腹鱼的研究文献，总结出裂腹鱼水力学适宜度指标，通过单因素法绘制裂腹鱼产卵期适宜度曲线，如图 16-32～图 16-35 所示。

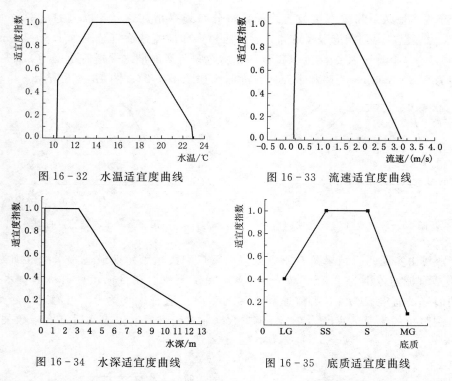

图 16 - 32　水温适宜度曲线　　　　　　　图 16 - 33　流速适宜度曲线

图 16 - 34　水深适宜度曲线　　　　　　　图 16 - 35　底质适宜度曲线

由前人对裂腹鱼单因子适宜度曲线的研究可得，单因子适宜度曲线可通过以下几种方法绘制：

（1）统计某种鱼类产卵场不同流速和水深范围出现的频率，以此作为基础数据，对流速和水深频率分布图进行归一化处理，得到频率指数（各水深、流速范围对应的频率值与最大频率值之比），绘制流速和水深范围分布频率柱状图和频率指数折线图，再根据文献内容和专家意见确定达到一定适宜度的频率分布指数，最后绘制适宜度曲线。

（2）实地调研与专家意见相结合得出相应影响因子的适宜度范围，并据此绘制适宜度曲线。

16.15　栖息地适宜度指数模型——青石爬鮡

16.15.1　区域分布

青石爬鮡隶属于鲇形鮡科鮡属，其头部和躯干部变得平扁，胸、腹鳍向两侧水平扩展呈吸盘状，或者是下唇向颏部扩张成椭圆形吸盘，能紧紧地吸附在急流水底砾石等物体上生活，是在我国西南部高山峡谷，陡坡急流，枯洪流量悬殊的环境中底栖生活的本土小型稀有冷水性淡水鱼，是四川省级保护鱼类，分布于四川境内的各个江河中，如青衣江、岷江、金沙江、雅砻江等，主要在四川青衣江上游，海拔 1800～3600m。

16.15.2　特殊的栖息地要求

青石爬鮡属于动物性食物为主的杂食性鱼类，食物中以水生昆虫及其幼虫为主，其次为水生植物的碎片及有机腐屑。

常在急流多石的河滩上产卵,受精卵黏性,粘在石上发育孵化。生殖季节在 6—7 月,8—10 月为育幼期,11 月至翌年 5 月为成长期。鱼类的成熟和产卵开始的时期主要取决于水温的高低,一般都在 18℃ 开始产卵,17~25℃ 胚胎孵化。

青石爬鮡属冷水性鱼类,冷水性鱼类生存水温范围 0~20℃,高于 25℃ 冷水性鱼类生存将受到威胁。

青石爬鮡栖息地水深 1~3m,水温 7.5℃,流速变幅较大,为 0.45~1.74m/s。研究表明,为了刺激产卵,鱼类的产卵期流速偏大,一般为流速的上限;育幼期的喜爱流速偏中;成年期的喜爱流速一般为流速的下线。野外调查表明,当最大水深是减水河段较大鱼类体长的 3~4 倍,就可满足较大鱼类在水体内的自由游动,青石爬鮡标准体长为 113~149mm,即最大水深达 0.6m,平均水深达到 0.45m,就可满足减水河段青石爬鮡的水深要求。

16.15.3 模型变量的适宜度指数图

物理栖息地模拟法利用关键指示生物来反映河流的健康状况,能够模拟流量增加对栖息地产生的影响,并产生动态水文信息和栖息地时间序列,来验证生态环境用水对目标生物生命周期和集聚习性的影响,输出结果时间和空间的精度较高,更能准确反映河流中生物区的水力状况。

蒋红霞等采用物理栖息地模拟法(PHABSIM),综合考虑微生境中流速、水深,中生境中断面形态、大生境中水温等与鱼类适宜生境密切相关的影响因子,分目标鱼类产卵期、育幼期、成年期进行生态流量的计算。

通过调查青石爬鮡的生活情况,将栖息地适宜度指标与鱼种生境的影响因子(水深、流速、水温、基质等)关联,适宜鱼种生存的情况赋值为 1,不适宜的赋值为 0,绘制该鱼种不同生命周期的生境曲线。分别确定青石爬鮡产卵期、育幼期、成年期的流速、水深、水温适宜度指数,青石爬鮡产卵期喜好急流、河滩上产卵,结合减水段面情况,流速为 1~1.74m/s 是最适宜流速,赋适宜度指标为 1;水深为 0.45~1m 最适宜,赋适宜度指标为 1;水温在 15~18℃ 最适宜产卵,赋适宜度指标为 1。青石爬鮡育幼期流速 0.8~1.1m/s,水深 0.45~3m,水温 17~20℃ 最适宜;成年期流速 0.45~0.8m/s,水深 1~3m,水温 75~20℃ 最适宜;赋相应适宜度指标为 1。青石爬鮡生境适宜度指数见表 16-24,适宜度曲线如图 16-36~图 16-38 所示。

表 16-24　　　　　　　　　　青石爬鮡生境适宜度指数表

生命期	流速/(m/s)	流速适宜性权重	水深/m	水深适宜性权重	水温/℃	水温适宜性权重
	0.5	0	0	0	0	0
产卵期	1~1.74	1	0.45~1	1	15~18	1
	5	0	3	0	25	0
	0.3	0	0	0	0	0
育幼期	0.8~1.1	1	0.45~3	1	17~20	1
	5	0	5	0	25	0
	0.3	0	0	0	0	0
成年期	0.45~0.8	1	1~3	1	7.5~20	1
	5	0	10	0	25	0

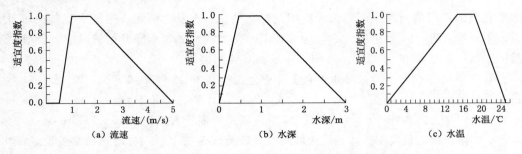

图 16-36　产卵期流速、水深、水温适宜度曲线

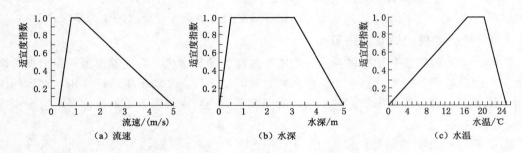

图 16-37　育幼期流速、水深、水温适宜度曲线

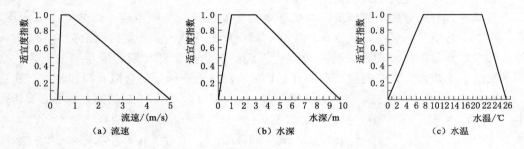

图 16-38　成年期流速、水深、水温适宜度曲线

16.16　栖息地适宜度指数模型——四大家鱼

16.16.1　区域分布

　　青鱼、草鱼、鲢鱼和鳙鱼合称四大家鱼，是长江重要的经济鱼类。由于四大家鱼是江湖半洄游性鱼类，它们主要在长江水系及其通江湖泊中繁殖、生长、育肥。每年到了繁殖季节，在长江中的青鱼、草鱼、鲢鱼、鳙鱼会溯河洄游至产卵场繁衍后代，过了繁殖期，四大家鱼繁殖群体又将洄游至饵料丰富的湖泊去育肥，即为索饵期，到了秋末冬初，在湖泊育肥场的家鱼亲本又将洄游至长江干流进行越冬。故其主要分布于长江干流中游以及其通江湖泊。

　　四大家鱼在长江干流孵化出的早期仔鱼，会在干流中顺水漂流，直至发育成具有较强游泳能力的幼鱼后才能到通江湖泊中肥育，从卵产出到仔鱼具备溯游能力，期间需要顺水漂流数百公里。产后的成鱼则洄游至湖泊中摄食，部分仔稚鱼随水流直接进入湖泊，部分在干流的漫滩摄食，长为幼鱼后顶流进入湖泊，幼鱼在湖泊中经过 3～5 年肥育后达到性成熟。在秋末冬初水位下降时，成鱼开始从较浅的湖泊游到江河干流的河床深处进行越冬洄游，当湖泊中存在深水区（深洼或潭坑）时，也可在这些场所越冬。在繁殖季节，湖泊以及江河下游的亲鱼又洄游到干流的产卵场进行繁殖。在整个期间完成四大家鱼的成长和繁殖。

青鱼一般栖息于水体下层，一般初孵仔鱼全长 6.4～7.6mm，1 龄鱼长 165mm，2 龄鱼长 330mm，3 龄鱼长 489mm，4 龄鱼长 526mm，5 龄鱼长 642mm，幼苗以浮游动物为主食，成鱼个体喜好螺、蚬、蚌等，也吃虾类、水生昆虫等。草鱼喜在水域边缘地带活动，以水草为食，陆生植物中被淹没在水里的部分也是草鱼喜食的对象。一般来说草鱼初孵仔鱼全长为 5.6～6.7mm，1 龄鱼长 141.55mm，2 龄鱼长 290.17mm，3 龄鱼长 440.37mm，4 龄鱼长 652.04mm，5 龄鱼长 783.1mm，6 龄鱼长 805.11mm。鲢鱼栖息于水中上层，主食浮游植物。鳙鱼喜在水中上层活动，以浮游动物为主食。四大家鱼的食欲与水温有密切关系，水温在 20～30℃时，四大家鱼食欲旺盛生长迅速，当水温降到 10℃以下时，四大家鱼食欲减退或停止进食，代谢微弱，呈冬眠状态。

四大家鱼是典型的产漂流性卵鱼类，春末夏初，亲鱼除了需要特定的水温条件外，还要有江水水位涨落等刺激下，才能促使其排卵，产出卵吸水膨胀后比重略大于水，需要一定的水流外力作用才能使其悬浮于水中，顺水漂流而孵化。一般来说，对于四大家鱼的繁殖年龄和时期来说最适水温有所差别。

青鱼最适生长温度为 24～28℃，最适繁殖温度为 22～28℃。当温度低 0.5℃或高于 35℃则不能生存。长江流域雄性青鱼达到性成熟年龄一般在 3～4 龄，雌性青鱼通常要晚一年，青鱼在南方水域的产卵期主要为 4—6 月，东北地区稍迟，产漂流性卵，卵圆形，卵径 5～7mm，水温在 21～24℃约 35h 孵出仔鱼。长江流域雌性草鱼达到性成熟年龄一般为 4 龄，怀卵量可达 30 万粒。草鱼的繁殖期主要为 4—7 月，草鱼产卵需要有流水环境，且需要水温达到 18℃以上时开始产卵，所产卵为卵圆形，卵径 3.8～5.2mm，受精卵于水温 20～22℃约 32h 孵出仔鱼。长江流域雌性鲢达到性成熟年龄一般为 4 龄，雄性为 3 龄。鲢的繁殖期主要为 5—6 月。长江流域雌性鳙达到性成熟年龄一般为 5 龄，5 月中旬至 6 月上旬为其主要繁殖期。总的来说，作为长江最主要的江湖洄游性鱼类，四大家鱼的产卵活动发生在每年的 4 月下旬至 7 月上旬，在水温达 18℃ 的洪水时期，亲鱼便集中在产卵场产卵。长江干流是四大家鱼主要的产卵场所，家鱼通常选择河道宽窄相间或弯道河段，水流流速发生变化，流态紊乱的区域产卵。

16.16.2　特殊的栖息地要求

一般家鱼适宜生长的温度是 20～32℃，最适摄食和生长的温度是 25～32℃。草鱼在水温 27～30℃时摄食量最大，20℃摄食量最低，低于 5℃则停止摄食，当水温低 0.5℃和高于 40℃时便不能生存，水温低于 7℃鲢鱼便会死亡。杨文磊（1996）的研究表明，四大家鱼生长的适温范围在 20～32℃，15℃以下则食欲减退，生长缓慢。根据汪锡钧等 1984—1986 年多次重复的试验结果，四大家鱼生长最快的温度为 32～33℃，短期暴露最大安全温度为 37.8℃，短期暴露致死温度下限为 5℃。青、草、鲢、鳙等鱼类，水温 5℃开始摄食，摄食量随水温的上升而增大，20℃以上摄食量急增，25～30℃时达最大值。摄食率及生长率在 22～30℃范围内均呈上升趋势，实验结果以 30℃时生长速度最高，故草鱼摄食及生长的最适温度应高于 30℃。

张建江等认为水中溶解氧量高，鱼的摄食强度越大，生长也就越快；溶解氧量低于0.5mg/L 时，鱼便开始死亡。在富营养化的水体中，成鱼能够忍受相当低的溶解氧水平。成鱼能在溶解氧缺乏（溶解氧浓度＜2mg/L）的水体中摄食。当浓度达到 3～5mg/L（13～23℃），呼吸逐渐加强。当溶解氧在 6～7mg/L 以上时，家鱼能生长良好。

水位上升过程促进产卵，下降过程则无产卵行为。监测结果表明，四大家鱼的产卵与江水的水位、流量变化密切相关。一般说来，涨水幅度越大，苗汛越大，绝大多数亲鱼是在涨水是产卵。日均水位上涨 0.30m/d 是家鱼产卵的理想条件，水位变幅过大或过小均对产卵不利。

四大家鱼的鱼卵和鱼苗需要一定的流速以防止下沉，当流速小于 0.27m/s 时，鱼卵开始下沉；若流速小于 0.25m/s，则大部分鱼卵会落到河床上；当流速小于 0.1m/s 时，所有的鱼卵均下沉。四大家鱼产卵场的流速 0.2～0.9m/s 皆属适宜，流速以 0.25～0.50m/s 的速度增加均对产卵有促进作用。

鱼卵发育的水温为 18～30℃，最适水温为 22～28℃，低于 17℃或高于 30℃就会引起鱼卵发育停止或畸形而死亡。

四大家鱼一般都在 18℃开始产卵。长江四大家鱼繁殖的最低水温为 18℃，水温低于18℃，则繁殖活动被迫终止。产卵盛期水温为 21～24℃。宜昌江段每年家鱼繁殖季节的最高日平均气温为 27℃，这时仍可产卵。研究表明，四大家鱼的鱼卵发育需氧量为5～8mg/L，不应低于 4mg/L，若低于 2mg/L，则会引起鱼卵窒息死亡。

16.16.3　模型变量的适宜度指数图

李建等研究四大家鱼产卵期的生态流量，参考有关四大家鱼产卵条件的文献资料，以4—6月的流量条件为基础建立适应度曲线。由于相关资料极为缺乏，很多参数值难以获得，只考虑四大家鱼在产卵期对水深、流速的适好性，并认为研究河段的底质和覆盖物等条件良好，其适宜度指数为 1。根据相关资料，建立了比较粗糙的流速和水深适宜度曲线，如图 16-39 所示。四大家鱼产卵期的最佳流速适宜范围为 0.8～1.3m/s，最佳水深适宜范围为 3～12m。

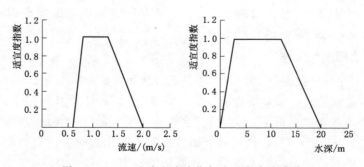

图 16-39　四大家鱼产卵期栖息地适宜度曲线

16.17　栖息地适宜度指数模型——新疆裸重唇鱼

16.17.1　区域分布

新疆裸重唇鱼，隶属鲤形目鲤科裂腹鱼亚科，裸重唇鱼属，是一种高山水域分布的冷水性鱼类，分布在海拔 600～2000m 水域。主要分布于新疆的伊犁河流域、天山北坡准噶尔盆地诸水域、南疆开都河；在中亚地区锡尔河、巴尔喀什湖支流上游等水体中也有分布。属于塔里木河、伊犁河及准噶尔三大水系的唯一共有土著鱼类。

16.17.2　特殊的栖息地要求

新疆裸重唇鱼个体成熟缓慢，但是个体较大，一般能长至 30～50cm。4～5 冬龄的鱼才开始性成熟，通常雌体较同龄的雄体为大。对伊犁河三支流的新疆裸重唇鱼采样发现，新疆裸重唇鱼体长、体重和年龄分布范围，特克斯河为 46～244mm、1.1～201.0g、1～6 龄，喀什河为 49～285mm、1.5～214.2g、0～6 龄，巩乃斯河为 50～383mm、0.8～312.8g、1～7 龄。

通过对新疆裸重唇鱼肠道的研究发现，其肠道中既有藻类，又有脊椎动物和无脊椎动物，少数个体中还有鱼类，说明新疆裸重唇鱼为杂食性鱼类，主要以水生昆虫为主、着生藻类为食，兼食无脊椎动物。新疆裸重唇鱼摄食强度季节变化较大，春节和夏季为摄食高峰，空肠率比较低，冬季的空肠率较高。

新疆裸重唇鱼其产卵时间为每年的 4—6 月，并存在短距离的产卵繁殖洄游。

16.17.3　模型变量的适宜度指数图

新疆裸重唇鱼在乌鲁木齐河对评价因子的适宜度曲线如图 16-40 所示。适宜度的高低主要通过野外调查所获取的鱼类样本的丰度来评价。其中，D（水深）的测量范围为 0～2.3m，最适适宜度为 0.8m 左右；T（温度）测量范围为 0～18.6℃，最适温度为 13℃左右；V（流速）测量范围为 0～3.5m/s，最适流速为 0.8m/s；pH 测量范围为 7.19～8.85，最适值为 8.3；DO（溶解氧）测量范围为 6.79～10mg/L；OH（总碱度）测量范围为 23.1～128.1mg/L，最适碱度在 70 左右。

16.18　栖息地适宜度指数模型——圆口铜鱼

16.18.1　区域分布

圆口铜鱼属于鲤形目，鲤科，鮈亚科，铜鱼属鱼类。圆口铜鱼喜在江河流水环境的下层生活，主要栖息于水流湍急的江河，常在多岩礁的深潭中活动，分布于中国长江上游干支流和金沙江下游以及岷江、嘉陵江、乌江等支流中。

圆口铜鱼是一种寿命较长的鱼类，对于长江干流而言捕获的一般都是低龄圆口铜鱼，一般是由 1～5 龄个体组成。5 龄以前的圆口铜鱼都是在持续地生长，特别是 2 龄以后的鱼生长速度比较快。1 龄鱼的平均体长 210mm，体重为 135g，2 龄鱼的平均体长 259mm，体重为 270g，3 龄鱼的平均体长 309mm，体重为 446g，4 龄鱼的平均体长 423mm，体重为 1200g。

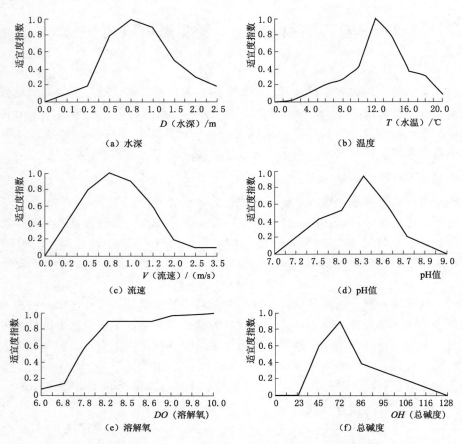

图 16-40　新疆裸重唇鱼对水深、温度、流速、pH 值、溶解氧和总碱度的适宜度曲线

圆口铜鱼的食性杂而广，据分析，其食物组成随着年龄的大小和栖息河段的不同而有差异。在长江干流的群体以植物性饵料为主。在金沙江群体的食性则偏重以昆虫为主，植物为次。2 龄以上的成鱼吃少量的螺、蚌和虾、蟹，而体长在 250mm 以下幼鱼，一般是以食植物为主。其摄食活动与水温也有密切关系，春、秋季摄食强烈，冬季减弱，昼夜均摄食，但白昼摄食率低于夜间。

圆口铜鱼性成熟年龄是 2～3 龄，圆口铜鱼的成熟个体春季繁殖，在冬、春季主要完成性腺的发育过程。圆口铜鱼繁殖季节为 4 月下旬至 7 月中旬，雄鱼出现在 5 月和 7 月两个高峰。在金沙江中游的圆口铜鱼的产卵初始时间为 6 月 7 日，产卵盛期在 6 月下旬至 7 月上旬，产卵水温均在 20℃ 以上，其中产卵盛期水温在 24℃。圆口铜鱼在具有卵石河底的急流滩处产漂流性卵，产出的卵迅速吸水膨胀并在顺水漂流过程中发育孵化。卵膜径一般为 5.1～7.8mm，卵周隙较家鱼大，卵膜较厚。水温在 22～24℃ 时，受精卵经 50～55h 即可孵出。圆口铜鱼的繁殖行为大部分是在江中水位上涨期间进行的。江中涨水期间，流量增大，水位上升，流速加快，随着水位的上升，圆口铜鱼产卵的密度也会相应增加。圆口铜鱼不仅会在水位上升过程中产卵，在退水的时候也会有产卵现象的发生。

16.18.2　特定的栖息地要求（流速，温度，水深）

圆口铜鱼作为典型江河流水性底层鱼类，其成鱼对流速的偏好，决定了这种鱼类空间分布与流速、水深的直接关系。

圆口铜鱼亲鱼栖息的最适水深较大，且分布范围较宽（1.2～11.5m），显示圆口铜鱼对不同水深的高度适宜度。已有研究表明，更大规格个体的鱼类倾向于栖息在更深的水体之中。

亲鱼：圆口铜鱼亲鱼的最适繁殖水温范围为 20～25.2℃，最适栖息水深为 1.2～11.5m，最适栖息流速为 0.2～1.3m/s，最适栖息底质类型为小型卵石、大型卵石和巨石。

幼鱼：圆口铜鱼幼鱼栖息的最适水温范围为 19.8～25.4℃，最适水深为 0.4～3.95m，最适流速为 0.1～0.7m/s，最适底质类型为细小砾石、中型砾石、大型砾石、小型卵石和大型卵石。

产卵：产卵水温最低值为 17℃，河流中水温为 17℃时，适当水位改变即可刺激圆口铜鱼产卵排精；水温在 19～22℃时，产卵量最多，水温达到 25℃，产卵行为终止。流速为 0.2～0.3m/s 时适宜，水深为 0.5～19.5m 时适宜。

16.18.3　模型变量的适宜度曲线

以不同水温、水深、流水和底质类型下采集到的圆口铜鱼亲鱼或幼鱼数量为因变量，以水温、水深、流速和底质类型为自变量，进行曲线拟合，最优拟合方程被用来计算单一因子的适宜度，计算公式为

$$SI = (Y_{fit} - {}_{min}Y_{fit})/({}_{max}Y_{fit} - {}_{min}Y_{fit}) \qquad (16-100)$$

取 $SI > 0.6$ 的水温、水深、流速和底质类型为圆口铜鱼亲鱼或幼鱼群体的最适水温、水深、流速和底质类型区间，此区间水温、水深、流速和底质类型的适宜度均赋值为 1，并参考 Wang 和 Li（2013）所描述的方法，最终获得沙江下游圆口铜鱼亲鱼或幼鱼对水温、水深、流水和底质类型的适宜度曲线。

1. 繁殖群体（亲鱼）

不同环境因子和繁殖群体数量的最优拟合曲线见表 16-25。

表 16-25　　　　　不同环境因子与圆口铜鱼繁殖群体数量的最优拟合曲线

环境因子	最优拟合方程	F	R^2	n
水温/℃	$y = 116.494 - 18.222x + 0.941x^2 - 0.016x^3$	2.960	0.689	2234
水深/m	$y = -0.355 + 0.614x - 0.074x^2 + 0.002x^3$	2.932	0.687	129
流速/(m/s)	$y = -2.514 + 14.543.x - 15.024x^2 + 4.413x^3$	2.231	0.770	129
底质类型	$y = 0.825 + 0.406x + 0.010x^2 - 0.018x^3$	31.745	0.990	129

然后根据上述公式，可以计算不同环境因子下圆口铜鱼亲鱼对环境条件的适宜度，并最终得到各个因子的适宜度曲线，如图 16-41 所示。

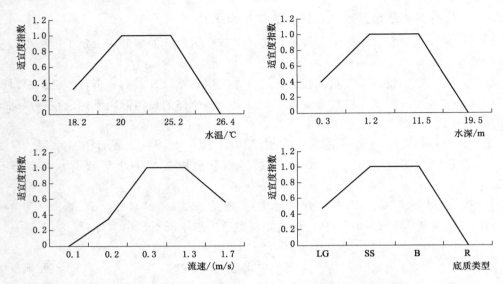

图 16-41　金沙江下游圆口铜鱼亲鱼对水温、水深、流水和底质类型的适宜度曲线

LG—大型砾石；SS—小型卵石；B—巨岩；R—基岩

2. 幼鱼群体

不同环境因子与圆口铜鱼幼鱼群体数量的最优拟合曲线见表 16-26。

表 16-26　　　　　　不同环境因子与圆口铜鱼幼鱼群体数量的最优拟合曲线

环境因子	最 优 拟 合 方 程	F	R^2	n
水温/℃	$y=-20.276+0.420x+0.093x^2-0.003x^3$	97.766	0.983	388
水深/m	$y=0.851+1.119x-0.374x^2+0.029x^3$	11.174	0.788	388
流速/(m/s)	$y=-0.932+4.554x-3.857x^2-2.540x^3$	7.007	0.875	388
底质类型	$y=0.821+0.113x+0.0037x^2-0.005x^3$	14.888	0.882	388

　　基于最优拟合方程计算不同环境因子下圆口铜鱼幼鱼对环境条件的适宜度，并最终得到各个因子的适宜度曲线，如图 16-42 所示。

　　杨志等所构建的单因子适宜度曲线采用生境利用法拟合环境与物种数量获得，而不考虑某一有限生境类型的可获取性，主要与实际采样的可行性有关。由于圆口铜鱼个体主要分布在干流河段中，这些河段生境复杂，河面宽阔，因此在缺乏高精度实测的河道地形特征下，无法准确分类某一采样江段的生境类群。加上圆口铜鱼栖息地与产卵场分布的广泛性以及鱼类对不同生境适应所导致的适宜度的可变性，因此很可能仅适用于金沙江下游干流区域。

　　金沙江下游幼年圆口铜鱼对环境条件的适宜度曲线与亲鱼对环境条件的适宜度曲线存在一定差异，其最适水深、流速范围明显小于亲鱼，而最适水温、底质类型范围大于亲鱼，显示幼鱼群更喜欢生活在岸边流速较缓区域，且这些幼鱼个体对水温、底质类型的要求不高，反映了幼鱼对不同生境较强的环境适应力。

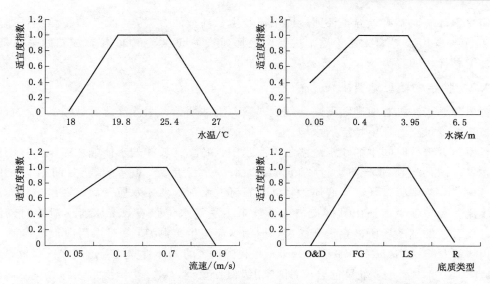

图 16-42　金沙江下游圆口铜鱼幼鱼对水温、水深、流水和底质类型的适宜度曲线

O&D—有机质及碎屑；FG—细小砾石；LS—大型卵石；R—基岩

16.19　栖息地适宜度指数模型——哲罗鱼

16.19.1　区域分布

哲罗鱼（*Hucho taimen*），又称者罗鱼、哲罗鲑等，属凶猛的大型冷水性鱼类，生长速度快、个体大（最大个体重达 80kg，体长 2m），具有重要的经济价值和学术研究价值。但由于过度捕捞与环境恶化，哲罗鱼资源与分布区域急剧减少，已处于濒危状态。近年来，人们加大了对哲罗鱼野生资源的保护力度，同时也积极开展了人工养殖研究，取得了显著成果。

20 世纪 60 年代以前，哲罗鱼在黑龙江水系的分布比较广泛，几乎遍及黑龙江、松花江、乌苏里江、嫩江、牡丹江、达资湖、贝尔湖、镜泊湖、额尔古纳河等水域。目前主要分布在亚洲北部地区，西至伏尔加河流域、东至伯朝拉河流域、南至黑龙江流域、北至勒拿河流域均有发现，在中国分布于黑龙江上游、嫩江上游、牡丹江、乌苏里江、松花江、镜泊湖、额尔齐斯河。

哲罗鱼一年可多次繁殖，生殖期于 5 月中旬开始，水温在 5～10℃，亲鱼集群于水流湍急且底质为石砾、沙砾的小河里产卵。亲鱼有埋卵和护巢的习性，产卵后大量死亡，尤以雄鱼为更多。受精卵经 30～35 天孵化，仔鱼喜潜伏在沙砾空隙之间，不常游动。

呼玛河是黑龙江上游较大的支流之一，是哲罗鱼的主要产卵河流，河道弯曲多沙洲浅滩，两岸植被繁茂，是哲罗鱼适宜的产卵繁殖场所。在 7—8 月间，降水集中，河水水位升高，淹没沙洲浅滩，水中的底栖动物，水生昆虫较多，冷水性鱼类亦较多，为哲罗鱼和其幼鱼提供了饵料基础，成为良好的索饵场。

野生哲罗鱼性成熟一般需 5 龄，人工养殖条件下 4 龄即可达到性成熟。哲罗鱼的生殖期视栖息地环境而略有差异，怀卵量因个体与生长环境而有差异，野生哲罗鱼的怀卵量一般在 10000～34000 粒，人工养殖下成熟亲鱼怀卵量为 6000～8000 粒。成熟卵呈浅黄色、沉性、无黏性，卵径为 3.5～4.5mm。

16.19.2　特定的栖息地要求

哲罗鱼栖居在具有地理纬度高、气候寒冷、结冰期长、水深流急、低温高氧、石砾层质、植被繁茂等生态环境特点的水域。

哲罗鱼大部分时间生活在水流湍急的溪水中，冬季在较深的水体如大江干流、湖泊中越冬，春季向溪流洄游产卵。哲罗鱼为纯淡水冷水性鱼类，绝大部分时间栖息在低温（20℃以下）、溶解氧量较高、底质为粗砂或石砾、水深流急、水质清澈、两岸植被繁茂的山区溪流；夏季多生活在山林区支流中，秋末冬季受水位影响，结冰前逐渐游向较深水体，寻找合适的越冬场所；春季开江后，向山区溪流生殖洄游，8 月以后向干流移动。

川陕哲罗鲑（*Hucho bleekeri Kimura*）是我国仅有的 3 种哲罗鲑属鱼类之一，也是青藏高原地区唯一的大型土著鲑科鱼类，为国家Ⅱ级保护鱼类，被《中国濒危动物红皮书》列为濒危等级。茹辉军等对大渡河流域川陕哲罗鲑栖息地及分布进行了量化分析，并对其适宜栖息地保护河段进行了评估与划分。于 2012 年 7—8 月和 2013 年 4 月对大渡河上游干、支流共计 11 条河流进行实地调查，各河流基本特征统计表见表 16-27。其中川陕哲罗鲑分布河流理化参数见表 16-28。这些河流海拔为 2690～3598m，水温为 9.7～13.8℃，水体透明度均在 45cm 以上，玛柯河最高可达 90cm。流速和水深多变，水体溶解氧和 pH 分别为 7.37～9.01mg/L 和 7.63～8.41。不同生活史阶段川陕哲罗鲑栖息地环境需求见表 16-29。川陕哲罗鲑适应水温范围较窄，产卵需求水温 4～10℃。需求为水深较深，水流湍急，急流处流速可达 2m/s，透明度较高，水质十分清澈的山区河流。其栖息河床底质通常为粗砂、砾石，河道宽窄变化，河流形态滩潭相间的河段。另外，产卵期间成鱼作短距离生殖洄游，通常从干流上溯到支流产卵，因此栖息环境需洄游通道的畅通。比较显示，在不同生活史阶段川陕哲罗鲑对于生境的需求略有差异，受游泳能力和食物类型限制，幼鱼所需生境河宽、水深和流速均小于成鱼，且繁殖期生境水温略低于非繁殖期水温 2～4℃。川陕哲罗鲑繁殖时的筑巢行为使得其繁殖生境的流水较为平缓，流速较幼鱼和非繁殖成鱼低。

表 16-27　　　　　　　　　　调查河流基本特征统计表

河流	河道总长/km	流域面积/km²	河口多年平均流量/(m³/s)	天然落差/m	比降/‰
玛柯河	210	6341	60.3	1140	5.70
杜柯河	293	6856	53.8	950	6.30
色曲河	176	3217	178.0	1465	7.90
绰斯甲	401	15964	197.0	1696	5.67
则曲河	102	1637	20.9	1190	11.67
尼柯河	73	1210	14.9	1120	15.34
阿柯河	199	5208	61.6	1010	7.40
茶堡河	73	1255	20.5	1720	23.56
梭磨河	182	3027	56.8	1860	10.22
麻尔曲	62	1945	113.0	966	3.18
脚木足	148	19896	238.0	600	2.96

表 16－28　　　　　　　　　　　川陕哲罗鲑分布河流理化参数

项　目	玛柯河	麻尔曲	脚木足	则曲	阿柯河	尼柯河	茶堡河	梭磨河	杜柯河	绰斯甲
海拔/m	3272	2971	2690	3581	3380	3109	2762	2597	3598	2900
气温/℃	8.0	12.0	12.0	12.0	13.0	8.1	18.0	18.2	15	15.2
水温/℃	9.8	13.2	13.5	13.8	13.7	9.7	12.1	12.5	10.7	12.3
水深/m	>1.0	>1.5	>5	1.3	1.2	0.8	1.0	1.0	0.8	>1.5
流速/(m/s)	1.1	1.7	2	0.5	1.2	1.25	1.25	1.2	1.2	0.8
透明度/cm	90	50	45	80	80	80	60	60	90	45
溶解氧/(mg/L)	7.99	9.01	8.86	7.37	7.41	9.07	8.65	8.90	8.07	8.24
pH	8.30	8.38	8.41	8.17	8.20	8.23	8.3	8.30	7.63	8.01
河谷形态	V 形	V 形	V 形	V 形	V 形或 U 形	V 形或 U 形	V 形或 U 形	V 形	V 形	V 形
河道底质	卵石、砾石	细沙、石块、卵石	卵石、砾石	石块＋细沙	卵石＋细沙	卵石	卵石	卵石＋细沙	卵石＋细沙	卵石、砾石

表 16－29　　　　　　　　　　不同生活阶段川陕哲罗鲑栖息地环境需求

项　目	幼　鱼　期	成　鱼　期	繁　殖　期
河宽/m	5～10	10～30	>20
水深/m	0.5～2	1～5	0.5～1
流速/(m/s)	>0.5	1～5	0.38～0.75
水温/℃	n	7～14	4～10
底质	粗砂、砾石	盘石、卵石	粗砂、砾石
基底覆盖	n	n	无
食物类型	水生昆虫和小型鱼类	鱼类	水生昆虫和鱼类
洄游通道	—	—	需求

注：n 代表无相关数据；一代表无。

　　川陕哲罗鲑分布河流具有的共同特点，即水深较深，水流湍急，河谷多呈 V 形，为高山峡谷型河流。河流透明度较高，水质清澈，栖息地周围生态系统保存较好。与其他哲罗鲑鱼类相比，川陕哲罗鲑水温适应范围更窄（4～14℃）。研究表明，气候变化或适宜温度的限制，对温度敏感的冷水性鱼类（如鲑、鳟鱼类）分布有深远影响。因此，对栖息地环境尤其是水温、高度的敏感性和较高需求，可能成为限制其分布的主要因素之一。

16.19.3　模型变量的适宜度指数图

　　本小节重点研究鱼类产卵时期的生态流量，参考有关文献中的资料建立适宜度曲线。哲罗鱼的产卵适宜流速在一些文献中有记录：黑龙江塔河县塔河镇一处哲罗鱼产卵场位于呼玛河主流河套下口汇集处，其环境条件是水清见底，流速为 1.0～1.5m/s，水深 0.5～1.0m，底质多粗砂或砾石，两岸植被繁茂；贝尔湖哲罗鱼的产卵场主要在哈喇哈河，其源头是兴安岭的山泉，泉水集流注入河中，水质好且无污染，水流湍急，流速为 0.8～1.8m/s，水深为 1.5～2.0m，河床底部均为砂砾，适应哲罗鱼掘穴产卵的要求；威斯康星大学湖沼中心对哲罗鱼的研究发现，春天产卵期，哲罗鱼迁移到小而清澈深为 50～150cm 的河流支流。参考以上数据建立适宜度曲线如图 16 - 43 所示。

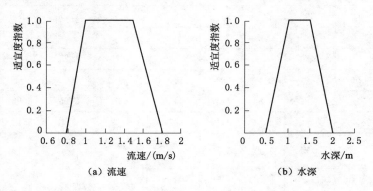

（a）流速　　　　　　　（b）水深

图 16 - 43　产卵期栖息地适宜度曲线

上述适宜度曲线是根据其他河流相同鱼类的适宜流速和水深数据得到的，这可能会对结果造成一定的偏差。要得到更为可靠的结果，应该对研究河流进行调查研究，找出研究河流本身哲罗鱼适宜的产卵流速和水深，进而确定更为合理的适宜度曲线。

16.20　栖息地适宜度指数模型——中国结鱼

16.20.1　分布特征

中国结鱼是澜沧江流域的特有鱼类，幼鱼以浮游生物为食，成鱼为杂食性动物，主要以水生无脊椎动物和水生昆虫的幼虫为食，同时也吃附着的藻类、水生植物的茎和叶。幼鱼通常生活在支流，成鱼生活在流速较小的干流。中国结鱼生活在中下水层，漫湾水库修建以前，中国结鱼分布广泛、种群数量众多，是澜沧江中下游的主要经济鱼类。

16.20.2　特定的栖息地要求

中国结鱼的繁殖周期较长，通常为 7—9 月，主要集中在 8 月，有时繁殖期甚至会从 5 月持续至 10 月。繁殖期间，亲鱼会聚集在一起，从干流洄游至上游的支流。中国结鱼喜欢将流速约为 2m/s 的砾石衬底作为产卵区。产卵后，亲鱼顺着河道游向下游寻找流速较小的觅食区域。

中国结鱼在水温低于 13℃时开始死亡，温度低于 6～8℃时无法存活，幼鱼和成鱼生活的适宜温度为 15℃以上。水温是影响鱼类繁殖的重要因素，当水温高于 18℃时，中国结鱼开始产卵，理想的产卵水温为 20～22℃，最高产卵水温为 25℃。

16.20.3　模型变量的适宜度指数图

易雨君等根据中国结鱼的产卵特性，利用几何平均值法，以水深、流速、温度为影响因子，建立中国结鱼产卵和成鱼栖息地适宜度指数曲线如图 16 - 44、图 16 - 45 所示。

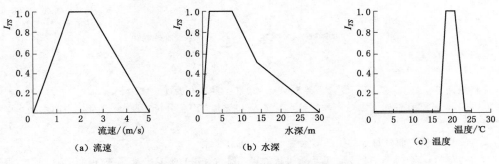

图 16-44　中国结鱼产卵栖息地适宜度曲线

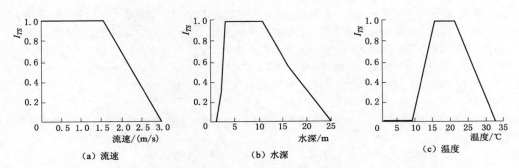

图 16-45　中国结鱼成鱼栖息地适宜度曲线

参 考 文 献

Г. В. 尼科里斯基, 1958. 黑龙江流域鱼类 ［M］. 北京：科学出版社.

柏海霞, 2015. 长江宜都四大家鱼产卵场地形特征及生态水力因子分析 ［D］. 北京：中国水利水电科学研究院.

班璇, 2011. 中华鲟产卵栖息地的生态需水量 ［J］. 水利学报, 42 (1)：47 - 55.

蔡林钢, 牛建功, 李红, 等, 2013. 巩乃斯河新疆裸重唇鱼和斑重唇鱼产卵场微环境研究 ［J］. 干旱区研究, 30 (1)：144 - 148.

常剑波, 1999. 长江中华鲟繁殖群体结构特征和数量变动趋势研究 ［D］. 武汉：中国科学院研究生院.

陈炳宇, 2015. 长江上游保护区鱼类典型栖息地水环境特性研究 ［D］. 保定：河北农业大学.

陈桂来, 张薪, 2011. 圆口铜鱼的生物学特征及疾病防治技术 ［J］. 吉林农业, (4)：289 - 298.

陈庆伟, 齐珺, 2010. 河道内生态需水研究中的栖息地模拟方法 ［OL］. http://www.paper.edu.cn.

陈新军, 冯波, 许柳雄, 2008. 印度洋大眼金枪鱼栖息地指数研究及其比较 ［J］. 中国水产科学, 15 (2)：269 - 278.

陈永灿, 朱德军, 李钟顺, 2015. 气候变暖条件下镜泊湖冷水性鱼类栖息地的评价 ［J］. 中国科学：技术科学, 45 (10)：1035 - 1042.

程鹏, 2008. 长江上游圆口铜鱼的生物学研究 ［D］. 武汉：华中农业大学.

褚新洛, 1989. 云南鱼类志 (上册) ［M］. 北京：科学出版社.

崔奕波, 陈少莲, 王少梅, 1995. 温度对草鱼能量收支的影响 ［J］. 海洋与湖沼, 26 (2)：169 - 174.

丁骏, 2012. 长江口中华鲟栖息地景观格局变化及其适宜度评价 ［D］. 上海：海洋大学.

丁瑞华, 1992. 四川鱼类的地理分布 ［J］. 四川动物, (3)：16 - 19.

丁瑞华, 1994. 四川鱼类志 ［M］. 成都：四川科学技术出版社：273 - 278.

董崇智, 李怀明, 赵春刚, 等, 1998. 濒危名贵哲罗鱼保护生物学的研究 Ⅰ. 哲罗鱼分布区域及其变化 ［J］. 水产学杂志, 11 (1)：65 - 69.

董崇智, 李怀明, 赵春刚, 等, 1998. 濒危名贵哲罗鱼保护生物学的研究 Ⅱ. 哲罗鱼性状及生态学资料 ［J］. 水产学杂志, 11 (2)：35 - 39.

董崇智, 李怀明, 赵春刚, 1999. 濒危名贵哲罗鱼保护生物学的研究 Ⅳ. 哲罗鱼生境特点及保护对策 ［J］. 水产学杂志, (1)：23 - 25.

段辛斌, 陈大庆, 李志华, 等, 2008. 三峡水库蓄水后长江中游产漂流性卵鱼类产卵场现状 ［J］. 中国水产科学, 15 (4)：523 - 532.

冯波, 陈新军, 许柳雄, 2007. 应用栖息地指数对印度洋大眼金枪鱼分布模式的研究 ［J］. 水产学报, (6)：805 - 812.

冯健, 杨丹, 覃志彪, 等, 2009. 青石爬鮡血浆生化指标、血细胞分类与发生 ［J］. 水产学报, 33 (4)：581 - 589.

龚彩霞, 陈新军, 高峰, 等, 2011. 栖息地适宜性指数在渔业科学中的应用进展 ［J］. 上海海洋大学学报, 20 (2)：260 - 269.

郭焱, 张人铭, 蔡林钢, 等, 2012. 新疆鱼类志 ［M］. 乌鲁木齐：新疆科学技术出版社：004 - 005.

郭忠东, 连常平, 2001. 中华鲟小水体养殖试验初报 ［J］. 水产科学, 20 (2)：15 - 16.

国家农业信息化工程技术研究中心, 2004. 中华鲟的人工繁殖 ［EB/OL］. http://www.nercita.org.cn/sturgeon_zzxt/liulanxx/zhonghuaxun/zhxyangzhi.htm.

国家农业信息化工程技术研究中心, 2004. 中华鲟养殖技术 ［EB/OL］. http://www.nercita.org.cn/

sturgeon_zzxt/liulanxx/zhonghuaxun/zhxyangzhi. htm.

韩仕清, 李永, 梁瑞峰, 李克锋, 2016. 基于鱼类产卵场水力学与生态水文特征的生态流量过程研究 [J]. 水电能源科学, 34 (6): 9 – 13.

郝增超, 尚松浩, 2008. 基于栖息地模拟的河道生态需水量多目标评价方法及其应用 [J]. 水利学报, (5): 557 – 561.

洪兴, 2003. 哲罗鱼在呼玛河自然保护区的分布及变化 [J]. 黑龙江水产, (5): 34.

胡德高, 柯福恩, 张国良, 等, 1992. 葛洲坝下游中华鲟产卵场的调查研究 [J]. 淡水渔业, (5): 6 – 10.

胡睿, 王剑伟, 谭德清, 苗志国, 但胜国, 2012. 金沙江上游软刺裸裂尻鱼年龄和生长的研究 [J]. 四川动物, 31 (5): 708 – 712.

湖北省水生生物研究所鱼类研究室, 1976. 长江鱼类 [M]. 北京: 科学出版社.

姜作发, 尹家胜, 徐伟, 等, 2003. 人工养殖条件下哲罗鱼生长的初步研究 [J]. 水产学报, (6): 590 – 594.

蒋红霞, 黄晓荣, 李文华, 2012. 基于物理栖息地模拟的减水河段鱼类生态需水量研究 [J]. 水力发电学报, 31 (5): 141 – 147.

季强, 2008. 六种裂腹鱼类摄食消化器官形态学与食性的研究 [D]. 武汉: 华中科技大学.

康鑫, 张远, 张楠, 等, 2011. 太子河洛氏鱥幼鱼栖息地适宜度评估. 生态毒理学报, 6 (3): 310 – 320.

匡友谊, 尹家胜, 姜作发, 等, 2003. 哲罗鱼耗氧量与体重、水温的关系 [J]. 水产学杂志, (1): 26 – 30.

乐佩琦, 陈宜瑜, 1998. 中国濒危动物红皮书: 鱼类 [M]. 北京: 科学出版社.

李安萍, 1999. 长江中的鲟鱼及其保护 [J]. 太原师范专科学校学报, (4): 46 – 47.

李建, 夏自强, 2011. 基于物理栖息地模拟的长江中游生态流量研究 [J]. 水力学报, 42 (6): 678 – 684.

李明德, 2012. 中国经济鱼类生态学 [M]. 天津: 天津科学技术出版社.

李树国, 任大宾, 石春梅, 2006. 哲罗鱼的繁殖生物学 [J]. 水利渔业, (6): 44 – 45.

李思发, 2001. 长江重要鱼类生物多样性和保护研究 [M]. 上海: 上海科学技术出版社.

李洋, 吴佳鹏, 刘来胜, 等, 2016. 基于鱼类产卵场保护的汛期生态流量阈值研究初探——以锦屏大河湾为例 [J]. 科学技术与工程, 16 (16): 306 – 312.

李洋, 2019. 筑坝河流鱼类产卵生态流量研究 [D]. 北京: 中国水利水电科学研究院.

李永, 卢红伟, 李克锋, 等, 2015. 考虑齐口裂腹鱼产卵需求的山区河流生态基流过程确定 [J]. 长江流域资源与环境, 24 (5): 809 – 815.

李忠利, 胡思玉, 陈永祥, 等, 2015. 乌江上游四川裂腹鱼的年龄结构与生长特性 [J]. 水生态学杂志, 36 (2): 75 – 80.

刘成汉. 四川长江干流主要经济鱼类若干繁殖生长特性, 1980. 四川大学学报 (自然科学版), 2: 186 – 193.

刘健康, 1999. 高级水生生物学 [M]. 北京: 科学出版社.

刘乐和, 吴国犀, 王志玲, 1990. 葛洲坝水利枢纽兴建后长江中上游铜鱼和圆口铜鱼繁殖生态 [J]. 水生生物学报, 14 (3): 205 – 215.

刘明洋, 李永, 王锐, 等, 2014. 生态丁坝在齐口裂腹鱼产卵场修复中的应用 [J]. 四川大学学报 (工程科学版), 46 (3): 37 – 43.

鲁雪报, 倪勇, 胡美洪, 等, 2016. 圆口铜鱼人工繁殖的最适水温探讨 [J]. 科学养鱼, (10): 6 – 7.

马宝珊, 谢从新, 霍斌, 等, 2011. 裂腹鱼类生物学研究进展 [J]. 江西水产科技, (4): 36 – 40.

马里, 白音包力皋, 许凤冉, 等, 2017. 鱼类栖息地环境评价指标体系初探 [J]. 水利水电技术, 48 (3): 77 – 81, 126.

毛洪顺, 2010. 鲑鳟、鲟鱼健康养殖实用新技术 [M]. 北京: 海洋出版社: 225 – 228.

牛建功, 刘春池, 刘鸿, 等, 2017. 乌鲁木齐河新疆裸重唇鱼栖息地适宜度初步评价 [J]. 浙江海洋大学学报 (自然科学版), 36 (5): 403 – 408, 413.

牛玉娟, 任道全, 陈生熬, 等, 2015. 伊犁河三支流新疆裸重唇鱼的生长特性研究 [J]. 水生态学杂志，36（6）：59-65.

牛玉娟，2015. 伊犁河新疆裸重唇鱼个体生物学研究［D］. 阿拉尔：塔里木大学.

任慕莲，1981. 黑龙江鱼类［M］. 哈尔滨：黑龙江人民出版社.

任慕莲，郭焱，张清礼，等，1998. 伊犁河鱼类资源及渔业［M］. 哈尔滨：黑龙江科学技术出版社.

茹辉军，李云峰，沈子伟，等，2015. 大渡河流域川陕哲罗鲑分布与栖息地特征研究［J］. 长江流域资
源与环境，24（10）：1779-1785.

茹辉军，2012. 大型通江湖泊洞庭湖水域江湖洄游性鱼类生活史过程研究［D］. 武汉：中国科学院水生
生物研究所.

尚松浩，2006. 水资源系统分析方法及应用［M］. 北京：清华大学出版社.

邵甜，王玉蓉，徐爽，2015. 流量变化与齐口裂腹鱼产卵场栖息地生境指标的响应关系［J］. 长江流域
资源与环境，24（S1）：85-91.

申玉春，2008. 鱼类增养殖学［M］. 北京：中国农业出版社.

石琼，范明君，张勇，2015. 中国经济鱼类志［M］. 华中科技大学出版社，（1）：14-16.

宋旭燕，吉小盼，杨玖贤，2014. 基于栖息地模拟的重口裂腹鱼繁殖期适宜生态流量分析［J］. 四川环
境，33（6）：27-31.

汪锡钧，吴定安，1994. 几种主要淡水鱼类温度基准值的研究［J］. 水产学报，18（2）：93-100.

王彩理，滕瑜，刘丛力，等，2002. 中华鲟的繁育特性及开发利用［J］. 水产科技情报，29（4）：
174-176.

王凤，张永泉，尹家胜，2009. 川陕哲罗鱼、太门哲罗鱼及石川哲罗鱼的生物学比较［J］. 水产学杂
志，22（1）：59-63.

王金燕，张颖，尹家胜，2011. 温度对哲罗鲑幼鱼生长的影响研究［C］//中国水产学会学术年会.

王琪，2003. 影响四大家鱼孵化的主要因素［J］. 养殖与饲料，（5）：29-30.

王玉蓉，谭燕平，2010. 裂腹鱼自然生境水力学特征的初步分析［J］. 四川水利，31（6）：55-59.

吴春华，牛治宇，陈绍友，2007. 南水北调西线一期工程调水区生态环境需水量研究——雅砻江干流河
道内生态需水量研究［M］. 郑州：黄河水利出版社，8：132-135.

吴文化，张建民，马国庆，等，2009. 哲罗鱼生物学研究现状及发展前景［J］. 渔业经济研究（4）：
14-18，31.

武云飞，吕克强，1983. 贵州省几种裂腹鱼的分类讨论［J］. 动物分类学报，（3）：335-336.

谢飞，顾继光，林彰文，2014. 基于主成分分析和熵权的水库生态系统健康评价——以海南省万宁水库
为例［J］. 应用生态学报，25（6）：1773-1779.

谢文星，唐会元，黄道明，等，2014. 湘江祁阳—衡南江段产漂流性卵鱼类产卵场现状的初步研究［J］.
水产科学，33（2）：103-107.

邢湘臣，2003. 我国珍稀的中华鲟和白鲟［J］. 生物学通报，38（9）：10-11.

熊炎成，2003. 鱼类营养学知识讲座第九讲鱼类食性类型及其对食物的选择［J］. 渔业致富指南，（9）：
53-54.

徐东，杨本利，李春利，2008. 哲罗鲑养殖试验初探［J］. 科学养鱼，（4）：29，28.

徐伟，孙慧武，关海红，等，2007. 哲罗鱼全人工繁育的初步研究［J］. 中国水产科学，（6）：896-900.

徐伟，尹家胜，姜作发，等，2003. 哲罗鱼人工繁育技术的初步研究［J］. 中国水产科学，（1）：26-30.

徐柱林，王天才，董崇智，等，2004. 呼玛河自然保护区主要冷水性鱼类资源现状［J］. 黑龙江水产，
（5）：38-40.

颜文斌，朱挺兵，吴兴兵，等，2017. 短须裂腹鱼产卵行为观察［J］. 淡水渔业，47（3）：9-15.

颜远义，2003. 中华鲟生物学特性及养殖方法［J］. 水产科技，（5）：14-16.

杨文磊，1996. 水温与养鱼的关系［J］. 水产养殖，（11）：17.

杨志，张鹏，唐会元，等，2017. 金沙江下游圆口铜鱼生境适宜度曲线的构建［J］. 生态科学，36

（5）：129－137.

杨志峰，张远，2003. 河道生态环境需水研究方法比较［J］. 水动力学研究与进展，（5）：294－301.

易伯鲁，梁秩燊，1964. 长江家鱼产卵场的自然条件和促使产卵的主要外界因素［J］. 水生生物学集刊，5（1）：1－15.

易伯鲁，余志堂，梁秩燊，等，1988. 长江干流青、草、鲢、鳙四大家鱼产卵场的分布、规模和自然条件［M］. 武汉：湖北科学技术出版社：2－5.

易雨君，程曦，周静，2013. 栖息地适宜度评价方法研究进展［J］. 生态环境学报，22（5）：887－893.

易雨君，乐世华，2011. 长江四大家鱼产卵场的栖息地适宜度模型方程［J］. 应用基础与工程科学学报，19（S1）：117－122.

易雨君，王兆印，陆永军，2007. 长江中华鲟栖息地适宜度模型研究［J］. 水科学进展，（4）：538－543.

易雨君，王兆印，姚仕明，2008. 栖息地适宜度模型在中华鲟产卵场适宜度中的应用［J］. 清华大学学报（自然科学版），48（3）：340－343.

易雨君，张尚弘，2019. 水生生物栖息地模拟［M］. 北京：科学出版社.

易雨君，张尚弘，2011. 长江四大家鱼产卵场栖息地适宜度模拟［J］. 应用基础与工程科学学报，19（S1）：123－129.

易雨君，侯传莹，唐彩红，等，2019. 澜沧江中游河段中国结鱼栖息地模拟［J］. 水利水电技术，50（5）：82－89.

易雨君，王兆印，陆永军，2007. 长江中华鲟栖息地适合度模型研究［J］. 水科学进展，（4）：538－543.

易雨君，2008. 长江水沙环境变化对鱼类的影响及栖息地数值模拟［D］. 北京：清华大学.

英晓明，2006. 基于 IFIM 方法的河流生态环境模拟研究［D］. 南京：河海大学.

余志堂，邓中粦，许蕴玕，等，1988. 葛洲坝枢纽兴建后长江干流四大家鱼产卵场的现状及工程对家鱼繁殖影响的评价［M］. 武汉：湖北科学技术出版社：51－58.

余志堂，梁轶燊，易伯鲁，1984. 铜鱼和圆口铜鱼的早期发育. 水生生物学集刊，8（4）：371－380.

鱼类科研组，1976. 圆口铜鱼［J］. 水产科技情报，（4）：29－30.

云南大学生命科学与化学学院，云南省漫湾发电厂，2000. 云南澜沧江漫湾水电站库区生态环境与生物资源［M］. 昆明：云南科技出版社.

张建江，范翠红，2004. 养鱼要注意水温水质［J］. 渔业致富指南：27.

张觉民，1995. 黑龙江鱼类志［M］. 哈尔滨：黑龙江科技出版社.

张洁，1998. 鲟鱼养殖的技术要点［J］. 北京水产，（1）：18－20.

张贤芳，张耀光，甘光明，等，2005. 圆口铜鱼卵巢发育及卵子发生的初步研究［J］. 西南农业大学学报（自然科学版），（6）：892－897，901.

张轶超，2009. 大坝建设对长江上游圆口铜鱼和长鳍吻鮈自然繁殖的影响［D］. 武汉：中国科学院水生生物研究所：21－52.

张永泉，贾钟贺，张慧，等，2010. 哲罗鱼稚、幼鱼耗氧量和窒息点的初步研究［J］. 东北农业大学学报，41（11）：87－91.

赵进勇，董哲仁，孙东亚，2008. 河流生物栖息地评估研究进展［J］. 科技导报，26（17）：82－88.

中国科学院昆明动物研究所，2004. 澜沧江中下游梯级水电站建设对水生生物的影响评估报告［R］.

中国科学院水生生物研究所，2005. 长江三峡工程生态与环境监测系统水生动物流动监测重点站技术报告［R］.

朱其广，2011. 鄱阳湖通江水道鱼类夏秋季群落结构变化和四大家鱼幼鱼耳石与生长的研究［D］. 南昌：南昌大学.

朱挺兵，2016. 短须裂腹鱼产卵行为观察［C］//中国水产学会，四川省水产学会. 2016 年中国水产学会学术年会论文摘要集.

Chapman D W.，1966a. Food and space as regulators of salmonid populations in streams［J］. Am. Nat.

100：345 – 357.

Chapman D W．，1966b. The relative contributions of aquatic and terrestrial primary producers to the trophic relations of stream organisms ［J］．Pymatuning Lab. Ecol.：116 – 130.

Cross F B．，1967. Handbook of fishes of Kansas ［S］．Univ. Kan. Mus. Nat. Hist. Misc. Publ. 45：357.

Pasch R W，Hackney P A，Holbrook J A. Ecology of paddlefish in Old Hickory Reservoir，Tennessee，with emphasis on first – year life history. Trans. Am. Fish. Soc. 109：157 – 167.

Bovee K D，1982. A guide to stream habitat analysis using the instream flow incremental methodology ［J］. Instream Flow Information Paper 12：247.

Adelman 1 R，Smith L L，1970a. Effect of hydrogen sulfide on northern pike eggs and sac fry ［J］. Trans. Am. Fish. Soc. 99：501 – 509.

Adelman I R，1977. Effects of bovine growth hormone on growth of carp (Cyprinus carpio) and the influences of temperature and photoperiod ［J］．J. Fish. Res. Board Can. 34：509 – 515.

Adelman I R，Smith L L，1970b. Effect of oxygen on growth and food conversion efficiency of northern pike ［J］. Prog. Fish – Cult. 32：93 – 96.

Aggus L R，Elliot G J，1975. Effects of cover and food on year – class strength of largemouth bass ［J］. Black bass biology and management：317 – 322.

Aggus L R，Bivin W M，1982. Habitat suitability index models：regression models based on harvest of coolwater and coldwater fishes inreservoirs ［J］．FWS/OBS – 82/10. 25.

Alderice D F，Wickett W P，Brett J R，1958. Some effects of temporary exposure to low dissolved oxygen levels on Pacific salmon eggs ［J］．J. Fish. Res. Board Canada，15 (2)：229 – 250.

Alexander，1915. More about paddlefish ［J］．Trans. Am. Fish. Soc. 45：34 – 39.

Allan R C，Romero J，1975. Underwater observations of largemouth bass spawning and survival in Lake Mead ［J］．Black bass biology and management：104 – 112.

Allen K O，Avault J W，1970. The effect of salinity on growth of channel catfish ［J］．Proc. Southeastern Assoc. Game and Fish Commissioners，23：319 – 331.

Alt K T，1969. Sport fish investigations of Alaska：sheefish and pike investigations of the Upper Yukon and Kuskokwim drainages with emphasis on Minto Flats drainages ［J］．Fish Game：16.

Alt K，Furniss R，1976. Inventory of cataloging of north slope waters ［J］．Alaska Dept. Fish Game. 17：129 – 150.

Anderson R O，1959. The influence of season and temperature on growth of the bluegill，Lepomis macrochirus ［J］．Ph. D. Thesis，Univ. Michigan，Ann Arbor. 1981.

Andrews J W，Stickney R R，1972. Interactions of feeding rates and environmental temperature on growth，food conversion and body composition of channel catfish ［J］．Trans. Am. Fish. Soc. 101 (1)：94 – 99.

Andrews J W，Knight L H，Murai T，1972. Temperature requirements for high density rearing of channel catfish from fingerlings to market size ［J］．Prog. Fish – Cult. 34：240 – 242.

Andrews J W，Murai T，Gibbons G，1973. The influence of dissolved oxygen on the growth of channel catfish ［J］. Trans . Am. Fish. Soc. 102 (4)：835 – 838.

Askerov T A，1975. Survival rate and oxygen consumption of juvenile wildcarp maintained under different conditions ［J］．J. Hydrobiol. (Gidrobio. Zh.) 11 (3)：67 – 68.

Backiel T，Stegman K，1968. Temperature and yield in carp ponds ［J］．FAO Fish Rep. 44，4：334 – 342.

Bahr M L，Day J W，Stone J H，1982. Energy cost – accounting of Louisiana fishery production ［J］．Estuaries，5 (3)：209 – 215.

Bailey R M，Harrison H M，1948. Food habits of the southern channel catfish (lctalurus punctatus) in the

Des Moines River, Iowa [J]. Trans. Am. Fish. Soc. 75: 110 – 138.

Bailey R M, Winn H E, Smith C L, 1954. Fishes from the Escambia River, Alabama and Florida, with ecologic and taxonomic notes [J]. Proc, Acad. Nat. Sci., Philadelphia 106: 109 – 164.

Banner A, Van Arman J A, 1973. Thermal effects on eggs, larvae and juvenile bluegill sunfish [J]. Ecol. Res. Ser. EPA – R3 – 73 – 041: 111.

Bardach J E, Ryther J H, McLarney W O, 1972. Aquaculture: the farming and husbandry of freshwater and marine organisms [J]. Wiley – Interscience: 868.

Bass R J, Avault J W, 1975. Food habits, length – weight relationship, condition factor, and growth of juvenile red drum, Sciaenops ocellata, in Louisiana [J]. Trans. Am. Fish. Soc. 104 (1): 35 – 45.

Behnke R J, Zarn M, 1976. Biology and management of threatened and endangered western trout [J]. U. S. For. Servo General Tech. Rep. RM – 28: 45.

Bendock T, 1980. Inventory and cataloging of Arctic area waters [J]. Alaska Dept. Fish Game. Fed. 21 (G – I – I): 1 – 31.

Benson N G, 1973. Evaluating the effects of discharge rates, water levels, and peaking on fish populations in Missouri River main stem impoundments [M]. Geophysical Monogr. Ser. 17: 683 – 689.

Benson N G, 1980. Effects of post impoundment shore modifications on fish populations in Missouri River reservoirs [J]. U. S. Dept. Int., Fish Wildl. Servo Res. Rep. 80: 32.

Biesinger K E, Brown R B, Bernick C R, et al., 1979. A national compendium of freshwater fish and water temperature data [J]. Vol. I. U. S. Environ. Protection Agency Rep., Environ. Res. Lab., Duluth, Minn: 207.

Binns N A, Eiserman F M, 1979. Quantification of fluvial trout habitat in Wyoming [J]. Trans. Am. Fish. Soc. 108: 215 – 228.

Bishop F, 1971. Observations on spawning habits and fecundity of the Arctic grayling [J]. Prog. Fish – Cult. 27: 12 – 19.

Bjornn T C, 1960. Salmon and steelhead in Idaho. Ida. Dept. Fish Game, Ida [J]. Wildl. Rev., July – Aug. 1960: 6 – 12.

Black E C, 1953. Upper lethal temperatures of some British Columbia freshwater fishes [J]. J. Fish. Res. Board Can. 10: 196 – 210.

Blair A P, 1959. Distribution of the darters (Percidae, Etheostomatinae) of northeastern Oklahoma [J]. Southwestern Nat. 4: 1 – 13.

Boussu M F, 1954. Relationship between trout populations and cover on a small stream [J]. J. Wildl. Manage. 18 (2): 229 – 239.

Bovee K D, 1978. The incremental method of assessing habitat potential for coolwater species with management implications [J]. Am. Fish Soc. Spec. Publ. 11: 340 – 346.

Braasch M E, Smith P W, 1967. The life history of the slough darter, Etheostoma gracile (Pisces, Percidae) [J]. Ill. Nat. Hist. Surv. Biol. Notes 58: 12.

Branson B A, 1967. Fishes of the Neosho River system in Oklahoma [J]. Am. Midl. Nat. 78: 126 – 154.

Brett J R, 1952. Temperature tolerance in young Pacific salmon, genus Oncorhynchus [J]. J. Fish. Res. Board Can. 9: 265 – 309.

Brown C, 1938. Observations on the life history and breeding habits of the Montana grayling [J]. Copeia (3): 132 – 136.

Brown C, 1943. Age and growth of Montana grayling [J]. J. Wildl. Manage. 7 (4): 353 – 364.

Brown C, Buck G, 1939. When do trout and grayling fry begin to take food? [J]. J. Wildl. Manage. 3 (2): 134 – 140.

Brown L, 1942. Propagation of the spotted channel catfish (Ictalurus. lacustris punctatus) [J]. Trans. Kansas Acad. Sci. 45: 311 - 314.

Buck D H, 1956a. Effects of turbidity on fish and fishing [J]. Oklahoma Fish. Res. Lab. Rep. 56: 62.

Buck D H, 1956b. Effects of turbtdity on fish and fishing [J]. Trans. N. Am. Wildl. Conf. 21: 249 - 261.

Buck D H, Thoits C F. 1970. Dynamics of one - species populations of fishes in ponds subjected to cropping and additional stocking [J]. Illinois Nat. Hist. Surv. Bull. 30: 68 - 165.

Buck H D, 1956. Effects of turbidity on fish and fishing [J]. Trans. N. Am. Wildl. Conf. 21: 249 - 261.

Bulkley R V, 1975. Chemical and physical effects on the centrarchid basses [J]. Sport Fish: 286 - 294.

Burner C J, 1951. Characteristics of spawning nests of Columbia River salmon [J]. U. S. Fish Wildl. Servo Fish. Bull. 52: 97 - 110.

Burns J W, 1966. The carrying capacity for juvenile salmonids in some northern California streams [J]. California Fish Game 57: 24 - 57.

Bustard D R, Narver D W, 1975a. Aspects of the winter ecology of juvenile coho salmon (Oncorhynchus kisutch) and steelhead trout (Salmo gairdneri) [J]. J. Fish. Res. Board Can. 31: 667 - 680.

Calabrese A, 1969. Effect of acids and alkalies on survival of bluegills and largemouth bass [J]. U. S. Bur. Sport Fish. Wildl. Tech. 42: 10.

Calhoun A J, 1944. The food of the black - spotted trout in two Sierra Nevada lakes [J]. Calif. Fish Game 30 (2): 80 - 85.

Canfield H L, 1922. Care and feeding of buffalo fish in ponds [J]. U. S. Bur. Fish., Econ. Circ. 56: 3.

Carlander K D, Campbell J S, Muncy R J, 1978. Inventory of percid and esocid habitat in North America [J]. Am. Fish. Soc. Spec. Publ. 11: 27 - 38.

Carlson A R, Siefert R E, Herman L J, 1974. Effects of lowered dissolved oxygen concentrations on channel catfish (Ictalurus punctatus) embryos and larvae [J]. Trans. Am. Fish. Soc. 103 (3): 623 - 626.

Carr M H, 1942. The breeding habits, embryology and larval development of the largemouthed black bass in Florida [J]. Proc. New England Zool. Club 20: 43 - 77.

Carver D C, 1967. Distribution and abundance of the centrarchids in the recent delta of the Mississippi River [J]. Proc. Annu. Conf. Southeast. Assoc. Game Fish Commissioners 20: 390 - 404.

Chapman L J, Brown D M, 1966. The climates of Canada for agriculture [J]. The Canada land inventoryt Rep. 3. Canada Dept. Forestry and Rural Development: 24.

Cherry D S, Dickson K L, Cairns J, et al., 1977. Preferred, avoided, and lethal temperatures of fish during rising temperature conditions [J]. J. Fish. Res. Board Can. 34: 239.

Chiba K, 1965. A study on the influence of oxygen concentration on the growth of juvenile common carp [J]. Bull. Fresh. Fish. Res. Lab. 15 (1): 37 - 47.

Clemens H P, Sneed K E, 1957. Spawning behavior of channel catfish, ktaluru punctatus [J]. U. S. Fish Wildl. Servo Spec. Sci. Rep. - Fish. 219: 11.

Clugston J P, 1964. Growth of the Florida largemouth bass. Micropterus salmoides floridanus (Lesueur), and the northern largemouth bass, M. s. salmoides (Lacepede), in subtropical Florida [J]. Trans. Am. Fish. - Soc. 93: 146 - 154.

Collette B B, 1962. The swamp darters of the subgenus Hololepis (Pisces, Percidae) [J]. Tulane Stud. Zool. 9: 115 - 211.

Cooper G P, Washburn G N, 1946. Relation of dissolved oxygen to winter mortality of fish in Michigan lakes [J]. Trans. Am. Fish. Soc. 76: 23 - 33.

Cordone A J，Kelly D W，1961. The influence of inorganic sediment on the aquatic life of streams [J] . Calif. Fish Game 47 (2)：189 – 228.

Coutant C C，1975. Responses of bass to natural and artificial temperature regimes. Black bass biology and management. Sport Fish. Inst. , Washington D C：272 – 285.

Craig P G，Poulin V A，1975. Movements and growth of Arctic grayling (Thymallus arcticus) and juvenile arctic char (Salvelinus alpinus) in a small arctic stream，Alaska. J. Fish Res. Board Can. 32 (5)：689 – 697.

Cross F B，Collins J T，1975. Fishes in Kansas [J] . Univ. Kansas Mus. Nat. Hist. Publ. Educ. Ser. 3：180.

Crouse M R，Callahan C A，Malueg K W，et al. ，1981. Effects of fine sediments on growth of juvenile coho salmon in laboratory streams [J] . Trans. Am. Fish. Soc. 110：281 – 286.

Cuccarease S，Floyd M，Kelly M，et al. ，1980. An assessment of environmental effects of construction and operations of the proposed Tyee Lake hydroelectric project Petersburg and Wrangell，Alaska. Arct [J] . Environ. Info. Data Cent. , Univ. Alaska，Anchorage.

Dahlberg M L，Shumway D L，Doudoroff P，1968. Influence of dissolved oxygen and carbon dioxide on swimming performance of largemouth bass and coho salmon [J] . J. Fish. Res. Board Can. 25：49 – 70.

Davis G E，Foster J，Warren C E，et al. ，1963. The influence of oxygen concentration on the swimming performance of juvenile Pacific salmon at various temperatures [J] . Trans. Am. Fish. Soc. 92：111 – 124.

Davis J C，1975. Minimal dissolved oxygen requirements of aquatic life with emphasis on Canadian species：A review [J] . J. Fish. Res. Board Can. 32 (12)：2295 – 2332.

Deacon J E，1961. Fish populations，following a drought，in the Neosho and Marais des Cygnes Rivers of Kansas [J] . Univ. Kansas Mus. Nat. Hist. Publ. 13：359 – 427.

Delisle G E，Eliason B E，1961. Stream flows required to maintain trout populations in the Middle Fork Feather River Canyon. Calif [J] . Dept. Fish Game：19.

Deng Z L，Xu Y G，Zhao，1991. Anaysis on Acipenser sinensis spawning ground and spawning scales below Gezhouba dam by means of examining the digestive contents of benthic fishes [M] . Bordeauc：CEMAGREF pub：243.

Dickson I W，Kramer R H，1971. Factors influencing scope for activity and active standard metabolism of rainbow trout (Salmo gairdneri) [J] . J. Fish. Res. Board Can. 28 (4)：587 – 596.

Dill L M，Ydenberg R C，Fraser A H G，1981. Food abundance and territory size in juvenile coho salmon (Oncorhynchus kisutch) [J] . Can. J. Zool. 59：1801 – 1809.

Doudoroff P，Shumway D L，1970. Dissolved oxygen requirements of freshwater fishes. FAG Fish. Tech. Pap. 86. 291.

Doudoroff P，Katz M，1950. Critical review of literature on the toxicity of industrial wastes and their components to fish. I. Alkalies，acids，and inorganic gases [J] . Sewage Industrial Wastes，22 (11)：1432 – 1458.

Dudley R G，1969. Survival of largemouth bass embryos at low dissolved oxygen concentrations [J] . M. S. Thesis：61.

Duff D A，1980. Livestock grazing impacts on aquatic habitat in Big Creek，Utah [J] . Livestock and Wildlife Fisheries Workshop：36.

Eckblad J W，Volden C S，Weilgart L S，1984. Allochthonous drift from backwaters to the main channel of the Mississippi River [J] . Am. Midl. Nat. 111 (1)：16 – 22.

Elliott G V，1980. First interim report on the evaluation of stream crossings and effects of channel modifications on fishery resources along the route of the trans – Alaska pipeline [J] . U. S. Fish Wildl.

Serv. ： 77.

Elser A A, 1968. Fish populations of a trout stream in relation to major habitat zones and channel alterations [J] . Trans. Am. Fish. Soc. 97 (4)： 389 - 397.

Emig J W, 1966. Bluegill sunfish [J] . Inland fisheries management. Calif. Dept. Fish Game： 375 - 392

European Inland Fisheries Advisory Commission, 1969. Report on extreme pH values and inland fisheries [J] . Water Res. 3 (8)： 593 - 611.

Everest F H, 1969. Habitat selection and spatial interaction of juvenile chinook salmon and steelhead trout in two Idaho streams [J] . Ph. D. diss. , Univ. Idaho, Moscow： 77.

Falk M R, Roberge M M, Gillman D V, et al. , 1982. The Arctic grayling, Thymallus arcticus (Pallas), in Providence Creek, Northwest Territories [J] . Fish. Aqua. Sci. 1976 - 1979.

Feldmuth C R, Eriksen C H, 1978. A hypothesis to explain the distribution of native trout in a drainage of Montanals Big Hole River [J] . Verh. Internat. Verein. Limnol. 20： 2040 - 2044.

Finnell J C, Jenkins R M, 1954. Growth of channel catfish in Oklahoma waters： revision Fish [J] . Res. Lab. , Rept. 41： 37.

Finnell J C, Jenkins R M, Hall G E, 1956. The fishery resources of the Little River system, McCurtain County, Oklahoma. Oklahoma Fish [J] . Res. Lab. Rep. 55： 82.

Fortune J D, Thompson K E, 1969. The fish and wildlife resources of the Owyhee Basin； Oregon, and their water requirements [J] . Oregon State Game Comm. ： 50.

Fryer J L, Pilcher K S, 1974. Effects of temperature on diseases of salmonid fishes [J] . Environ. Protection Agency, Ecol. Res. Ser. ； 114.

Funk J L, 1975. structure of fish communities in streams which contain bass [J] . Sport Fish. Inst. ： 140 - 153.

Gammon J R, 1973. The effect of thermal input on the populations of fish and macroinvertebrates in the Wabash River [J] . Purdue Univ. Water Resour. Res. Center, Lafayette, IN. Tech. Rep. 32： 106.

Garside E T, Tait J S, 1958. Preferred temperature of rainbow trout (Salmo gairdneri Richardson) and its unusual relationship to acclimation temperature [J] . Can. J. Zool. 36： 563 - 567.

Gengerke T W, 1978. Paddlefish investigations [R] . Iowa Conserv. Comm. , Fish. Sec. , Commercial Fish. Invest. Proj. Completion Rep. 2 - 225 - R.

Gerking S D, 1945. The distribution of the fishes of Indiana [J] . Invest. Ind. Lakes Streams, 3： 137.

Gribanov L V, Korneev A N, Korneeva L A, 1968. Use of thermal waters for commercial production of carps in floats in the U. S. S. R. Proc [J] . World Symposium Warm Water Pond Fish Culture. FAG Fish Rep. 44 (5)： 411.

Groberg W J, McCoy R H, Pilcher K S, et al. , 1978. Relation of water temperature to infections of coho salmon (Oncorhynchus kisutch), chinook salmon (Q. tshawytscha), and steel head trout (Salmo gairdneri) with Aeromonas salmonicida and hydrophila [J] . J. Fish. Res. Board Can. 35： 1 - 7.

Hall J D, Lantz R L, 1969. Effects of logging on the habitat of coho salmon and cutthroat trout in coastal streams [J] . H. R. MacMillan Lectures in Fisheries： 355 - 375.

Hamilton K, Bergersen E P, 1984. Methods to estimate aquatic habitat variables [J] . U. S. Bur. Reclamation, Eng. Res. Cent. , Denver, CO. n. p.

Hancock C D, Sublette J E, 1958. A survey of the fishes in the upper Kisatchie Drainage of west central Louisiana [J] . Proc. Louisiana Acad. Sci. 20： 38 - 52.

Hanel J, 1971. Official memo to Dr. J. A. R. Hamilton. Pacific Power and Light Co. , Portland, Oregon [R] . July 14, 1971. Subject： Iron Gate Fish Hatchery steelhead program： 20.

Hardin T, Bovee K, 1978. Bluegill sunfish [R] . Unpublished Data, Instream Flow Group, Western Energy and Land Use Team. U. S. Fish Wildl. Serv. , Ft. Collins, Colorado.

Hardin T, Bovee K, 1978. Largemouth bass. Instream Flow Group, U. S. Fish Wildl. Serv. , Western Energy and Land Use Team, Ft. Collins, Colorado.

Harlan J R, Speaker E B, 1956. Iowa fish and fishing [J] . State of Iowa: 377.

Hart J S, 1952. Geographic variations of some physiological and morphological characters in certain freshwater fish [R] . Univ. of Toronto Biol. Ser. 60, Pub. Onto Fish. Res. Lab. 72: 79.

Hartman G F, 1965. The role of behavior in the ecology and interaction of under – yearling coho salmon (Oncorynchus kisutch) and steel head trout (Salmo gairdneri) [J] . J. Fish. Res. Board Can. 22: 1035 – 1081.

Hartman G F, Gill C A, 1968. Distributions of juvenile steelhead and cutthroat trout (Salmo gairdneri and S. clarki clarki) within streams in southwestern British Columbia [J] . J. Fish Res. Board Can. 25 (1): 33 – 48.

Hastings C E, Cross F B, 1962. Farm ponds in Douglas County, Kansas [R] . Univ. Kansas Mus. Nat. Hist. Misc. Publ. 29: 21.

Heman M L, Campbell R S, REDMOND L C, 1969. population of fish populations through reservoir drawdown [J] . Trans. Am. Fish. Soc. 98: 293 – 304.

Henshall J, 1907. Culture of the Montana grayling [J] . U. S. Fish Stn. Bozeman, MT.

Hildebrand S F, Schroeder W C, 1928. The fishes of Chesapeake Bay [M] . U. S. Bur. Fish. Bull. 43, Part 1: 1 – 366.

Hollander E E, Avault J W, 1975. Effects of salinity on survival of buffalo fish eggs through yearlings [J] . Prog. Fish – Cult. 39 (1): 47 – 51.

Holt, Godbout J R, Arnold C R, 1981a. Effects of temperature and salinity on egg hatching and larval survival of red drum, Sciaenops ocellata. U. S. Natl. Mar [J] . Fish. Servo Fish. Bull. 79 (3): 569 – 573.

Holt J, Johnson A G, Arnold C R, et al. , 1981b. Description of eggs and larvae of laboratory reared red drum, Sciaenops ocellata [J] . Copeia, 1981: 751 – 756.

Holt R A, Sanders J E, Zim J L, et al. , 1975. Relation of water temperature to Flexibacter columnaris infection in steel head trout (Salmo gairdneri), coho (Oncorhynchus kisutch), and chinook (Q. tshawytscha) salmon [J] . J. Fish. Res. Board Can. 32: 1553 – 1559.

Holton G D, 1971. The lady of the streams [J] . Montana Outdoors 2 (5) : 18 – 23.

Hooper D R, 1973. Evaluation of the effects of flows on trout stream ecology [J] . Dept. of Eng. Res. , Pacific Gas and Electric Co. , Emeryville, CA: 97.

Hubbs C L, Cannon M D, 1935. The darters of the genera Hololepisand Villora [J] . Univ. Michigan Mus. Zool. Misc. Publ. 30: 93.

Huet M, 1970. Textbook of fish culture: breeding and cultivation of fish [J] . Fishing News (Books) Ltd. , London: 436.

Hunt R L, 1971. Responses of a brook trout population to habitat development in Lawrence Creek [J] . Wisc. Dept. Nat. Res. Tech. Bull. 48, Madison: 35.

Hynes H B N, 1970. The ecology of running waters [M] . Univ. Toronto Press, Canada: 555.

Idyll C, 1942. Food of rainbow, cutthroat and brown trout in the Cowichan River System, British Columbia [J] . J. Fish. Res. Board Can. 5: 448 – 458.

Ignatieva G M, 1976. Regularities of early embryogenesis in teleosts as revealed by studies of the temporal pattern of development. Part II. Relative duration of corresponding periods of development in different species [J] . Wilhelm Roux's Arch. Dev. Biol. 179 (4): 313 – 325.

Itazawa Y, 1971. An estimation of the minimum level of dissolved oxygen in water required for normal life of fish. Bull. Jap. Soc. Sci. Fish, 37 (4): 273 – 276.

Jenkins R M, 1970. The influence of engineering design and operation and other environmental factors on reservoir fishery resources [J] . Water Resources Bull. 6 (1): 110 - 119.

Jenkins R M, 1976. Prediction of fish production in Oklahoma reservoirs on the basis of environmental variables [J]. Ann. Oklahoma Acad. Sci. 5: 11 - 20.

Jenkins R M, 1982. The morphoedaphic index and reservoir fish production [J] . Trans. Am. Fish. Soc. 111: 133 - 140.

Jenkins R M, Leonard E M, Hall G E, 1952. An investigation of the fisheries resources of the Illinois River and pre - impoundment study of Tenkiller Reservoir [J] . OKlahoma. Oklahoma Fish. Res. Lab. Rep. 26: 136.

Jester D B, 1974. Life history, ecology and management of the carp Cyprinus carpio Linnaeus, in Elephant Butte Lake [J] . New Mexico State Univ. Ag. Exp. Sta. Res. Rep. 273: 80.

Jester D B, Moody T M, Sanchez C, et al. , 1969. A study of game fish reproduction and rough fish problems in Elephant Butte Lake [R] . New Mexico Job Compl. Rep. Fed. Aid. Proj. : 73.

Johnson D W, Minckley W L, 1969. Natural hybridization in buffalo - fishes, genus Ictiobus [J] . Copeia, 1969: 198 - 200.

Johnson F H, 1957. Northern pike year - class strength and spring water levels [J] . Trans. Am. Fish. Soc. 86: 285 - 293.

Johnson F H, Moyle J B, 1969. Management of a large shallow winter - kill lake in Minnesota for the production of pike (Esox lucius) [J] . Trans. Am. Fish. Soc. 98: 691 - 697.

Johnson L, 1966a. Experimental determination of food consumption of pike, Esox lucius, for growth and maintenance [J] . J. Fish. Res. Board Can. 23: 1495 - 1505.

Johnson L, 1966b. Temperature of maximum density of fresh water and its effect on circulation in Great Bear Lake [J] . J. Fish. Res. Board Can. 23: 963 - 973.

Johnson L D, 1969. Food of angler - caught northern pike in Murphy Flowage [J] . Wis. Dept. Nat. Resour. Tech. Bull. 42: 26.

Johnson M G, Charlton W H, 1960. Some effects of temperature on the metabolism and activity of largemouth bass, Micropterus salmoides Lacepede [J] . Prog. Fish. Cult. 22: 155 - 163.

Johnson M G, Leach J H, Minns C K, et al. , 1977. Limnological characteristics of Ontario lakes in relation to associations of walleye (Stizostedion vitreum vitreum), northern pike (Esox lucius), lake trout (Salvelinus namaycush), and smallmouth bass (Micropterus dolomieui) [J] . J. Fish. Res. Board Can. 34: 1592 - 1601.

Kallemeyn L W, Novotny J F, 1977. Fish and food organisms in various habitats of the Missouri River in South Dakota, Nebraska, and Iowa [R] . U. S. Dept. Int. , Fish Wildl. Servo FWS/OBS - 77/25: 100.

Katz M, Pritcherd A, Warren C E, 1959. Ability of some salmoides and a centrarchid to swim in water of reduced oxygen content [J] . Trans. Am. Fish. Soc. 88: 88 - 95.

Kaur K, Toor H S, 1978. Effect of dissolved oxygen on the survival and hatching of eggs of scale carp [J]. Prog. Fish - Cult. 40 (1): 35 - 37.

Kilby J D, 1955. The fishes of two gulf coast marsh areas of Florida [J] . Tulane Stud. Zool. 2: 175 - 247.

Kitchell J F, Koonce J F, OINeill R V, et al. , 1974. Model of fish biomass dynamics. Trans. Am. Fish. Soc. 103: 786 - 798.

Kofoid C A, 1900. Notes on the natural history of Polyodon [J] . Science, 11: 252.

Koski K V, 1966. The survival of coho salmon (Oncorhynchus kisutch) from egg deposition to emergence in three Oregon coastal streams [J] . M. S. Thesis, Oregon State University, Corvallis: 84.

Kramer R H, Smith L L, 1960. First - year growth of the largemouth bass, Micropterus salmoides (Lacepede), and some related ecological factors [J]. Trans. Am. Fish. Soc. 89: 222 - 233.

Kratt, L. , and J. Smith. A post - hatching sub - gravel stage in the life history of the Arctic grayling, Thymallus arcticus [J]. Trans. Am. Fish. Soc. , 1977, 106 (3): 241 - 243.

Kratt L F, Smith R J F, 1980. An analyses of the spawing behavior of the Arctic grayling, Thymallus arcticus (Pallas) with observations on mating success [J]. J. Fish. Biol. 17: 661 - 666.

Kreuger S W, 1981. Freshwater habitat relationships: Arctic grayling (Thymallus arcticus) [J]. Alaska Dept. Fish Game: 65.

Kruse T, 1958. Grayling of Grebe Lake, Yellowstone National Park, Wyoming [J]. U. S. Fish Wildl. Servo Fish. Bull. 149. (59): 307 - 351.

Lagler K F, 1956. The pike, Esox lucius Linnaeus, in relation to waterfowl, Seney National Wildlife Refuge, Michigan [J]. J. Wildl. Manage. 20: 114 - 124.

LaPerriere J D, Carlson R F, 1973. Thermal tolerances of interior Alaskan arctic grayling, Thymallus arcticus [J]. Inst. Water Resour. Rep. IWR - 46. Univ. Alaska, Fairbanks.

Larimore R W, Smith P W, 1963. The fishes of Champaign County, Illinois, as affected by 60 years of stream changes. Illinois Nat. Hist. Surv. Bull. 28: 299 - 382.

Laurence G C, 1972. Comparative swimming abilities of fed and starved larval largemouth bass (Micropterus salmoides) [J]. J. Fish. Biol. 4 (1): 73 - 78.

Lemke A E, 1977. Optimum temperature for growth of juvenile bluegills [J]. Prog. Fish - Cult. 39: 55 - 57.

Lewis S L, 1969. Physical factors influencing fish populations in pools of a trout stream [J]. Trans. Am. Fish Soc. 98 (1): 14 - 19.

Liknes G A, 1981. The fluvial Arctic grayling (Thymallus arcticus) of the Upper Big Hole [J]. River drainage, Montana. M. S. Thesis. Montana State Univ. , Bozeman: 59.

Linder A D, 1955. Observations on the care and behavior of darters, Etheostomatinae, in the laboratory [J]. Proc. Okla. Acad. Sci. 34: 28 - 30.

Lister D B, Genoe H S, 1970. Stream habitat utilization by cohabiting underyearlings of chinook (Oncorhynchus tshawytscha) and coho (Q. kisutch) salmonids [J]. J. Fish. Res. Board Can. 27: 1215 - 1224.

Lister O B, Walker C E, 1966. The effect of flow control on freshwater survival of chum, coho, and chinook salmon in the Big Qualicum River [J]. Can. Fish. Cult. 37: 3 - 26.

Macklin R, Soule S, 1964. Feasibility of establishing a warmwater fish hatchery [J]. Calif. Fish Game, Inland Fish. Admin. Rept. 64 (14): 13. (Cited in Miller 1966.)

MacLean J A, Evans D O, 1981. The stock concept, discreteness of fish stocks, and fisheries management [J]. can. J. Fish. Aquatic Sci. 38: 1889 - 1898.

Macleod J C, 1967. new apparatus for measuring maximum swimming speeds of small fish [J]. J. Fish. Res. board Can. 24: 1241 - 1252.

Makino S, Osima Y, 1943. Formation of the diploid egg nucleus due to the suppression of the second maturation division, induced by refrigeration of fertilized eggs of the carp, Cyprinus carpio [J]. Cytologia, 13: 55 - 60.

Mann R H K, 1976. Observations on the age, growth, reproduction and food of the pike Esox lucius (L.) in two rivers in southern England [J]. J. Fish Biol. 8: 179 - 197.

Mark M, 1966. Carp breeding in drainage water [J]. Bamidgeh, 18 (2): 51 - 54.

Marzolf R C, 1957. The reproduction of channel catfish in Missouri ponds [J]. J. Wildl. Manage. , 21 (1): 22 - 28.

May B E, 1973. Seasonal depth distribution of rainbow trout (Salmo gairdneri) in Lake Powell [J]. Proc. Utah Acad. Sci., Arts, and Letters, 50: 64 – 72.

May B E, Gloss S P, 1979. Depth distribution of Lake Powell fishes [J]. Utah Div. Wildl. Res. Publ. 78 (1): 19.

McCammon G W, LaFaunce D A, 1961. Mortality rates and movement in the channel catfish population of the Sacramento Valley [J]. Calif. Fish Game, 47 (1): 5 – 26.

McCart P, Craig P, Bain H, 1972. Report on fisheries investigations in the Sagavanirktok River and neighboring drainages. Alyeska Pipeline Servo Co: 170.

McCrimmon H R, 1968. Carp in Canada [J]. Fish Res. Board Can. Bull. 165: 93.

Metcalf A L, 1959. Fishes of Chautauqua, Cowley and Elk Counties, Kansas [J]. Univ. Kan. Publ. Mus. Nat. Hist. 11 (6): 345 – 400.

Meyer F P, 1960. Life history of Marsipometra hastata and the biology of its host Polyodon spathula [J]. Ph. D. Thesis. Iowa State Univ., Ames: 145.

Miles R L, 1978. A life history study of the muskellunge in West Virginia [J]. Am. Fish. Soc. Spec. Publ. 11: 140 – 145.

Miller E E, 1966. Channel catfish [J]. Inland fisheries management: 400 – 463.

Miller R B, 1947. Northwest Canadian fisheries surveys in 1944 – 45. IV. Great Bear Lake [J]. Bull. Fish. Res. Board Can. 72: 31 – 44.

Miller R B, 1948. A note on the movement of the pike, Esox lucius [J]. Copeia, 1948 (1): 62.

Miller R B, Kennedy W A, 1948. Pike (Esox lucius) from four northern Canadian lakes [J]. J. Fish. Res. Board Can. 7: 176 – 189.

Miller R R, 1972. Threatened freshwater fishes of the United States [J]. Trans. Am. Fish. Soc. 101 (2): 239 – 251.

Miller K D, Kramer R H, 1971. Spawning and early life history of tarccmouch bass U1 – icropterus salmoides) in lake Pcwell [J]. Reservoir – fisheries—and – limnology: 73 – 33.

Moen T E, 1954. Food of the bigmouth buffalo, Ictiobus cyprinellus (Valenciennes) in northwest Iowa lakes [J]. Proc. Iowa Acad. Sci. 61: 561 – 569.

Moen T, Henegar D, 1971. Movement and recovery of tagged northern pike in Lake Oahe, South and North Dakota, 1964 – 68 [J]. Am. Fish. Soc. Spec. Publ. 8: 85 – 93.

Mohler S H, 1966. Comparative seasonal growth of the largemouth, spotted and smallmouthbass [J]. M. S. Thesis, Univ. of Missouri, Columbia, Mo: 99.

Moss D D, Scott D C, 1961. Dissolved oxygen requirements of threes pecies of fish. Trans. Am. Fish. Soc. 90 (4): 377 – 393.

Moyle J B, 1956. Relationships between the chemistry of Minnesota surface waters and wildlife management [J]. J. Wildl. Manage. 20: 303 – 320.

Moyle J B, Clothier W D, 1959. Effects of management and winter oxygen levels on the fish population of a prairie lake [J]. Trans. Am. Fish. Soc. 88: 178 – 185.

Moyle P B, Nichols R D, 1973. Ecology of some native and introduced fishes of the Sierra Nevada foothills in central California [J]. Copeia, 1973: 478 – 490.

Mraz D, 1964. Observations on large and smallmouth bass nesting and early life history [J]. Wisconsin Conserv. Dept., Res. Rep. 11 (Fisheries): 13.

Mraz D, Cooper E l, 1957. Reproduction of carp, largemouth bass, bluegills, and black crappies in small rearing ponds [J]. J. Wildl. Manage. 21: 127 – 133.

Mraz D, Kmiotek S, Frankenberger L, 1961. The largemouth bass, its life history, ecology and management

［J］. Wisconsin Conserv. Dept. Publ. 232：15.

Muncy R J, Atchison G J, Bulkley R V, et al., 1979. Effects of suspended solids and sediment on reproduction and early life of warmwater fishes：a review ［J］. U. S. Environmental Protection Agencj EPA - 600/3 -79 - 042：101.

Mundie J H, 1969. Ecological implications of the diet of juvenile coho in streams ［J］. 135 - 152. Symposium on salmon and trout in streams. K R. MacMillan Lectures on Fisheries. Univ. British Columbia, Vancouver：135 - 152.

Narver D W, 1978. Ecology of juvenile coho salmon：can we use present knowledge for stream enhancement ［J］. Fish. Marine Servo Tech. Rep. 759：38 - 42.

Needham R G, 1965. Spawning of paddlefish induced by means of pituitary material ［J］. Prog. Fish - Cult. 27 (1)：13 - 19.

Nelson P, 1954. Life history and management of the Ameri can grayling (Thymallus signifier tricolor) in Montana ［J］. J. Wildl. Manage. 18 (3)：324 - 342.

Nelson U C, Wojcik F J, 1953. Game and fish investigations of Alaska：Movements and migration habits of grayling in interior Alaska ［R］. Q. Prog. Rep. Alaska Dept. Fish Job 4. Game. Proj. F - 00I - R - 03, Work Plan 25.

Nelson W R, 1978. Implications of water management in Lake Oahe for the spawning success of coolwater fishes ［J］. Am. Fish. Soc. Spec. Publ. 11：154 - 158.

Netsch N F, 1975. Fishery resources of waters along the route of the Trans - Alaska Pipeline between Yukon River and Atigun Pass in north central Alaska ［J］. U. S. Fish Wildl. Servo Res. Publ. v. 124：45.

Newell A E, 1960. Biological survey of the lakes and ponds in Coos, Grafton and Carroll Counties ［J］. New Hampshire Fish Game Surv. Rep. 8a：297.

Orcutt D R, Pulliam B R, Arp A, 1968. Characteristics of steelhead trout redds in Idaho streams ［J］. Trans. Am. Fish. Soc. 97：42 - 45.

Otto R G, 1971. Effects of salinity on the survival and growth of pre - smolt salmon (Oncorhynchus kisutch) ［J］. J. Fish. Res. Board Can. 28：343 - 349.

Pearson J C, 1929. Natural history and conservation of the redfish and other commercial sciaenops on the Texas coast ［J］. Bur. Fish. Bull. 64：178 - 194.

Pearson L S, Conover K R, Sams R E, 1970. Factors affecting the natural rearing of juvenile coho salmon during the summer low flow season ［J］. Fish. Comm. Oregon, Portland. Unpubl. Rep：64.

Pennak R W, Van Gerpen E D, 1947. Bottom fauna production and physical nature of the substrate in a northern Colorado trout stream ［J］. Ecology, 28：42 - 48.

Perry W G, 1973. Notes on the spawning of blue and channel catfish in brackish water ponds ［J］. Prog. Fish - Cult. 35 (3)：164 - 166.

Perry W G, 1976. Black and bigmouth buffalo spawn in brackish water ponds ［J］. Prog. Fish - Cult. 38 (2)：81.

Perry W G, Avault J W, 1968. Preliminary experiments on the culture of blue, channel, and white catfish in brackish water ponds ［J］. Proc. Southeastern Assoc. Game and Fish Commissioners, 22：396 - 406.

Petit G D, 1973. Effects of dissolved oxygen on survival and behavior of selected fishes of western Lake Erie ［J］. Ohio Biol. Surv. Bull. 4：1 - 76.

Pflieger W L, 1975. The fishes of Missouri ［J］. Missouri Dept. Conserv., Jefferson City：343.

Phillips R W, Lantz R L, Claire E W, et al., 1975. Some effects of gravel mixtures on emergence of coho salmon and steel head trout fry ［J］. Trans. Am. Fish. Soc. 104：461 - 466.

Pottle R, Dadswell M J, 1978. Studies on larval and juvenile shortnose sturgeon [R] . Report to Northeast Utilities Service Co. Hartford, CT. 87.

Purkett C A, 1961. Reproduction and early development of the paddlefish [J] . Trans. Am. Fish. Soc. 90 (2): 125 – 129.

Raleigh R F, 1982. Habitat suitability index models: brook trout [J] . U. S. Fish Wildl. Servo FWS/OBS – 82/10. 24: 42.

Raleigh R F, Duff D A, 1980. Trout stream habitat improvement: ecology and management [J] . Proc. of Wild Trout Symp. II. Yellowstone Park: 67 – 77.

Randall D J, Smith J C, 1967. The regulation of cardiac activity in fish in a hypoxic environment [J] . Physiologica Zool. 40: 104 – 113.

Randolph K N, Clemens H P, 1976. Some factors influencing the feeding behavior of channel catfish in culture ponds [J] . Trans. Am. Fish. Soc. 105 (6): 718 – 724.

Reed R J, 1964. Life history and migration patterns of Arctic grayling, Thymallus arcticus (Pallas), in the Tanana River drainage of Alaska [J] . Alaska Dept. Fish Game Res. Rep. 2: 30.

Rehwinkel B J, 1978. The fishery for paddlefish at Intake, Montana during 1973 and 1974 [J] . Trans. Am. Fish. Soc. 107 (2): 263 – 268.

Reighard J, 1915. An ecological reconnaissance of the fishes of Douglas Lake, Cheboygan County, Michigan, in midsummer [J] . U. S. Bur. Fish. Bull. 33: 215 – 249.

Rieber R W, 1983. Reproduction of Arctic grayling (Thymallus arcticus), in the Hobdell Lake system, California [J] . Calif. Fish Game, 69 (3): 191 – 192.

Robbins W H, MacCrimmon H R, 1974. The blackbass in America and overseas [J] . Publ. Div. , Biomanagement and Research Enterprises, Ontario: 196.

Robinson J W, 1966. Observations on the life history, movement, and harvest of the paddlefish, Polyodon spathula, in Montana [J] . Montana Acad. Sci. 26: 33 – 44.

Rosen R A, 1976. Distribution, age and growth, and feeding of paddlefish (Polyodon spatula) in unaltered Missouri River, South Dakota [J] . M. S. Thesis. South Dakota State Univ. , Brookings: 95.

Rosen R A, Hales D C, Unkenholz D G, 1982. Biology and exploitations of paddlefish in the Missouri River below Gavins Point Dam [J] . Trans. Am. Fish. Soc. 111: 216 – 222.

Royer L M, 1971. Comparative production of pike fingerlings from adult spawners and from fry planted in a controlled spawning marsh [J] . Prog. Fish – Cult. 33: 153 – 155.

Sabean B, 1976. The effects of shade removal on stream temperature in Nova Scotia. Nova Scotia Dept [J] . Lands For. Cat. 76 – 118 – 100: 32.

Scott D P, 1964. Thermal resistance of pike (Esox lucius L.), muskellunge (E. masquinongy Mitchill), and their hybrid [J] . J. Fish. Res. Board Can. 21: 1043 – 1049.

Scott W B, Crossman E J, 1973. Freshwater fishes of Canada [J] . Fish. Res. Board Can. Bull. 184: 966.

Sekulich P T, 1974. Role of the Snake River cutthroat trout (Salmo clarki subsp) in fishery management [J] . M. S. Thesis, Colorado Stateun Tv. , Ft. Collins: 102.

Shireman J V, 1968. Age and growth of bluegills, gpomis macrochirus Rafinesque, from selected central Iowa farm ponds [J] . Proc. Iowa Acad. Sci. 75: 170 – 178.

Shrable J B, Tiemeier O W, Deyoe C W, 1969. Effects of temperature on rate of digestion by channel catfish [J]. Prog. Fish – Cult. 31 (3): 131 – 138.

Sigler W F, 1958. The ecology and use of carp in Utah [J] . Utah State Univ. Agric. Exp. Sta. Bull, 405: 63.

330

Sigler W F, 1955. An ecological approach to understanding Utah's carp populations [J] . Utah Acad. Sci. Arts Letters Proc. 32: 95 – 104.

Silver S J, Warren C E, Doudoroff P, 1963. Dissolved oxygen requirements of developing steelhead trout and chinook salmon embryos at different water velocities [J] . Trans. Am. Fish. Soc. 92: 327 – 343.

Smith A K, 1973. Development and application of spawning velocity and depth criteria for Oregon salmonids [J]. Trans. Am. Fish. Soc. 102: 312 – 316.

Smith – Vaniz W F, 1968. Freshwater fishes of Alabama [J] . Auburn Univ. Agric. Exp. Stn. , Auburn, Ala: 211.

Snyder G R, Tanner H A, 1960. Cutthroat trout reproduction in the inlets to Trappers Lake [J] . Colo. Fish Game Tech. Bull. 7: 85.

Soller M, Shchori Y, Moav R, et al. 1965. Carp growth in brackish water [J] . Bamidgeh, 17 (1): 16 – 23.

Southall P D, 1982. Paddlefish movement and habitat use in the Upper Mississippi River. M. S. Thesis. Iowa State Univ. , Ames: 100.

Southall P D, Hubert W A, 1984. Habitat use by adult paddlefish in Upper Mississippi River [J] . Trans. Am. Fish. Soc. 113: 125 – 131.

Starostka V J, Nelson W R, 1974. Channel catfish in Lake Oahe [J] . U. S. Fish Wildl. Servo Tech. Pap. 81: 13.

Stevenson F, Momot W T, Svoboda F J, III. 1969. Nesting success of the bluegill, gpomis macrochirus Rafinesque in a small Dhio farm pond [J] . Dhio J. Sci. 69: 347 – 355.

Stewart N E, Shumway D L, Doudoroff P, 1967. Influence of oxygen concentration on the growth of juvenile largemouth bass [J] . J. Fish. Res. Board Can. 24: 475 – 494.

Strawn K, 1961. Growth of largemouth bass fry at various temperatures [J] . Trans. Am. Fish. Soc. 90: 334 – 335.

Stroud R H, 1967. Water qual ity criteria to protect aquatic life: a summary [J] . Am. Fish. Soc. Spee. Publ. 4: 33 – 37 .

Swee U B, McCrimmon H R, 1966. Reproductive biology of the carp, Cyprinus carpio L. , in Lake St. Lawrence, Ontario [J] . Trans. Am. Fish Soc. 95 (4): 372 – 380.

Swingle H S, 1954. Experiments on commercial fish production in ponds [J] . Proc. Annu. Conf. South-eastern Assoc. Game and Fish Commissioners. : 69 – 74.

Swingle H S, 1956. Determination of balance in farm fish ponds [J] . Trans. N. Am. Wildl. Conf. 21: 298 – 322.

Swingle H S, Smith E V, 1943. Factors affecting the reproduction of bluegill bream and largemouth black bass in ponds [J] . Alabama Polytech. Inst. Agric. Exp. Stn. Circ. 87: 8.

Tack S, 1972. Distribution, abundance and natural history of the Arctic grayling in the Tanana River drainage [J] . Alaska Dept. Fish Game. Fed. Aid in Fish Restoration, Annu. Rep. of Prog. : 34.

Tack S, 1980. Distribution, abundance and natural history of the Arctic grayling in the Tanana River drainage [J] . Alaska Dept. Fish and Game. Fed. Aid in Fish Restoration, Annu. Rep. of Prog. : 32.

Tack S, 1971. Distribution, abundance and natural history of the Arctic grayling in the Tanana River drainage [J] . Alaska Dept. Fish Game. Fed. Aid in Fish Restoration. Annu. Rep. of Prog. : 35.

Tatarko K L, 1970. Sensitivity of the pond carp to high temperature at early stages of post embryonal development [J]. Gidro. Zhurn. 6 (2): 85 – 88.

Tebo L B, McCoy E G, 1964. Effects of seawater concentration on the reproduction of largemouth bass and bluegills [J] . Prog. Fish – Cult. 26: 99 – 106.

Thompson K, 1972. Determining stream flows for fish life [J] . Proceedings instream flow requirement workshop: 31 - 50.

Trama F B, 1954. The pH tolerance of the common bluegill, Lepomis Not [J] . Nat. (Phil.), 256: 1 - 13.

Trautman M B, 1957. The fishes of Ohio, with illustrated keys [J] . Ohio St. Univ. Press, Columbus, OH: 683.

Trautman M B, 1957. The fishes of Dhio [J] . Dhio State Univ. Press, Columbus: 683.

Trojnar J R, 1972. Ecological evaluation of two sympatric strains of cutthroat trout [J] . M. S. Thesis, Colorado State Univ. , Ft. Collins: 59.

Turner R E, 1977. Intertidal vegetation and commercial yields of penaeid shrimp [J] . Trans. Am. Fish. Soc. 106: 411 - 416.

Ultsch G R, 1978. Dxygen consumption as a function of pH in three species of freshwater fishes [J] . Copeia: 272 - 279.

Unkenholz D G, 1979. Investigation of paddlefish populations in South Dakota and development of management plans [J] . Completion Rep. , D - J Proj. F - 15 - R - 14, Jobs 3 and 7, South Dakota Dept. Game, Fish, and Parks: 25.

Vascotto G, 1970. Summer ecology and behavior of the Arctic grayling of McManus Creek, Alaska [J] . M. S. Thesis, Univ. Alaska, Fairbanks: 132.

Vascotto G L, Morrow J E, 1973. Behavior of the Arctic grayling, Thymallus arcticus, in McManus Creek, Alaska [J] . Biol. Pap. 13: 29 - 38.

Wagner G, 1980. Notes on the fish fauna of Lake Pepin [J] . Trans. Wisconsin Acad. Sci. 16: 27 - 37.

Wagner H H, 1968. Effect of stocking time on survival of steelhead trout, in Oregon [J] . Trans. Am. Fish. Soc. 97: 374 - 379.

Wagner W C, 1972. Utilization of alewives by inshore piscivorous fishes in Lake Michigan [J] . Trans. Am. Fish. Soc. 101: 55 - 63.

Walburg C H, 1971. Loss of young fish in reservoir discharge and year - class, Lewis and Clark Lake, Missouri River [J] . Reservoir fisheries and limnology: 441 - 448.

Walburg C H, Nelson W R, 1966. Carp, river carpsucker, smallmouth buffalo, and bigmouth buffalo in Lewis and Clark Lake, Missouri River [J] . U. S. Dept. Int. , Fish. Wildl. Servo Res. Rep. 69: 30.

Walker K W, 1968. Temperature control in northern pike and muskellunge egg hatching. Proc. North Central Warmwater Fish Cult [J] . Workshop, Ames, IA, Feb. 1968. Mimeo report: 5.

Wallen G H, 1958. Fishes of the Verdigris River in Oklahoma [J] . M. S. Thesis, Oklahoma State Univ. , Stillwater: 57.

WANG F, LIN B L, 2013. Modelling habitat suitability for fish in the fluvial and lacustrine regions of a new Eco - City [J] . Ecological Modelling, 267: 115 - 126.

Ward J C, 1951. The biology of the Arctic grayling in the Southern Athabasca drainage [J] . M. S. Thesis, Univ. Alberta, Edmonton, Canada: 71.

Warner G, 1955. Spawning habits of grayling in interior Alaska [J] . U. S. Fish Wildl. Serv. Fed. Aid in Fish Restoration, Q. Prog. Rep. : 10.

Warner G W, 1957. Game fish investigations of Alaska: Environmental studies of grayling as related to spawning, migration and distribution [J] . Q. Prog. Rep. , Alaska Dept. Fish Game. Proj.

Watling H, Brown C J D, 1955. The embryological development of the American Grayling (Thymallus signifer tricolor) from fertilization to hatching [J] . Trans. Am. Microsc. Soc. 74 (1): 85 - 93.

Weaver R D, Ziebell C D, 1976. Ecology and early life history of largemouth bass and bluegill in Imperial Reservoir , Ari zona [J] . South - western Nat. 21: 151 - 160.

Wedemeyer G A, 1970. The role of stress in the disease resistance of fishes. Symposium on diseases of fishes and shellfishes: 30 – 35.

Wedemeyer G A, Saunders R L, Clarke W C, 1980. Environmental factors affecting smoltification and early marine survival of anadromous salmonids [J]. Marine Fish. Rev. 42: 1 – 14.

Weinstein M P, 1979. Shallow marsh habitats as primary nurseries for fishes and shellfish, Cape Fear River, North Carolina [J]. U. S. Natl. Mar. Fish. Servo Fish. Bull. 77 (2): 339 – 357.

Wesche T A, 1980. The WRRI trout cover rating method: development and application [J]. Water Res. Res. Inst., Laramie, WY. Water Resour. Ser. 78: 46.

West B W, 1966. Growth, food conversion, food consumption and survival at various temperatures of the channel catfish, Ictalurus punctatus (Rafinesque) [J]. M. S. Thesis. Univ. Arkansas, Fayetteville.

Whitmore C M, Warren C E, Doudoroff P, 1960. Avoidance reactions of salmonid and centrarchid fishes to low oxygen concentrations [J]. Trans. Am. Fish. Soc. 89: 17 – 26.

Williams F T, 1968. Grayling investigations on Tolsona and Moose Lakes. Sport fish investigations of Alaska [R]. Alaska Dept. Fish Game. Proj.

Williams F T, Morgan C, 1974. Inventory and cataloguing of sport fish and sport fish waters of the Copper River and Prince William Sound Drainages and the Upper Susitna River Drainage [R]. Alaska Dept. Fish Game. Fed. Aid and Fish Restoration, Annu. Rep. of Prog., 1973 – 1974. Proj.

Williams J E, Jacob B L, 1971. Management of spawning marshes for northern pike [J]. Mich. Dept. Nat. Resour. Res. and Develop. Rep. 242: 22.

Williams J E, 1955. Determination of age from the scales of northern pike (Esox lucius L.) [J]. Ph. D. thesis. Univ. Mich., Ann Arbor, MI: 185.

Willis D W, Owen J B, 1978. Decline of year class strength of buffalo fishes in Lake Sakakawea, North Dakota [J]. Prairie Nat. 10 (3): 89 – 91.

Withler I L, 1966. Variability in life history characteristics of steelhead trout (Salmo gairdneri) along the Pacific Coast of North America [J]. J. Fish. Res. Board Can. 23 (3): 365 – 393.

Wojcik F, 1954. Spawning habits of grayling in interior Alaska [J]. Alaska Work Game Comm. U. S. Fish Wildl. Servo Q. Rep. 2.

Wojcik F, 1955. Life history and management of the grayling in interior Alaska [J]. Unpubl. M. S. Thesis, Univ. Alaska, Fairbanks: 54.

WU FC, WANG CF, 2002. Effect of flow – related substrate alteration on Physical Habitat: A case study of the endemic river loach Sinogastromyzon Puliensis (cypriniformes, homalopteridae) downstream of Chichi diversion weir, Chou – shui creek, Taiwan [J]. River Res. Applic, 18: 155 – 169.

Yokel B J, 1966. A contribution to the biology and distribution of the red drum, Sciaenops ocellata. M. S. Thesis [J]. University of Miami, Coral Gables, Fla: 160.

Yoshihara H, 1972. Monitoring and evaluation of Arctic waters with emphasis on the North Slope drainages [R]. Alaska Dept. Fish Game. Fed. Aid in Fish Restoration, Annu. Rep. of Prog., 1971 – 1972. Proj. F – 9 – 4, 13 (G – 111 – A): 49.

Zaugg W S, Wagner H H, 1973. Gill ATPase activity related to parr – smolt transformation and migration in steel head trout (Salmo gairdneri): influence of photoperiod and temperature [J]. Comp. Biochem. Physiol. 45B: 955 – 965.

Zaugg W S, McLain L R, 1972. Steel head migration: potential temperature effects as indicated by gill ATPase activity [J]. Science, 176: 415 – 416.

Zaugg W S, McLain L R, 1976. Influence of water temperature on gill sodium, potassium – stimulated ATPase activity in juvenile coho salmon (Oncorhynchus kisutch). Compo Biochem [J]. Physiol. 54A: 419 – 421.

Zhang S H，Xia Z X，Wang T W，2013. A real - time interactive simulation framework for watershed decision making using numerical models and virtual environment [J] . Journal of Hydrology，493（24）：95 - 104.

Zittel A E，1978. An investigation of the swimming performance of eight species of fish endemic to the middle Missouri River [J] . M. S. Thesis，Univ. South Dakota，Vermillion：97.